Advanced Technology in High-entropy Alloys

# 先进高熵合金技术

张勇 陈明彪 杨潇 等编著

化学工业出版社
·北京·

高熵合金是近年来发展起来的新型合金材料，有望突破传统材料的性能极限，已经成为近年来材料科学发展新的热点和方向之一。本书综合了大量作者多年在国内、国外发表的宝贵科研成果，共分为11章：第1章介绍高熵合金的发展过程；第2章介绍高熵非晶合金的一系列性能；第3章和第4章对高熵合金进行系统介绍，进而更好地预测其性能；第5章～第7章介绍高熵合金的设计理念、制备方法等；第8章对高熵合金性能进行深入介绍；第9章主要介绍高熵合金的相形成规律；第10章重点介绍高熵合金的抗辐照性能；第11章介绍其应用的新领域与新技术。

全书内容以作者深厚的理论知识和丰富的长期科研实践经验为基础，具有很强的理论性、科学性、系统性和实用性，视野独特，体系齐全，充分反映了该领域的前沿和关注的问题，是适应于高熵合金研究及其知识普及和应用的重要著作。本书可供广大新材料、非晶材料、材料科学等领域的科研人员、技术人员阅读或参考，也可作为相关专业大专师生的教学参考书或教材。

**图书在版编目（CIP）数据**

先进高熵合金技术/张勇等编著. —北京：化学工业出版社，2018.3（2022.1重印）

ISBN 978-7-122-31388-1

Ⅰ.①先… Ⅱ.①张… Ⅲ.①合金-研究 Ⅳ.①TG13

中国版本图书馆CIP数据核字（2018）第012460号

---

责任编辑：朱 彤　　文字编辑：向 东

责任校对：边 涛　　装帧设计：刘丽华

---

出版发行：化学工业出版社（北京市东城区青年湖南街13号 邮政编码100011）

印 装：北京盛通数码印刷有限公司

787mm×1092mm 1/16 印张15½ 字数394千字 2022年1月北京第1版第4次印刷

---

购书咨询：010-64518888　　售后服务：010-64518899

网 址：http://www.cip.com.cn

凡购买本书，如有缺损质量问题，本社销售中心负责调换。

---

**定 价：98.00元**

# 序 1
PREFACE

高熵合金是近年来采用多主元混合引入“化学无序”获得的新型合金材料，其主要特点是没有主导元素或主元。传统的合金材料大多数是稀释的固溶体，一般分为溶质和溶剂，高熵合金则是分不出何为溶质，何为溶剂的高浓度固溶体。目前高熵合金的概念已经扩展到了高熵陶瓷、高熵薄膜、高熵钢、高熵高温合金、铝镁系高熵轻质合金、高熵硬质合金等。近年来的研究发现高熵合金在低温下仍有很高的断裂韧性，在抵抗高温软化方面强于传统的合金材料，也就是在韧脆转变温度和合金软化温度之间的服役温度范围更为宽广，表现出宽温域服役的特点。同时，也有大量报道高熵合金具有更强的抗辐照性能，其辐照导致的体积膨胀明显低于锆合金和不锈钢。一般认为，高熵合金的无序复杂结构使得原子的自由程更短，离位原子和空位复合的概率更高，和ODS合金靠相界面及纳米晶材料靠晶界吸收空位的机制明显不同。

目前有关高熵合金的研究还处于探索性阶段，主要集中在高校和研究院所，如美国加州大学伯克利分校和橡树岭国家实验室研制出低温高韧性的高熵合金；德国马普研究所和美国麻省理工学院探索具有孪晶增韧（TWIP）和相变增韧（TRIP）的双相高熵合金。这些研究都表明：高熵合金的发展潜力巨大，其应用领域将十分广泛。核能领域需要大量的特殊材料，需要具有抗辐照、抗氧化、抗腐蚀、耐高温、焊接性好、组织稳定性好等特点的材料。传统的合金设计理念面临许多挑战，高熵合金的提出，为此开辟了新的方法。

需要强调的是，中国多个机构和一些学者在高熵合金领域做出很多前沿性的成果，国家自然科学基金委工程材料学部也新增了高熵合金的研究方向。北京科技大学新金属国家重点实验室的张勇教授（我曾指导过的博士生）认为：“我们几乎已经探索过传统金属的所有方面，而对于高熵合金这方面的研究是全新的。”张勇教授是我国最早对高熵合金的理论与制备技术及应用进行深入、系统、广泛的研究的科研人员之一，他领导的研究组在块体高熵合金、高熵合金薄膜、高熵合金纤维等方面均有前沿性工作，他提出了高熵合金的相形成判据，发展了高熵合金理论。张勇等统计了大量的高混合熵合金，从原子尺寸错配度、混合焓和混合熵角度进行系统分析，并用Adam-Gibbs方程作出了解释；提出的“熵”和“焓”在熔点附近的平衡参数$\Omega$在高熵合金研究中发挥了重要作用。张勇教授在高熵合金方面的研究活动及成果已在国内乃至国际产生了重要影响，并被同行所熟知。

目前人们对高熵合金的研究还处于初始阶段，作为一个材料研究的新兴领域，高熵合金有着很高的研究价值与广阔的应用前景。目前关于高熵合金的书籍还很少，这与快速发展的高熵合金领域不相适应。因此，迫切需要出版一本高熵合金方面的内容全面、系统的专著。张勇教授根据高熵合金学科的发展，组织相关科研人员撰写了这本高熵合金专著。该专著系统概括总结了高熵合金在基本理论、设计、制备、应用等方面的研究进展，综合了近年来高熵合金的新理论和技术成果以及编者多年的科研成果。该著作内容全面、系统而深入，是适应于高熵合金研究及其知识普及和应用的重要著作。相信此书对高熵合金研究者、相关技术人员和教师及学生具有重要的指导意义。相信此书能进一步推动高熵合金这一新兴领域在国内的发展，引领更多的科研工作者去探索高熵合金这一丰富领域。

中国工程院院士

中国核学会理事长

李冠兴

2018年5月

# 序2

PREFACE

探索新材料是人类永恒的目标之一。传统探索新材料的方法主要是通过改变和调制化学成分，调制结构及物相、调制结构缺陷来获得新材料。近几十年来，人们发现通过调制材料的“序”或者“熵”，也能获得新型材料。如非晶合金就是典型的通过快速凝固，引入“结构无序”而获得的高性能合金材料。实际上，通过改变和调制“结构序”和“化学序”都可以获得性能独特的新材料。高熵合金就是近年来采用多主元混合引入“化学无序”获得的新型材料。所以，高熵合金实际上还有不同的名字，如多组元合金、多主元合金、成分复杂合金、高浓度复杂合金、多基元合金等。从玻尔兹曼的“构型熵”公式不难发现，高熵合金或材料表现为更多的主元（组分）和更高的主元（组分）浓度。从热力学上看高熵合金可以具有更低的吉布斯自由能，在某些情况下可能表现出更高的相和组织稳定性。动力学上，高熵合金或材料表现出缓慢和迟滞的特性，当然材料的特性绝不是仅仅由“熵”决定的，热力学焓的作用也非常重要。近年来的研究发现高熵合金在硬度、抗压强度、韧性、热稳定性等方面具有潜在的显著优于常规金属材料的特质，在耐高温合金、耐磨合金、耐腐蚀合金、耐辐照合金、耐低温合金、太阳能热能利用器件等方面有重要应用前景。

目前，世界上很多研究机构及一些学者进行了大量研究。中国大陆多个机构和一些学者在高熵合金领域做出很多前沿性的成果，国家自然科学基金委工程材料学部也新增了高熵合金的研究方向。例如，本书的主要作者张勇教授（曾在我的课题组做博士后科研工作），是大陆最早对高熵合金的理论与制备技术及应用进行了深入、系统、广泛的研究的科研人员之一，他领导的研究组在块体高熵合金、高熵合金薄膜、高熵合金丝等方面均有前沿性工作。他提出了两种新的高熵合金，发展了高熵合金理论，提出的“熵”和“焓”在熔点附近的平衡参数 $\Omega$ 在高熵合金研究中发挥了重要作用。张勇教授的高熵合金方面研究活动及成果已在国内乃至国际产生了影响，并被同行所熟知；他多次担任中国材料研究学会年会的“高熵和噪声”分会主席，曾参与主办了美国 MRS 秋季会议高熵合金分会，参与主办了国内大陆多次高熵合金研讨会。

遗憾的是中国内地目前关于高熵合金的书籍还很少，这和快速发展的高熵合金领域不相适应。令人高兴的是，张勇教授根据高熵合金学科的发展，组织相关专家一起撰写了这本高熵合金专著。该专著系统概括总结了在高熵合金基本理论、设计、制备、应用，典型高熵合金研究，高熵合金发展前景等方面迄今所取得的成果。这些作者都是活跃在高熵研究前沿的专家学者，在高熵合金领域卓有建树。所以，该著作内容全面、系统而深刻，是适应于高熵合金研究及其知识普及和应用的重要著作。相信此书对高熵合金研究者、相关技术人员和教师及学生产生积极的作用，进一步推动高熵合金这一新兴领域在国内的发展。

中国科学院院士

中国科学院物理研究所研究员

2018 年 5 月

# 序 3

PREFACE

高熵合金自20世纪90年代由中国台湾学者叶均蔚教授明确发现并开始进行系统试验与理论研究以来，因其在硬度、抗压强度、韧性、热稳定性等方面具有潜在的显著优于常规金属材料的特质，及其作为耐高温合金、耐磨合金、耐腐蚀合金、耐辐照合金、耐低温合金、太阳能热能利用器件等方面的前景，在二十多年里已被世界上多个研究机构及一些学者进行了大量研究，并产生了相当数量的学术论文、发明专利、专著等成果。如美国加州大学伯克利分校和橡树岭国家实验室在 *Science* 上发表了低温高韧性的高熵合金文章；德国马普研究所和美国麻省理工学院在 *Nature* 上发表了同时具有孪晶增韧（TWIP）和相变增韧（TRIP）的双相高熵合金。我国也有多个机构和一些学者进行着研究，并已产生了很多前沿性的成果，在中国内地目前只有部分关于高熵合金的书籍，如张勇著的《非晶与高熵合金》、梁秀兵等编著的《电弧喷涂亚稳态复合涂层技术》和我编著的《金属材料学》第三版，再加上高熵合金领域发展很快，目前迫切需要一本有关高熵合金方面内容全面、系统的专著出版。本书的作者张勇和陈明彪都是我指导过的研究生，陈明彪教授在青海大学曾主讲多门材料科学方面的课程。张勇教授自21世纪初在北京科技大学新金属材料国家重点实验室开始高熵合金研究以来，对高熵合金的理论与制备技术及应用进行了深入、广泛的研究，在块体高熵合金、高熵合金薄膜、高熵合金丝等方面均有一些前沿性研究；提出了两种新的高熵合金，发展了高熵合金理论。张勇的高熵合金方面的研究活动及成果已在国际上产生了影响，并被同行所熟知；多次担任中国材料研究学会年会的高熵和噪声分会主席，曾参与主办了美国MRS秋季会议高熵合金分会，参与主办了国内多次高熵合金研讨会。此书是适应高熵合金研究及其知识普及和应用的重要著作，其内容全面、系统而深刻，基本概括总结了在高熵合金领域的基本理论、设计、制备、应用，以及典型高熵合金研究和高熵合金发展前景等方面迄今所取得的成果。我期望本书对高熵合金研究者、相关技术人员和教师及学生产生积极的作用。

北京科技大学教授

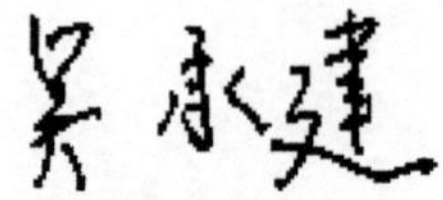

2018 年 1 月

# 前言

FOREWORD

探索新型材料是人类文明发展进程中的永恒追求。传统研发新材料的办法是基于一种或两种主元或组分，通过添加少量的其他主元或组分，以达到优化材料性能的目的，满足人类的实际使用要求。近年来，人们开始从调节材料的“序参量”，有序或无序的程度，或者“熵参量”来研究和发展材料。“序参量”也分“结构序”和“化学序”参量。前者主要指空间结构上的序，后者主要指化学占位上的序。众所周知的例子，如非晶合金、有序金属间化合物高温材料、高熵合金等。

高熵合金是基于“化学无序”发展的新材料，主要提出了从熵的角度开发和研究合金材料，突破了过去合金材料基元的限制。到目前为止，高熵合金经历了三个主要阶段：第一，五元-等原子比-单相固溶体合金；第二，四元或五元-非等原子比-多相合金；第三，高熵薄膜或陶瓷。

第一个阶段主要是研究熵如何稳定化学无序的固溶体结构或结构无序的非晶结构，熵和焓如何协同作用影响合金相的形成，并提出各种预测高熵合金相形成的判据；高熵合金的强化机制，特别是固溶强化，因为高熵合金是典型的“浓固溶体”区别于传统合金“稀固溶体”；并总结出了高熵合金的五大特点，即高温稳定性好、低温高韧性、抗辐照肿胀率、缓慢扩散效应、晶界能和层错能低。

第二个阶段的研究是基于实际的工程应用，需要降低合金的成本，先报道了五元-非等原子比-双相合金，实现了孪晶增韧（TWIP）和相变增韧（TRIP）同步产生，导致其强度和室温塑形同步提高；具有良好铸造性能的共晶高熵合金；具有良好综合性能和高温性能的析出强化高熵合金等。

第三个阶段主要是以混合组分为基础，如几种碳化物或几种氮化物或氧化物，形成陶瓷的置换固溶体，预期得到更高的热稳定性或生物相容性。混合的办法可以是物理气相沉积（PVD）、磁控溅射（Sputter）、固相反应、烧结等。

本书将为读者提供关于高熵材料一个概括的总结，为对高熵合金感兴趣的读者提供一个引子，以便将来进行更深入、系统的研究。本书总共分为11章，具体分工如下：张勇负责全部的统筹安排和撰写，其中张蔚冉负责第1章撰写，王军强、赵昆、高选桥和霍军涛负责第2章撰写，左婷婷和张涛负责第3章、第7章、第11章撰写，田付阳负责第4章撰写，陈明彪负责第5章和第6章撰写，杨潇负责第8章和第9章撰写，夏松钦负责第10章撰写。在本书撰写中，张敏和李冬月在排版和校对方面做了细致的工作。编著者对此表示衷心的感谢和崇高的敬意！

由于高熵合金是近期研究的热点，涉及的学科多、发展快，加上编著者水平和学识有限，在取材和论述方面会存在不妥之处，敬请广大读者批评指正。

张　勇

2018年3月

# 目录
CONTENTS

## 第 1 章　绪论 / 001

## 第 2 章　高熵非晶合金及相关材料 / 054



## 第 3 章　高熵合金的概念 / 076



## 第 4 章　第一性原理方法在高熵合金中的应用 / 089

## 第 8 章 高熵合金的性能特点 / 151



## 第 9 章 高熵合金的相形成规律 / 169

## 第 10 章　高熵合金的抗辐照性能 / 188



## 第 11 章　高熵合金的应用前景 / 206

# 第 1 章

# 绪论

## 1.1　材料的发展

### 1.1.1　材料的定义及其分类

任何事物都有结构，不管是虚拟的还是实际的，并且任何结构都是有序和无序的统一。序是有层次的，对每个层次上的序的度量非常重要，既可以用标量，也可以用矢量来表征。熵，作为热力学里的参数，一般认为是无序度或混乱度，也可以是有序度的倒数。朗道的相变理论就是建立在序参量的基础之上。有序或无序的变化，是目前研究最多的，所以熵是一个很重要的参量。当然，目前研究较多的拓扑相变，是以物质的聚集形态为度量指标，但同时也有熵的变化，如一维的纤维、二维的薄膜、三维的块体材料。拓扑相变对材料里的电子很重要，特别是金属材料，因为一般认为金属的价电子是自由的。一个特殊的例子就是在测量合金的矫顽力时，最好采用环形样品，如图 1-1 所示。

图 1-1　测量磁性矫顽力用的拓扑环形样品

本书主要谈实际的事物，即材料，一般认为有用的物质就是材料。实际上物质都是有用的。材料目前可分为硬材料和软材料。以力学性能，如强度、模量、韧性、塑性等性能为主要指标的材料为硬材料，以其他性能为主要指标的为软材料。欧洲人对玻璃有独特的钟爱，而中国人更倾向于使用陶瓷。图 1-2 为欧洲早期使用的玻璃器皿和中国的陶瓷器皿。两种材料的工艺特点完全不同，玻璃的成型是在玻璃软化温度以上塑性成型，即吹塑玻璃成型，如图 1-3 所示。相对于玻璃使用单一的氧化硅原料来说，陶瓷一般采用多种原料，然后将多种原料组合从而实现特定效果，后来这一现象被人类广泛使用，如中药的配方就是许多不同的药材混合在一起。而很多情况下，多种原料的组合是生活经验的积累，具体的原理仍需要利用现代的科学分析方法进行验证，特别是原料之间的交互作用，一级、二级或三级等高级作用。

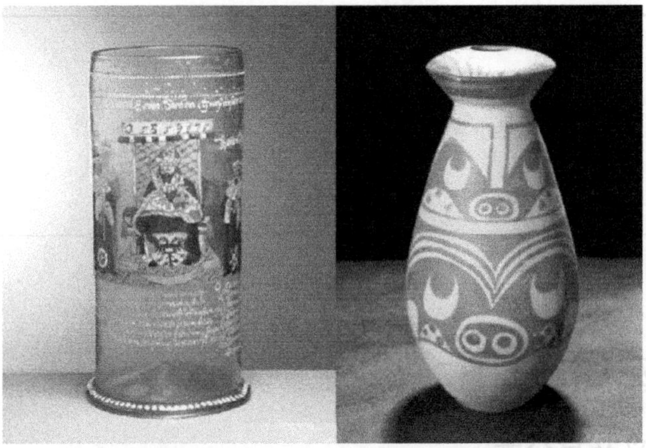

(a) (b)

图 1-2 欧洲早期使用的玻璃杯（a）和中国的陶瓷器皿（b）

图 1-3 玻璃的热塑成型过程

随着材料历史的不断发展，究其最后，以按成分对材料进行分类较为常见，例如按塑料、钢铁、木材等分类。这样的分类，既能直接反映材料的本质属性，又具有形象生动的效果。随着社会的发展，尤其是工业革命之后，生产工具等的发展在很大程度上取决于金属材料。金属材料的发展为社会的发展奠定了重要的物质基础，是人类社会发展史上最具代表性的物质之一。由于纯金属材料的应用非常有限，所以多数金属材料是由不同种金属元素或金属元素与非金属元素相结合而成。如奠定第一次工业革命物质基础的钢铁就是以铁和碳为基础的金属材料。金属材料是指金属元素或以金属元素为主构成的具有金属特性材料的统称，通常分为黑色金属、有色金属和特种金属材料。黑色金属又称钢铁材料，包括含铁 90%以上的工业纯铁，含碳 2%～4%的铸铁，含碳小于 2%的碳钢，以及各种用途的结构钢、不锈钢、耐热钢、高温合金、精密合金等，广义的黑色金属还包括铁、铬、锰及其合金；有色金属是指除铁、铬、锰以外的所有金属及其合金；特种金属材料又涵盖结构金属材料和功能金属材料两大类。与陶瓷材料、高分子材料相比，金属材料具有强度高、塑性好的综合优势，因而可保障其作为功能结构材料的安全性。

### 1.1.2　金属材料的发展简史

从一定程度上来讲，金属材料是人类赖以生存和发展的物质基础，对人类社会的发展具有重要的推动作用。从某种意义上说，人类文明史也是金属材料的发展史，金属材料的每一次重大突破，都会给社会生产力带来鲜明的变革。按金属材料的发展进行划分，有以下几个鲜明的历史时期。原始社会，人类主要用石头作为工具，这个时期称为旧石器时代。随着人类文明的进步，我们的祖先又发明了瓷器，这个时期又称为新石器时代。烧制的陶器和瓷器为冶炼技术的产生提供了物质基础，随着人类开始冶炼矿石，出现了铜及其合金——青铜。金属材料的出现使社会生产力得到很大提高，人类开始进入到青铜器时代。通过冶炼铜及其合金，使人类积累了大量经验，促使社会生产力得到空前提高，人类开始进入到铁器时代。在铁器的基础上，进而快速发展到钢铁时代，钢铁的发展决定了一个国家的工业水平。在金属材料发展的同时，非金属材料也得到了极大发展。材料发展到今天，随着增强体和基体两种形态复合形成的复合材料的出现，已经很难用金属和非金属加以区别。例如，将金属与陶瓷复合，既保持陶瓷硬度，又兼顾较高的韧性。

钢铁的发展，从一定程度上来说，促进了科学技术的发展；而科学技术的发展，反过来又促进了钢铁和其他有色金属的发展。随着社会的发展，各种合金如雨后春笋般出现，如常见合金，钢铁、硅铁、锰铁、铜合金、焊锡、硬铝、18K 黄金、18K 白金、铝合金、镁合金、硅锰合金等；特种合金，耐蚀合金、耐热合金、钛合金、磁性合金、钾钠合金、镍基高温合金等；新型合金，轻质合金、储氢合金、超耐热合金、形状记忆合金、非晶合金以及下面要介绍的高熵合金等。尤为需要注意的是，这里所说的合金是指以一种或两种金属元素为基，通过合金化工艺添加其他金属或非金属元素而形成的具有金属特性的材料。此外，合金不是一般概念上的混合物，甚至可以是纯净物，如铜、锌组成的黄铜是具有单一相的金属化合物合金。

合金的分类是根据合金中含量较大的主要金属元素的名称而称其为某某合金，如铜含量高的为铜合金，铝含量高的为铝合金，其性能主要保持铜与铝的性能。合金中少量的某种元素可能会对其性能产生很大影响，如钢中添加的少量碳元素会促使其强度远大于主要元素铁的强度，铁磁性合金中的少量杂质会导致其磁性能产生强烈的变化等。合金的种类虽然繁多，但具有一些通性：①多数合金熔点低于其组分中任一组分金属的熔点；②硬度一般比其组分中任一金属的硬度大；③合金的导电性和导热性低于任一组分金属，利用合金的这一特性，可以制造高电阻和高热阻材料，还可制造有特殊性能的材料；④部分金属抗腐蚀能力强（如不锈钢），如在铁中掺入 15%的铬和 9%的镍得到一种耐腐蚀的不锈钢，称之为高铬高镍合金，适用于化学工业领域。正是由于合金的性能优于纯金属材料，所以合金一经出现就被广泛应用于日常生活、工业生产及国防等各个领域。例如，铝合金被广泛应用于汽车、飞机等制造行业，镁合金被广泛应用于医疗器械、健身器材等领域。合金的应用极大地提高了人们的生活水平，加快了社会的发展。主要的合金应用领域，如图 1-4 所示。

### 1.1.3　高熵合金的发现

化学成分、原子排列结构以及内部微观组织是决定金属材料性能的内在基本因素，这三者之间既有区别，又相互关联、相互制约，综合起来决定了材料的性能。具体来说，由于不同金属材料原子上微小的变化，才使金属材料表现出不同的物理特性，如不同金属材料的密度、熔点、电阻率、导热性、导电性等的不同。但是，对于同一种化学成分的金属材料，甚至结构相同的材料，经过不同的处理工艺，某些性能仍会表现出很大的差别。例如，同一化学成分的某种钢的不同制件，经过淬火处理工艺，硬度大大提高，这就是所谓组织决定了金属材料的性

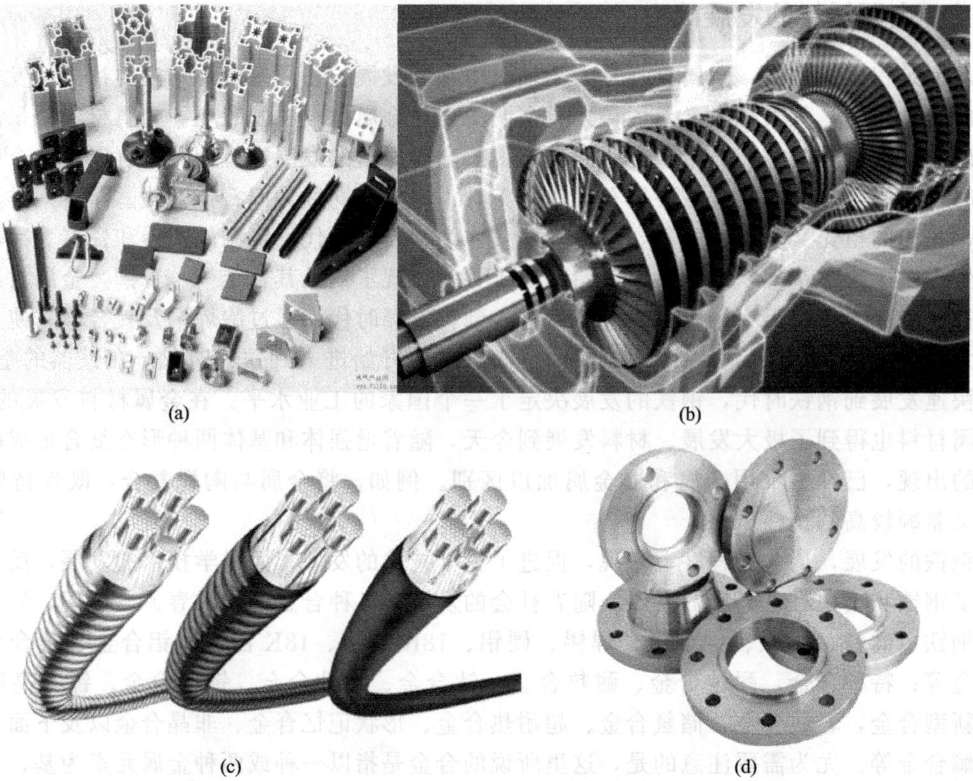

(a) (b) (c) (d)

图 1-4 主要的合金应用领域

能。一般人们谈到材料的性能，化学成分都已给定，金属材料的性能主要由其微观组织结构来决定。当外界条件影响到金属材料的内在因素时，金属材料的组织将发生变化，从而金属材料表现出来的宏观性能也将产生变化。

金属材料的广泛使用，极大地推动了人类社会的进步。最近一百多年来，金属材料得到了有史以来最快的发展。科研工作者通过不懈努力，有力地拓展了金属材料的应用领域。同时人们也注意到，人类开发的金属材料通常只有一种最主要的元素，习惯上以此元素来命名金属，比如以铁元素为主的钢铁材料，以铝元素为主的铝合金和以钛元素为主的钛合金等。这种限制使得金属材料性能的改善一度遇到瓶颈。人们对于合金的研究是不是就“囿于传统不思创新”呢？答案显然是否定的。尤其是随着工业与科技的发展，研究人员不断探索和突破合金的化学成分范围，寻找性能优异的新型金属结构材料。例如，金属间化合物结构材料和大块非晶金属材料等，一般都包含两种或两种以上的基本组成元素。尤其是大块非晶金属材料，根据日本学者井上（Inoue）经验三原则[1]：①合金体系至少包括三种以上的主元；②主元与主元之间的原子尺寸差比较大，至少超过 12%；③主元与主元之间有负的混合焓，已经成功设计出毫米级甚至是厘米级厚度的非晶材料，并投入使用。虽然大块非晶合金具有很高的强度，但是在应用上也存在一定缺陷，研究发现多数大块非晶合金在室温下是脆性的，并且其耐高温性能受到晶化温度或玻璃化转变温度的影响。

金属合金形成非晶合金一般需要至少两种元素，成分一般在共晶点附近，纯金属元素形成非晶合金理论上需要很高的冷却速率或特殊工艺。一般铜辊甩带法的冷却速率在 $10^6$ K/s 左右，这也是传统非晶合金形成的冷却速率，一般此种方法形成的非晶合金厚度是微米级别，几十到几百微米，或者粉末状。1990 年以后发展的大块非晶合金，就是非晶合金具有一定的厚度，一般为毫米级厚度，此时非晶的形成需要的冷却速率在每秒几百摄氏度到每秒几摄氏度。

按照井上教授的观点，形成非晶合金至少需要三种以上的主元。例如，美国加州理工学院发明的合金 VIT1 含有五种主元，锆、钛、铜、镍和铍。因此，有一种观点认为，从混合熵的角度讲，合金主元越多，其在液态混合时的混合熵就越大，在等原子比时，即合金成分位于相图的中心位置，混乱度最高，此时非晶形成能力是否最高？英国剑桥大学的 Greer 教授提出混乱（confusion principle）原理，即合金主元越多，越混乱，非晶形成能力就越高。

英国牛津大学的 Cantor 教授等[2] 通过实验证伪了混乱原理。按照 Greer 教授的混乱原理，由 20 种或者 16 种元素等摩尔制备的合金，其混合熵必然高，即会形成大尺寸的块体非晶合金，然而实验结果却与预期的相反。Cantor 等进行感应熔炼和熔体旋淬快速凝固实验后发现，由 Mn、Cr、Fe、Co、Ni、Cu、Ag、W、Mo、Nb、Al、Cd、Sn、Bi、Pb、Zn、Ge、Si、Sb 和 Mg 按原子分数为 5%等摩尔比合金化后，其微观结构呈现很脆的多晶相。同样的结果在由 Mn、Cr、Fe、Co、Ni、Cu、Ag、W、Mo、Nb、Al、Cd、Sn、Pb、Zn 和 Mg 按原子分数为 6.25%等摩尔合金化的样品中也有发现。有趣的是，在对上面两种合金的晶体结构进行研究时发现，合金化的样品主要由 FCC 晶体结构组成，尤其是在富集 Cr、Mn、Fe、Co 和 Ni 五种元素的区域。随后 Cantor 等根据这一现象，设计制备了等摩尔的 $Cr_{20}Mn_{20}Fe_{20}Co_{20}Ni_{20}$ 合金，通过研究发现，该合金在铸态下呈单相典型的枝晶组织，晶体结构为单相固溶体结构[3]。随后，张勇等[4,5] 研究学者又成功制备出多个体系的等原子比或近等原子比的多基元晶态合金，例如体心立方结构的 AlCoCrFeNi 等，并统计了大量的高混合熵合金，从原子尺寸差、混合焓与混合熵方面进行系统分析，并利用 Adam-Gibbs 方程进行解释。通常来看，这种简单结构的晶态固溶体是多基元合金的典型形态。

可以看出，高熵合金是近年来在探索大块非晶合金的基础上，发现的一类无序合金，主要表现为化学无序。一般为无序固溶体，原子在占位上随机无序。高熵合金具有显微结构简单、不倾向于出现金属间化合物、具有纳米析出物与非晶质结构等特征。当然目前高熵合金已经发展到高熵非晶、高熵陶瓷和高熵薄膜。高熵合金的固溶体不同于传统的端际固溶体，有一种元素为溶剂，其他元素则为溶质。对于高熵合金所形成的无序固溶体，很难区分哪种元素是溶剂，哪种元素是溶质，其成分也一般位于相图的中心位置，具有较高的混合熵，通常称之为高熵稳定固溶体[6]。由于高熵合金具有非常高的混合熵，常常倾向于形成 FCC 或 BCC 简单固溶体相，而不形成金属间化合物或者其他复杂有序相。独特的晶体结构使得多主元高熵合金呈现出许多优异性能，例如高强度，高室温韧性，以及优异的耐磨损、耐氧化、耐腐蚀性和热稳定性。高熵合金独特的组织特征和性能，不仅在理论研究方面具有重大价值，而且在工业生产方面也有巨大的发展潜力。目前在一些领域，有一些高熵合金材料已经作为功能和结构材料而使用。高熵合金的发现正好弥补了大块非晶合金的室温脆性和耐高温性能易受到晶化温度或玻璃化转变温度的影响等缺点，特别是高熵合金的耐高温性，高温相结构更稳定。由于飞机发动机等使用的高温合金和大块非晶材料中合金元素种类越来越多，含量越来越高，高熵合金的研究也有望对这些重要材料的发展提供很好的理论指导，因此高熵合金的概念一经提出就引起了人们广泛的关注[7]。

高熵合金被认为是最近几十年来合金化理论的三大突破之一（另外两项分别是大块金属玻璃和橡胶金属）。高熵合金独特的合金设计理念和显著的高混合熵效应，使得其形成的高熵固溶体合金在很多性能方面具有潜在的应用价值，有望用于耐热和耐磨涂层、模具内衬、磁性材料、硬质合金和高温合金等。目前关于高熵合金的应用性研究，主要包括集成电路中的铜扩散阻挡层，四模式激光陀螺仪，氮化物、氧化物镀膜涂层，磁性材料和储氢材料等。总之，未来高熵合金的应用前景十分广泛，同时可以很好地弥补块体非晶合金应用中的室温脆性大和无法在高温下使用的缺点。

图 1-5 分别为传统合金制成的香炉、灯台、日用品和娱乐设施。图 1-6 为钻头、涡轮、高尔夫球头、电子元件等高熵合金制品。

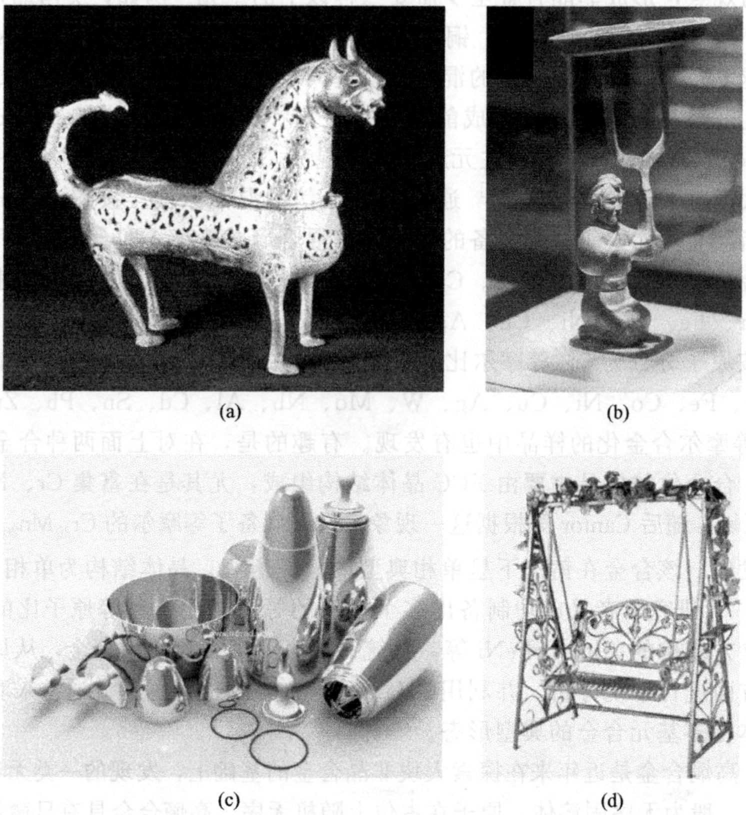


图 1-5　传统合金制品

(a) 香炉；(b) 灯台；(c) 日用品；(d) 娱乐设施

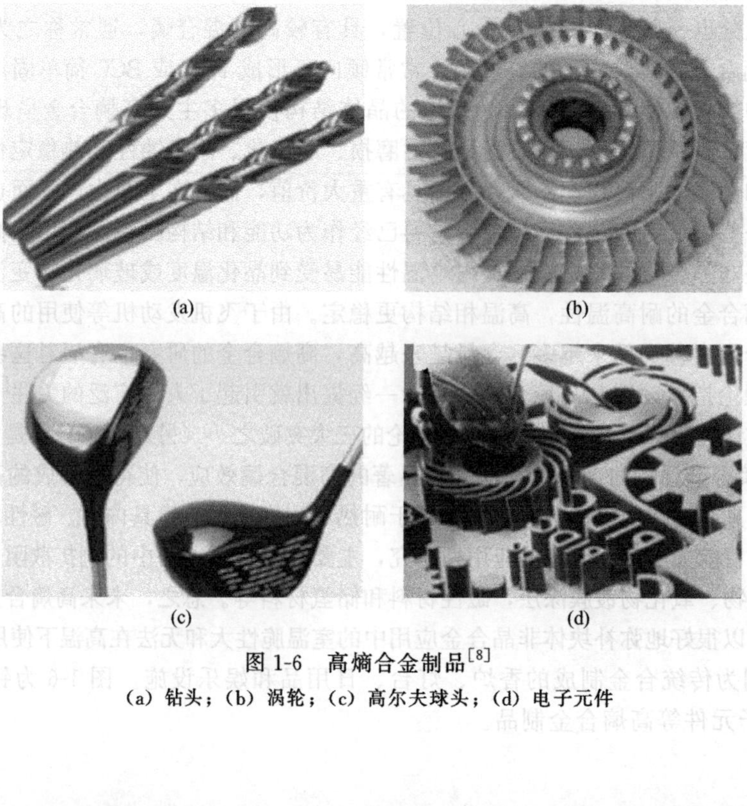


图 1-6　高熵合金制品[8]

(a) 钻头；(b) 涡轮；(c) 高尔夫球头；(d) 电子元件

# 1.2 高熵合金的发展

## 1.2.1 高熵合金的历史背景

众所周知，关于多主元合金（multi-principal element alloys，MPEAs）和高熵合金（high-entropy alloys，HEAs）的概念最早是在 2004 年首次正式提出的，但是相关工作却在很早之前就开始了。对于多主元合金来说，最早是在 20 世纪 70 年代 Cantor 教授的一名本科生的毕业论文中出现的，随后，1998 年，在另外一名本科生的毕业论文里再次出现。多主元合金的概念正式提出是在 2002 年的一次会议上，相关研究随后在 2004 年正式发表。由于文章中研究的合金 CrMnFeCoNi 结构呈现晶态单相固溶体结构，与之后提出的高熵合金的研究方向相一致，故 CrMnFeCoNi 合金也被称为“Cantor 合金”[2]。关于高熵合金的研究工作可以追溯到 1995 年，当时中国台湾学者叶均蔚教授的团队已经在研究高混合熵与合金主元及相组成之间的关系了。当时，他们认为高的混合熵能够在增加合金元素数量的同时减少合金的相形成，并随后对 59 种元素的不同组合进行了 40 余次实验，并且每次都保证合金的等原子比。根据此系列实验数据，该课题组一名博士的论文对含有 Ti、V、Cr、Fe、Co、Ni、Cu、Mo、Zr、Pd 和 Al 以及 B［无或者含有 3%（原子分数)］的 20 种合金进行分析和讨论。该论文将此 20 种合金分为 Cu 系列、Al 系列和 Mo 系列三组，每一组都包括 6～9 种元素，如 Cu、Al 或 Mo+TiVFeNiZr+Co+Cr+Pd+0 或 3%（原子分数）B。通过研究发现，这些合金在铸态下均呈现典型的枝晶结构。根据组成元素和合金状态的不同（铸态或完全退火），合金的硬度范围为 590～890HV，铸态下和完全退火后的合金其硬度无明显差异。对于同系列合金而言，合金的硬度随着主元数的增多而上升，并且少量地添加 B 元素也能提升其硬度。研究还发现，合金在 $H_2SO_4$、$HNO_3$、HCl 等强酸中有很好的耐腐蚀性能。此后，在 1998 年和 2000 年，该课题组的另外两名硕士的毕业论文中也先后出现了与高熵合金相类似的概念。直到 2004 年，叶均蔚教授课题组的 5 篇关于高熵合金的文章先后公开发表，并在论文“Nanostructured high-entropy alloys with multiple principal elements: novel alloy design concepts and outcomes”中首次正式提出高熵合金的概念并予以定义[9]。

值得一提的是，相较于大家所熟知的关于多主元合金和高熵合金的里程碑式的文章而言，更早期的工作也是有必要提到的，这样有助于我们更加全面了解高熵合金的发展历程。最早关于等质量分数的报道是一个对七元合金的性能的报道，并且对 900 种中包含 11 种元素的合金进行了表征（1963)。另外一篇关于多主元合金的报道是在 2002 年，当时是 Cantor 教授课题组为了证伪金属玻璃的“混乱原理”而做的相关研究，这是第一次提出并对多主元合金概念进行阐述，并且也是第一次对多主元合金概念给出相关实验数据。2003 年，张勇等在文章“Correlation between glass formation and type of eutectic coupled zone in eutectic alloys”中提到了高熵（high entropy）的概念。关于高熵合金概念的另外一篇重要文章也在 2003 年发表，这篇文章虽然没有给出任何实验结果，但是对于高熵合金概念的提出和高熵合金的发展起到了重要的推动作用。

## 1.2.2 高熵合金的相关发展

最早中国台湾学者叶均蔚教授定义的高熵合金是需要满足如下两个条件：①合金含有五种以上的主要元素；②每种主要元素的含量在 5%～35%（原子分数）之间[9]。这个定义只是从合金的成分组成上定义了高熵合金，但没有考虑合金形成的相结构。另一种高熵合金的定义在于高熵合金需要形成单相的固溶体，而且是等原子比或接近等原子比合金。一般的问题主要是高熵合金的熵到底高不高，有多高，形成什么相或组织。除了熵的作用外，热力学焓和动力学因素冷却速率的作用很大。

随着研究的深入，人们开始对高熵合金的定义也产生了疑问：高熵合金是否必须是五元等原子比合金？美国空军实验室 Senkov 博士认为 NbMoTaW[10] 和 NbTiVZr[11] 四元等原子比合金也是典型的高熵合金。美国田纳西大学 Egami 教授等认为三元等原子比合金 ZrNbHf，可以形成单相固溶体，也是高熵合金[12]。到目前为止，已经发现了体心立方（BCC）、面心立方（FCC）和密排六方（HCP）结构的高熵合金，如图 1-7 所示。由此三元和四元合金同样可以形成简单的无序固溶体结构。事实上，相比于传统合金，三元或四元等原子比合金的混合熵已经明显高于传统合金的熔化熵，同样具有高的混合熵。同时，部分高熵合金中存在的析出相可以起到增强合金的强度和抗蠕变性能的作用。

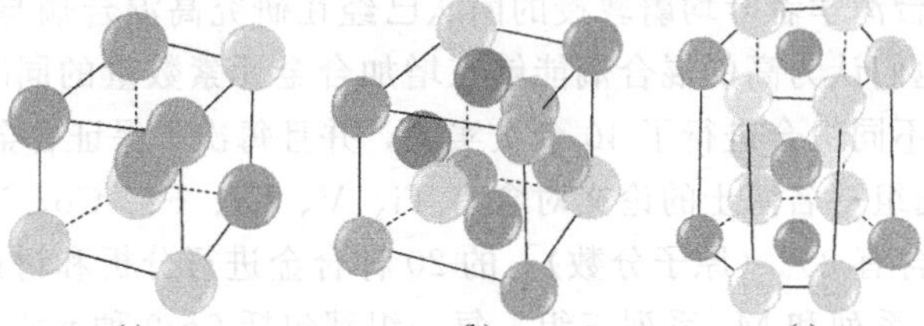


图 1-7 高熵合金的晶体模型

(a) 体心立方；(b) 面心立方；(c) 密排六方

中国科学院金属所王绍卿[13] 研究员根据最大熵原理以及熵力概念，通过使用蒙特卡洛计算机模拟了高熵合金的 FCC 和 BCC 相结构，提出了高熵合金的类晶体模型，如图 1-8 所示。

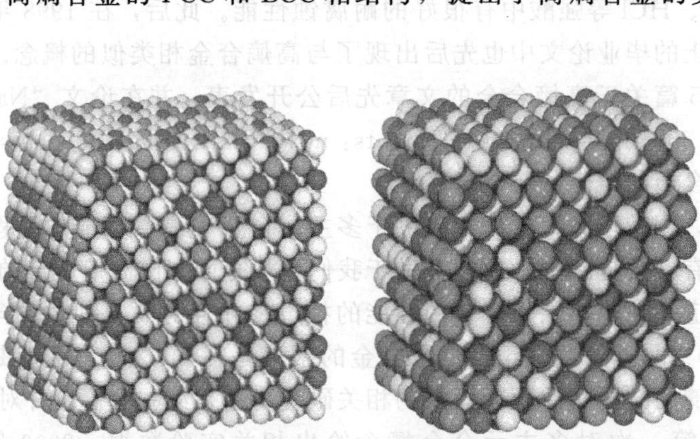


图 1-8 高熵合金的类晶体模型[13]

(a) 面心立方，CoCrFeMnNi；(b) 体心立方 AlCoCrFeNi

近年来，高熵合金的概念得到了进一步发展，德国马普所的 Pradeep 等[14] 提出了非等原子比高熵合金，如图 1-9 所示，甚至高熵合金钢的概念，这样就可能减少贵金属元素的含量，从而设计出低成本和性价比高的实用性强的新合金材料。例如，在航空领域，机身材料是最重要的结构材料，它需要有较高的强度去保证材料的稳定性和低密度特性来提高飞机的结构效率，降低结构质量系数和提高飞机的运载能力。因此，对航空材料最主要的性能要求为低密度和高强度。目前航空材料主要集中于钛合金和铝合金材料，但它们的设计理念主要是基于“一种主要元素”准则，该准则限制了合金在成分选择上的自由度。然而，现有的多主元高熵合金几乎不能满足上述领域对低密度高强度材料的需求，因为现在对高熵合金的大部分研究主要集中于过渡金属上，如 Mn、Fe、Co、Cr、Ni、Zr、Ti 和 Cu，由这些过渡金属元素所形成的高熵合金会产生很高的密度。

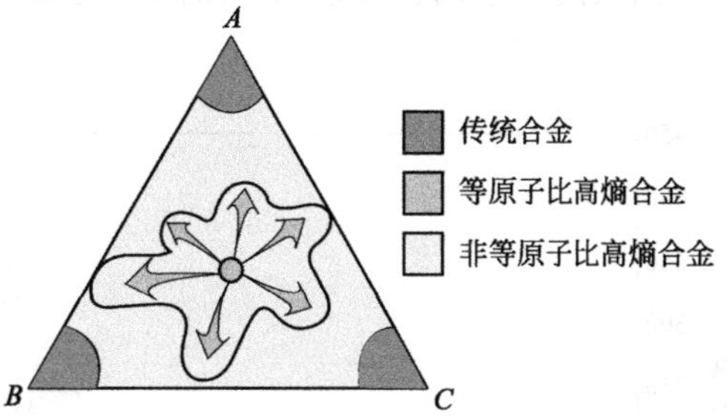


图 1-9 等原子比高熵合金、非等原子比高熵合金和传统合金在相图中的位置[14]

张勇课题组根据这一时代要求，较早地对轻质高熵合金进行了研究，随后对 $Al_{80}Li_5Mg_5Zn_5Cu_5$ 和 $Al_{80}Li_5Mg_5Zn_5Sn_5$ 合金开展了一系列研究[15]。这两种合金的实际密度分别为 3.08g/cm$^3$ 和 3.05 g/cm$^3$，远远低于传统的钢铁材料，处于钛合金和铝合金密度之间。对这两种合金的微观组织进行分析后发现，尽管在这两种多主元合金中有其他相存在，但是固溶体相（α-Al）的体积分数远远大于其他相；在压缩试验中，多主元合金 $Al_{80}Li_5Mg_5Zn_5Cu_5$ 和 $Al_{80}Li_5Mg_5Zn_5Sn_5$ 呈现出高的屈服强度，分别为 488MPa 和 415MPa，断裂强度分别为 879MPa 和 836MPa，压缩变形量分别为 17 %和 16%。

此外，航空航天领域需要抗辐照材料，在放射性环境中作业的设备等表面也需要抗辐照处理。一般情况下，在微观结构方面，辐照会导致材料中晶体缺陷密度提高，如空位和间隙原子，位错和位错环，组织和相稳定性变差，出现偏析和局部有序化等现象。在性能方面，辐照会导致材料脆性增加，体积肿胀及蠕变，直至断裂和失效。尤其是核能的发展需要抗辐照材料，如核废料处理和封装用容器，核燃料包壳，核反应堆压力容器，第一回路管道，聚变堆第一壁材料。目前所建造的核反应堆多为第三代核反应堆，然而，为了进一步缓解全球能源压力，更为建造清洁高效且安全的第四代核反应堆，对核心结构材料的性能要求也更为苛刻，如工作温度更高、传热介质的腐蚀性更强、辐照剂量更大等。目前研究的高熵合金抗辐照材料的优异表现为核材料提供了新的思路，对核能的发展起到了推动作用。

到目前为止，一致的看法是，高熵合金是一种合金设计理念的突破，从混合熵或构型熵的角度来设计合金，基于这样的理念，完全有可能设计出新型材料，突破传统和已有材料的性能极限。这个观点也逐渐被近年来的研究结果所证实。

### 1.2.3 高熵合金的研究成果

2003～2014 年，高熵合金在论文质量和学术水平方面得到了进一步提升。Liu[16] 等研究了 CoCrFeNiMn 高熵合金的在不同退火温度下的晶粒生长机制，并得出了高熵合金的霍尔-佩奇关系式。Tian 等[17] 研究了具有 3d 元素分布的高熵合金的杨氏模量和晶体学取向的关系。Otto 等[18] 对混合焓和混合熵在等原子比高熵合金的相稳定性能上所起的作用进行了研究，发现构型熵对形成高熵固溶体合金的作用是有限的。Zhang 等[19] 在高熵合金软磁材料方面的研究取得了重大进展，其开发的新型高熵合金 $FeCoNi(AlSi)_{0.2}$ 展现出了非常好的综合性能，如高的饱和磁化强度，高的电阻率和良好的室温力学性能。Li 等[20] 开发出 GaMgZnSrYb 高熵大块非晶，并研究了其生物相容性和耐腐蚀性，发现该合金具有潜在的生物医学应用价值。

高熵合金的概念提出以后，引起了科研工作者的广泛关注。截至 2015 年年底，关于高熵合金研究成果已有 1000 多篇文章发表，如图 1-10 所示。但是由于对高熵合金的理解和定义还有一定的局限性，很多文章还只是限定高熵合金仅形成单相的固溶体结构，以及主元为等原子比或接近等原子比。自 2004 年高熵合金的概念提出已有 13 年的时间，由于对其概念理解的限定，高熵合金的发展步伐一直不是很快。从图 1-11 可以看出，对于高熵合金的研究主要集中在中国大陆、中国台湾地区、欧洲和美国[3]。

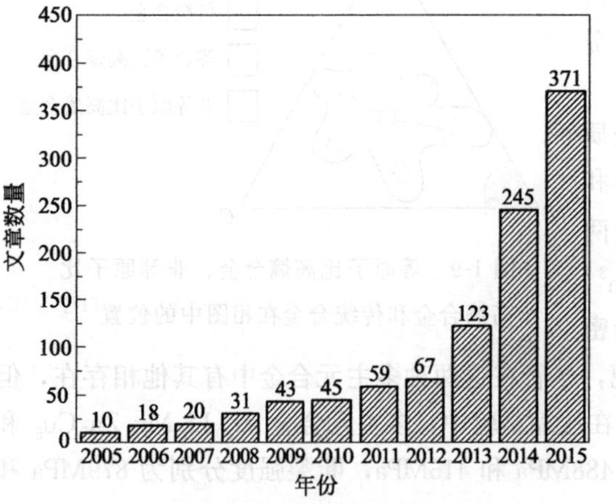


图 1-10 2005～2015 年年底高熵合金论文期刊发表数量统计[3]

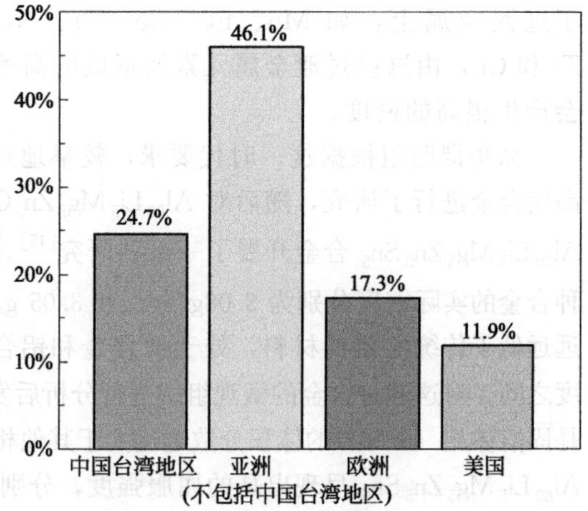


图 1-11 高熵合金研究成果在国际区域范围内的分布[3]

目前，高熵合金的研究队伍正日益壮大，不仅从广度上，更是从深度上，研究成果越来越多。美国、英国、德国、俄罗斯、印度等国家也逐渐开始认识到高熵合金的研究价值，并得到了各国政府部门如科学基金会的大力支持，其中包括研究高熵合金的辐照损伤，缺陷组织与合金性能。

## 1.3 高熵合金的热力学基础

通常的材料科学理论或相图知识告诉我们，相图中间的成分一般形成有序的金属间化合物等复杂相，固溶体一般位于相图的边角和端际，又称为端际固溶体，一般情况下溶质元素在溶剂中的占位是随机无序的，所以又称无序固溶体。结合吉布斯相律原理：

$$P=C+1-F \tag{1-1}$$

式中，$C$ 为合金主元数；$F$ 为热力学自由度；$P$ 为相的个数。可以看出主元数越多，相的个数就越多。但是大量实验发现，三种或五种以上主元的合金，可以形成单相无序固溶体或非晶的相结构，而不是多种复杂相，有人提出这种无序高熵相的形成是由于高混合熵稳定的结果，所以又称高熵合金。

谈到高熵合金不可避免就涉及了熵这个热力学的概念。熵（entropy）是热力学上代表混乱度的一个参数，一个系统的混乱度愈大，熵就愈大。如果由于原子振动组态、电子组态、磁矩组态等对一个物质系统熵的贡献较小而忽略不计，则高熵合金的混合熵的计算以原子排列的混合熵为主。熵最早是由德国物理学家克劳修斯于 1865 年提出的。对于可逆过程：

$$dS=\frac{\Delta Q}{T} \tag{1-2}$$

式中，$Q$ 为热量；$T$ 为热力学温度；$S$ 为熵。后来玻尔兹曼在 1870 年从统计物理角度出发，提出了构型数 $W$ 和构型熵的关系：

$$S=k\ln W \tag{1-3}$$

式中，$k$ 为玻尔兹曼常数，$k=1.3806488\times10^{-23}$ J/K。Gibbs-Adam 方程很好地联系了物质的黏度（或流动性）和构型熵：

$$\eta = \eta_0 \exp \frac{A}{TS} \tag{1-4}$$

式中，$S$ 为构型熵；$\eta$ 为黏度，和流动性对应。对于液体，其流动即是从一个构型向另一个构型的转变，构型越多，这种转变越连续，即流动性越好，黏度越低。合金的非晶形成能力决定于热力学和动力学双重因素，热力学上希望驱动力小，动力学上希望原子可动性差，即黏度高。从式(1-4) 不难看出，构型熵高，对应的是低的黏度，不利于对晶化的抑制，即从动力学上不利于提高玻璃形成能力。这也是混乱原理对高熵合金失效的原因。爱因斯坦-斯托克斯（Stocks-Einstein）方程如下：

$$D\eta = \frac{kT}{6\pi r} \tag{1-5}$$

式中，$D$ 为扩散系数；$r$ 为粒子半径。Stocks-Einstein 方程是解释黏度与扩散系数之间关系的。假设粒子半径为 $r$ 的钢球质点 A 在稀溶液 B 中扩散。式(1-5) 存在两个基本假设：①球形；②刚性体，这样运动基元的扩散运动就可以看成是独立的、与溶剂分子不相关的个体行为。Stocks-Einstein 方程的失效往往是由于这两个基本假设的失效：①分子非球形；②扩散基元与溶液分子存在耦合。前者的改变产生的影响可能相对小一些。Stocks-Einstein 方程在温度远高于熔点的温度区间内没问题，因为在高温区间，溶液中的分子可以看成是无关联的，这时候溶液中基元的弛豫基本上是纯指数关系。但是，最近一些实验结果表明，当温度低于一定的临界值，Stocks-Einstein 方程开始失效。至于这一临界温度，目前没有明确的定论，有人认为可能是一个称为 $T_A$ 的温度（对于大多数液体在这个温度下液体弛豫时间可能达到 $10^{-7}$s 左右），也有认为在高于液相温度几百度的温度上。无论如何，Stocks-Einstein 方程的失效都是由于溶液中原子或分子之间存在着关联，从而运动有可能变为关联（cooperative）或集团（collective）的方式。

1876 年美国著名数学物理学家和数学化学家吉布斯在康涅狄格科学院学报上发表了奠定化学热力学基础的经典之作《论非均相物体的平衡》的第一部分。1878 年他完成了第二部分。这一长达三百余页的论文被认为是化学史上最重要的论文之一，其中提出了吉布斯自由能、化学势等概念，阐明了化学平衡、相平衡、表面吸附等现象的本质。关于热力学的公式，吉布斯自由能 $G$ 由两部分组成，一部分是焓 $H$，另一部分是熵 $S$：

$$G = H - TS \tag{1-6}$$

从式(1-6) 可以看出，高熵意味着 $TS$ 这一项很高。如果在 $T$ 很高时，$TS$ 一项在降低吉布斯自由能方面会非常突出，我们这里假设 $H$ 相差不大。如果在等温和等压系统，低的吉布斯自由能表示相结构更加稳定。这一点已经被最近的文献证实：①就是 NbMoTaW 和 VNbMoTaW 高熵合金在高温长时间退火后，中子衍射分析相结构不变，说明高熵合金具有超高的相稳定性[21]，如图 1-12 所示；②最近报道的 NbMoTaW 高熵合金在经过 1100°C 高温保持 3d 的热暴露后，比难熔金属纯钨具有更好的稳定性[22]，如图 1-13 所示；③高熵合金具有高的抗高温软化能力[3]。一般材料在高温时均表现出一个软化的现象，不同合金软化点也不同，高温合金一般在高温下使用和服役，所以具有较高的热软化温度。目前发现的高熵合金也具有这个特点，并且优于一般的高温合金[3]，如图 1-14 所示。

高熵合金中目前提到的熵主要是指混合熵，这样式(1-6) 可以写为：

$$\Delta G_{mix} = \Delta H_{mix} - T\Delta S_{mix} \tag{1-7}$$

式中，$\Delta H_{mix}$ 为混合焓。二元合金的混合焓，可以参考 Medema 的数据，对于多元合金，一般用如下公式由二元合金计算多元合金的混合焓。

$$\Delta H_{mix} = \sum_{i \neq j} 4 c_i c_j \Delta H_{ij} \tag{1-8}$$

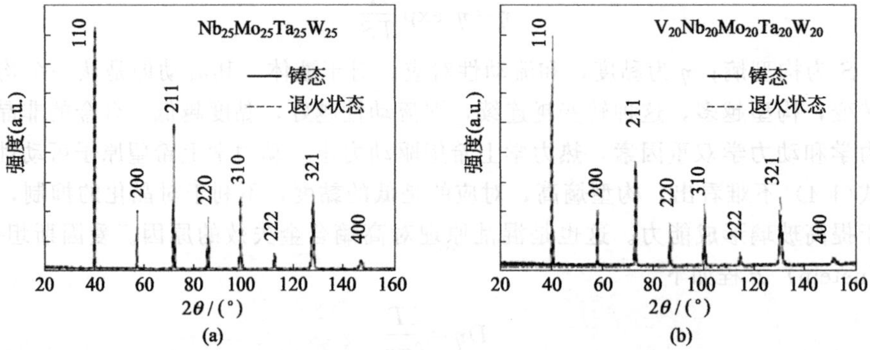


图 1-12 高熵合金 NbMoTaW 和 VNbMoTaW 在经过 1400℃高温 19h 的热暴露后的中子衍射图谱[21]

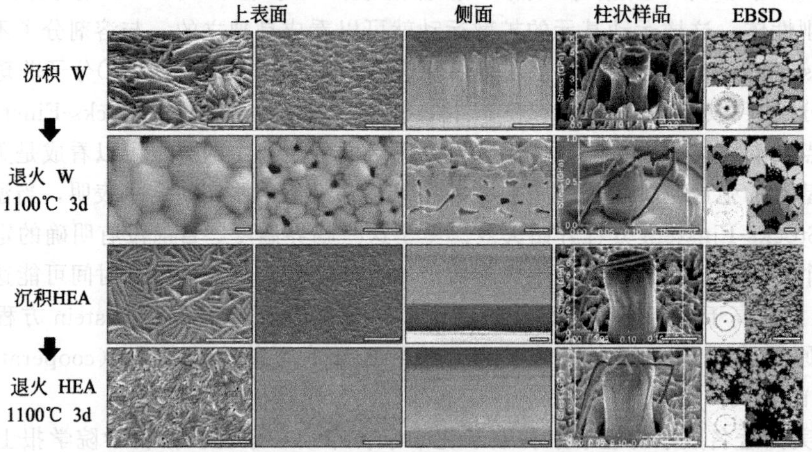


图 1-13 高熵合金 NbMoTaW 经 1100℃高温热暴露 3d 后，性能保持优于难熔金属纯钨[22]

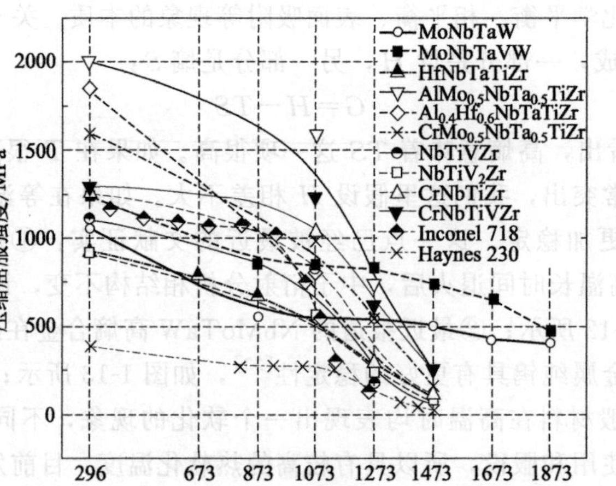


图 1-14 各类合金的压缩力学性能与温度的关系[3]

如果考虑在液态时的情况，熵的计算可以采用正规熔体模型：

$$\Delta S_{\text{mix}} = -R\sum_i c_i \ln c_i \tag{1-9}$$

式中，$R$ 为气体常数，从熵的物理意义出发，可以看出它是始终使粒子或能量在空间均匀分布的参数。而焓则不同，$\Delta H_{ij}$ 为正时，$i$ 粒子和 $j$ 粒子互相排斥；$\Delta H_{ij}$ 为负时，$i$ 粒子和 $j$ 粒子互相吸引。这样参数 $\Omega$ 将会很重要：

$$\Omega=\frac{T_1\Delta S_{\text{mix}}}{\Delta H_{\text{mix}}} \tag{1-10}$$

式中，$T_1$ 为合金的液相线温度。参数 $\Omega$ 可以反映合金混合熵效应和混合焓效应的对比，这个参数在熔点以上将会很重要，因为此时原子的移动能力强一些，是偏聚或分离是由混合焓决定，均匀分布则由混合熵决定。图 1-15 是根据参数 $\Omega$、混合焓 $\Delta H$ 以及后文讲到的原子半径差 $\delta$ 而制得的固溶体（SS）、金属间化合物（I）等相分布范围[23]。

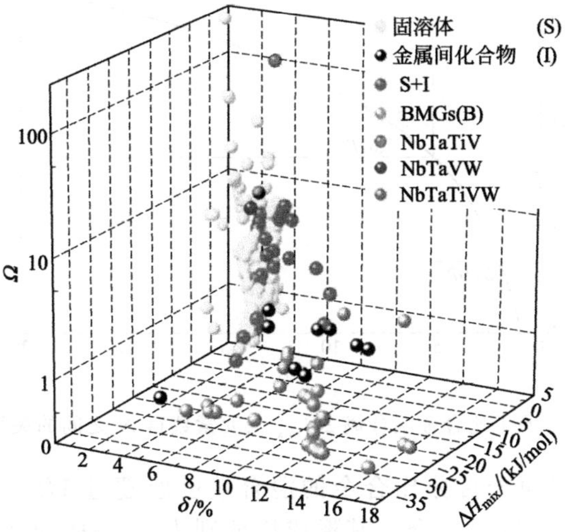


图 1-15 固溶体、金属间化合物等的 $\Omega$、$\delta$、$\Delta H$ 的分布范围[23]

## 1.4 高熵合金及其定义

叶均蔚等研究者定义多主元高熵合金一般由五种或者五种以上主元素组成，各种元素之间按等原子比或者接近等原子比组成。为了拓宽合金设计的范围，高熵合金的每种主元的含量在5%～35%（原子分数）之间。在高熵合金中，合金的混合熵高于合金的熔化熵，所以一般情况下形成的是高熵固溶体。

众所周知，熵是表示体系混乱程度的物理量，它的大小能够影响体系的热力学稳定性。根据上节熵和系统复杂性关系的玻尔兹曼（Boltzmann）假设可以知道，$N$ 种元素以等摩尔比形成固溶体时，形成的摩尔熵变 $\Delta S_{\text{conf}}$ 可以通过以下的公式表示：

$$\begin{aligned}\Delta S_{\text{conf}}&=k\ln W=-R\left(\frac{1}{N}\ln\frac{1}{N}+\frac{1}{N}\ln\frac{1}{N}+\cdots+\frac{1}{N}\ln\frac{1}{N}\right)\\&=R\left(\frac{1}{N}\ln N+\frac{1}{N}\ln N+\cdots+\frac{1}{N}\ln N\right)\\&=R\ln N\end{aligned} \tag{1-11}$$

式中，$k$ 代表玻尔兹曼常数；$W$ 代表混乱度；$R$ 为摩尔气体常数，$R=8.3144\text{J}/(\text{mol}\cdot\text{K})$。

表 1-1 不同主元数目的合金在等摩尔时的混合熵[24]

| 元素数目 $N$ | 1 | 2 | 3 | 4 | 5 | 6 | 7 | 8 | 9 | 10 | … | 25 |
|---|---|---|---|---|---|---|---|---|---|---|---|---|
| 摩尔熵变 $\Delta S_{\text{conf}}/R$ | 0 | 0.69 | 1.1 | 1.39 | 1.61 | 1.79 | 1.95 | 2.08 | 2.2 | 2.3 | … | 3.21 |

通过以上公式得元素数目不同时的摩尔熵变 $\Delta S_{conf}$，如表 1-1 所示。从表中可以看出，等摩尔比合金的摩尔熵（$\Delta S_{conf}$）随着合金主元数（$N$）的增加而增加。图 1-16 为等原子比合金混合熵与主元数的关系曲线。从图中可知，当主元数目增加到 12 或 13 时，合金熔体的混合熵增长速度开始减缓，说明当主元数目达到一定时，不能再单纯地依赖增加主元数目来显著地提高混合熵。

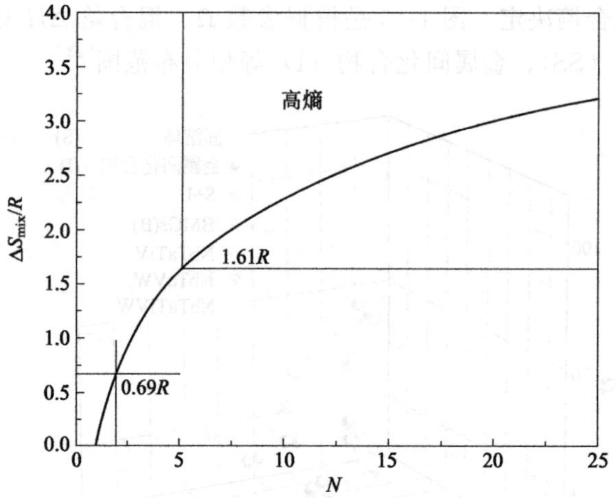


图 1-16　等原子比合金混合熵 $\Delta S_{mix}$ 与元素数目 $N$ 之间的关系[6]

从表 1-1 可知，三元等原子百分比合金的混合熵已经超过 1$R$。对于结合力非常强的金属间化合物，例如 NiAl、TiAl 合金，其形成焓分别为 1.38$R$ 和 2.06$R$。叶均蔚等学者认为 $\Delta S_{conf}=1.50R$ 是高温时抵抗原子间强键合力的必要条件，因此，$\Delta S_{conf}=1.50R$ 成为划分高熵和中熵合金的界限，且认为 5 个主元是必要的。$\Delta S_{conf}=1R$ 被认为是划分中熵和低熵合金的判据，因为当混合熵低于 1$R$ 时，其很难与键合能竞争。据此将合金材料分为以下三类：

① 以一种或两种元素为主要组成元素的低熵合金，即传统合金（$\Delta S_{mix}<1R$）；

② 包含两种到四种主要元素的中熵合金（$1R\leqslant S_{mix}\leqslant 1.5R$）；

③ 包含至少五种主要组成元素的高熵合金（$S_{mix}\geqslant 1.5R$）。

如图 1-17 所示，列举了传统合金在熔融状态或室温时其混合熵的数值分布。从这幅图可以

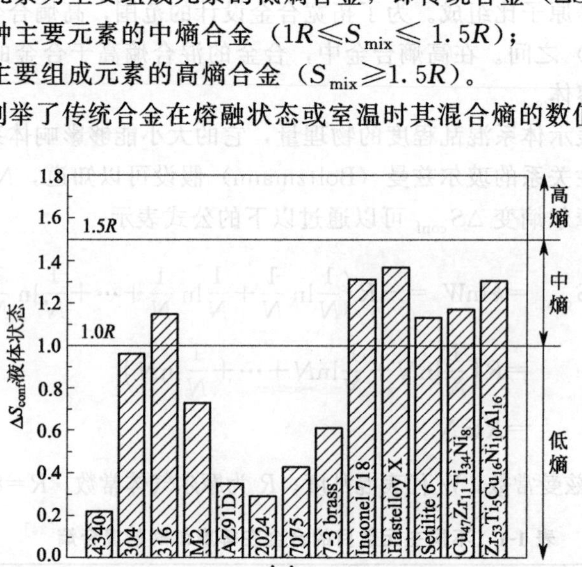


图 1-17　传统合金在熔融状态或室温时的混合熵值比较[24]

看出，传统合金大多是低熵合金；Ni 基、Co 基超合金，以及大块非晶合金 $Zr_{53}Ti_5Cu_{16}Ni_{10}Al_{16}$ 和 $Cu_{47}Zr_{11}Ti_{34}Ni_8$，它们的混合熵值处于中熵合金的范围内。扩展到整个材料世界，即可以将材料界划分为低熵、中熵和高熵三个部分。如图 1-18 所示，利用混合熵值将材料从低熵到高熵来进行划分。由该图也可以看出，陶瓷和复合材料也有很高的混合熵。

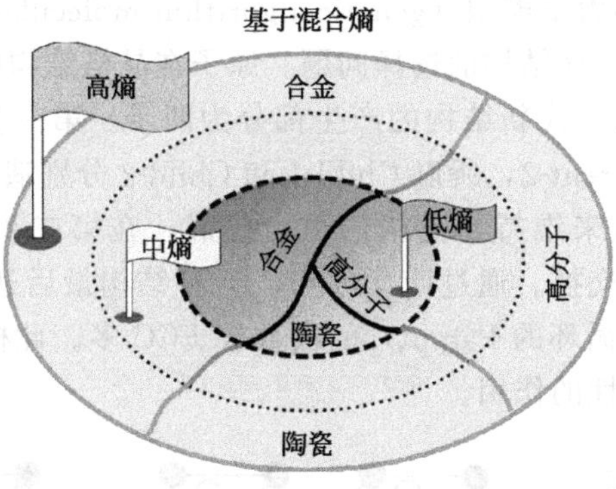


图 1-18　通过混合熵值对材料界的划分示意图[24]

# 1.5 高熵合金的特性

到目前为止，高熵合金已经被总结出具有五大效应，也是高熵合金的五大特点：①热力学上的高熵效应；②动力学上的缓慢扩散效应；③结构上的晶格畸变效应；④性能上的“鸡尾酒”效应；⑤组织上的高稳定性。由于高熵合金的研究发展很快，因此高熵合金新的特点也在持续发掘，但是仍然可以包括在这五大效应之内。

## 1.5.1 高熵效应

高熵合金最重要的特性就是高熵效应。前面通过高熵合金和传统合金的熵进行比较可知，传统合金的熵值一般在 1$R$ 以下，远远小于高熵合金的熵值界限 1.5$R$，属于低熵合金。高熵合金倾向于形成相结构简单的 FCC、BCC 或者是 HCP 相的固溶体，说明高熵合金如此高的混合熵必然会对其相形成规律产生影响，且通过研究可知，高熵合金形成相的数目远远低于根据式(1-1) 所计算得到的能生成的最多相数目。对大量的实验数据统计如图 1-19 所示，当主元数为 3 时，一般形成 1 种相；当主元数达到 5 时，相数为 2；当主元数为 8 时，形成的相数仅为 3；而当主元数达到 9 时，其相数仅为 2。可以发现，随着合金主元数目的增加，所形成的相的数目有缓慢增加，且都远远小于该合金所能形成相数的最大值。尤其是当合金主元数为 9 时，其形成的相数相比主元数为 8 的合金的相数反而降低，仅为 2，进一步说明了高熵效应。生成相的数目远小于由吉布斯相律确定的最大数目，也就意味着高的混合熵使主元间的相容性增大，可以最大程度避免因相分离而生成端际固溶体或金属间化合物。

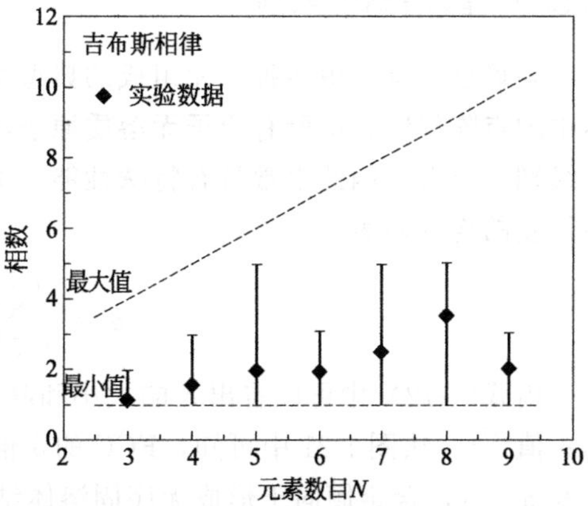


图 1-19　各主元合金形成相数目汇总[25]

根据最大熵产生原理（maximum entropy production principle，MEPP），大的熵值能够使

高熵相稳定。高的混合熵使合金倾向于形成固溶体（solid solution）而不是金属间化合物（intermetallic phases）。因为金属间化合物是有序相，有连续的化学组成以及特定的晶格结构，构型熵近似为 0。已经知道高的构型熵有助于合金形成单相的固溶体结构，但是对于目前报道最多的 FCC 和 BCC 固溶体结构来讲，如何通过构型熵来判定所设计的高熵合金的固溶体结构？如 CoCrFeNi 为 FCC 结构，而添加 Al 元素之后的 AlCoCrFeNi 为 BCC 结构。G. Anand 等[26] 通过遗传算法-分子动力学模型（genetic algorithm-molecular dynamics，GA-MD）来验证构型熵对 FCC 和 BCC 固溶体结构的选择问题。原子在晶格结构中生成新结构的系统性模型如图 1-20 所示，可以看出每一代新结构的产生都分为两步。第一步，在超晶格的等同位置产生原子对调（Parent-1 和 Parent-2，所以 Child-1 和 Child-2 分别遗传了 Parent-2 和 Parent-1）；第二步，通过随机交换位置来维持超晶格的恒定组成。在第二步过程中大概有总原子数的 10%～30%进行随机地重复交换。通过计算可知，BCC 结构最后达到稳定状态需要 Parent 到 Child 循环（Child 是下一个循环的 Parent）的次数较 FCC 多。此模型说明了构型熵在高熵合金相形成的选择上具有决定性的作用。

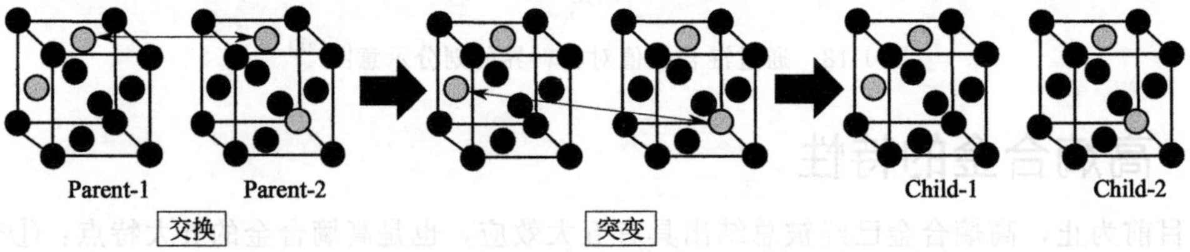


图 1-20 新结构形成的两步曲[26]

另外，磁熵变在磁致冷材料中也有非常重要的意义，有时候称为大磁熵材料或磁卡材料。目前提出的非等原子比高熵合金，形成双相或多相，其熵值也略有下降，不过熵在成分变化时，曲线很平坦，而且非等原子比高熵合金可以大幅度降低合金的成本，而且对开发高性能材料，如突破现有材料的性能极限具有重要的指导意义。

## 1.5.2 晶格畸变效应

高熵合金具有由多种主元组成的典型固溶体相，且一般认为各元素原子等概率随机占据晶体中的点阵位置，即所有原子无溶质原子与溶剂原子之分，所以其构型熵较高，有可能形成原子级别的应力，因此常常具有特殊性能。关于结构上的晶格畸变，可以用合金所含元素的原子半径差的均方差表示：

$$\delta = \sqrt{\sum_{i=1}^{n} c_i \left(1 - \frac{r_i}{\sum c_j r_j}\right)^2} \tag{1-12}$$

由式(1-12) 中可以看出 $\delta$ 的大小和晶格畸变的程度有关联，图 1-21 总结了各种晶体结构的 $\delta$ 值[27]。从图 1-21 中可知，FCC 的 $\delta$ 值最小，BCC 结构次之，金属间化合物最大。当 $\delta$ 小于 6.6%时，合金倾向于形成无序固溶体结构；当 $\delta$ 大于 6.6%时，合金则倾向于形成金属间化合物等复杂结构。也就是说，为了减少晶格畸变能以及保持局部原子的应力平衡，需要调节晶格中原子的相对位置，这也就导致了晶格畸变的产生。由此，可以将 $\delta=6.6\%$ 作为生成固溶体的判据。事实上，这种包含多种不同尺寸原子的固溶体，必然存在晶格畸变效应，甚至由于过大的原子尺寸而导致晶格畸变能太高，以致无法保持晶体构型，从而导致晶格坍塌，形成非晶相结构等。这种畸变效应对材料的力学、电学、光学、热学都会产生显著影响。高熵合金的晶格畸变目前研究很多，对此也存在不同看法。

同时，由于高熵合金的多种元素具有不同特性，不同元素之间的相互作用，发挥各自优点，克服缺点，使得高熵合金呈现出复合效应，即“鸡尾酒”效应，最终体现为对合金的宏观性能的影响。如铬和硅等抗氧化元素会提高合金的高温抗氧化能力；在铁钴镍系高熵合金中增加结合力强的铝元素的含量，会促进 BCC 相的形成，同时电阻率随着相的改变而改变[28]，如图 1-22 所示。总之，合金主元在原子尺度上发挥的作用会最终体现在合金的宏观综合性能上，甚至产生额外效果。

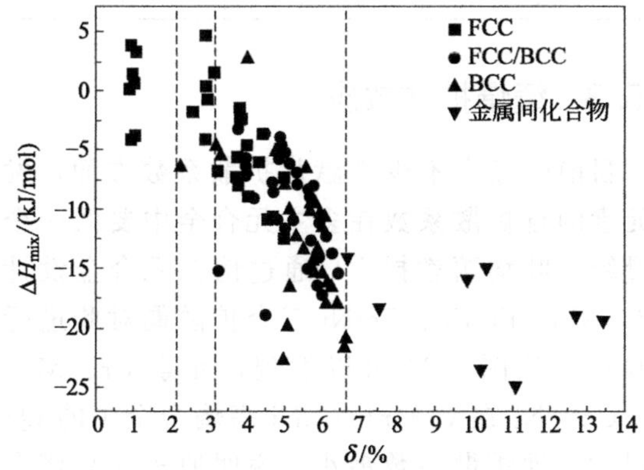


图 1-21 FCC、BCC 和金属间化合物相的原子尺寸均方差[27]

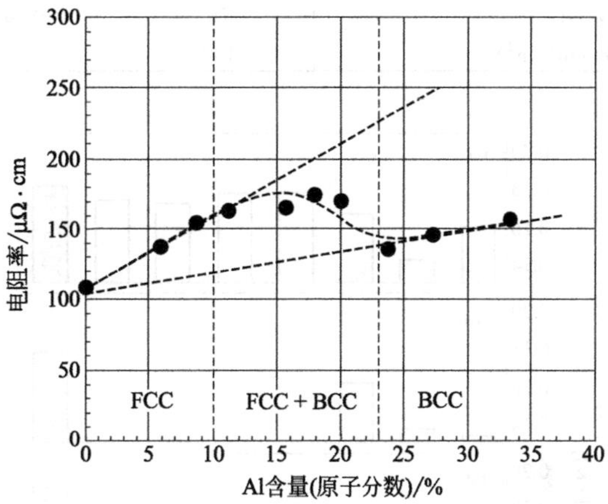


图 1-22 $Al_x$CoCrFeNi 合金的电阻随 Al 含量的变化[28]

图 1-23 表示位错、电子、声子以及 X 射线束在穿过畸变晶格时将发生的相互作用[3]。通常固溶体中产生晶格畸变效应，合金的硬度和强度会提高，但是由于增加了电子和声子散射，合金的电导率和热导率则会显著降低，同时由于增加了 X 射线漫散射，X 射线衍射峰强度减小。我们还发现，所有这些性能对温度并不敏感，这是因为原子热振动的振幅与晶格畸变导致的晶格点原子位置的偏差相比，相对较小，但这些仍需要构建理论模型进行进一步验证。

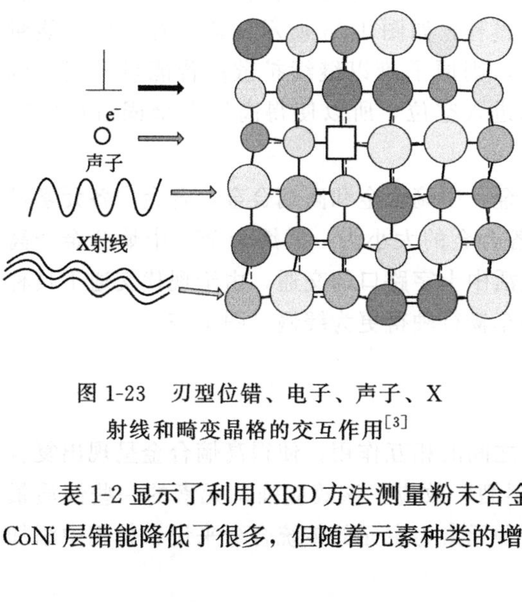


图 1-23 刃型位错、电子、声子、X 射线和畸变晶格的交互作用[3]

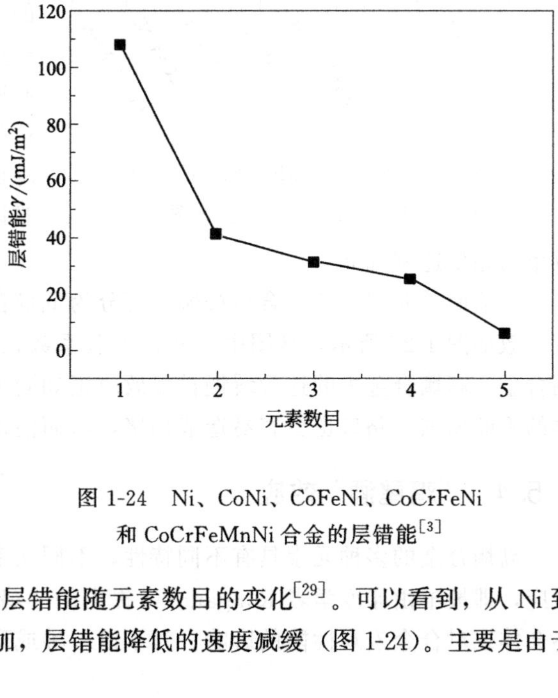


图 1-24 Ni、CoNi、CoFeNi、CoCrFeNi 和 CoCrFeMnNi 合金的层错能[3]

表 1-2 显示了利用 XRD 方法测量粉末合金层错能随元素数目的变化[29]。可以看到，从 Ni 到 CoNi 层错能降低了很多，但随着元素种类的增加，层错能降低的速度减缓（图 1-24）。主要是由于

晶格畸变能的增加以及原子位置调整释放堆垛层错能，这两方面原因降低了合金的层错能。通常，合金中元素种类的增加会增强这两方面的作用，但仍需要理论的推导和解释。

表 1-2 XRD 测得的层错能及相关数据和公式[29]

| 合 金 | Ni | NiCo | NiCoFe | NiCoCrFe | NiCoFeCrMn |
|---|---|---|---|---|---|
| $2\theta/(°)$ | 0.02 | 0.02 | 0.02 | 0.05 | 0.156 |
| $\alpha/10^{-3}$ | 3.66 | 3.69 | 3.71 | 9.32 | 29.2 |
| $\langle\varepsilon 250\rangle 111/10^{-5}$ | 7.84 | 7.92 | 6.71 | 9.31 | 9.89 |
| $G$/GPa | 76 | 69.6 | 62.1 | 90.8 | 66.1 |
| $\gamma/(\mathrm{mJ/m^2})$ | 108 | 40.8 | 31.3 | 25.3 | 6.2 |

## 1.5.3 缓慢扩散效应

目前已经有不少文献从扩散系数方面，发现元素的自扩散系数在多主元合金中要低一个数量级。叶均蔚教授[30]通过伪二元合金设计了 Cr-Mn、Fe-Co、Fe-Ni 三个扩散偶对此进行了验证。从图 1-25 可以发现，元素 Cr、Mn、Fe、Co、Ni 在 CrMnFeCoNi 高熵合金中的 $Q/T$ 最大，即扩散系数最小，说明原子在高熵合金的扩散速率较其他合金慢。这是由于高熵合金中不同的原子之间相互作用及晶格畸变，严重影响了原子的有效扩散速率，而通常相变需要主元之间的协同扩散来达到相分离平衡，因此迟滞扩散效应会影响高熵合金新相的形成。动力学上，传统合金溶质和溶剂原子填补空缺后的键结情形与填补之前相同。高熵合金中原子主要通过空缺机制进行扩散。由于不同原子的熔点大小与键结强弱不同，活动力较强的原子更容易扩散到空缺位置，但元素之间的键结有所差异。一般来说，原子扩散即不断填补空位的过程，如图 1-26 所示。若填补空位后能量降低，则原子难以继续扩散；若能量升高，则难以进入空位，所以使得高熵合金固溶体的扩散率与相变速率降低。

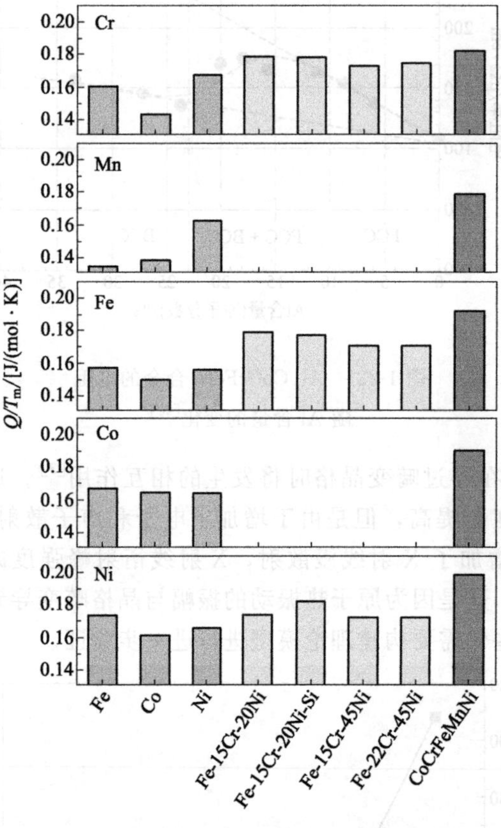


图 1-25 元素 Cr、Mn、Fe、Co、Ni 在不同基体中的 $Q/T$ 值直方图[30]

从前面的介绍可知，合金按熵值可分为低熵合金、中熵合金和高熵合金，合金中各元素扩散系数如图 1-27 所示，从图中可知，扩散系数在各合金的大小为：低熵合金＞中熵合金＞高熵合金。高熵合金中的这种缓慢扩散效应正如同生活中十字路口的交通，由于现代交通工具种类的不断增加，路口也更容易造成拥堵，从而使得车辆行驶得更为缓慢（图 1-28）。

## 1.5.4 “鸡尾酒”效应

高熵合金的多种元素具有不同特性，不同元素之间的相互作用，使得高熵合金呈现出复合效应，即最早由印度学者 Ranganatha 提出的“鸡尾酒”效应，该效应强调元素的一些性质最终会体现对合金宏观性能的影响。对于以一种或两种元素为主元的传统合金来说，如钢中添加

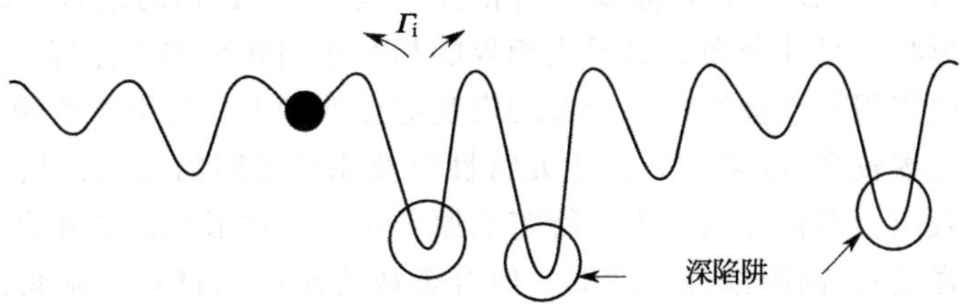


图 1-26 表示高熵合金中有一些陷阱，使得原子扩散缓慢[3]

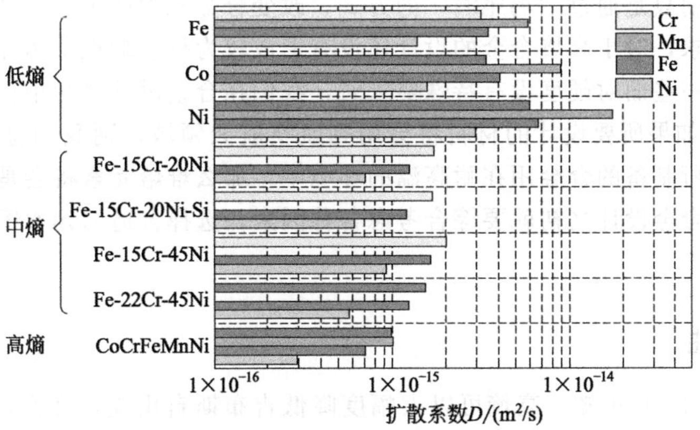


图 1-27 不同合金中原子扩散系数的比较

图 1-28 十字路口的交通会由于交通工具种类的增多而更易拥堵

的少量碳元素导致其强度远大于主要元素铁的强度，铁磁性合金中的少量杂质会使合金的性质发生很大变化，铬和硅等抗氧化元素会提高合金的高温抗氧化能力。而高熵合金一般含有 4 种以上主元，高熵合金可以设计成等原子比或近等原子比合金，合金中每种主元元素的原子百分比不一定完全相同，只要介于 5%～35%（原子分数）即可。按照这样的标准就可以极大地扩展可能的高熵合金系统种类。与此同时，还可以添加微量元素（包括类金属元素如 C、B、Si 等）以改善合金的组织和性能。因此，高熵合金的设计自由度很大，可以选择的合金元素种类多，利用不同性质的元素所构成的高熵合金，其微观组织和性能也各不相同。也就是说，不管是形成的单相 FCC 相还是 BCC 相，亦或是两相甚至包括 HCP 相的组合，高熵合金的性能都是通过微观晶粒的形状、尺寸分布、晶界或相界的相互作用和影响而体现出来的，使合金主元在原子尺度上发挥的作用最终会体现在合金的宏观综合性能上，甚至产生额外效果。

高熵合金的主元数较多（$n \geqslant 5$），各主元特性以及原子之间的相互作用使得合金呈现一种复杂的“鸡尾酒”效应。多种金属元素以特定的原子比合金化形成的高熵合金一般具有高温热稳定性、高硬度（强度）、高耐蚀性等性能，使合金成为耐高温材料、耐腐蚀、耐热材料的有力竞争者。如航空发动机叶片材料、化学工程及舰船高强度耐腐蚀材料（涂层）、高温模具材料等。然而，由于无多元合金成分设计的相图，并且针对多主元高熵合金设计方面的研究还处于基础阶段，故目前只是通过“鸡尾酒”的方式，改变合金元素的种类和含量来实现对合金微观结构和性能的要求，对于高熵合金的设计还没有形成较为科学的理论指导。例如，如果要求合金的抗拉强度高一些而对硬度没有特殊要求时，我们在合金设计之初很自然地就会选择具有 FCC 结构的元素；如果所要设计的材料将会用到航空航天领域，则我们将会考虑轻质元素作为备选；如果要求所制备的合金用在耐高温的环境中，那么难熔元素将会是我们首要考虑的备选材料。所以，在合金设计之初就要综合考虑各种因素，选择合适的元素组合以及相应的制备过程。

## 1.5.5　热稳定性

从热力学公式(1-6) 可知，高熵可以大幅度降低吉布斯自由能，在高温时尤其如此。Zou 等[22] 也证明了单质的纯金属钨的抗高温性能不如 NbMoTaW 高熵合金。陶瓷是否也是如此？如较早对碳化硅纤维的报道是 1975 年发表在 *Nature* 上的文章，图 1-29 为碳化硅纤维在 1200℃下经 48h 热处理后的拉伸断面[31]，此时拉伸强度仍高达（700±70）MN/m$^2$。Bansal N P 等[32] 通过对比各合金与碳化硅的热稳定性发现，碳化硅的热稳定温度可达到 1300℃，如图 1-30 所示。

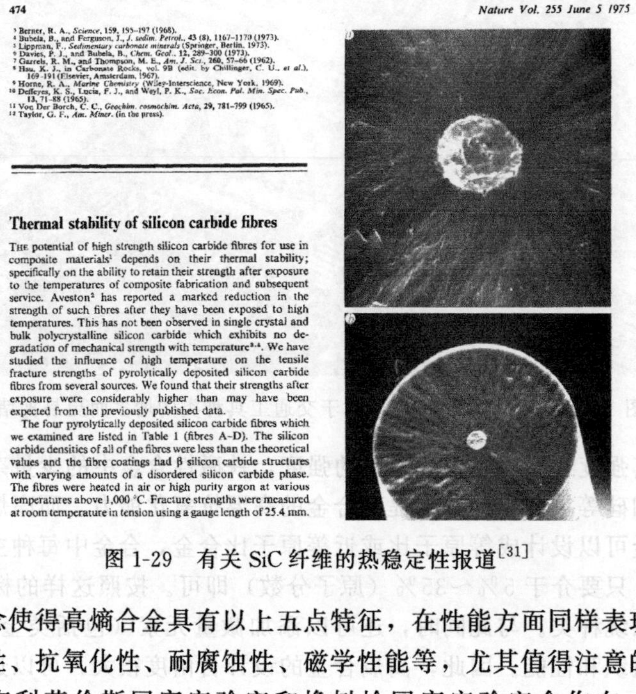

474　　*Nature Vol. 255 June 5 1975*

3 Berner, R. A., *Science*, 159, 195–197 (1968).
4 Bubela, B., and Ferguson, J., *J. sedim. Petrol.*, 43 (8), 1167–1170 (1973).
5 Lippman, F., *Sedimentary carbonate minerals* (Springer, Berlin, 1973).
6 Davies, P. J., and Bubela, B., *Chem. Geol.*, 12, 289–300 (1973).
7 Garrels, R. M., and Thompson, M. E., *Am. J. Sci.*, 260, 57–66 (1962).
8 Hsu, K. J., in Carbonate Rocks, vol. 9B (edit. by Chillinger, C. U., *et al.*), 169–191 (Elsevier, Amsterdam, 1967).
9 Horne, R. A., *Marine Chemistry* (Wiley-Interscience, New York, 1969).
10 Deffeyes, K. S., Lucia, F. J., and Weyl, P. K., *Soc. Econ. Pal. Min. Spec. Pub.*, 13, 71–88 (1965).
11 Von Der Borch, C. C., *Geochim. cosmochim. Acta*, 29, 781–799 (1965).
12 Taylor, G. F., *Am. Miner.* (in the press).

**Thermal stability of silicon carbide fibres**

THE potential of high strength silicon carbide fibres for use in composite materials[1] depends on their thermal stability; specifically on the ability to retain their strength after exposure to the temperatures of composite fabrication and subsequent service. Aveston[2] has reported a marked reduction in the strength of such fibres after they have been exposed to high temperatures. This has not been observed in single crystal and bulk polycrystalline silicon carbide which exhibits no degradation of mechanical strength with temperature[3,4]. We have studied the influence of high temperature on the tensile fracture strengths of pyrolytically deposited silicon carbide fibres from several sources. We found that their strengths after exposure were considerably higher than may have been expected from the previously published data.

The four pyrolytically deposited silicon carbide fibres which we examined are listed in Table 1 (fibres A–D). The silicon carbide densities of all of the fibres were less than the theoretical values and the fibre coatings had β silicon carbide structures with varying amounts of a disordered silicon carbide phase. The fibres were heated in air or high purity argon at various temperatures above 1,000 °C. Fracture strengths were measured at room temperature in tension using a gauge length of 25.4 mm.

图 1-29　有关 SiC 纤维的热稳定性报道[31]

独特的设计理念使得高熵合金具有以上五点特征，在性能方面同样表现出不同于传统合金的特异性，如耐热性、抗氧化性、耐腐蚀性、磁学性能等，尤其值得注意的是其在力学性能方面的表现。美国伯克利劳伦斯国家实验室和橡树岭国家实验室合作在 *Science* 上发表的论

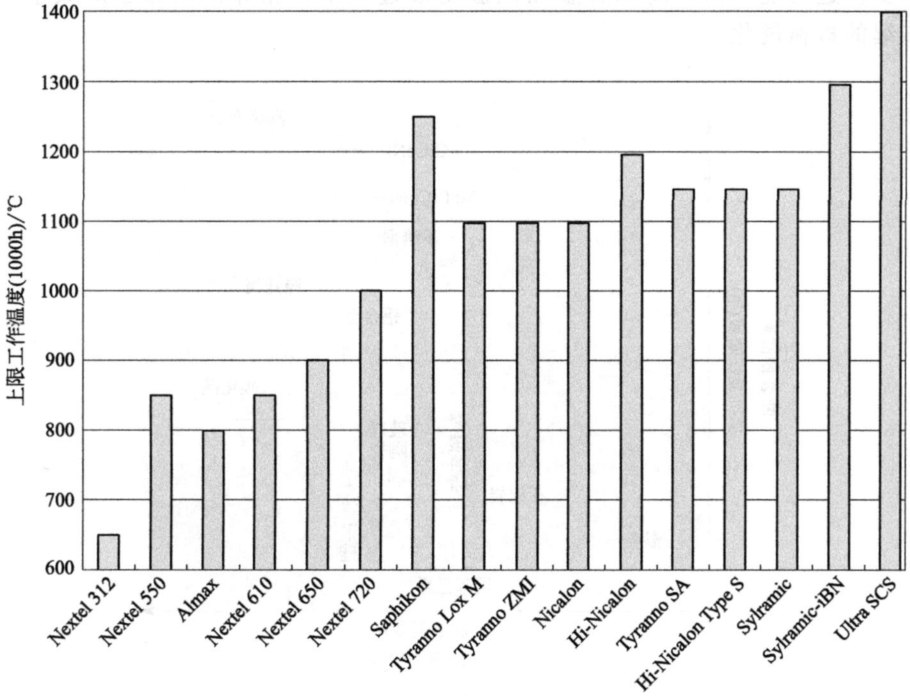


图 1-30 不同合金的热稳定性对比[32]

文[33] 表明，CoCrFeNiMn 五元高熵合金的强度和室温拉伸塑性随温度的降低呈现升高的趋势（图 1-31）直到 77 K 液氮温度，屈服强度达到 700MPa，抗拉强度达到 1000MPa，断裂延伸率达到 70%，断裂韧性达到 200MPa·$m^{1/2}$。这一点明显和传统金属合金不同，传统金属合金的强度随温度降低而升高，但是塑性随温度的降低一般是降低的。*Science* 上报道的有关高熵合金工作的另一个亮点是 CoCrFeNiMn 高熵合金的断裂韧性几乎高于所有的已知材料，如图 1-32 所示，处于目前所知材料的最高水平，而且该数值保持到液

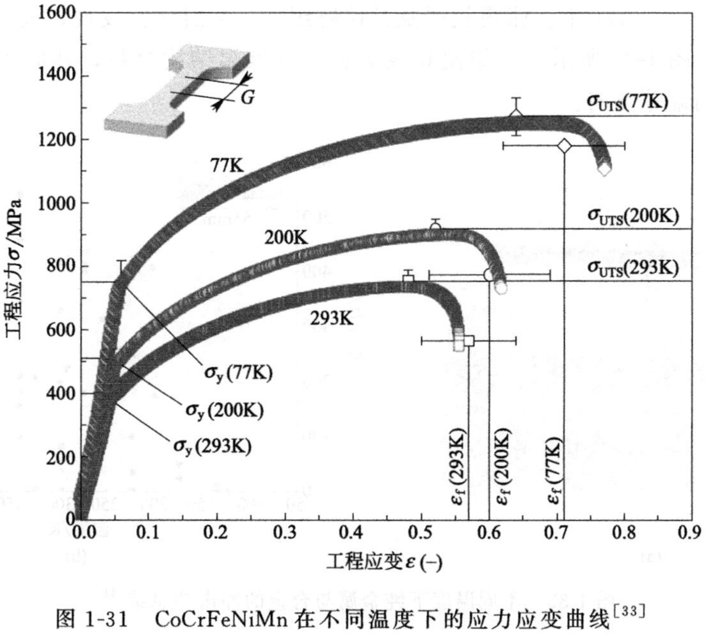


图 1-31 CoCrFeNiMn 在不同温度下的应力应变曲线[33]

氮温区不变。这可能是由于高熵合金在低温变形过程中，相邻晶格原子形成纳米孪晶从而产生连续的机械硬化。

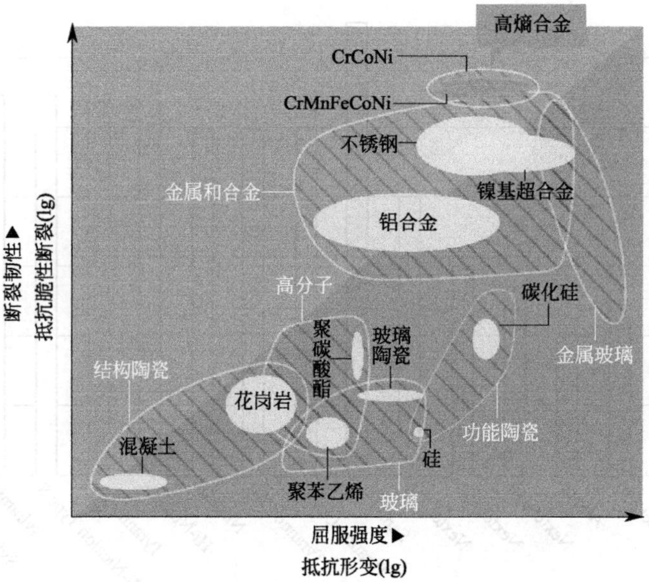


图 1-32 高熵合金与其他合金的断裂韧性比较

此外，其中较为常见的 $Al_xCoCrFeNi$[34] 系高熵合金的室温冲击功可达 400 J 以上，高于大多数纯金属和合金，并且随着温度的降低没有出现明显的韧脆转变，如图 1-33 所示。其强度和韧性也达到了较为完美的结合，综合性能高于大多数传统纯金属及合金，如铝合金、镁合金等，如图 1-34 所示，为金属合金领域的发展开拓了新思路。近几年另一项高熵合金的工作是由美国田纳西大学 PK Liaw 教授及团队[35] 发表在 *Nature Communications* 上的，研究了高熵合金在凝固过程中以及随后降温过程中的相演化规律，包括 SPINADAL 相分离，有序化等。德国人研究了高熵合金的超导温度，在 0 磁场下超导临界转变温度为 7.3K，该结果发表在 *Physical Review Letters* 上。张勇教授及其课题组[34] 通过研究发现，高熵合金在低温条件下的优异表现，如图 1-35 所示，有望使其成为新一代低温结构材料，并应用于航空航天、超导、液化天然气储罐等方向。

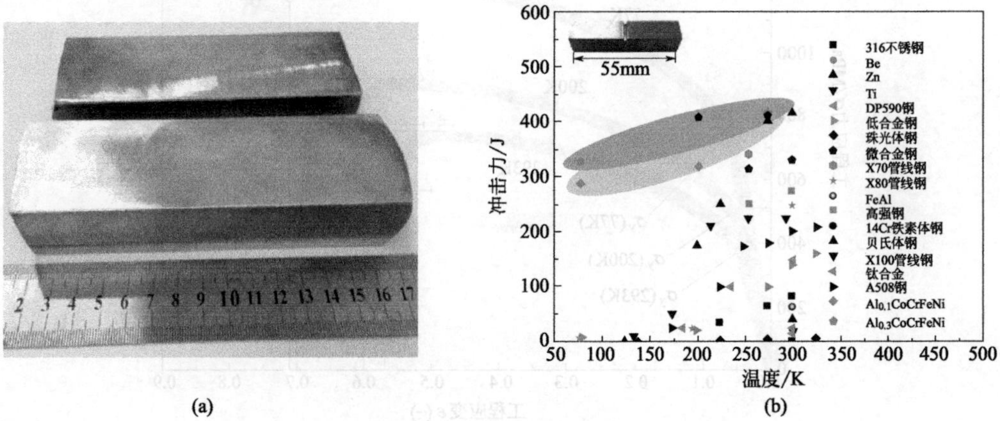


图 1-33 不同温度下纯金属与合金的冲击功总结[34]

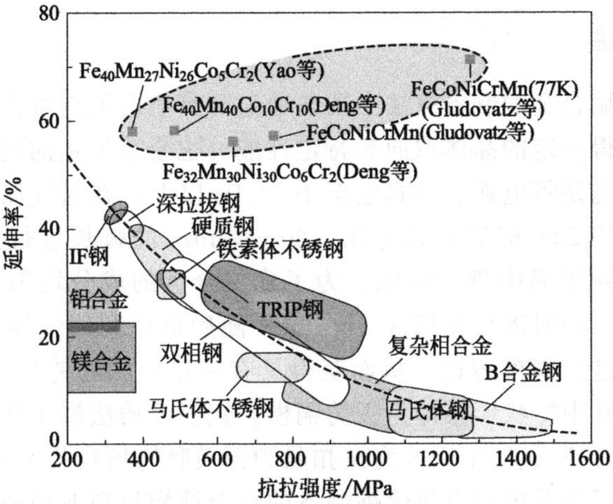


图 1-34 高熵合金与其他合金的强韧性对比图[36]

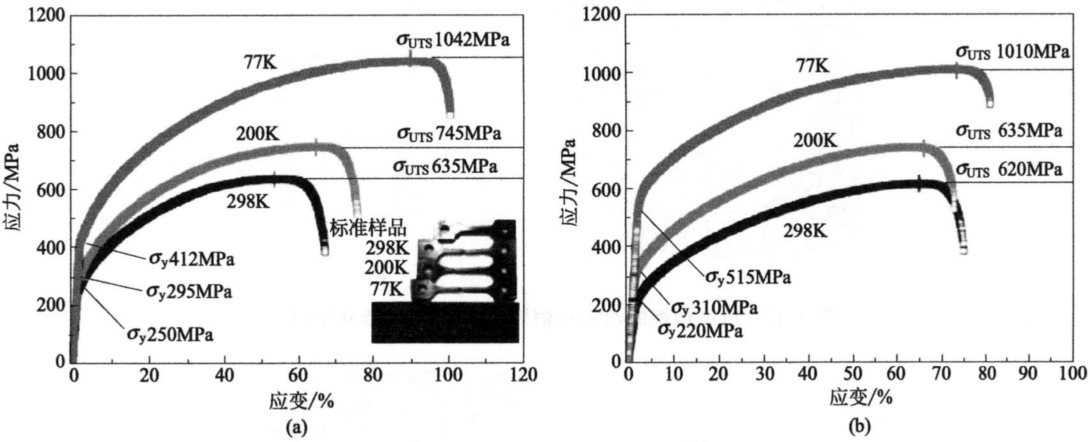


图 1-35 $Al_{0.1}CoCrFeNi$ (a) 和 $Al_{0.3}CoCrFeNi$ (b) 的低温拉伸性能[34]

# 1.6 高熵合金的制备

目前，高熵合金的制备方法逐渐丰富起来，如应用最为广泛的是采用真空电弧熔炼结合铜模铸造制造法。此外，还有真空电弧熔炼、真空感应冶炼、激光熔覆法、磁控溅射法等也逐渐被应用。通过以上方法制备的高熵合金其空间维数呈现三维的块状、二维的薄膜状、一维的丝状以及零维的粉末状，如图 1-36 所示。

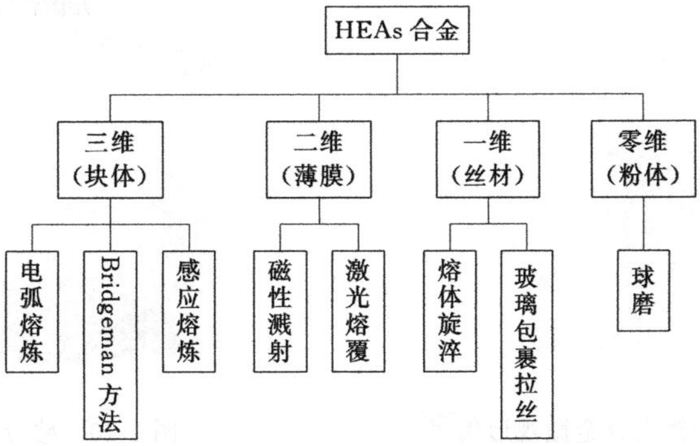


图 1-36 高熵合金按制备尺寸的分类

## 1.6.1 块状高熵合金

通常，三维块状高熵合金的制备方法主要是通过高真空电弧熔炼法或者是高真空感应熔炼法来制备，有时为了获得一定的晶体取向和特定性能，也会采取定向凝固的方法制备。

真空电弧熔炼法首先是将电弧炉抽真空至 $10^{-3}$ Pa 以上，在氩气保护的环境下，利用钨极进行引弧放电，通常采用 22～65V 电弧电压，20～50mm 的弧长进行大电流、低电压的短弧操作，通过短时高温在铜坩埚中进行熔炼。为了确保合金的成分均匀，每次熔炼合金不能太多，约为 30～70g 之间，同时需反复熔炼 3～5 次。随后也可利用气体压力差将合金熔体快速喷射注入水冷铜模中，进行铜模铸造，从而获得具有一定形状的铸件。图 1-37 分别为纽扣状铜模熔池和棒状铜模，其中棒状铜模即为吸铸铜模。铜模吸铸法属于瞬时操作，合金的冷却速度相当快，约为 $10^2$～$10^3$ K/s。图 1-38 为纽扣状和铜模吸铸所得样品图，图 1-39 为电弧熔炼所得样品的微观形貌，可以看出经电弧熔炼制备的合金结构呈现典型的枝状晶。

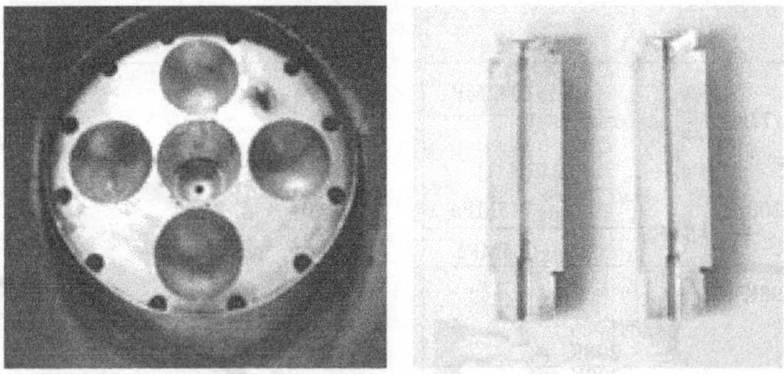

(a) (b)

图 1-37 电弧熔炼的纽扣状铜模熔池（a）和棒状铜模[3]

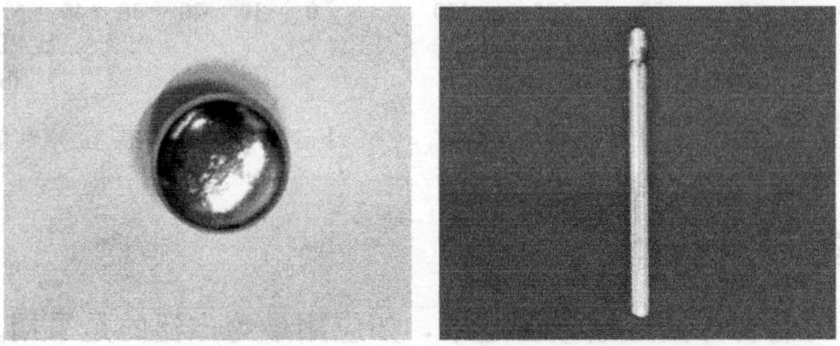

(a) (b)

图 1-38 铜模纽扣状铸块（a）和铜模吸铸棒（b）

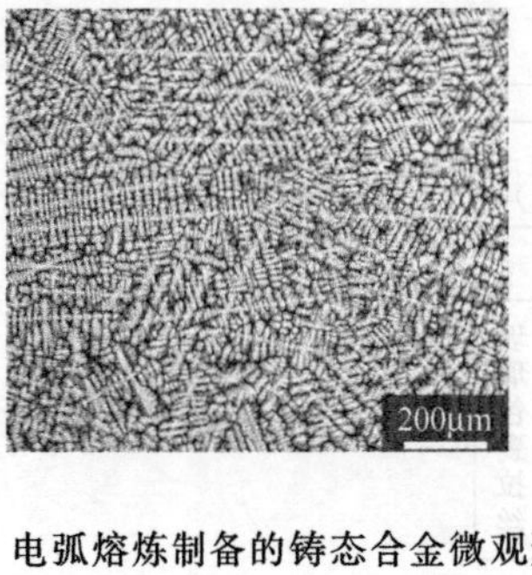


图 1-39 电弧熔炼制备的铸态合金微观形貌[23]

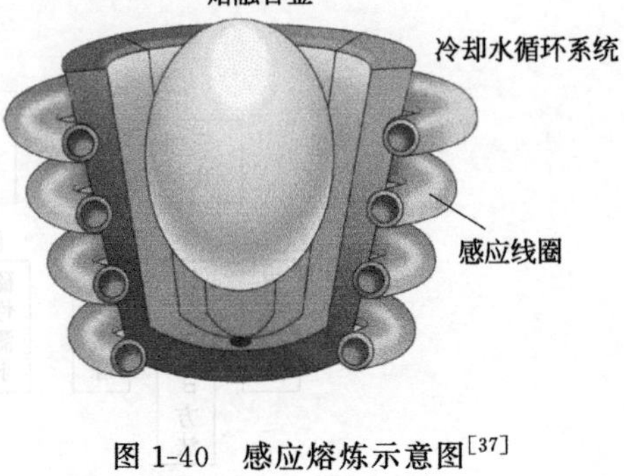


图 1-40 感应熔炼示意图[37]

真空感应熔炼法是指利用电磁感应在线圈中产生涡流的方法对金属进行熔炼，如图 1-40 所示，主要包括悬浮真空熔炼、真空感应炉熔炼以及冷坩埚熔炼。主要方法为将合金原料放置在真空感应熔炼炉中，炉体抽真空至约为 $10^{-2}$ Pa 后，充入高纯保护氩气，随后感应加热至合金熔化。其优点在于熔炼过程中可将合金中氢、氧、碳、氮去除到较低水平，同时高温熔炼也可使比基体蒸气压高的杂质元素挥发，因而提高合金的韧性强度等综合性能。图 1-41 为真空感应熔炼的合金其铸态显微结构，可以发现其组织呈现典型的树枝晶和枝晶间结构[37]。

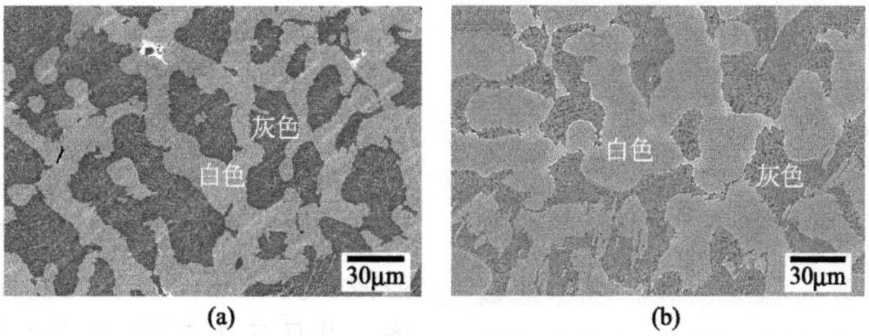


图 1-41　感应熔炼制备的铸态合金显微结构[37]

单晶在力学性能上表现出各向异性，是发动机叶片的优先选择。在实际生产中，影响单晶铸件性能的主要因素是合金成分和制备工艺。作为新材料的高熵合金，它在多晶状态时具有优异的高温性能，通过一定的制备工艺来获得单晶或柱状晶，将进一步改善它的高温性能。定向凝固技术可以减少或消除合金组织中的横向晶界，制备出柱状晶或单晶合金，进而减小高温时晶界的弱化作用，有效地提高材料在高温条件下的力学性能。二次定向凝固技术是为了得到晶粒取向单一的单晶体，将合金棒进行一次定向凝固后反转 180°，进行二次反向定向凝固，同时让始端处于未熔状态。二次定向凝固的原理与籽晶法的原理相似，利用结构的相似性，金属熔液从未熔区开始向金属熔液中生长，液相原子与未熔部分原子形成完全共格界面，原子面的堆垛成为未熔区原子面堆垛的一种延续，样品经过二次择优取向后趋于单一化。如图 1-42 所示，张素芳等[38] 采用 Bridgman 一次及二次定向凝固的方法成功制备出 $Al_{0.3}CrFeNiCo$ 柱状晶，并且研究了定向凝固技术对 FCC 结构 $Al_{0.3}CrFeNiCu_2$ 合金的组织、晶体取向及室温力学性能的影响。

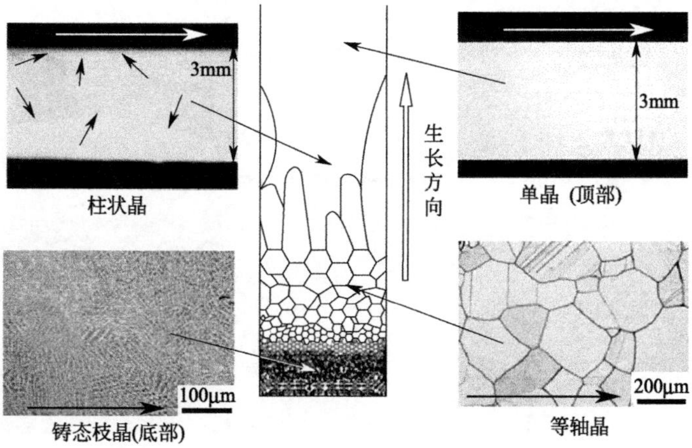


图 1-42　通过 Bridgman 法制备的 $Al_{0.3}CrFeNiCu_2$ 单晶高熵合金[38]

## 1.6.2 薄膜高熵合金

激光熔覆法是指以不同填料的方式在熔覆基体表面放置被选择的涂层材料，如图 1-43 所示，利用激光进行辐照，使涂层材料和基体表面层同时熔化，并且通过快速凝固，形成稀释度极低且与基体进行冶金结合的表面涂层。这种方法的优点是可以对材料表面进行改性和修复，显著改善基层表面的耐蚀、耐磨、抗氧化及电气特性等，从而满足不同作业环境下对材料表面特定性能的要求，同时节约材料。通过激光熔覆法制备的低成本 6FeNiCoCrAlTiSi 高熵合金包覆薄膜，其结构呈现单一的 BCC 固溶体结构，具有优异的显微硬度、好的抗软化性能以及很高的电阻率，并且其在 750℃以下经退火后表现出优良的热稳定性；在高于 750℃退火时，其显微硬度随着 BCC 结构的晶格结构坍塌速度的加快而呈现缓慢下降；而且激光熔覆的稀释度小、组织致密度高、涂层材料与基体结合好、材料种类多及粒度变化范围大，但由于尺寸及成本的限制，这种方法不适宜大面积喷涂。

图 1-43 激光熔覆法制备高熵合金薄膜的过程

磁控溅射是制备高熵合金薄膜最常用的方法，利用具有一定能量的高能粒子轰击特定物质的表面，使表面原子或者粒子从物质表面分离的现象称为溅射。利用溅射效应，使物质表面分离出的原子或者粒子产生定向移动，最终在衬底上沉积形成薄膜的过程称为溅射镀膜。张勇课题组[39] 通过磁控溅射的方法制备了 $NbTiAlSiW_xN_y$ 薄膜，图 1-44 为薄膜的宏观形貌。薄膜呈现不同的颜色是由于厚度不同造成的，由于薄膜厚度对光线很敏感，较厚的薄膜颜色较深，反之颜色则较浅。通过对薄膜进行 700℃和 1000℃热处理后发现，所制备的薄膜表现出良好的热稳定性，其中在氮气气氛中沉积的 $NbTiAlSiWN_y$ 薄膜硬度和模量分别达到 13.6GPa 和 154.4GPa。

图 1-44 经磁控溅射的薄膜呈现不同的颜色[39]

### 1.6.3 丝状高熵合金

Taylor-Ulitovsky 法的特点是制备出一层玻璃包覆的合金丝。图 1-45 为 Taylor-Ulitovsky 法的制备工艺图。该方法的制备过程为：将合金化的金属棒置于玻璃管内，在玻璃管下端用感应线圈加热使金属棒熔化，同时高温使玻璃管软化，通过拉力机构从已软化的玻璃管底部拉出一个玻璃毛细管，合金嵌入其中，在下拉毛细管的过程中使用装有冷却液的喷嘴连续喷出冷却液到毛细管上使合金熔体快速凝固，即形成玻璃包覆的金属丝材。此方法的工艺要点是合金熔化温度应与玻璃软化温度相一致，并且要求合金与玻璃之间有很好的润湿性；所制备玻璃包覆丝的直径和玻璃层厚度与拉伸速度有关。

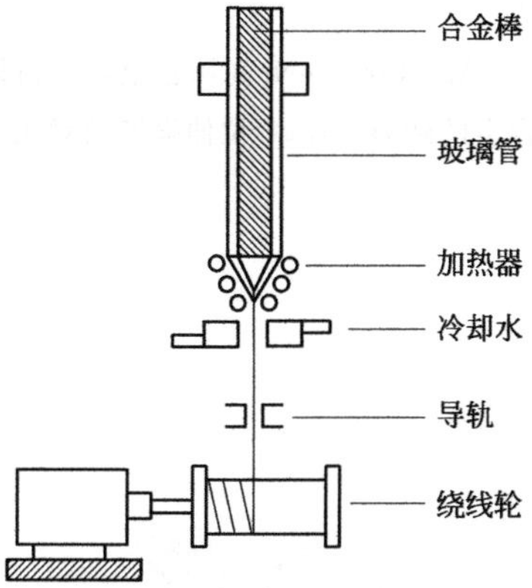


图 1-45 Taylor-Ulitovsky 法示意图

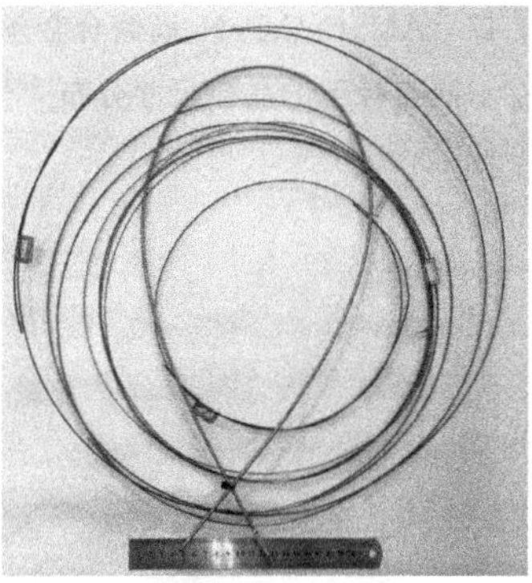

图 1-46 Taylor-Ulitovsky 法制备的 $Al_{0.3}CoCrFeNi$ 高熵合金丝材[40]

张勇课题组[40] 通过 Taylor-Ulitovsky 法制备的 $Al_{0.3}CoCrFeNi$ 高熵合金丝材如图 1-46 所示，并对其室温和低温下的拉伸性能和延展性进行了测试。图 1-47 为不同直径的 $Al_{0.3}CoCrFeNi$ 高熵合金丝材，从图中可以看出，合金晶粒随丝材直径的减小而减小。通过对丝材的拉伸性能和延展性能测试后发现，直径为 1mm 的合金丝表现出优异的性能，其在室温下的拉伸强度和延展率分别为 1207MPa 和 7.8%，而在 77K 低温时的拉伸强度和延展率则为 1600MPa 和 17.5%。这是由于在室温时合金的变形机制为滑移，而在 77K 低温时存在部分纳米孪晶，所以合金的拉伸强度和延伸率都随着温度的降低而升高。高熵合金在低温时的优异性能也为其在一些特殊环境下作为工程结构材料的使用打开了思路。图 1-48 通过对比丝材 $Al_{0.3}CoCrFeNi$ 高熵合金与铸态 FCC、BCC 以及 HCP 高熵合金的拉伸强度和延伸率可知，高熵合金丝的拉伸强度和延伸率有较好的配合。

熔体旋淬法是一项较为传统的纤维制备技术。近年来，相对于玻璃包覆金属丝而言，熔体旋淬法制备金属丝的研究工作还相对较少，这可能与该方法能够连续获得的丝材长度有限有关。该方法的工作原理如图 1-49 所示，其工艺工程可以概括为：将合金棒料置于石英玻璃管内，其中棒料下方分别依次由氮化硼棒和石英玻璃棒托举，合金棒料通过感应线圈进行连续加热，熔化连续进给的金属棒料，并由边缘尖锐或有凹槽的铜轮盘精确切削熔潭，进而抽拉出金属纤维丝。图 1-50 为经熔体旋淬方法制备的 Cu-4Ni-14Al（%，质量分数）纤维丝[41]，通过对该纤维丝性能的研究发现，在低温下其拉伸曲线出现明显的锯齿状，且有很好的延展性（图 1-51）。

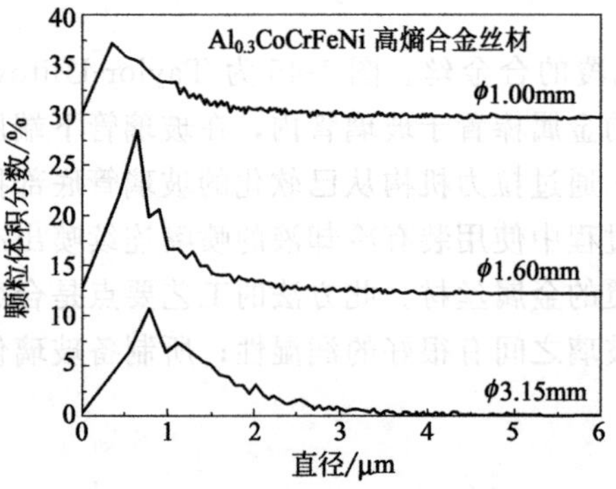


图 1-47 $Al_{0.3}CoCrFeNi$ 高熵合金丝材在不同直径下的晶粒尺寸分布[40]

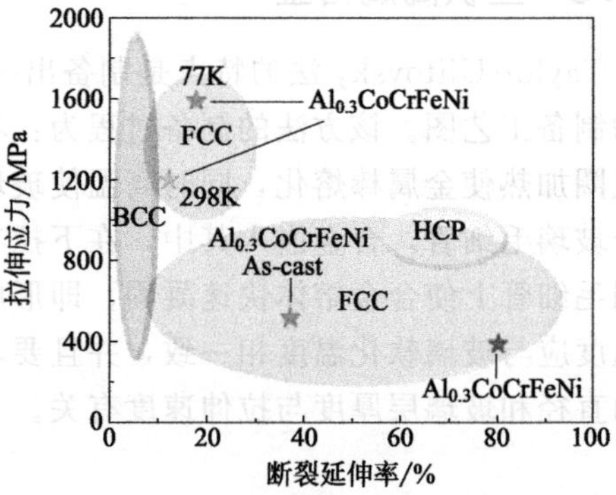


图 1-48 $Al_{0.3}CoCrFeNi$ 高熵合金丝材和其他高熵合金的断裂延伸率-拉伸强度的对比[40]

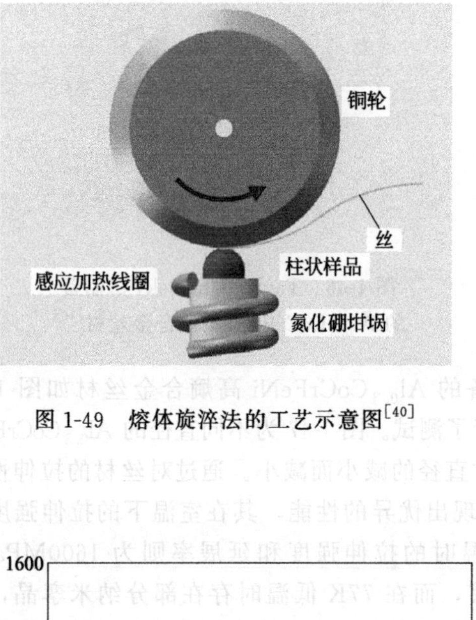


图 1-49 熔体旋淬法的工艺示意图[40]

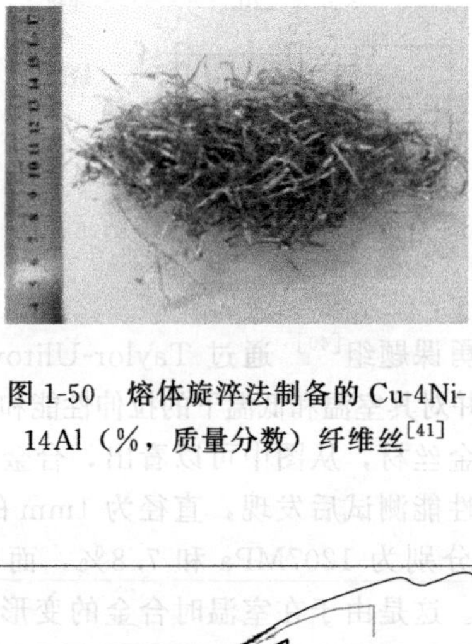

图 1-50 熔体旋淬法制备的 Cu-4Ni-14Al（%，质量分数）纤维丝[41]

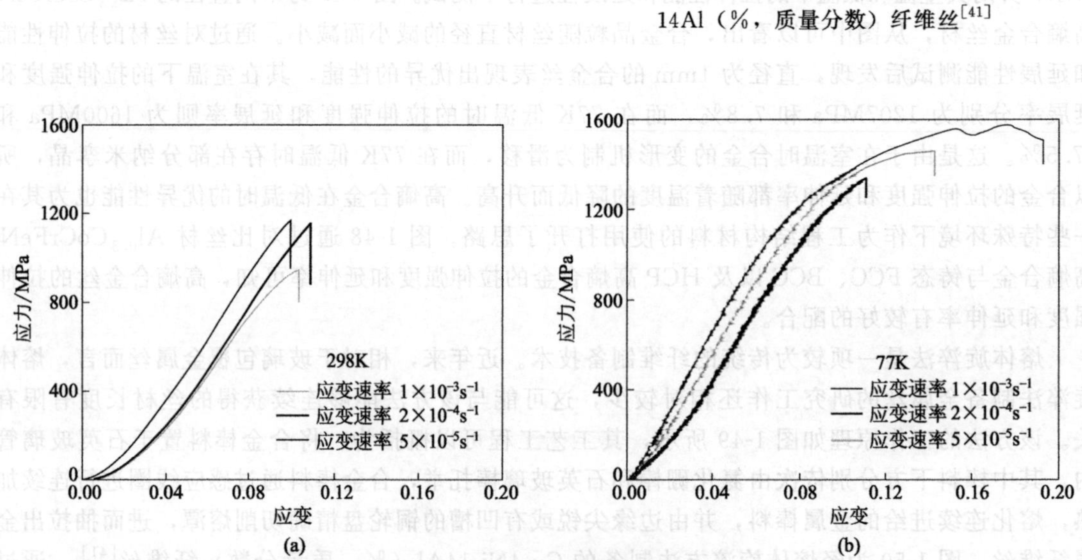


图 1-51 Cu-4Ni-14Al（%，质量分数）纤维丝在室温（a）和低温（b）时的应力-应变曲线[41]

### 1.6.4 粉末高熵合金

机械合金化（mechanical alloying，MA）是一种非平衡态合成细晶合金粉末的有效方法。MA 的优势在于不仅可以制备稳态材料，同时也可以制备亚稳态材料，如金属间化合物、纳米晶材料、准晶材料、超饱和固溶体等。目前已在交通运输、电子器件、航空航天等领域得到广泛应用。

MA 通常利用高能球磨法制备可控细晶显微组织复合材料。磨球进行高速搅拌对金属粉末进行重复冷焊。其优点在于工艺简单、成本低廉，对于非平衡和纳米线材料，此方法有利于合金内成分的均匀化。在 MA 制备过程中，合金粉末经过反复压延、压合、碾碎、再压合与碾碎的过程，粉末不断受到压缩力、冲击力以及剪切力等多方向力的作用，合金粉末间会发生固相反应以及扩散，最后可获得成分分布与微观组织均匀的纳米晶或非晶颗粒，但同时机械合金化的方法也存在引入杂质，纯度不高等缺点。

粉末冶金在高熵合金领域主要是制备轻质高熵合金。一般轻质合金在元素选择时更多的是考虑 Al、Mg、Ti、Li 等轻质元素，相应的其熔点也较低（Ti 除外）。由于 Al、Mg、Li 的蒸气压较高，如果通过常用的高熵合金制备方法（如高真空电弧熔炼或高真空感应熔炼）来制备，则由于元素的挥发造成成分的不稳定，甚至对设备造成损害。Khaled M. Youssef 等[42]通过球磨的方法在不同气氛中制备 $Al_{20}Li_{20}Mg_{10}Sc_{20}Ti_{30}$ 高熵粉末，而后压制成直径为 6.25mm、厚度为 3mm 的盘状样品，分别进行硬度测试及低温烧结盘状样品，实验过程及结果如表 1-3 所示。从图 1-52 可知，经粉末冶金制得的 $Al_{20}Li_{20}Mg_{10}Sc_{20}Ti_{30}$ 高熵合金具有很高的硬度，可与 SiC 陶瓷的硬度相媲美，且其密度仅为 2.67g/cm$^3$，小于 SiC 陶瓷密度。这说明轻质高熵合金具有低密度、高强度的特点，有望成为理想的航空航天材料。

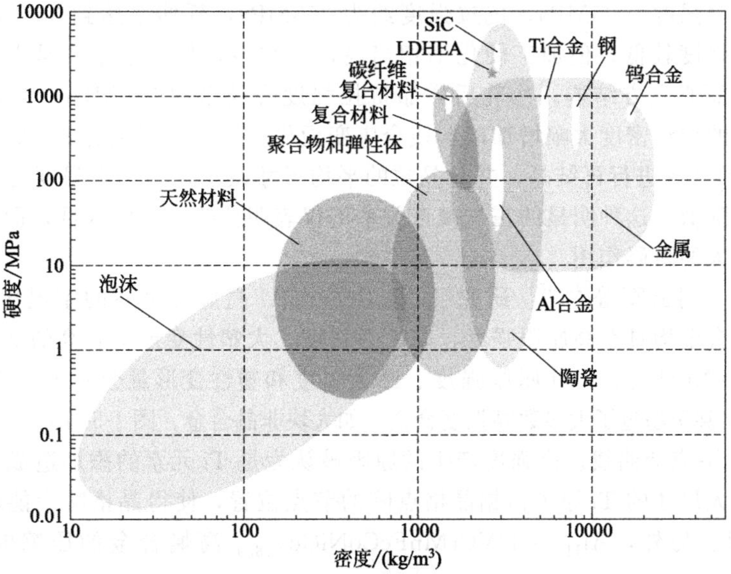


图 1-52 轻质高熵合金 $Al_{20}Li_{20}Mg_{10}Sc_{20}Ti_{30}$ 与其他材料的硬度对比[42]

**表 1-3 $Al_{20}Li_{20}Mg_{10}Sc_{20}Ti_{30}$ 合金的制备工艺及实验结果[42]**

| 合 金 | 退火温度/℃ | 晶体结构 | X 射线晶粒大小/nm | 硬度/GPa |
|---|---|---|---|---|
| | 球磨状态 | fcc | 12 | 5.8 |
| $Al_{20}Li_{20}Mg_{20}Sc_{20}Ti_{30}$ | 500 | hcp | 26 | 4.9 |
| $Al_{20}Li_{20}Mg_{20}Sc_{20}Ti_{30}$ w/N,O | 球磨状态 | fcc | 12 | 6.1 |
| | 500 | fcca | nc$^a$ | 5.9 |
| | 800 | fcca | nc$^a$ | 5.75 |

# 1.7 高熵合金的研究热点

最近高熵合金获得越来越多的关注，不仅因为其形成独特的多主元固溶体结构，还因为高熵合金具有优异的综合性能。其中，最典型的组织为多主元固溶体，由于固溶体中各主元的含量相当，无明显的溶剂和溶质之分，因此也被认为是一种超级固溶体，其固溶强化效应异常强烈，会显著提高合金的强度和硬度。而少量有序相的析出和纳米晶及非晶相的出现也会对合金起到进一步强化的效果。此外，多主元高熵合金的缓慢扩散效应和集体效应也能显著影响合金的性能。因此，高熵合金具有一些传统合金无法比拟的优异性能，如高强度、高硬度、高耐磨及耐腐蚀性、高热阻、高电阻率、抗高温氧化、抗高温软化等。

对于高性能结构件，因为其很少直接采用铸态合金，所以加工成型与热处理工艺极为重要。在制备传统合金的过程中，通过对工艺参数的调整，可以有效改善合金的各方面性能。由于在铸态条件下，合金内应力较大、成分偏析严重，同时容易存在冷裂、缩孔与缩松等铸造缺陷，从而对合金的性能造成不良影响，如脆性增大等。

目前，已有学者利用退火与时效处理的方法减少铸态高熵合金的缺陷，例如通过对 $Al_{0.3}CrFe_{1.5}MnNi_{0.5}$ 高熵合金在 650～750℃进行 8h 高温时效处理，随后进行水淬，其硬度明显提高，这主要是由于合金中的 σ 析出相（$Cr_5Fe_6Mn_8$）增多且形状变得更加规则，起到了弥散强化的作用。因此，可通过时效热处理方式提高合金的硬度。高熵合金经过塑性变形后，其晶粒的结构与性能都会发生变化，Otto F 等[43] 对 CoCrFeMnNi 高熵合金冷轧后再结晶的过程进行了深入探究，合金经过不同形变量的冷轧后，其发生再结晶的温度也都随之改变。Yao 等[44] 对面心立方结构的 FeMnNiCoCr 高熵合金进行系统研究，均匀化处理后，FeMnNiCoCr 高熵合金仍保持面心立方固溶体结构，在原子尺度上观察并无成分偏析与元素富集。经过均匀化处理后，合金的屈服强度为 95MPa，抗拉强度约为 375MPa，延伸率达到 58%，虽然热处理后的合金样品屈服强度较低，但加工硬化率相当高，其塑性较好，这主要是由于 FeMnNiCoCr 合金具有简单的面心立方结构。冷轧后样品抗拉强度升高至约 760MPa，但延伸率降低至约 17%，合金内部的位错密度大幅增加以及残余应变硬化。经过在温度为 900℃的条件下，退火 10min，由于晶粒开始进行再结晶，并且晶粒的平均尺寸减小，其屈服强度与抗拉强度明显提高且塑性并没有降低，这种明显的霍尔佩奇关系不仅表明位错密度的降低，而且也表明晶界对滑移运动具有很大的阻碍作用。

**(1) 高强度** 周云军等[45,46] 研究 $Ti_xCoCrFeNiAl$ 高熵合金系的室温压缩性能时发现，合金系中所有的合金均具有高屈服强度、高断裂强度、大塑性变形量和高的加工硬化能力，特别是 $Ti_{0.5}CoCrFeNiAl$ 合金，其屈服强度、断裂强度和塑性变形量分别为 2.26GPa、3.14GPa、23.3%。这些性能甚至超过了大多数高强度合金，如大块非晶合金。图 1-53 即为 $Ti_xCoCrFeNiAl$ 合金系的压缩真应力-应变曲线。高强度产生的原因被认为是 Ti 元素的添加造成了合金的固溶强化所导致的；而大尺寸的 Ti 原子占据晶格点阵的节点位置，使得晶格畸变能增加，并加剧了固溶强化的效果。另外，$Al_{11.1}(TiVCrMnFeCoNiCu)_{88.9}$ 高熵合金的压缩断裂强度也可达到 2.43GPa。

**(2) 拉伸性能** 图 1-54 则呈现出 Al 含量对 $(FeCoNiCrMn)_{100-x}Al_x$ 合金[47] 拉伸性能的影响，Al 的添加导致了 BCC 固溶体的析出，因此合金强度升高，塑性降低。

如图 1-55 所示，Qiao 等[48] 研究了 AlCoCrFeNi 合金在室温（298K）及低温（77K）条件下的力学性能，发现 AlCoCrFeNi 合金在低温下其屈服强度和断裂强度比室温条件下分别提高了 29.7%和 19.9%，而其塑性却变化不大。说明高熵合金在低温领域具有广阔的应用前景。

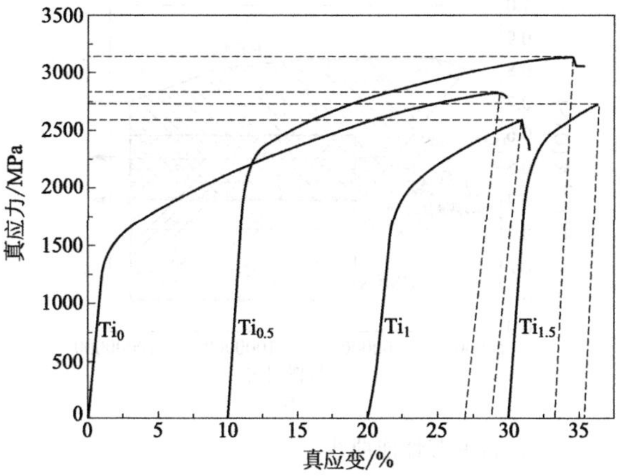


图 1-53 $Ti_xCoCrFeNiAl$ ($x$=0，0.5，1，1.5)
合金室温压缩真应力-真应变曲线[45]

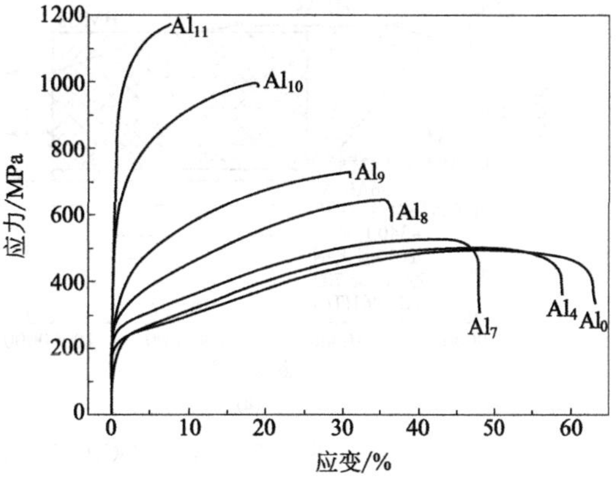


图 1-54 $(FeCoNiCrMn)_{100-x}Al_x$
合金体系拉伸性能[47]

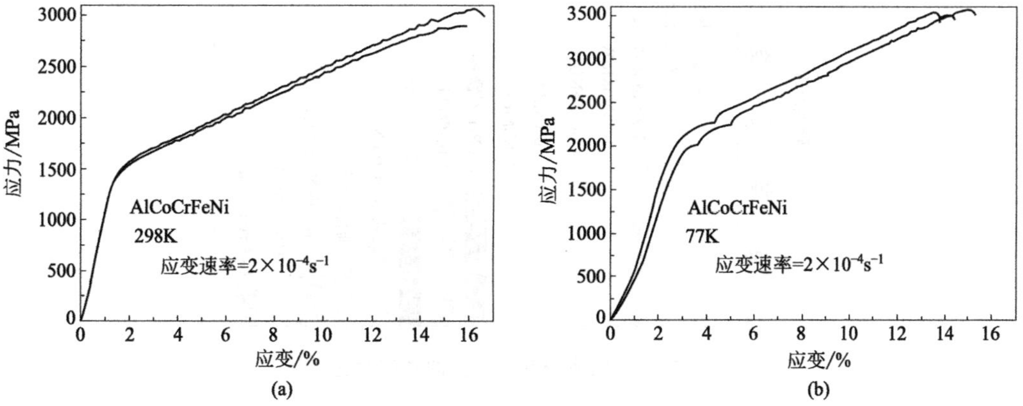


图 1-55 AlCoCrFeNi 高熵合金在 298K 及 77K 温度下的压缩真应力应变曲线[48]

(a) AlCoCrFeNi 高熵合金在 298K 温度下的压缩真应力应变曲线；

(b) AlCoCrFeNi 高熵合金在 77K 温度下的压缩真应力应变曲线

**(3) 疲劳性能** $Al_{0.5}CoCrCuFeNi$[49] 高熵合金的抗疲劳性能的试验结果如图 1-56 所示。从图中可知，高熵合金的抗疲劳极限范围在 540～945MPa 之间，与拉伸断裂强度的比值为 0.402～0.703，与钢材、Ti 合金及非晶的抗疲劳性能相当。通过对比其他合金，高熵合金具有较好的抗疲劳性能，其在较高的应力状态下都具有较长的疲劳寿命。由此表明高熵合金在结构材料领域具有较好的应用前景。

**(4) 高硬度** 图 1-57 展示了一些已经报道的高熵合金硬度，并与 316 不锈钢做了比较。结果显示高熵合金具有较宽的硬度变化范围：从 MoTiVFeNiZrCoCr 高熵合金的显微维氏硬度值高达 800HV，直到 CoCrFeNiCu 高熵合金显微维氏硬度不足 200HV[50]。图 1-58 详细对比了高熵合金、大块非晶玻璃以及传统合金的密度及强度的关系。从图中可以发现高熵合金的密度和传统金属材料的密度接近，但是比传统金属材料具有更高的比强度。

轧制和回复再结晶使合金的连续相向平衡态发展。冷轧变形能够非常有效地提高高熵合金的硬度和强度，消除缺陷，甚至改变合金的相组成。

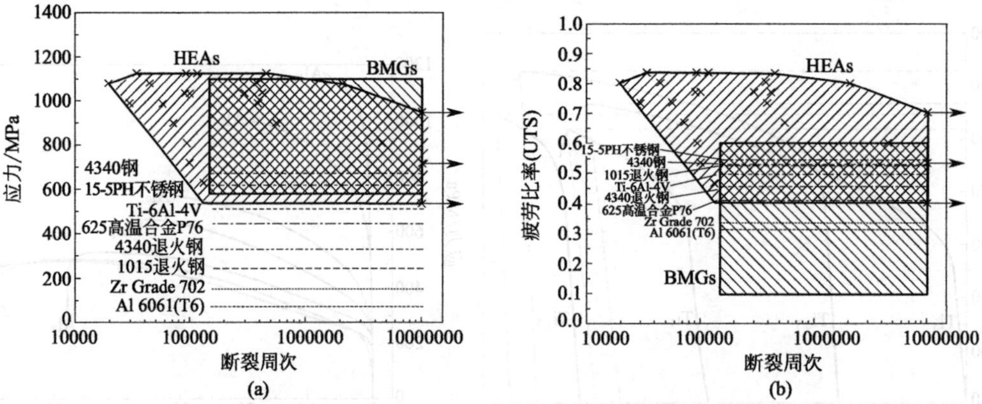


图 1-56 $Al_{0.5}CoCrCuFeNi$ 高熵合金的抗疲劳性能曲线[50]

(a) 应力与断裂周次的关系曲线；(b) 疲劳比率与相应断裂周次的关系曲线

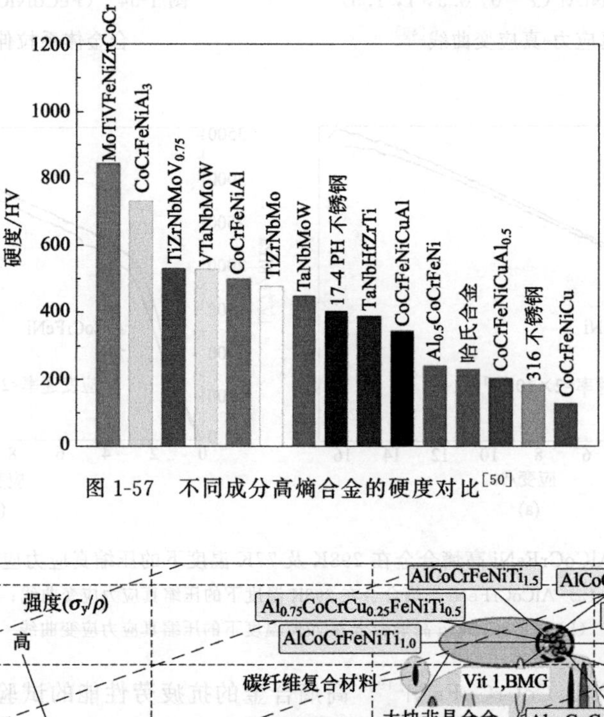


图 1-57 不同成分高熵合金的硬度对比[50]

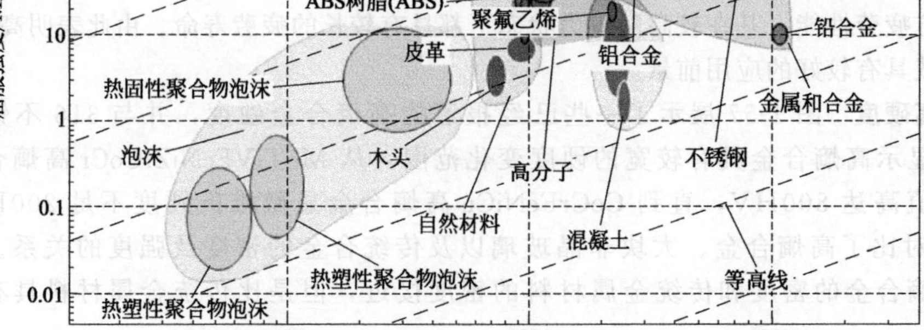

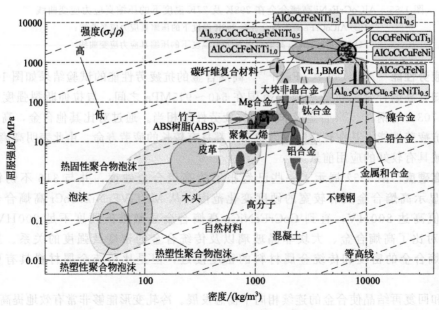


图 1-58 高熵合金与其他结构材料的屈服强度与密度对比[50]

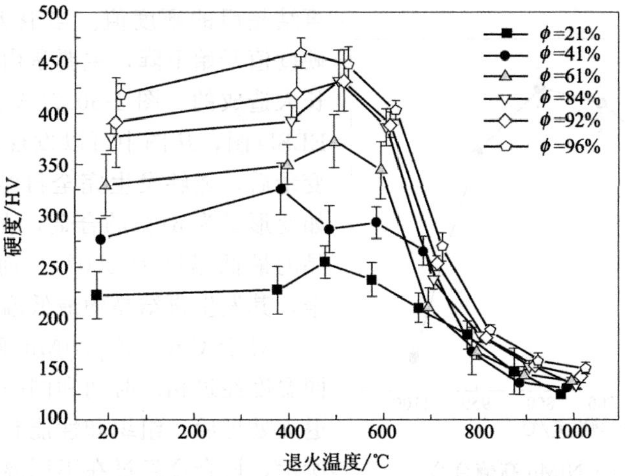


图 1-59 CoCrFeMnNi 高熵合金冷轧在不同温度退火后的硬度值[51]

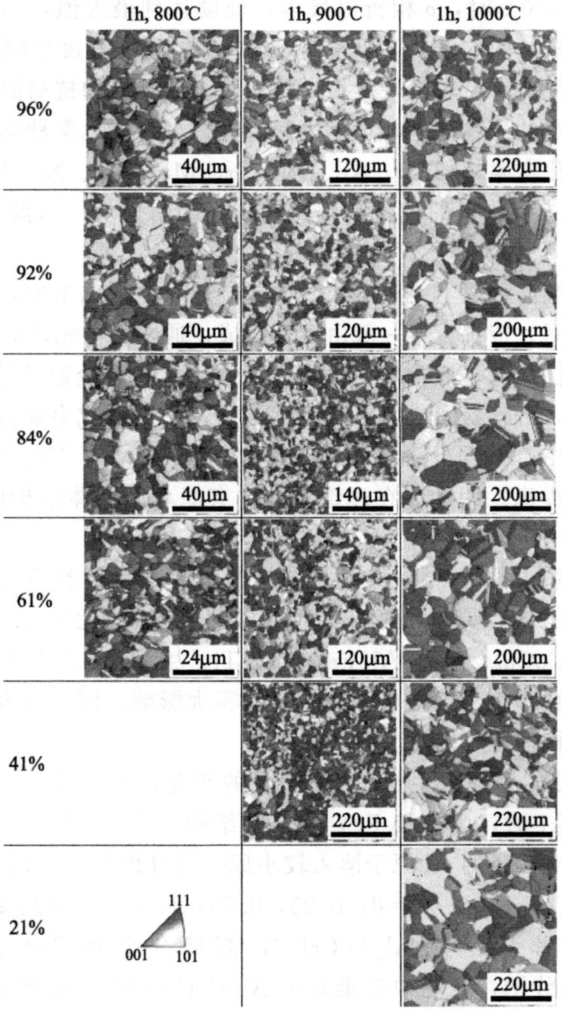


图 1-60 冷轧 CoCrFeMnNi 高熵合金在不同温度退火后的 EBSD 结果[51]

图 1-59 为 CoCrFeMnNi 高熵合金经过不同形变量（$\phi$）的冷轧，再经过不同温度的回复再结晶后的硬度值。当退火温度高于 600℃时，硬度值开始下降，主要是由于合金再结晶和晶粒长大造成的。图 1-60 为该合金冷轧再结晶后的 EBSD 图，从图中可以发现，试样在冷轧不同形变量后，能够发生完全再结晶的温度也不相同，如变形量为 61%的合金，在退火 1h 能发生再结晶的最低温度为 800℃，而变形量为 41%的合金，其发生再结晶的最低温度为 900℃[51]。

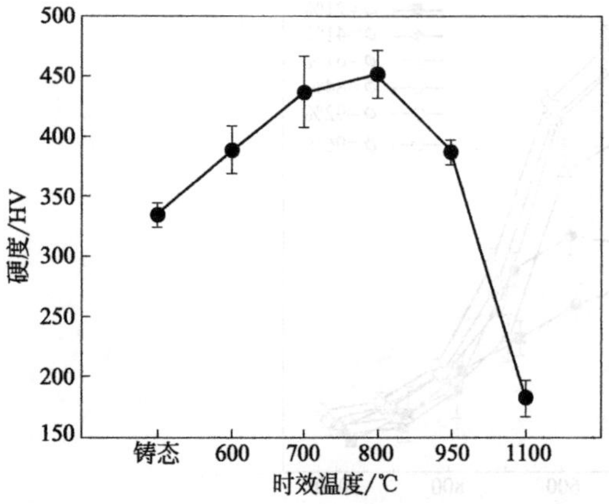


图 1-61 $CuCr_2Fe_2NiMn$ 高熵合金在不同温度保温 12h 的硬度图[52]

对于 $CuCr_2Fe_2NiMn$ 高熵合金来说，在不同温度经过相同时间和同一温度经过不同时间的退火处理后，组织和性能有很大变化。如图 1-61 所示，该合金经过在不同温度退火后，随温度升高，硬度先增大后减小，这主要是由于随温度增加时，$\rho(Cr_5Fe_6Mn_8)$ 相从基体中析出，导致析出强化。当退火温度在 800℃时，ρ 相析出最多，硬度达到最大值，当温度继续升高时，ρ 相和富铜相发生分解，树枝晶间的 $FCC_2$ 相发生粗化长大，导致硬度急剧下降。但该合金在经过长时间退火处理后，仍然能保持较高硬度，说明该合金有很好的抗高温软化性。

**（5）耐蚀性能** 材料的耐腐蚀性与很多因素有关，如金属元素种类、合金组织、热处理和材料的表面状态。易钝化金属，如 Ti、Nb、Al、Cr、Mo、Mg、Ni、Fe 等，如果其处于维钝状态时，会在表面形成一层致密的钝化膜，具有良好的耐蚀性。目前，耐蚀合金主要有不锈钢、钛合金和镍合金。

高熵合金是由五种或五种以上元素等原子比或接近等原子比组成，每种主元浓度在 5%～35%（原子百分数）之间。传统合金一般由多相组成，通常相与相之间存在电位的差异，容易形成腐蚀微电池，耐蚀性降低，通常认为单相固溶体比多相合金耐蚀性好。与传统合金相比，高熵合金具有高混合熵，更容易形成简单固溶体结构，不易形成金属间化合物或其他有序相。在已有的高熵合金体系中，大部分含有 Ti、Nb、Al、Cr、Mo、Ni、Fe 等钝化元素，促进钝化膜的形成，使耐蚀性提高。因此，在理论上，具有简单固溶体结构的高熵合金有很好的耐蚀性。

在一些高熵合金体系中添加 Al，会使相结构发生改变，随着 Al 含量增加，晶体结构由 FCC 转变为 FCC＋BCC，再转变为两相 BCC 调幅分解相（无序 $A_2$ 相＋有序 $B_2$ 相），如 $Al_xCoCrFeNi$、$FeCrNiCoCu_{0.5}Al_x$、$Al_xFeCoNiCrTi$。尽管 Al 为 FCC 结构，但其能够促进 BCC 相的生成。相结构的改变对合金的耐腐蚀性有很大影响，因此研究添加 Al 对高熵合金耐腐蚀性的影响及其腐蚀机理有重要意义。

现在有许多关于 $Al_xCoCrFeNi$ 体系高熵合金的研究，发现当 $0\leqslant x\leqslant0.375$ 时，为单相 FCC 结构；当 $0.5\leqslant x\leqslant1$ 时，为两相 FCC＋BCC 结构；当 $1.25\leqslant x\leqslant2$ 时，为单相 BCC 结构，并且当较大原子尺寸半径的 Al 原子溶入较小原子尺寸的晶格中时，会产生较大的晶格畸变。Kao 等研究了 $Al_xCoCrFeNi$（$x=0$，0.25，0.50，1.00）体系高熵合金在 $H_2SO_4$ 溶液中的电化学腐蚀行为。图 1-62 为 $Al_xCoCrFeNi$ 高熵合金和 SS304 不锈钢在 0.5mol/L $H_2SO_4$ 溶液中的极化曲线图，从图中不难看出 $Al_xCoCrFeNi$ 系高熵合金的腐蚀电位（$E_{corr}$）和腐蚀电流（$I_{corr}$）随 $x$ 变化有明显变化，这与纯 Al 在 $H_2SO_4$ 溶液中瞬时钝化有关。从图 1-63 中，可以看出随 Al 含量的增加，腐蚀速率加快，这是由于 Al 在阳极氧化后容易在金属表面形成多孔的氧化物膜。研究温度对动电位极化曲线影响的结果表明：Al 含量越多，腐蚀速率对温度的敏感性越大；随 Al 含量增加，合金的钝化膜厚度逐渐增加，并且越来越分散，耐蚀性逐渐降低。

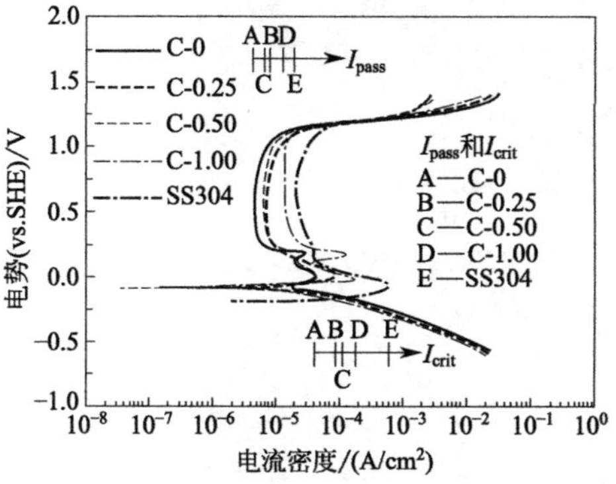


图 1-62 $Al_x$CoCrFeNi 高熵合金和 SS304 不锈钢在室温下的极化曲线图[53]

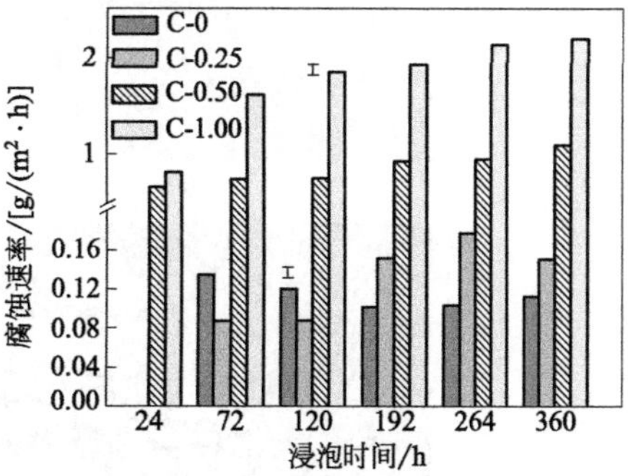


图 1-63 $Al_x$CoCrFeNi 高熵合金浸泡时间与腐蚀速率关系图[53]

合金中一般存在杂质、碳化物、金属间化合物等第二相组织，这些第二相物质多数以阴极形式存在，而基体往往以阳极形式存在。合金组织对耐腐蚀性有重要作用，而与合金组织密切相关的是合金的热处理过程，热处理可以使合金中内应力消除，使合金晶粒长大，使第二相析出或溶解，使相的形貌、大小和分布发生改变，使相中主元发生再分配，这些将会影响合金的电化学腐蚀行为。例如，Ni-Cr 奥氏体不锈钢经过固溶处理后在 427～816℃的温度区间内保温或受热缓冷后（敏化处理），很容易发生晶间腐蚀，主要是敏化处理后在晶界析出了连续的 $Cr_{23}C_6$ 型碳化物，使晶界产生严重的贫 Cr 区，导致贫 Cr 区的快速溶解。

$FeCoNiCrCu_{0.5}$ 高熵合金在 350℃、650℃、950℃和 1250℃保温 24h 后，其显微组织发生很大变化，在 3.5%（质量分数）NaCl 溶液中测其电化学腐蚀行为时发现，不同温度热处理不能很有效地改变其耐腐蚀性，这主要与合金的显微组织转变有关。$FeCoNiCrCu_{0.5}$ 高熵合金是由基体相、富铬相和富铜相组成，随着退火温度的升高，富铜相和富铬相会发生偏聚或溶解，在动电位极化实验过程中，阳极极化优先发生富铜相的腐蚀，因此富铜相对合金非常有害，能够在很大程度上降低其耐蚀性。Lin 等发现 $FeCoNiCrCu_{0.5}$ 高熵合金在 1100～1350℃热处理后展现出最好的耐腐蚀性，主要是由于热处理温度越高，溶解到 FCC 基体的富铜相就越多，这样与基体之间有明显电位差异的腐蚀敏感区域就减小了，合金的耐蚀性提高。通过对 $Al_{0.3}CrFe_{1.5}MnNi_{0.5}$ 合金[54] 在 650℃和 750℃保温 8h 后，发现其耐腐蚀性提高，主要是由于经过退火处理后，Al-Ni 相和 σ 相含量增多，导致在 BCC 基体上 Al 含量的降低和 Cr 含量的升高，Cr 元素、Al-Ni 相和 σ 相都呈现出优异的耐腐蚀性。但随退火温度升高，该合金点蚀敏感性增加，如图 1-64 所示，没有经过退火处理的合金试样表面几乎没有点蚀坑，只有一些普通材料的溶解，而经过热处理后的试样表面上发生严重的选择性腐蚀，基体优先溶解，只剩下树枝晶间相和 Al-Ni 相。

但对于 $Al_{0.5}$CoCrFeNi 高熵合金，经过在 350℃、500℃、650℃、800℃和 950℃分别保温 24h 后，随着热处理温度的升高，试样的腐蚀速率大概呈递增趋势，主要是由于热处理后，富 Al-Ni 相在 FCC 基体上析出，合金在 3.5%（质量分数）NaCl 溶液中主要发生了晶内（富 Al-Ni 相）腐蚀，而在 650℃热处理后，富 Al-Ni 相含量降低，耐蚀性显著提高。

因此，热处理不仅能促进合金主元的扩散，使主元更加均匀分布，促进耐腐蚀性的提高；

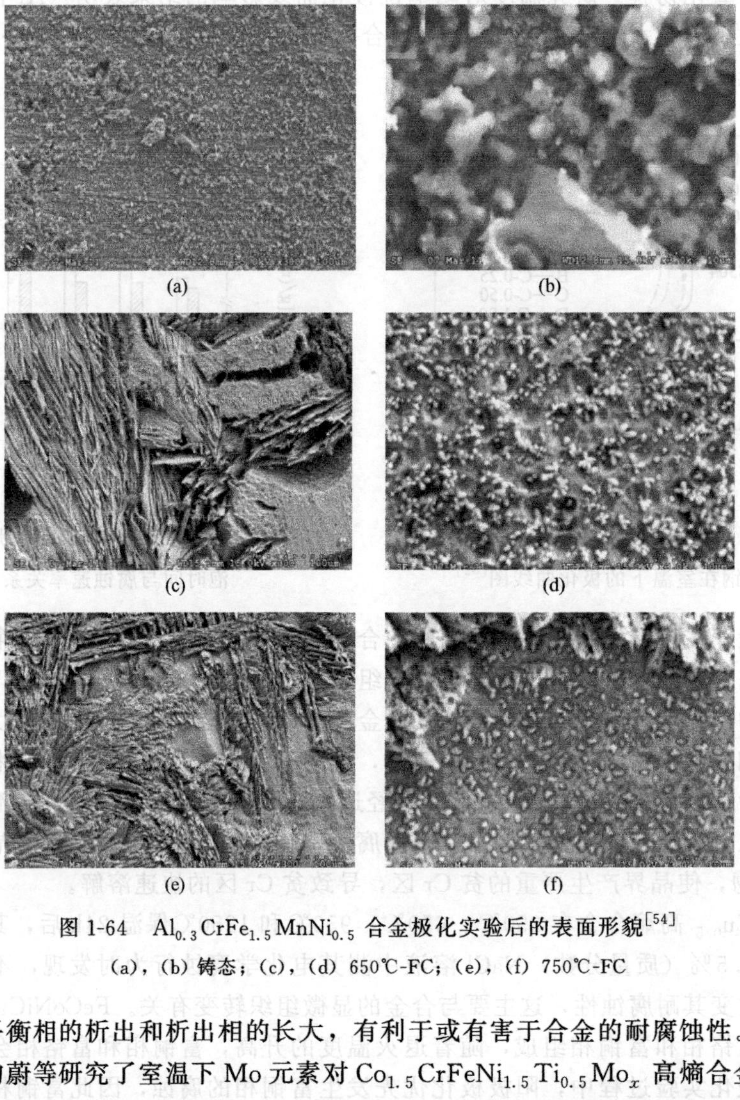

图 1-64 $Al_{0.3}CrFe_{1.5}MnNi_{0.5}$ 合金极化实验后的表面形貌[54]

(a), (b) 铸态; (c), (d) 650℃-FC; (e), (f) 750℃-FC

又能促使其他平衡相的析出和析出相的长大，有利于或有害于合金的耐腐蚀性。

此外，叶均蔚等研究了室温下 Mo 元素对 $Co_{1.5}CrFeNi_{1.5}Ti_{0.5}Mo_x$ 高熵合金在酸碱溶液中的腐蚀性能的影响[55]。研究表明，$Co_{1.5}CrFeNi_{1.5}Ti_{0.5}Mo_x$ 合金系列在 0.5mol/L $H_2SO_4$ 溶液中存在活化钝化行为，有较宽的钝化区，且不含 Mo 的合金腐蚀电流密度和钝化电流密度明显低于含 Mo 合金。由此可知不含 Mo 的合金在酸性溶液中耐腐蚀能力较好。不含 Mo 的合金在 1mol/L NaCl 溶液中由于较低的击穿电位，较窄的钝化区特别易于点蚀；而含 Mo 合金由于在 NaCl 溶液中形成钝化膜有自修复功能，耐蚀性能优于不含 Mo 的合金，耐蚀能力明显得到改善。另外，对 $Co_{1.5}CrFeNi_{1.5}Ti_{0.5}Mo_x$ 合金系列在 1mol/L NaOH 碱性环境中极化曲线研究表明随 Mo 含量的增加合金的耐腐蚀能力减弱。

Chen 等[56] 研究了 $FeCoNiCrCu_{0.5}AlSi$ 七主元高熵合金在 NaCl 和 $H_2SO_4$ 溶液中的腐蚀性能，并与 304 不锈钢进行了对比试验。结果显示，在电解质浓度为 0.1～1mol/L 的室温状况下，高熵合金综合的腐蚀性能优于 304 不锈钢，但是高熵合金在有 $Cl^-$ 的电解液中的耐点蚀能力比 304 不锈钢差。高熵合金与 304 不锈钢在室温以上耐腐蚀能力都随温度的升高而降低，在 $H_2SO_4$ 溶液中要比 NaCl 溶液变化更为明显。此外，高熵合金在 $H_2SO_4$ 溶液中腐蚀速率低于 304 不锈钢，而在 NaCl 溶液中高熵合金腐蚀速率稍高于 304 不锈钢。

**(6) 热稳定性**　一些体系的高熵合金具有很好的热稳定性，分别对 $Nb_{25}Mo_{25}Ta_{25}W_{25}$ 和 $V_{20}Nb_{20}Mo_{20}Ta_{20}W_{20}$ 两种合金进行 1400℃保温处理 14h 的退火实验，通过中子衍射分析，研究发现该类合金具有非常好的热稳定性，退火前后，衍射峰的位置和强度几乎没有任何改变，如图 1-12 所示。

由于高熵合金具有热稳定性，因此其在高温下相稳定性要比合金钢的相稳定性好，如图 1-65 给出了合金 $V_{20}Nb_{20}Mo_{20}Ta_{20}W_{20}$ 在室温及不同高温下的压缩应力-应变曲线[21]。可以看出，其在 1200℃高温下仍具有 735MPa 的屈服强度，表现出了优异的高温力学性能。由于高温下合金内体系的混乱度加大，高熵效应更加明显。因此，高熵合金表现出优异的耐高温性。研究表明高熵合金在 1000℃下 12h 退火后不出现回火软化现象，而工业使用的合金钢在 550℃下出现回火软化。不仅如此，含有 Al 和 Cr 的高熵合金还具有高达 1100℃的优异的抗氧化性。

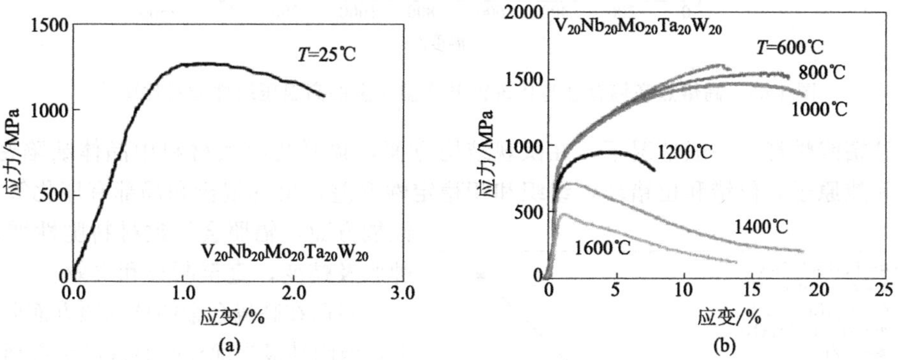


图 1-65　室温及高温下 $V_{20}Nb_{20}Mo_{20}Ta_{20}W_{20}$ 合金的工程压缩应力-应变曲线

(a) 室温下 $V_{20}Nb_{20}Mo_{20}Ta_{20}W_{20}$ 合金的工程压缩应力-应变曲线；

(b) 高温下 $V_{20}Nb_{20}Mo_{20}Ta_{20}W_{20}$ 合金的工程压缩应力-应变曲线[21]

研究发现，绝大多数高熵合金具有比主元元素更高的熔点，而且在高温时仍具有极高的强度与硬度。高温合金具有良好的耐高温回火软化特性。例如，$Al_{0.3}CoCrFeNiC_{0.1}$ 高熵合金经 700～1000℃、72h 时效热处理后，其硬度非但没有下降，相反得到较大提升，而传统合金如高速钢，在 550℃下即发生软化。例如，AlZnMnSnSbPbMg 合金在 750℃时抗氧化性强，热重增加率仅为 0.04%；而相同条件下，纯镁的热重增加率高达 2.74%。高熵合金表现出罕见的高温析出硬化现象和优异的耐高温氧化能力，其抗氧化能力可以与喷气式涡轮叶片上的抗氧化合金 Ni-22Cr-10Al-1Y 相媲美。

徐朝政等[57] 采用电弧离子镀方法制备了 NiCoCrAlSiY 系高熵合金涂层，并讨论了 Al、Cr 的含量对涂层的高温氧化性能影响。结果表明：Al 含量高的涂层在氧化初期质量迅速增加，但随时间延长，质量增加缓慢，1000℃、100h 氧化增重只有 0.5mg/cm$^2$；氧化后表面分别形成了不同形貌的 $Al_2O_3$ 致密氧化膜，隔离氧扩散到涂层甚至合金基体内；在恒温氧化时较高的 Al 储存量能及时修复破损的氧化膜，减缓循环氧化时氧化膜的开裂和剥落，从而保证材料能抵抗长时间的高温氧化。

如前所述，高熵合金的高混合熵效应在高温条件下表现突出，即可以更好地降低合金体系的吉布斯自由能，从而获得相对稳定的合金组织与性能，这表明高熵合金具有在高温方面的应用潜力。据此，Senkov 等[21] 研究了两种高熔点高熵合金的高温力学性能，并与镍基高温合金进行比较，如图 1-66 所示。图中可以看出，这两种难熔合金显示出了优异的高温屈服强度，特别是在高于 1000℃下，与镍基高温合金相比，具有非常明显的优势。

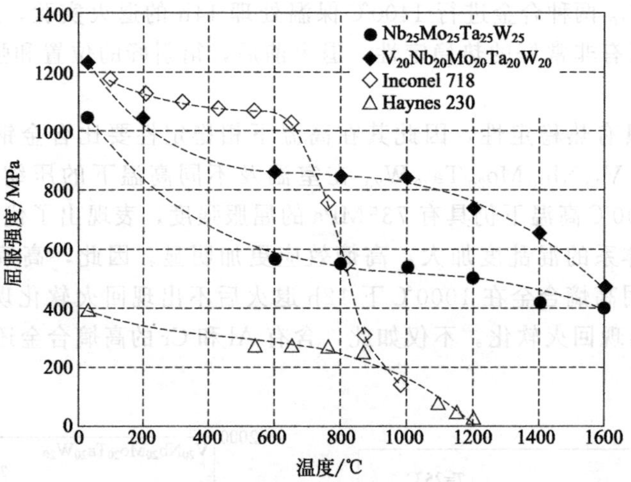


图 1-66 高熔点高熵合金与传统镍基高温合金的高温压缩性能对比图[21]

**(7) 抗辐照性能** 一般情况下，在微观结构方面，辐照会导致材料中晶体缺陷密度提高，如空位和间隙原子，位错和位错环，组织和相稳定性变差，出现偏析和局部有序化等现象。在性能方面，辐照会导致材料脆性增加，体积肿胀及蠕变，直至断裂和失效。

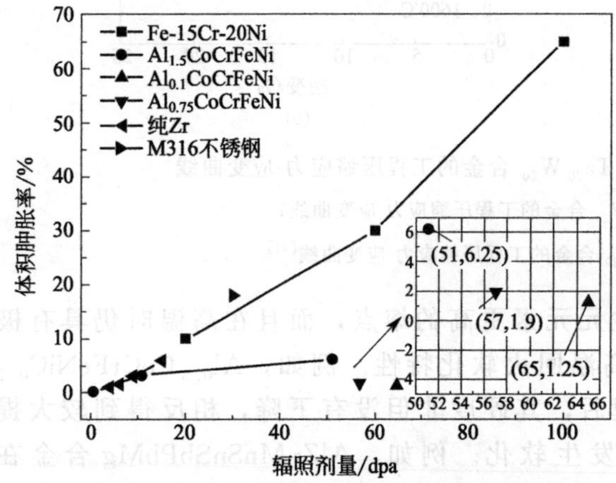


图 1-67 $Al_x$CoCrFeNi 辐照后的肿胀率[58]

（Fe-15Cr-20Ni 测试温度为 675℃；纯 Zr 测试温度为 450℃；M316 不锈钢测试温度为 500℃）

目前在高熵合金的抗辐照方面研究结果较少，但因其极为优异的表现已引起研究人员的广泛注意。Zhang 等[58] 研究 $Al_x$CoCrFeNi 高熵合金在 Au 离子辐照剂量超过 50dpa（原子平均离位，表示材料辐照损伤的单位）的条件下，高熵合金仍保持较高的相稳定性，且肿胀率低于 316 不锈钢等常用的抗辐照材料，如图 1-67 所示。Egami 等对 ZrHfNb 体心结构高熵合金与 CoCrCuFeNi 面心立方结构高熵合金进行了原位电子辐照研究，发现 CoCrCuFeNi 高熵合金在经过 500℃ 高温辐照后，主体相结构没有明显变化，且晶粒没有发生粗化现象。从图 1-68 对 Ni、NiCo、NiCoCr 和 NiCoFeCrMn 进行辐照研究表明，高熵合金具有很好的抗辐照性能。高熵合金主要形成的无序固溶体相结构，其结构上的最大特征是由于原子尺寸差导致的晶格畸变大，构型熵高，因此可能会形成原子级别应力，使其具有特殊性能，并且有可能突破目前已有材料的性能极限。高熵合金抗辐照材料的优异表现为核材料提供了新的思路，对核能的发展起到了推动作用。此外，航空航天领域也需要抗辐照材料，在放射性环境中作业的设备等表面也需要抗辐照处理。

低温辐照还能降低材料的断裂韧性。最典型的例子是体心立方材料在辐照下，韧脆性转变温度的升高。在辐照后，屈服应力增加而韧脆性转变温度升高，这两者之间的关系与已有的理论模型相一致。在此理论模型中，韧脆性转变温度，与温度有强烈依赖关系的屈服应力和与温度依赖关系不明显的断裂应力，这三者的变化关系与在辐照情况下这三者的变化趋势一致。韧脆性转变温度一般

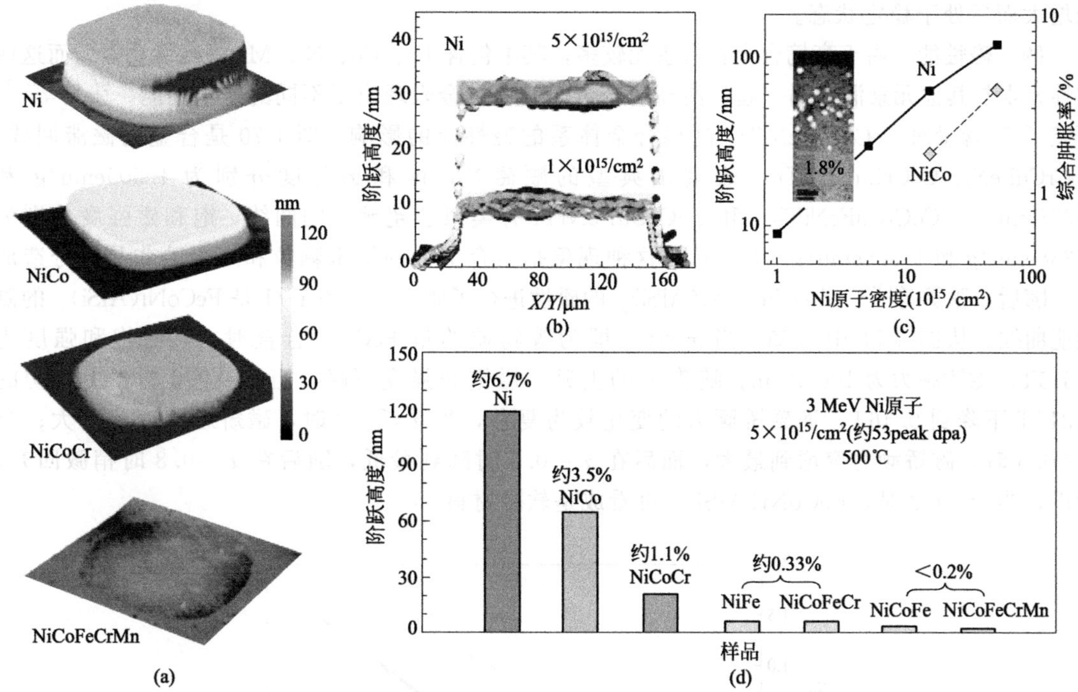


图 1-68 Ni、NiCo、NiCoCr、NiCoFeCrMn 的辐照研究[59]

(a) 辐照后对 Ni、NiCo、NiCoCr 和 NiCoFeCrMn 的表面步长测量；(b) Ni 在低通量辐照下的步进高度剖面（彩色点为测量值，半透明背景为平均值和不确定因素的综合考虑）；(c) 不同辐照量下 Ni 和 NiCo 肿胀率随步进高度的影响（插图为在 $5\times10^{15}/cm^2$ 时，Ni 的剖面 TEM 像）；(d) 7 种材料步进高度和肿胀率的比较

利用切口试样的冲击实验来获得，随后利用韧脆转变温度间接获得材料的断裂韧性。在实验上材料的断裂韧性可以通过材料上的尖锐裂纹来测得，尖锐裂纹区域最好是结构组件中具有代表性的应力-应变梯度区域。近年来，随着弹塑性断裂力学理论的发展，不少铁基合金的断裂韧性和温度的关系已经被找出一些普遍的规律，陶瓷及金属陶瓷材料的离子辐照损伤机理，两者间的关系可通过样品的尺寸参数进行归一化。这种普遍的关系也适用于预测核材料断裂韧性与温度的关系，并且目前对于一些小尺度样品的预测结果与实验结果符合的很好。

**(8) 电阻率** 关于高熵合金的研究一般都集中在力学性能上，而对其如电阻率等功能性方面的研究很少。H. P. Chou 和 Y. P. Kao 研究发现，$Al_x$CoCrFeNi 高熵合金的电阻率随着 Al 含量的增加先增大，当 $x=0.15$ 时达到峰值；随后随 Al 含量的增加而减小，当 $x=0.23$ 时达到最低值；后又随着 Al 含量的增加而增大，但此时增大的趋势变慢（图 1-22），$Al_x$CoCrFeNi 高熵合金的电阻率范围在 100～200μΩ·cm。Zuo T T 等[60] 对 $Al_x$CoFeNi 和 CoFeNi$Si_x$ 高熵合金的电阻率研究结果如图 1-69 所示，发现 $Al_x$CoFeNi 高熵合

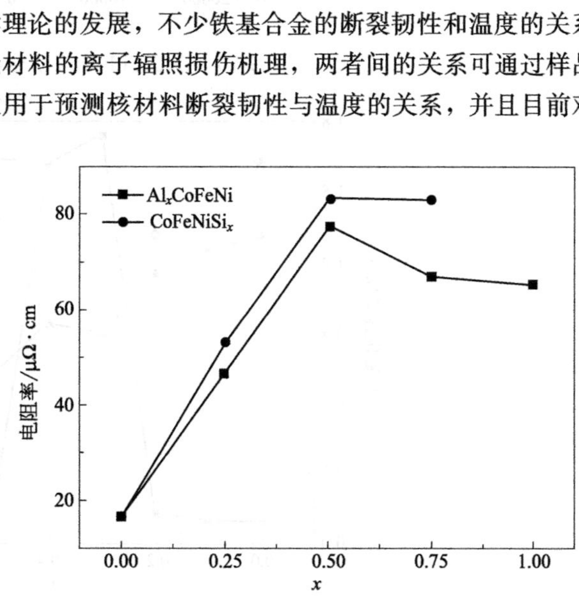


图 1-69 $Al_x$CoFeNi 和 CoFeNi$Si_x$ 的电阻率随 $x$ 的变化[60]

金的电阻率随 Al 含量的升高先增大后减小；而 $CoFeNiSi_x$ 高熵合金的电阻率随 Si 含量的升高先增大而后处于稳定状态。

**(9) 磁性能** 由于高熵合金含的主元较多，其中包含 Fe、Co、Ni、Mn 等磁性元素，而这些磁性元素与其他元素混合到一起，使高熵合金与其他合金表现出了不同的磁学性能。张勇等[61]研究了 Ti 含量对 $CoCrCuFeNiTi_x$ 高熵合金体系的磁性能的影响。图 1-70 是合金的磁滞回线，CoCrCuFeNi、$CoCrCuFeNiTi_{0.5}$ 表现出典型的顺磁性，饱和磁强度分别为 1.505emu/g 和 0.333emu/g。$CoCrCuFeNiTi_{0.8}$ 和 CoCrCuFeNiTi 有类似于超顺磁的曲线，饱和磁强度分别为 1.368emu/g 和 1.508emu/g。张勇认为这种现象是由合金中的纳米颗粒和细小的非晶成分造成的。随后，张勇等[19] 又对 $FeCoNi(AlSi)_x$ 的磁性进行了研究，如图 1-71 是 $FeCoNi(AlSi)_x$ 的磁性能曲线。从图 1-71 中可知，当 $x=0$，即为等物质的量 FeCoNi 合金时，其磁饱和强度为 1.315T，磁矫顽力为 1069A/m。随着 $x$ 的上升，磁饱和强度下降，当 $x=0.8$ 时，由最初的 1.315T 下降到 0.46T。而磁矫顽力的变化较为复杂，当 $x \leqslant 0.2$ 时，磁矫顽力变化不大；当 $x=0.3$ 时，磁矫顽力突增到最大，而后在 $x=0.5$ 时降到最低，随后在 $x=0.8$ 时稍微回升。所以，当 $x \leqslant 0.2$ 时，$FeCoNi(AlSi)_x$ 可看成是软磁材料。

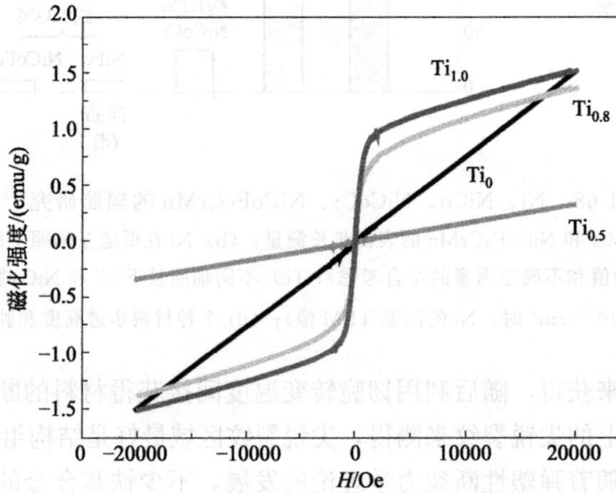


图 1-70 $CoCrCuFeNiTi_x$ 合金的室温磁性能[61]

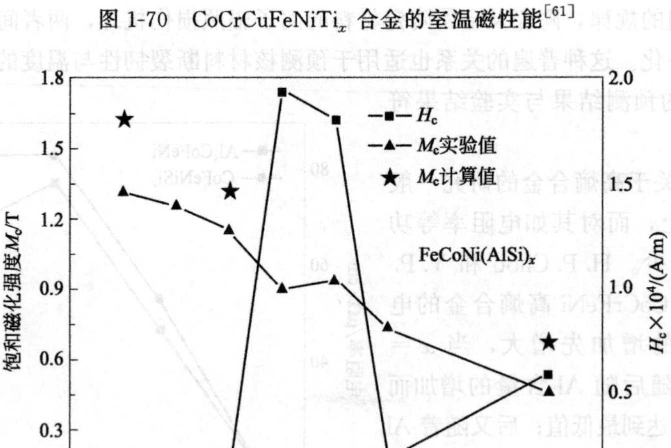


图 1-71 $FeCoNi(AlSi)_x$ ($x=0$，0.1，0.2，0.3，0.4，0.5，0.8) 的磁性能

($H_c$：磁矫顽力；$M_s$：饱和磁化强度)[19]

AlCrFeCoNiSi 薄膜在不同功率的初镀膜状态下即呈现 BCC 相的纳米晶粒结构，晶粒尺寸及饱和磁化量皆随镀膜功率增加而增加。在初镀膜状态下平行膜面的各方向皆为磁等相性，且软磁性质表现不佳，然而经由磁场退火处理出现了平行膜面的单轴异向性，矫顽磁场降低。以 VLSI（大规模集成电路）工艺制作软磁高熵合金薄膜电感并测量，结果显示在频率 $f=800MHz$ 时，FeCoNiAlB 铁磁薄膜电感较空气电感的电感值增加了 30%，$Q$ 值增加 47%；FeCoNiAlCrSi 铁磁薄膜电感较空气电感的电感值增加了 14%，$Q$ 值增加了 90%。因而高熵合金软磁薄膜有潜力整合于 VLSI 的工艺上，并改善电感激品质因子。

有学者研究了 CoCrFeNiCuAl 高熵合金在铸态和退火状态下的晶体结构和磁性能[3]。铸态 CoCrFeNiCuAl 高熵合金的晶体结构由一个有序的 BCC 相和无序的 FCC 相组成，其中 BCC 相为主体。该合金在 1000℃退火 2h 后，其晶体结构发生了明显的变化，除了铸态时的面心立方相的衍射峰加强外，在原来的体心立方相衍射峰的旁边增加了一个新的面心立方衍射峰。研究发现，该合金在铸态和退火态都具有软磁特性，其饱和磁化强度、剩磁率、矫顽力分别为 31.18emu/g、5.89%、45Oe 和 16.08emu/g、3.01%、15Oe。与大块金属的磁性相比，这两种状态的合金都具有较大的饱和磁化强度和较低的矫顽力，而与一些软磁铁氧体属于同一个量级，因此，可以成为传统大块金属的替代品。对比该合金退火前后的磁性能发现，铸态时的磁性要好于退火态，这是因为铸态时该合金有很多纳米微结构，而高温退火后，伴随着晶粒的长大，残余应力的降低以及合金再结晶过程，这种纳米微结构逐渐消失。

**(10) 其他性能** 研究发现，高熵合金膜具有较强的非晶形成能力。Tsai 和叶均蔚等[62]研究了 AlBCrSiTi 高熵合金氮化薄膜的非晶形成能力。结果表明，不同条件下制备的 AlBCrSiTi 高熵合金薄膜均为非晶结构，而且其非晶形成能力随 $N_2$ 浓度的增加而增强。研究发现，随基底温度的升高，高熵合金膜的非晶形成能力有所降低。Tsai 认为，这种非晶结构主要是由高熵效应、晶格畸变效应、低扩散效应引起的。由于该合金有五种主元，其混合熵较大，为 $1.61R$（$R$ 为气体常数）。晶格畸变效应是由于合金内部原子尺寸不同导致应变能较大，从而使系统的总能量升高，在较高的冷却速度下更易形成非晶。此外，由于原子尺寸不同、主元数较多，还导致了系统内部较高的堆垛密度，使不同原子间扩散变得更加困难，更有利于非晶的形成。

此外，叶均蔚等研究了 $AlCoCrFexMo_{0.5}Ni$ 高熵合金体系的摩擦磨损性能。研究显示，该系列合金硬度基本与摩擦系数成反比，合金的硬度越高越耐磨，体心立方相合金要比面心立方相合金耐磨，固溶强化越显著，合金越耐磨。

## 1.8 对高熵合金现存问题的阐述

### 1.8.1 高熵合金定义问题

根据现有的金属学、热力学以及金属物理学来看，高熵合金的化学成分位于相图的中心位置，将会形成很脆的金属间化合物或者是其他的复杂相。所以很长时间以来，人们都对高熵合金有一个错误的认识，即至少包括五种元素的高熵合金从二元相图和三元相图的角度来看，更倾向于形成种类不同的金属间化合物。其实，高熵合金的定义已经给出了一个很好的解释，即高的混合熵提高合金形成结构简单的无序固溶体。但是这样又会产生更多的问题，如高熵合金的定义本身又可以分为以元素组成为基础的定义和以熵为基础的定义。

对于以成分为基础的定义可以描述为：高熵合金由至少五种元素组成，且每种元素的原子比为 5%～35%，即没有任何一种元素为基体元素，每种元素既是溶剂元素又是溶质元素。然而，该定义并未对熵值有规定，且并未要求符合此化学成分的合金其结构为简单的固溶体。

Senkov O 等[10] 通过研究等原子比的四元 WNbMoTa 难熔合金发现，其为简单的 BCC 结构，并认为是高熵合金，而此合金并不满足高熵合金的定义。

仅考虑合金熵的定义可以描述为：合金中各原子随机占位，在室温状态下混合熵大于 1.5$R$。但是该定义存在的问题有两个。一个问题是合金中原子不是完全按照麦克斯韦-玻尔兹曼概率分布的，各原子的占位并不是理想的随机占位，即各原子之间不是理想的弹性体，原子之间有相互的作用和各种缺陷；并且在室温时，合金一般是固态的，各原子之间的随机占位更是不可能发生的。另一个问题是，一般在描述高熵合金的熵值时认为其是一个固定数值，而事实是，合金的熵值会随着温度的变化而改变，即原子与原子之间、原子与缺陷之间的相互作用是随着温度而时刻变化的。为了解释这一问题，曾有人提出假设：液态溶液或者高温固溶体的热能大会使晶体结构中的所有原子都随机占位。然而，即使是典型的二元合金在熔点时也不能够使所有的原子随机占位。按此定义，四元 WNbMoTa 难熔合金的混合熵为 1.36$R$，不满足定义所规定的 1.5$R$。

由此我们可以考虑将高熵合金的概念进行扩展，考虑到五种元素组成的合金，其最小熵值为 1.39$R$，我们可以重新定义高熵合金：合金由四种元素组成，且其熵大于 1.36$R$。

虽然高熵合金的定义并没有强调形成单相无序固溶体结构，但是随着对高熵合金的研究，很多文献报道都在追求对单相简单固溶体如 FCC、BCC、HCP 的探索，此思想的出现很大程度上限制了高熵合金的进一步发展。我们应该将高熵合金作为一种打开材料设计和开发的思维方式，将这种思想扩展到为国民经济发展中特定需要设计出符合要求的材料，而不是一再拘泥于高熵合金的定义。

## 1.8.2 相形成问题

高熵合金的高混合熵使合金形成结构简单的无序固溶体，同时抑制金属间化合物的形成。我们知道，根据材料学对传统合金的划分，合金的结构可分为：端际固溶体、金属间化合物和中间相。所谓端际固溶体是指以一种元素为基础，其在相图上位于边角和端际。类似的，将此方法扩展到高熵合金，只是固溶体的概念会有相应变化；金属间化合物是化学计量化合物有确定的成分比，在高熵合金相的划分上其定义未改变。由此，高熵合金的相组成可以划分为：无序固溶体（如 FCC，BCC，HCP），有序固溶体（如 B2 相）和金属间化合物（如 laves 相）。但是这样的话会引起混淆，由于金属间化合物一般是有序的，其结构一般是较为复杂的有序相，所以也可以将其称为有序固溶体。所以，根据晶体结构的简单或复杂以及是否有序可以分为：简单无序固溶体，如 FCC、BCC、HCP；简单有序固溶体，如 B2、L12；复杂有序固溶体，如 laves 相。

张勇等[5] 根据合金混合焓、原子半径差等绘制了高熵合金、中间相、有序固溶体等的相形成区，如图 1-72 所示。从图 1-72 中可以看出，在 S 区域，即高熵合金区域满足：$-2.68\delta-2.54<\Delta H_{mix}<-1.28\delta+5.44$，且 $\delta<4.60$。在本区域内，各种主元的原子半径相差不大，因此主元间易于相互置换，使得这些主元能够随机占据晶格节点而形成无序固溶体；而且形成固溶体需要的焓不能太正和太负，太正容易分相，太负又容易形成化合物。所以，当 $\Delta H_{mix}$ 接近于 0 时，有利于合金形成固溶体而不是金属间化合物。随后，又考虑到高熵合金混合焓的影响，绘制合金相形成区域判定。从图 1-72 中可以看出，在无序固溶体区域和金属间化合物区域有一个中间过渡区，也就是有序固溶体区域。根据张勇等通过该合金混合焓和原子半径差以及混合熵 $\Delta S_{mix}$ 对合金形成相的判断，只能判定合金能否形成高熵合金，而不能确切知道所形成的相具体是 FCC 还是 BCC。根据 Hume-Rothery 定律，Guo[63,64] 等提出通过电子浓度 VEC 作为 BCC 和 FCC 相的判据，如图 1-73 所示。通过分析可以得出如下结论：当 VEC≥

8.0 时，形成单相 FCC 结构；当 8.0≥VEC≥6.8 时，形成 FCC+BCC 混合相固溶体；当 VEC≤6.8 时，形成单相 BCC 结构。随后，Yong 等[15] 又提出新的参数 Ω，其定义如下：

$$\Omega=\frac{T_m \Delta S_{mix}}{|\Delta H_{mix}|}$$

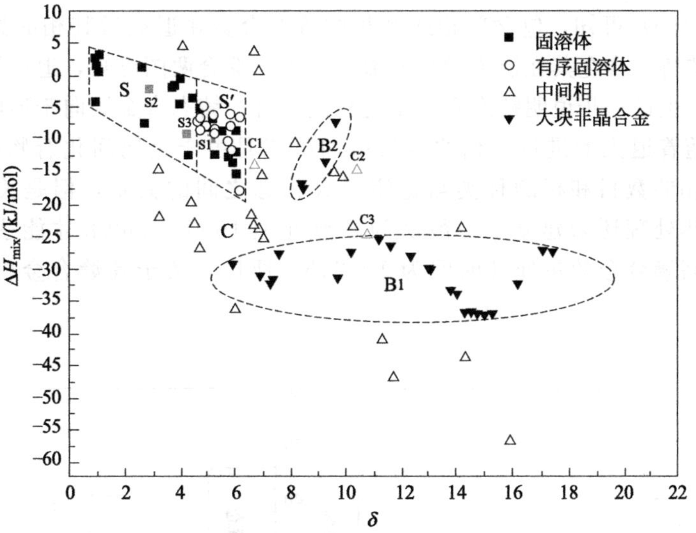


图 1-72 高熵合金相形成区和原子半径差 δ 及混合焓的关系[5]

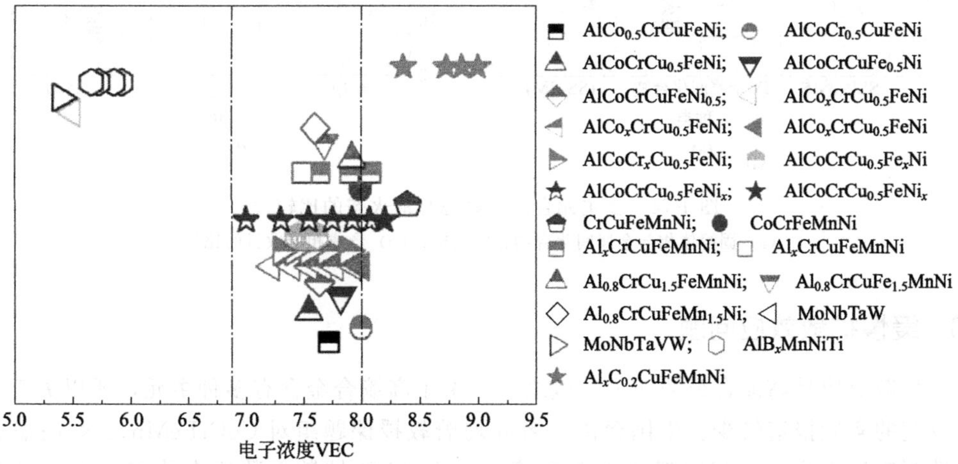


图 1-73 VEC 与 FCC 和 BCC 稳定相形成关系图[63]

综合考虑 Ω 与 $\Delta H_{mix}$ 和 $\Delta S_{mix}$ 对形成稳定固溶体的影响，认为形成固溶体相的范围是：Ω≥1.1，δ≤6.6。

由于高熵合金中很多含有过渡族元素，所以一般其形成相会有固溶体、金属间化合物甚至是非晶，尽管关于高熵合金相形成规律已经提出了包括 $\Delta H_{mix}$、δ、VEC、Ω 等参数的判据，但是没有一种判据能完全准确地预测生成相。通过对几种判据对比发现，杨潇等提出的 Ω-δ 对相形成的预测较为准确，即当 Ω≥1.1，δ≤6.6 时，易于形成固溶体的判据准确性较高。但是该判据的不足是仅能判定是否能形成固溶体，而不能预测固溶体的具体晶体结构，并且这些判据都是根据包含过渡族元素的合金进行总结的；而对于不包含过渡族元素的合金或者是过渡族元素含量少的合金，其准确性还有待考证。

此外，有关高熵合金形成相的报道绝大部分都是关于铸态合金的，而铸态合金一般是非稳定状态，故需对合金退火后的形成相进行研究。图 1-74 为多主元合金在铸态和退火态的相组成及数目的比较。由图 1-74(a) 可知，只包含固溶体相或金属间化合物相的铸态合金在退火处理后相的数目有所减少，而同时包含固溶体相和金属间化合物相的铸态合金在退火后其相的数目增多。由图 1-74(b) 可知，包含单相或 2 相的铸态合金在退火后其相的数目明显降低，而包含 3 相及以上的铸态合金其在退火后相的数目增大。综合两图可知，退火处理能明显地减少固溶体相的数目，也进一步说明铸态合金不是稳定状态；铸态合金倾向于形成固溶体相或者是单相合金，但是随着退火的进行，相的数目增加可能是由于金属间化合物的产生而造成的。因此，需要建立相的数目和相的种类与稳定退火状态之间的关系，但是关于如何达到稳定退火状态的标准热处理还未建立。一般认为高温处理 1000～2000h 才能达到稳定状态，而一般关于多主元高熵合金的热处理时间为 1～24h。所以，关于高熵合金相形成规律的正确性仍值得探究。

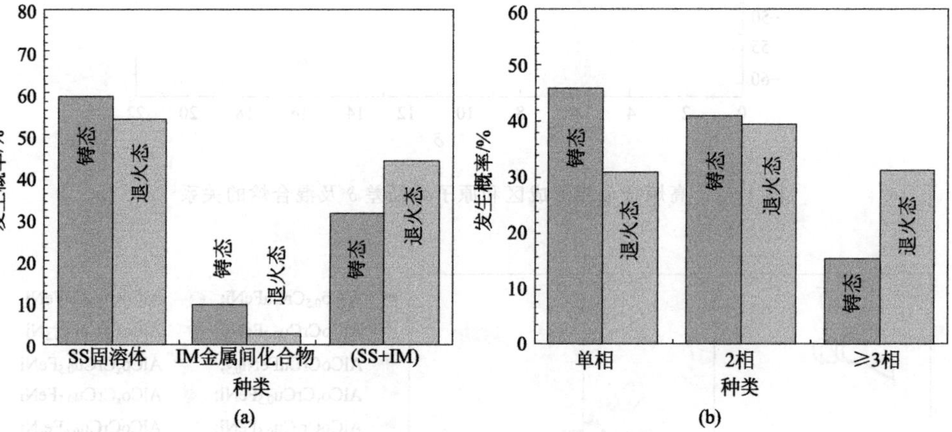


图 1-74 多主元合金在铸态与退火态的比较[25]

(a) 固溶体相与金属间化合物相的比较；(b) 形成相的数目的比较

## 1.8.3 缓慢扩散效应问题

缓慢扩散效应是高熵合金的四大效应之一。由于高熵合金含有多种主元，所以关于高熵合金扩散效应的实验报道较少。中国台湾学者叶均蔚教授课题组对 $CoCrFeMn_{0.5}Ni$ 高熵合金的扩散系数测定后发现，在相同温度下在高熵合金中 Ni 的扩散系数比在传统合金中稍高（图 1-75）。随后对 $CoCrFeMn_{0.5}Ni$ 高熵合金和传统合金在不同温度时的扩散系数与熔点时的扩散系数比较，随着温度的降低，Ni 在 $CoCrFeMn_{0.5}Ni$ 高熵合金中的扩散系数较在其他合金中低。在此实验中预先假定 Ni 元素在结构相同的单质元素和合金中的 $D_0$ 在 $T_m$ 时是常数，并且单质元素和合金都是 FCC 相结构。在 $T_m$ 时，Ni 在 FCC 结构的单质金属中的扩散系数是 $4.5\times10^{-14}\sim6.6\times10^{-12}m^2/s$，在二元合金中的扩散系数范围为 $6.4\times10^{-14}\sim4.9\times10^{-12}m^2/s$。而 $CoCrFeMn_{0.5}Ni$ 高熵合金中各元素在 $T_m$ 时的扩散系数都处于以上扩散系数范围内，这也就说明相对于 FCC 结构的单质金属和其他合金来说，FCC 结构的 $CoCrFeMn_{0.5}Ni$ 高熵合金扩散系数并没有明显改变。对 $CoCrFeMn_{0.5}Ni$ 高熵合金在熔点温度均匀化处理前后发现，其扩散系数相差了近一个数量级。虽然已通过研究证明扩散系数在高熵合金中比在传统合金中的扩散系数小，但是对于高熵合金的迟滞扩散效应仍存在争议，如按照吉布斯-杜亥姆方程和爱因斯坦-斯托克斯方程，合金中熵值高会导致原子高速扩散，这就与高熵合金的缓慢扩散效应相悖。

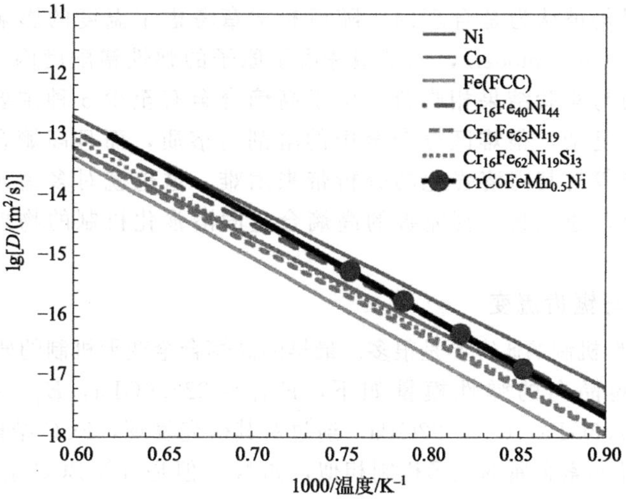


图 1-75 Ni 在不同的金属及合金中的扩散系数对数与温度倒数的关系[25]

# 1.9 高熵合金的未来研究方向

目前为止，关于高熵合金已经做了很多研究工作并且取得了开创性的研究成果，但是未来还有很多工作亟待完善和解决。下面从基础理论及应用方面讨论未来高熵合金工作的重点。

## 1.9.1 理论研究

### 1.9.1.1 晶格畸变

根据高熵合金晶格畸变效应的描述，由于高熵合金所含原子种类众多，原子半径大小相差明显，这在结晶之后会造成晶格的严重扭曲，从而带来合金的特殊物理、化学性能，这就是所谓的晶格扭曲效应；并且当晶格发生严重畸变时，还会阻碍合金中各个元素在相变过程中的扩散速率。扭曲的晶格还会形成晶格内的应力，也对合金的性能造成很大程度的影响。晶格畸变效应作为高熵合金的核心效应之一，在文献中一直被提及，而关于该效应的证明数据有限。LR. Owen 等对 Ni、Ni-20Cr、Ni-25Cr、Ni-33Cr、Ni-37.5Co-25Cr、CrMnFeCoNi 几种金属和合金进行了系统研究。布拉格方程解和蒙特卡洛模型的结构都表明，所有合金都是随机的固溶体结构，均为 FCC 单相固溶体结构。以上合金进行局部晶格应变实验后的成对分布函数（pair distribution function，PDF）表明，CrMnFeCoNi 高熵合金与 Ni-33Cr、Ni-37.5Co-25Cr 相比，其峰宽并不明显。由于高熵合金与以上几种金属及合金相比，其熔点最低，故其热致宽程度应该更大，所以其局部晶格应变程度减小，使 PDF 峰与其他金属及合金相比未明显变宽。因此，高熵合金晶格畸变效应有待进一步研究。

### 1.9.1.2 固溶强化机制

对于高熵合金一直没有关于固溶强化机制一致性的报道，这也就导致了高熵合金的应用缺少完善的理论指导。较早关于高熵合金固溶强化的报道是针对 HfNbTaTiZr 高熵合金[25] 提出的对传统固溶强化概念的修正。影响固溶强化的因素包括原子半径错配度和弹性错配度等。

所以在 HfNbTaTiZr 高熵合金中，Hf 和 Zr 的原子半径接近，Nb、Ta、Ti 原子的半径接近，可以从原子尺寸角度将此合金看成是伪二元合金。另外，Hf、Nb、Ti 和 Zr 的剪切模量相近，Ta 的弹性模量较高，所以也可以从弹性模量角度将此高熵合金看成是伪二元合金。通过此伪二元合金的模型计算出的合金强度较实际测得的数值高 18%。由于没有考虑热激活过程，所以预测结果仍被认为是合理的。随后有文章考虑了温度的影响作用并建立了加工硬化模型（work-hardening model），该模型考虑了原子的弹性错配度因素，并量化了晶格畸变的影响，事实证明与实验结果相吻合。由于高熵合金有至少 5 种主要元素，原子周围的元素种类较传统合金复杂，很难区分合金中的溶剂与溶质，而且高熵合金中晶格畸变、弹性错配、堆垛错配能等对其固溶强化的分析带来困难，这也就对多主元高熵合金的发展产生了一定影响。所以，建立起一套完善的高熵合金固溶强化机制的物理模型是未来研究工作的重点。

#### 1.9.1.3 变形机制与锯齿流变

关于高熵合金变形机制的研究不是很多。最早的高熵合金变形机制的研究是 CoCrFeMnNi[3] 高熵合金，其在不同晶向的弹性模量如下，$E_{111}=222.6\text{GPa}$，$E_{110}=122.2\text{GPa}$，$C_{11}=172.1\text{GPa}$，$C_{12}=107.5\text{GPa}$，$C_{44}=92\text{GPa}$。通过对其研究发现，FCC 结构的 CoCrFeMnNi 高熵合金与传统 FCC 纯元素金属的变形机制相似，如 Ni，但是有关 BCC 结构高熵合金的变形机制还无研究。纳米孪晶机制是一种重要的变形机制，但是关于它的普适性还没建立。

研究表明，在一定的温度和应变速率下，高熵合金的应力应变曲线表现出不同的锯齿形状。Robert Carroll 等对 Ni、CoNi、CoFeNi、CoCrFeNi 和 CoCrFeMnNi 合金在 300～700℃下分别进行应变速率为 $1\times10^{-5}\text{s}^{-1}$，$1\times10^{-4}\text{s}^{-1}$，$1\times10^{-3}\text{s}^{-1}$，$1\times10^{-2}\text{s}^{-1}$ 的拉伸试验，并对应力应变曲线产生的锯齿形状进行了 A、B、C 的分类。结果表明，CoCrFeMnNi 高熵合金的应力应变曲线有锯齿状区域出现的温度和应变速率范围较广，即应变速率 $1\times10^{-2}\text{s}^{-1}$ 时，在 300～600℃温度下锯齿为 A 类；应变速率 $1\times10^{-3}\text{s}^{-1}$ 时，在 300～400℃温度下锯齿为 A 类，在 500～600℃温度下锯齿为 B 类；应变速率 $1\times10^{-4}\text{s}^{-1}$ 时，在 300℃温度下锯齿为 A 类，在 400～500℃温度下锯齿为 B 类，在 600℃温度下锯齿为 C 类。Zhang 等[65] 对关于产生锯齿流变的可能原因进行了总结，认为流变单位主要有自由体积（free volumes）、剪切带过渡区（shear transition zones，STZs）、应力过渡区（tension transition zones，TTZs）、类液区（liquid-like regions）、软化区（soft regions）或软化点（soft spots）等。通过研究发现，流变单位随着温度和应变速率的改变而变化，这点在 Robert Carroll 等实验中体现很充分。所以，目前对高熵合金的应力应变曲线表现出的锯齿区还没有透彻的机制模型，这也是未来研究工作的重点。

#### 1.9.1.4 扩散机制

作为高熵合金的核心效应之一，缓慢扩散效应是非常重要的。高熵合金优异的高温强度、高温相稳定性以及纳米晶的产生都是缓慢扩散效应的作用，并且已利用此效应进行扩散膜、高熵合金涂层包覆等的研究。尽管高熵合金的缓慢扩散效应具有重要的科学价值和科研意义，但是关于这方面的直接研究十分有限。关于高熵合金扩散系数和激活能的研究成果鲜有报道，有关高熵合金扩散机制的研究仍缺乏数据。虽然已有数据证明元素在高熵合金的扩散系数小于在传统合金中的扩散系数，但是与吉布斯-杜亥姆方程和爱因斯坦-斯托克斯方程的分析结果相反。目前，很多研究学者提出了对高熵合金迟滞扩散现象的质疑。

有研究表明高熵合金具有缓慢扩散效应，该效应导致合金中原子在动力学上迟滞，并通过研究扩散系数在高熵合金和传统合金的差异证明了高熵合金的迟滞扩散效应。但是，对于高熵合金的迟滞扩散效应仍存在争议，如按照吉布斯-杜亥姆方程和爱因斯坦-斯托克斯方程，合金中熵值高会导致原子高速扩散，这就与高熵合金的缓慢扩散效应相悖。尽管高熵合金领域已硕果累累，研究深度和系统性也在增加，但是关于扩散机制的研究仍屈指可数，仅有的关于高熵合金扩散系数与传统合金及纯金属扩散系数的对比的报道是叶均蔚课题组在 2013 年发表的。由于高熵合金有至少 5 种主要元素，原子周围的元素种类较传统合金复杂，很难区分合金中的溶剂与溶质，故对高熵合金扩散系数及激活能的测定难度很大，这也是其扩散机制了解不透彻且存在争议的原因所在。叶均蔚教授和张勇教授认为，包括高熵合金扩散机制在内的几个问题是亟待解决的重要理论问题，这些问题的解决将能更充分地从理论方面来解释高熵合金异于（优于）传统合金的原因。

## 1.9.2 应用方向

材料是人类社会发展的极其重要的物质基础之一，尤其是高新技术及先进科技的发展都离不开先进新材料在成分设计和制备工艺以及技术上的突破。高熵合金作为近年来金属材料领域内发展的一种新型材料，其特殊的相近含量多基元无序固溶体相结构（分不出溶质和溶剂），导致其具有晶格畸变大、构型熵高的特征，并常常具有特殊的性能，在一些极限条件下甚至可能突破目前已有的材料的性能极限。因此，高熵合金被认为具有广阔的应用前景，正受到越来越多的关注。在 2015 年国务院印发的《中国制造 2025》中明确提出了要加快基础材料的升级换代和新材料的开发。而在国务院制定的《国家中长期科学技术发展规划纲要（2006—2020年)》中，在重点领域第五项制造业中把基础材料、关键合金等列入其中，在重点的前沿技术部分把新材料技术也列入其中。对高熵合金相关理论的完善和关键技术的突破也会对我国新材料的开发起到积极的促进作用。目前对高熵合金性能的研究还很有限，但高熵合金在新能源材料、空间技术材料、环保友好材料等方面已有重要用途。基于此，目前已有部分高熵合金研究人员拟借助高熵合金在结构方面上的高热稳定性特点和在动力学上的缓慢扩散效应，研究高熵合金及其金属陶瓷薄膜在太阳能选择性吸收涂层中的应用，开发出高温高熵合金太阳光谱选择性吸收多层薄膜，并研究其微观结构和光吸收原理，从而拓展高熵合金在清洁能源方面的应用。

高熵合金被认为是近几十年来的合金设计理论三大突破之一。由于高熵合金的组分较多，并且可以通过对元素的适当调节即可开发大量、新的合金体系，是一个可合成、可分析与控制的新领域。同时，高熵合金的特点也在许多方面影响其物理冶金的过程，在热力学方面高熵效应促进固溶相的形成，影响微观结构和组织。缓慢扩散效应降低了扩散速度和相转化率，从而影响相变动力学。严重的晶格畸变效应不仅影响高熵合金的变形过程，也与其微观组织、结构、各种性能之间有密切联系，但也影响了热力学和动力学。鸡尾酒效应是考虑元素组成、结构和微观组织对性能整体效果的影响。通过传统熔炼、锻造、粉末冶金等方法制备块体、涂层和薄膜，从而获得高硬度、耐高温、抗氧化和抗腐蚀等综合性能优异的高熵合金材料。具体来说，高熵合金可应用于以下方面。

① 高熵合金具有很高的耐高温性、耐蚀性及耐磨性，可用于制造涡轮叶片。高熵合金良好的塑性使其易于制成涡轮叶片，而其优良的耐蚀性、耐磨性、高加工硬化率及耐高温性能，可保证涡轮叶片长期、稳定地工作，提高服役安全性，减少叶片的磨损和腐蚀失效。

② 高熵合金在获得高硬度的同时，具有较好的塑性、韧性。例如，$Al_{0.5}FeCoNiCrCu$ 经 50%压下率冷压（即冷压合金时的塑性变形量达到 50%）后，非但没有出现任何裂纹，反而在枝晶内部出现了纳米结构，大小约数纳米到数十纳米，合金硬度得到进一步提升，故而高熵合金应用于高速切削刀具的制造具有明显的优势。

③ 高熵合金具有软磁性及高电阻率，因而在高频通信器件中有很大的应用潜力。可用于

制作高频变压器、发动机的磁芯以及磁屏蔽、磁头、磁光碟、高频软磁薄膜以及喇叭等。

④ 随着航空航天领域的发展以及对高性能材料的迫切需求，以及手机、电脑等3C产业的快速发展，关于轻质高熵合金的研究需要投入更多的关注。

⑤ 难熔高熵合金以其优异的耐高温性能作为耐热涂层已经吸引了科研工作者的投入研究，目前关于难熔高熵合金的报道相对较少。未来需要建立起难熔高熵合金的结构与性能的关系，系统地研究其在高温时的变形机制。

⑥ 高熵合金具有优异的抗辐照性能。张勇等[58] 对 $Al_xCoCrFeNi$ 高熵合金研究发现，其抗辐照性能优于316L不锈钢。尽管高熵合金在抗辐照性能方面的研究已经引起了研究人员的广泛关注，但是目前在高熵合金的抗辐照性能方面的研究依然较少。

⑦ 难熔高熵合金具有熔点高、高温强度高、耐液态金属腐蚀、导电性和冷加工性能良好等优异性能，广泛应用于原子能、电子、化工、机械、航空航天和军工各领域。然而关于难熔高熵合金的文献报道较少，其主要原因是难熔金属抗高温氧化能力差、制备成本高，在一定程度上限制了其进一步应用。近年来，随着激光技术及3D打印技术的发展，难熔高熵合金有望实现突破性的研究进展。

⑧ 高熵合金基复合材料现已成为高熵合金研究的重要方向，且增强相的选择对改善其性能至关重要。一般来说，增强相应具有良好的高温稳定性及较高的刚度、强度、硬度等，且其热膨胀系数应与基体合金接近。此外，还需与基体间有良好的化学相容性。增强相一般包括陶瓷颗粒、金属间化合物、氧化物、氮化物等。其中，陶瓷颗粒增强相如 TiC、TiB、$TiB_2$ 和 $B_4C$ 等，具有高熔点、高化学稳定性、高比强度与高比刚度，有望成为高熵合金基复合材料的研究热点。

## 1.10 高熵合金与“材料基因组”计划

2011年6月24日，美国宣布了一项超过5亿美元的“推进制造业伙伴关系”计划，通过政府、高校及企业的合作来强化美国制造业，“材料基因组计划”（材料基因组是一种新提法，其本质与材料计算学类似）是上述计划的重要组成部分，投资超过1亿美元。“材料基因组计划”意欲推动材料科学家重视制造环节，并通过搜集众多实验团队以及企业有关新材料的数据、代码、计算工具等，构建专门的数据库实现共享，致力于攻克新材料从实验室到工厂这个放大过程中的问题。“材料基因组计划”已经开始实施，旨在通过高级科学计算和创新设计工具促进材料开发，建立了 Materials Explorer、Phase Diagram App、Lithium Battery Explorer、Reaction Calculator、Crystal Toolkit、Structure Predictor 等基础数据库，并不断地进行软件升级和数据更新。

材料的组成、结构、性能、服役行为是材料研究的四大要素，传统的材料研究以实验室研究为主，是一门实验科学。但是，随着对材料性能的要求不断的提高，材料学研究对象的空间尺度在不断变小，只对微米级的显微结构进行研究不能揭示材料性能的本质，纳米结构、原子像已成为材料研究的内容，对功能材料甚至要研究到电子层次。因此，材料研究越来越依赖于高端的测试技术，研究难度和成本也越来越高。另外，服役行为在材料研究中越来越受到重视，服役行为的研究就是要研究材料与服役环境的相互作用及其对材料性能的影响。随着材料应用环境的日益复杂化，材料服役行为的实验室研究也变得越来越困难。总之，仅仅依靠实验室的实验来进行材料研究已难以满足现代新材料研究和发展的要求，然而计算机模拟技术可以根据有关的基本理论，在计算机虚拟环境下从纳观、微观、介观、宏观尺度对材料进行多层次研究，也可以模拟超高温、超高压等极端环境下的材料服役行为，模拟材料在服役条件下的性能演变规律、失效机理，进而实现材料服役行为的改善和材料设计。因此，在现代材料学领域中，计算机模拟已成为与实验室的实验具有同样重要地位的研究手段，而且随着计算材料学的不断发展，它的作用会越来越大。

计算材料学的发展与计算机科学与技术的迅猛发展密切相关。从前，即便使用大型计算机也极为困难的一些材料计算，如材料的量子力学计算等，现在使用微机就能够完成，由此可以预见，将来计算材料学必将有更加迅速的发展。另外，随着计算材料学的不断进步与成熟，材料的计算机模拟与设计已不仅仅是材料物理以及材料计算理论学家的热门研究课题，更将成为一般材料研究人员的一个重要研究工具。

计算材料学涉及材料的各个方面，如不同层次的结构、各种性能等，因此，有很多相应的计算方法。在进行材料计算时，首先要根据所要计算的对象、条件、要求等因素选择适当的方法。要想做好选择，必须了解材料计算方法的分类。目前，主要有两种分类方法：一是按理论模型和方法分类；二是按材料计算的特征空间尺寸（characteristic space scale）分类。材料的性能在很大程度上取决于材料的微观结构，材料的用途不同，决定其性能的微观结构尺度会有很大差别。例如，对结构材料来说，影响其力学性能的结构尺度在微米以上，而对于电、光、磁等功能材料来说可能要小到纳米，甚至是电子结构。因此，计算材料学的研究对象的特征空间尺度是从埃到米。时间是计算材料学的另一个重要的参量。对于不同的研究对象或计算方法，材料计算的时间尺度可从 $10^{-15}$s（如分子动力学方法等）到年（如对于腐蚀、蠕变、疲劳等的模拟）。对于具有不同特征空间、时间尺度的研究对象，均有相应的材料计算方法，如图 1-76 所示。

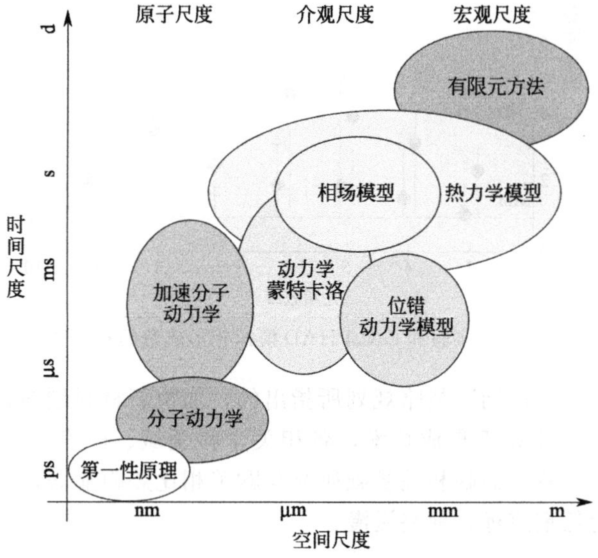


图 1-76　计算材料学的时间尺度和空间尺度[66]

美国“材料基因组计划”的核心理念旨在建立一个新的以计算模拟和理论预测优先、实验验证在后的新材料研发“文化”，从而取代现有的以经验和实验为主的材料研发的模式。在计算材料物理与量子化学方法的不断发展以及计算机软硬件技术不断进步的今天，我国目前新材料研发大多数仍依赖于传统的以实验为主的“试错法”（try-and-error），效率低，周期长。大多数材料计算局限于单一性的模拟和性能数据预测，作业提交和监控，计算处于分散状态的离线计算模式，算法程序和数据未能有效集成，限制了开展基于大规模、多流程、高通量的材料计算。

目前，我国“材料基因组计划”相关高通量材料集成计算基础设施的建设方面，与国外交流还不够，认识还停留在对一些工具的理解上。高通量材料集成计算与相关数据库基础设施和工具的建设和研发，是开展材料基因组计划的关键。没有很好的工具、平台及数据库的支撑，材料计算与模拟仍将是分散、小规模的。这种局限于各课题组的高通量平台及数据库，限制了开展基于大规模、多流程、高通量的材料计算和加快新材料研发的步伐。

高熵合金是一种新型的金属合金材料，合金中一般含有至少 5 种合金元素，且每种元素的原子比都在 5%以上，这样的多主元合金很难依赖现有的二元合金相图或三元合金相图进行材料设计和形成相的预测。所以，对高熵合金的成分及显微结构的研究是该领域的一项挑战。Senkov O. N. 等根据 CALculated PHAse Diagram（CALPHAD）分析方法对合金进行预测，如图 1-77 所示，发现通过相图预测与实际相差较远。然而通过“structure in-structure out”方法对想要的合金相结构（如 FCC、BCC、HCP）进行合金设计时，可以从众多元素中选择与目标合金结构（FCC、BCC、HCP）相一致的合金元素，这样不仅能缩小计算范围，也能提高效率。就目前的研究结果表明，高熵合金优异的耐腐蚀性、抗辐照性、热稳定性以及高强度、高硬度等性能已经可以作为相关领域的替代产品，所以加快高熵合金高通量研究对高熵合金理论研究的进一步深入和加快高熵合金商业化应用具有重要的实际意义。

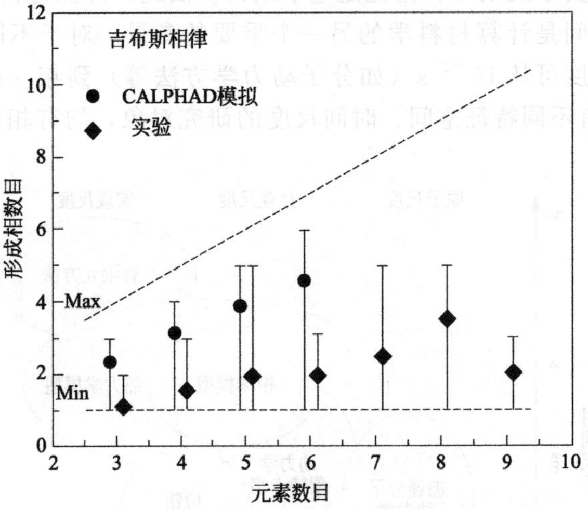


图 1-77 实验和 CALPHAD 模拟相形成数的对比[25]

正如美国“材料基因组计划”战略规划所指出的，加快新材料创新，也是对材料研发文化的一次挑战。运用先进的计算机集成技术，各相关学科领域、研发人员、科学家进行数据共享，协同创新，尤其是在我国面临相关基础研究与欧美相比差距显著，而且这种差距在似乎被拉大的情况下显得尤为任重道远，前路漫漫。

## 参考文献

[1] Inoue A，Stabilization of metallic super cooled liquid and bulk amorphous alloys [J]. Acta Mater，2000，48 (1)：279-306.

[2] Cantor B，Chang I T H，Knight P，et al. Microstructural development in equiatomic multicomponent alloys [J]. Materials Science & Engineering A，2004，375-377 (1)：213-218.

[3] Gao M C，Liaw P K，Yeh J W，et al. High-entropy alloys：fundamentals and applications [M]，Springer，2016.

[4] Zhang Y，Yang X，Liaw P K. Alloy Design and Properties Optimization of High-Entropy Alloys [J]. JOM，2012，64 (7)：830-838.

[5] Zhang Y，Zhou Y，Lin J，et al. Solid-Solution Phase Formation Rules for Multi-component Alloys [J]. Advanced Engineering Materials，2010，10 (6)：534-538.

[6] 张勇. 非晶和高熵合金 [M]. 北京：科学出版社，2010.

[7] 周云军，张勇，王艳丽，等. 多组元 $Al_x$TiVCrMnFeCoNiCu 高熵合金的室温力学性能 [J]. 工程科学学报，2008，30

(7)：765-769.

[8] 叶均蔚，陈瑞凯，高熵合金［J］，科学发展，2004：16-21.

[9] Yeh J. W，Chen S. K，Lin S. J，et al. Nanostructured High-Entropy Alloys with Multiple Principal Elements：Novel Alloy Design Concepts and Outcomes［J］. Advanced Engineering Materials，2004，6（5）：299-303.

[10] Senkov O N，Wilks G B，Miracle D B，et al. Refractory high-entropy alloys［J］. Intermetallics，2010，18（9）：1758-1765.

[11] Senkov O N，Senkova S V，Miracle D B，et al. Mechanical properties of low-density，refractory multi-principal element alloys of the Cr-Nb-Ti-V-Zr system［J］. Materials Science & Engineering A Structural Materials Properties Microstructure & Processing，2013，565（5）：51-62. .

[12] Nagase T，Anada S，Rack P D，et al. MeV electron-irradiation-induced structural change in the bcc，phase of Zr-Hf-Nb alloy with an approximately equiatomic ratio［J］. Intermetallics，2013，38（3）：70-79.

[13] Wang Shaoqing，Atomic structure modeling of multi-principal-element alloys by the principle of maximum entropy［J］，Entropy，2013，15（12）：5536-5548.

[14] Pradeep K G，Tasan C C，Yao M J，et al. Non-equiatomic high entropy alloys：Approach towards rapid alloy screening and property-oriented design［J］. Materials Science & Engineering A，2015，648：183-192.

[15] Yang X，Chen S Y，Cotton J D，et al. Phase Stability of Low-Density，Multiprincipal Component Alloys Containing Aluminum，Magnesium，and Lithium［J］. JOM，2014，66（10）：2009-2020.

[16] Liu W H，Wu Y，He J Y，et al. Grain growth and the Hall-Petch relationship in a high-entropy FeCrNiCoMn alloy［J］. Scripta Materialia，2013，68（7）：526-529.

[17] Tian F，Varga L K，Chen N，et al. Ab initio investigation of high-entropy alloys of 3d elements［J］. Physical Review B，2013，87（7）：178-187.

[18] Otto F，Yang Y，Bei H，et al. Relative effects of enthalpy and entropy on the phase stability of equiatomic high-entropy alloys［J］. Acta Materialia，2013，61（7）：2628-2638.

[19] Zhang Y，Zuo T T，Cheng Y Q，et al. High-entropy Alloys with High Saturation Magnetization，Electrical Resistivity，and Malleability［J］. Scientific Reports，2013，3（6125）：1455.

[20] Li H F，Xie X H，Zhao K，et al. In vitro and in vivo studies on biodegradable CaMgZnSrYb high-entropy bulk metallic glass［J］. Acta Biomaterialia，2013，9（10）：8561-8573.

[21] Senkov O N，Wilks G B，Scott J M，et al. Mechanical properties of $Nb_{25}Mo_{25}Ta_{25}W_{25}$ and $V_{20}Nb_{20}Mo_{20}Ta_{20}W_{20}$ refractory high entropy alloys［J］. Intermetallics，2011，19（5）：698-706.

[22] Z Yu，H Ma，Spolenak R. Ultrastrong ductile and stable high-entropy alloys at small scales［J］. Nature Communications，2015，6：7748.

[23] Yao H W，Qiao J W，Gao M C，et al. NbTaV-（Ti，W）Refractory High-entropy Alloys：Experiments and Modeling［J］. Materials Science & Engineering A，2016，674：203-211.

[24] Yeh J W. Alloy Design Strategies and Future Trends in High-Entropy Alloys［J］. Jom，2013，65（12）：1759-1771.

[25] Miracle D B，Senkov O N. A critical review of high entropy alloys and related concepts［J］. Acta Materialia，2017，122：448-511.

[26] Anand G，Goodall R，Freeman C L. Role of configurational entropy in body-centred cubic or face-centred cubic phase formation in high entropy alloys［J］. Scripta Materialia，2016，124：90-94.

[27] Zhang Y，Lu Z P，Ma S G，et al. Guidelines in predicting phase formation of high-entropy alloys［J］. Mrs Communications，2014，4（2）：57-62.

[28] Chou Hsuan-Ping，Chang Yee-Shyi，Chen Swe-Kai，et al. Microstructure，thermophysical and electrical properties in $Al_x$CoCrFeNi（$0\leqslant x\leqslant 2$）high-entropy alloys［J］. Materials Science & Engineering B，2009，163（3）：184-189.

[29] Porter D A，Easterling K E. Phase Transformations in Metals and Alloys，Third Edition（Revised Reprint）［M］. Chapman & Hall，1992.

[30] Tsai K Y，Tsai M H，Yeh J W. Sluggish diffusion in Co-Cr-Fe-Mn-Ni high-entropy alloys［J］. Acta Materialia，2013，61（13）：4887-4897.

[31] Lindley M W，Jones B F. Thermal stability of silicon carbide fibres［J］. 1975，255（5508）：474-475.

[32] Bansal N P. Handbook of Ceramic Composites［M］. Springer US，2005.

[33] Gludovatz B，Hohenwarter A，Catoor D，et al. A fracture-resistant high-entropy alloy for cryogenic applications［J］. Science，2014，345（6201）：1153-1158.

[34] Li D Y，Zhang Y. The ultrahigh charpy impact toughness of forged $Al_x$CoCrFeNi high entropy alloys at room and cryogenic tem-

peratures [J] . Intermetallics, 2016, 70: 24-28.

[35] Santodonato L J, Zhang Y, Feygenson M, et al. Deviation from high-entropy configurations in the atomic distributions of a multi-principal-element alloy. [J] . Nature Communications, 2015, 6: 5964.

[36] Ye Y F, Wang Q, Lu J, et al. High-entropy alloy: challenges and prospects [J] . Materials Today, 2016, 19 (6): 349-362.

[37] Seifi M, Li D, Yong Z, et al. Fracture Toughness and Fatigue Crack Growth Behavior of As-Cast High-Entropy Alloys [J]. JOM, 2015, 67 (10): 2288-2295.

[38] 张素芳，杨潇，张勇，等 . AlCrCuFeNi 高熵合金单晶材料的制备及性能 [J] . 金属学报，2013，49 (11)：1473-1480.

[39] Sheng W J, Yang X, Wang C, et al. Nano-Crystallization of High-Entropy Amorphous NbTiAlSiWxNy Films Prepared by Magnetron Sputtering [J] . Entropy, 2016, 18 (6): 226.

[40] Li D Y, Li C, Feng T, et al. High-entropy $Al_{0.3}CoCrFeNi$ alloy fibers with high tensile strength and ductility at ambient and cryogenic temperatures [J] . Acta Materialia, 2017, 123: 285-294.

[41] Li D Y, Zhang S L, Liao W B, et al. Superelasticity of Cu-Ni-Al shape-memory fibers prepared by melt extraction technique [J] . 矿物冶金与材料学报, 2016, 23 (8): 928-933.

[42] Youssef K M, Zaddach A J, Niu C, et al. A Novel Low-Density, High-Hardness, High-entropy Alloy with Close-packed Single-phase Nanocrystalline Structures [J] . Materials Research Letters, 2015, 3 (2): 95-99.

[43] Otto F, Dlouhý A, Somsen C, et al. The influences of temperature and microstructure on the tensile properties of a CoCrFeMnNi high-entropy alloy [J] . Acta Materialia, 2013, 61 (15): 5743-5755.

[44] Yao M J, Pradeep K G, Tasan C C, et al. A novel, single phase, non-equiatomic FeMnNiCoCr high-entropy alloy with exceptional phase stability and tensile ductility [J] . Scripta Materialia, 2014, 72-73 (1): 5-8.

[45] Zhou Y J, Zhang Y, Wang Y L, et al. Solid solution alloys of AlCoCrFeNiTix with excellent room-temperature mechanical properties [J] . Applied Physics Letters, 2007, 90 (18): 253.

[46] Zhou Y J, Zhang Y, Wang F J, et al. Effect of Cu addition on the microstructure and mechanical properties of AlCoCrFeNiTi 0. 5, solid-solution alloy [J] . Journal of Alloys & Compounds, 2008, 466 (1): 201-204.

[47] He J Y, Liu W H, Wang H, et al. Effects of Al addition on structural evolution and tensile properties of the FeCoNiCrMn high-entropy alloy system [J] . Acta Materialia, 2014, 62 (1): 105-113.

[48] Qiao J W, Ma S G, Huang E W, et al. Microstructural Characteristics and Mechanical Behaviors of AlCoCrFeNi High-Entropy Alloys at Ambient and Cryogenic Temperatures [J] . Materials Science Forum, 2011, 688 (688): 419-425.

[49] Hemphill M A, Yuan T, Wang G Y, et al. Fatigue behavior of $Al_{0.5}CoCrCuFeNi$ high entropy alloys [J] . Acta Materialia, 2012, 60 (16): 5723-5734.

[50] Zhang Y, Zuo T T, Tang Z, et al. Microstructures and properties of high-entropy alloys [J] . Progress in Materials Science, 2014, 61 (8): 1-93.

[51] Otto F, Hanold N L, George E P. Microstructural evolution after thermomechanical processing in an equiatomic, single-phase CoCrFeMnNi high-entropy alloy with special focus on twin boundaries [J] . Intermetallics, 2014, 54 (18): 39-48.

[52] Ren B, Liu Z X, Cai B, et al. Aging behavior of a $CuCr_2 Fe_2 NiMn$ high-entropy alloy [J] . Materials & Design, 2012, 33 (1): 121-126.

[53] Kao Y F, Lee T D, Chen S K, et al. Electrochemical passive properties of $Al_x CoCrFeNi$ ($x=0$, 0. 25, 0. 50, 1. 00) alloys in sulfuric acids [J] . Corrosion Science, 2010, 52 (3): 1026-1034.

[54] Tsao L C, Chen C S, Fan K H, et al. Effect of the Annealing Treatment on the Microstructure, Microhardness and Corrosion Behaviour of $Al_{0.3}CrFe_{1.5}MnNi_{0.5}$ High-Entropy Alloys [J] . Advanced Materials Research, 2013, 748 (4): 79-85.

[55] Chou Y L, Yeh J W, Shih H C. Effect of Molybdenum on the Pitting Resistance of $Co_{1.5}CrFeNi_{1.5}Ti_0$. $5Mo_x$ Alloys in Chloride Solutions [J] . Corrosion-Houston Tx-, 2011, 67 (8) .

[56] Chen Y Y, Duval T, Hung U D, et al. Microstructure and electrochemical properties of high entropy alloys—a comparison with type-304 stainless steel [J] . Corrosion Science, 2005, 47 (9): 2257-2279.

[57] 徐朝政，姜肃猛，马军，等 . 两种电弧离子镀 Ni-Co-Cr-Al-Si-Y 涂层的高温氧化行为 [J] . 金属学报，2009，45 (8)：964-970.

[58] Yang T F, Xia S, Liu S, et al. Precipitation behavior of $Al_x CoCrFeNi$ high entropy alloys under ion irradiation [J]. Scientific Reports, 2016, 6: 32146.

[59] Jin K, Lu C, Wang L M, et al. Effects of compositional complexity on the ion-irradiation induced swelling and hardening in Ni-containing equiatomic alloys [J] . Scripta Materialia, 2016, 119: 65-70.

[60] Zuo T T, Li R B, Ren X J, et al. Effects of Al and Si addition on the structure and properties of CoFeNi equal atomic ratio alloy

[J] . Journal of Magnetism & Magnetic Materials，2014，371（12）：60-68.

[61] Wang X F，Zhang Y，Qiao Y，et al. Novel microstructure and properties of multicomponent $CoCrCuFeNiTi_x$ alloys [J]. Intermetallics，2007，15（3）：357-362.

[62] Tsai C W，Lai S W，Cheng K H，et al. Strong amorphization of high-entropy AlBCrSiTi nitride film [J] . Thin Solid Films，2012，520（7）：2613-2618.

[63] Guo S，Liu C T. Phase stability in high entropy alloys：Formation of solid-solution phase or amorphous phase [J] . Progress in Natural Science：Materials Internals International，2011，21（6）：433-446.

[64] Zhang Y，Qiao J W，Liaw P K. A Brief Review of High Entropy Alloys and Serration Behavior and Flow Units [J] . 钢铁研究学报（英文版），2016，23（1）：2-6.

[65] Stan M. Discovery and design of nuclear fuels [J] . Materials Today，2010，12（11）：20-28.

# 第2章
# 高熵非晶合金及相关材料

## 2.1 非晶合金概述

非晶合金是一类具有无序原子堆积结构的新型合金体系。非晶合金又称为金属玻璃，与氧化物玻璃和有机玻璃不同，非晶合金是主要由金属键组成的玻璃态材料。图 2-1 为一些非晶合金制备的器件。非晶合金同时具有合金和玻璃的双重特性，是研究材料物理的良好模型材料。同时，由于特殊的原子结构和合金成分，非晶合金表现出一些特殊的性能，比如高强度、高弹性、高催化特性、优异软磁特性、热塑性等，作为结构承重材料、催化剂、软磁材料、涂层、微纳器件、生物材料等都具有广阔的应用前景。

图 2-1　一些块体非晶合金材料和部件[1]

### 2.1.1 非晶合金形成判据及体系分类

合金熔体在冷却到低于熔点时，开始变得不稳定，晶粒迅速成核并长大形成晶态固体，这就是金属合金大多是晶态而很少有非晶态的原因。为了获得非晶态金属合金，需要以很快的冷却速率抑制结晶过程。1960 年，Duwez 等通过液体喷枪技术以大约 $10^5$ K/s 的冷却速率在 Au-Si 体系中得到了第一个非晶合金箔片[2]。随后 Cohen 和 Turnbull 根据 Au-Si 体系进一步提出了著名的非晶合金形成判据[3]：即在低熔点的共晶成分附近更容易形成非晶合金。根据 Cohen 和 Turnbull 的共晶判据，随后的研究者发现了一系列新的具有新奇性能的非晶合金体系，如

AuGe-、Pd-、Fe-、Ni-、La-基非晶合金等。其后几年内，Chen 和 Turnbull 又第一次从比热角度证明了当时发展的非晶合金体系中存在明显的玻璃化转变现象[4]，并根据液体中形核速率和晶体长大速率应与液体黏度的变化速率成反比的思想，提出了著名的约化玻璃化转变温度（$T_{rg}$）的玻璃形成能力判据。吕昭平等基于晶化 $TTT$ 曲线提出热力学参数 $\gamma = T_x/(T_g + T_l)$，并证明其与非晶合金形成的临界冷却速率有很好的相关性[5]，如图 2-2 所示。

首个块体非晶合金是于 1974 年由 H. S. Chen 通过水淬的方法得到的 Pd-Cu-Si 体系[6]。随后 D. Turnbull 等通过 $B_2O_3$ 纯化的方法得到了著名的 Pd-Ni-P 块体非晶合金体系[7]。然而，在 20 世纪 80 年代末之前，非晶合金的研究多集中在需要很高冷却速率才能得到的薄带状贵金属样品中。从 1988 年开始，日本的 A. Inoue 研究组利用水冷铜模浇铸的方法陆续找到了大量具有优异玻璃形成能力的多主元非晶合金体系，如 Mg 基、La 基、Zr 基、Ti 基等；并通过 La 基块体非晶合金的系统研究，提出了著名的 Inoue 玻璃形成能力三原则判据：①多于三种元素的成分组合；②三种主要成分元素的原子尺寸差在 12%以上；③三种主要成分元素要有负的混合焓。美国加州理工学院 W. L. Johnson 研究组发明了著名的 Zr-Ti-Cu-Ni-Be 体系[8]，该体系临界冷却速率达到了 1K/s 以下，可以浇铸成厘米级厚度的较大板材，很大程度地促进了块体非晶合金的商业应用发展。基于大量实验基础，中国科学院物理研究所汪卫华研究组提出了弹性模量组合判据，发现非晶合金的性能，包括弹性模量、热力学转变温度、密度等参数，与组成元素有密切关系，并进一步提出了非晶合金玻璃化转变的弹性模型，如图 2-3 所示。

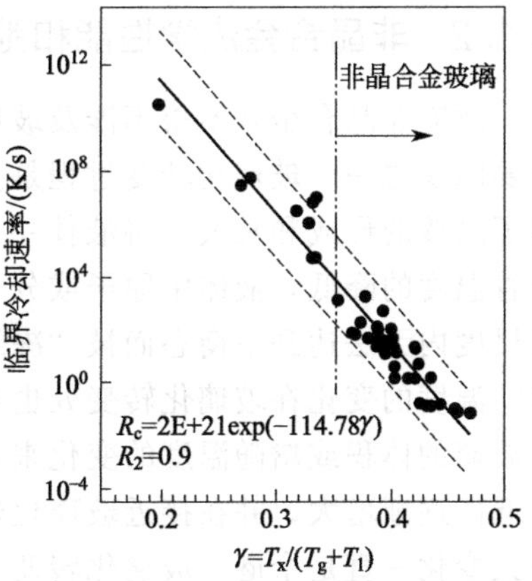


图 2-2　非晶合金临界冷却速率与热力学参数 $\gamma = T_x/(T_g + T_l)$ 之间的关系[5]

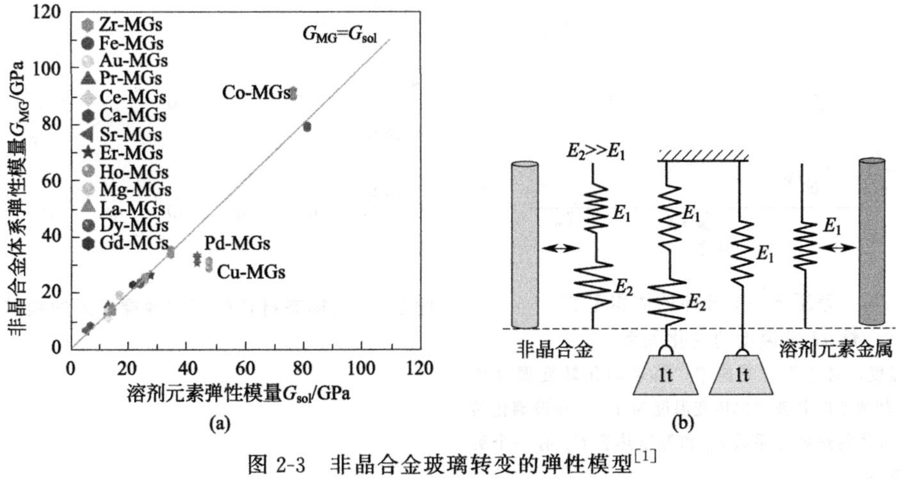


图 2-3　非晶合金玻璃转变的弹性模型[1]

(a) 不同非晶合金体系的弹性模量与溶剂元素弹性模量的关联性；(b) 关联性的组合弹簧模型解释

（$E_1$ 为溶剂原子之间的弹性系数；$E_2$ 为溶剂原子和溶质原子之间的弹性系数）

现有的非晶合金体系已经成千上万种，基体元素从元素周期表中第二主族中的 Mg、Ca、Sr 到第三主族中的 Al，从过渡族的大部分元素到稀土元素包含了几十种经常被大家研究的非晶合金体系。这些体系的性质变化也覆盖了非常大的范围，比如玻璃化转变温度从 300K 到 1000K，杨氏模量从 20GPa 到 200GPa，剪切模量从 9GPa 到 80GPa，体积弹性模量从 15GPa

到 180GPa，德拜温度从 130K 到 490K，压缩塑性也实现了从完全脆性断裂的 Mg-、Fe-、RE-体系到大塑性变形的 Pt-、Zr-体系的跨越，玻璃形成液体的脆度也分布于 21～75，密度分布于 2～16g/cm$^3$，摩尔体积分布于 7～21cm$^3$/mol 等。这么大的分布范围对统计研究结构与性质的关系及不同性质之间的关联性提供了充分的材料模型，并为非晶合金的应用打下了坚实的材料基础。

## 2.1.2 非晶合金热学性能和弛豫

研究非晶合金就不得不涉及玻璃化转变问题。玻璃化转变是凝聚态物理中尚未清晰理解的重要问题之一。玻璃化转变过程是指当液体冷却的速度足够快，经历过冷状态，避免晶化，抑制了晶核的形成和长大，将液体中原子的无序结构保存下来形成玻璃的过程（或其逆过程）。随着温度的降低，液体中原子或分子运动变得越来越缓慢，最终在冷却速率允许的实验观察时间尺度内无法达到平衡态而被“冻结”成玻璃态。伴随着过冷液体的“冻结”过程，其体积或焓随温度的变化在玻璃化转变处也会有突然但连续的降低，如图 2-4 所示。可以根据过冷液体和玻璃的体积或焓随温度的变化来确定玻璃化转变温度 $T_g$。过冷液体的弛豫时间随着温度的降低而逐渐增大，并在接近玻璃化转变温度较窄的温度范围内增加几个数量级。这一动力学的巨大变化一直是个谜。玻璃化转变一般伴随着材料物理性能的显著变化，但其原子结构并没有明显的变化。所以一般认为玻璃化转变是一个动力学过程（液体结构的冻结），而非热力学相变过程。玻璃化转变的这种动力学性质也就决定了玻璃化转变温度是和冷却速率有关。事实上，冷却速率越快，$T_g$ 越高（对应于图 2-4 中的 $T_{gb}$）；反之，冷却速率越慢，$T_g$ 越低（对应于图 2-4 中的 $T_{ga}$）。

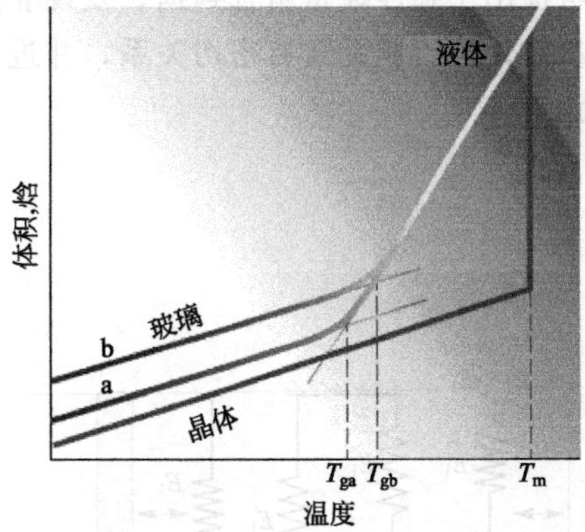


图 2-4 等压条件下液体的体积 $V$ 或焓 $H$ 随温度的变化关系

$T_m$ 是熔化温度，对于慢冷却速率，其玻璃化转变温度为 $T_{ga}$；而快冷却速率时其玻璃化转变温度为 $T_{gb}$。在玻璃化转变温度 $T_g$，液体的热膨胀系数 $\alpha_p$ 和等压热容 $C_p$ 有一个突变但仍保持连续

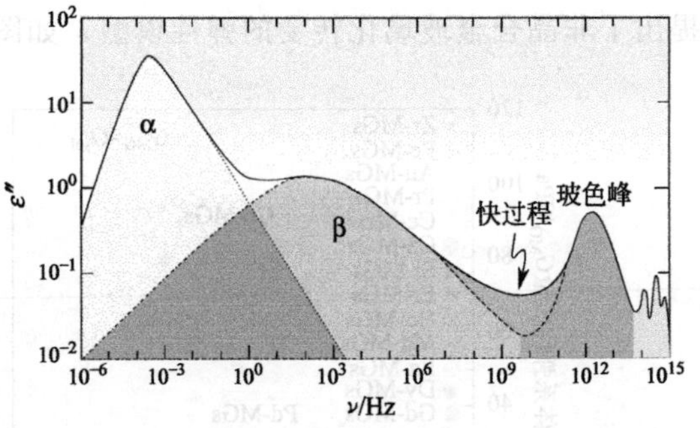


图 2-5 玻璃态材料中不同弛豫模式的频谱示意图[9]

作为非平衡态材料，非晶合金会朝着平衡态弛豫。在玻璃态物质中，弛豫模式非常丰富，见图 2-5。一般弛豫时间最长的弛豫模式被称为 α 弛豫，主要在玻璃化转变温度以上出现。β 弛豫是紧挨 α 弛豫出现的较高频率的弛豫模式。因为 β 弛豫常见于高分子材料中，20 世纪 70 年代以前，人们一直认为 β 弛豫是和高分子的支链运动相关的，直到 Johari 等发现在一系列没有支链的有机物和一些小分子材料中也同样存在，人们才改变了认识，也引起了研究者对 β 弛豫本质的研究兴趣。除了这两种弛豫模式，非晶合金中还存在很多更快的弛豫现象，比如玻色峰、双能级效应

等。通过动态力学谱（DMA）的方法可以探测到非晶合金中的弛豫，它和介电谱是等效的。由于 DMA 探测频率较低，一般只能用来观测非晶合金中最慢的两种弛豫模式。非晶合金结构简单，为弛豫的研究提供了很好的模型体系。2007 年赵作峰等对常见金属的弛豫做了系统观测。他们利用动态力学谱方法（DMA）测量损耗模量随温度的变化，发现弱非晶合金（Pd 基和 La 基非晶合金）的 β 弛豫是很宽泛的峰（broad hump），叠加在 α 弛豫峰上；而 Zr 和 CuZr 基等非晶合金的 β 弛豫表现得很微弱，只有过剩尾（excess wing）。王峥等首次在 LaNiAl 非晶合金体系中观察到明显的独立于 α 弛豫峰的 β 弛豫现象[10]。基于这个合金体系，于海滨等在 β 弛豫温区发现大拉伸塑性变形现象[11]，并进一步发现了 β 弛豫激活能与小原子扩散激活能以及剪切变形区激活能基本相等，说明它们之间可能具有相同的物理机制。因此，弛豫现象作为非晶材料的本征特征之一，可能是调控非晶合金性能的重要手段，非常值得更多的人深入研究。

## 2.1.3 非晶合金力学性能

无序的原子结构使得非晶合金往往表现出极高的屈服强度（接近理论强度）、较大的弹性变形（弹性极限约 2%）、良好的耐磨性能及耐腐蚀性能等。大部分块体非晶合金体系都表现为脆性断裂的力学行为，只有部分非晶合金在特定条件下表现出一定的压缩塑性。与晶态材料不同，由于缺乏位错或相变主导的屈服及塑性形变机制，非晶合金在室温附近的屈服变形行为往往由只有几个纳米厚度的剪切带承载。研究者针对这种时间和空间上的不均匀变形提出了很多微观模型，比如自由体积模型、原子团协作剪切形变区（STZ）、流变单元模型等。由于剪切带形核扩展与合金成分及应力密切相关，通过微调成分或调控非晶合金的应力分布可以显著提高非晶合金的塑性变形能力。目前已经制备出具有超大压缩和弯曲变形的块体非晶合金，如图 2-6 所示，但是仍然没有开发出具有拉伸塑性的块体非晶合金体系。

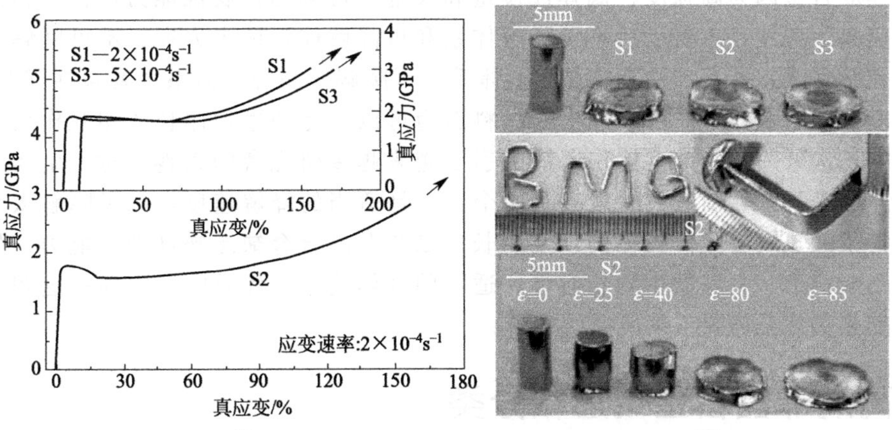


(a) (b)

图 2-6 具有超大塑性变形能力的 Zr-Cu-Ni-Al 非晶合金[12]

（a）应力-应变曲线；（b）压缩和弯曲变形后的样品

## 2.1.4 非晶合金磁功能特性

作为功能材料，非晶合金的主要应用方向之一是作为软磁材料应用在变压器和电感器中。由于具有低矫顽力（<10A/m）、高磁导率（$10^4$～$10^6$H/m）、较高的饱和磁感应强度（1.2～1.7T）、高电阻率（1～10μΩ·m）等优点，铁基非晶合金作为软磁材料替代变压器中的硅钢片可以节约 80%的空载涡流损耗。软磁材料最重要的两项磁性指标是磁导率和饱和磁感应强

度。如图 2-7 所示，主要软磁非晶纳米晶材料包括铁基、铁镍基、钴基非晶合金，其中 FeSiB 和 FeSiBNbCu 非晶纳米晶合金体系由于具有良好的软磁性能和易生产加工特性已经获得广泛应用。除了软磁特性，稀土基非晶合金在低温时也表现出铁磁性或自旋玻璃化转变。由于磁相变过程中的大熵变效应和较宽的相转变区间，稀土基非晶合金作为低温磁制冷材料表现出很好的应用前景。具有大磁熵变的非晶合金材料主要有钆基、钬基、铽基、铥基非晶合金材料，一些含稀土的高熵非晶也表现出优异的磁热效应，如 GdTbDyFeAl 非晶合金。

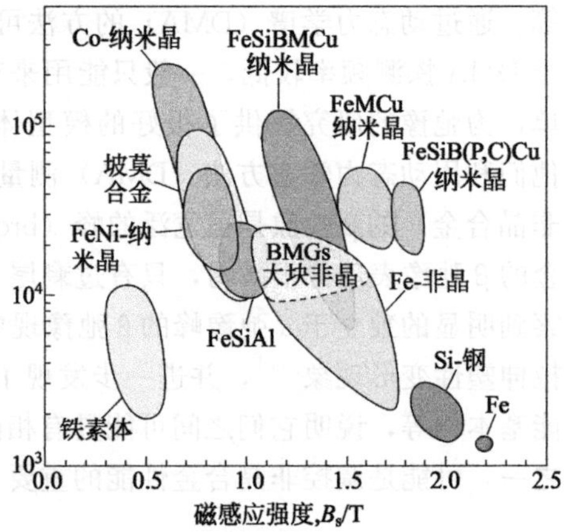


图 2-7　主要软磁材料的磁导率和饱和磁感应强度分布图[13]

### 2.1.5　非晶合金化学功能特性

金属材料尤其是过渡族金属在化学反应中有重要的催化作用，比如 Au 在一氧化碳和烃氧化过程中的催化作用，Ag 在生物氧化过程中的催化作用，Fe 和 Ni 在制备碳纳米管和富勒烯中的催化作用，Pd 和 Pt 在有机合成中的催化作用等。与晶态合金相比，非晶合金具有各向同性、亚稳态特性和成分宽幅可调的特点，在化工催化加氢领域获得了广泛应用；在燃料电池制氢方面表现出优异的性能。最近研究发现非晶合金在降解偶氮染料污水方面表现出优异性能，其降解偶氮染料的速率比同成分晶态合金高十几倍，比商业铁粉高几百倍。与生物降解法相比，具有操作简单、反应不需要吹氧气（空气）、pH 值（尤其酸性条件）影响小、适用温度区间大等优点。尤其在降解地下水中的污染物方面，非晶合金有着明显的优势。非晶合金因为高强度、低弹性模量和大范围可调的抗腐蚀能力，在生物医用领域受到越来越多的关注，主要包括不可降解体系和可降解体系两个方向。不可降解非晶合金体系主要包括钛基、锆基和铁基非晶合金体系。可降解非晶合金体系主要包括镁基、钙基、锌基和锶基非晶合金体系。可降解生物材料因为可以避免和生物体长久相互作用导致的慢性副作用和二次开刀带来的机体伤害而吸引了越来越多研究者的兴趣。对于生物可降解的非晶合金体系来说，目前最大的挑战有两个：一是适当的降解速度，如果降解太快，在降解过程中产生的氢气会阻碍机体的恢复生长；二是非晶合金缺乏塑性变形能力。如何将优异的玻璃形成能力、良好的生物相容性、适当的降解速率、优异的力学性能这四个方面有机地结合起来仍然是需要继续研究的方向。

## 2.2　高熵非晶合金概述和分类

高熵合金和块体非晶合金的发展有着密切关系。在 20 世纪 90 年代，为了开发出具有更大玻璃形成能力的块体非晶合金体系，一般需要添加多种元素以提高玻璃形成能力。为了验证是否元素组分越多越容易形成块体非晶合金，实验发现有些多主元高混合熵合金体系可以形成单相固溶体。叶均蔚等提出用高熵合金命名这种稳定的高混合熵固溶体[14]。张勇等统计研究了大量高熵合金，从原子尺寸差、混合焓和混合熵角度做了系统分析，并用 Adam-Gibbs 方程解释了玻璃形成能力的区别[15]。图 2-8 根据混合焓和残余应力均方根两个参数的关系揭示了高熵合金体系的相组织形成规律[16]。高熵非晶合金具有非晶合金的高结构熵（无序原子堆积结构）和高混合熵（等原子比多主元）特点。

2005 年，Takeuchi 和 Inoue 根据块体非晶合金的组成元素在元素周期表中的位置，元素

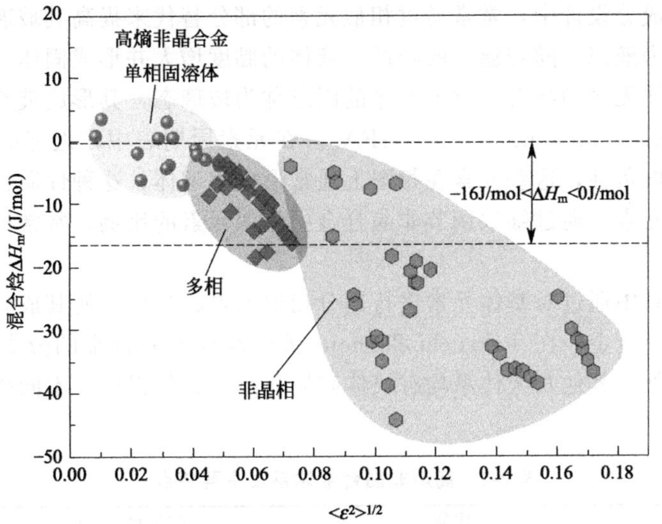


图 2-8 高熵合金体系的混合焓（$\Delta H$）和残余应力均方根（$<\varepsilon^2>^{1/2}$）的关系图——单相、多相和非晶相的形成规律[16]

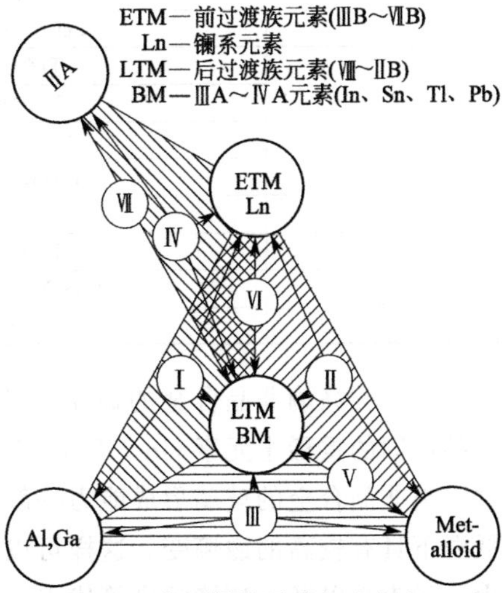


图 2-9 由不同类元素组成七大类块体非晶合金示意图[17]

的原子尺寸及不同元素之间的混合焓将非晶合金的组成元素分成五大类，并根据这五大类元素的不同组合将块体非晶合金分为七大类[17]。这五类元素分别是：①ⅡA族元素，比如 Be、Mg、Ca、Sr 等元素；②ETM 和 Ln，即前过渡族元素和镧系元素，包括元素周期表上ⅢB～ⅦB 族元素，比如 Zr、Ti、Hf、Nb、Mo 和稀土元素等；③LTM 和 BM，即后过渡族元素和硼族及碳族的部分金属元素，包括ⅢV～ⅡB 族及ⅢA 和ⅥA 族的部分金属元素，比如 Fe、Co、Ni、Cu、Zn、Au、Ag、Pd、Pt、In、Sn、Ti、Pb 等；④Al 和 Ga 两种元素；⑤Metalloid，即类金属元素，比如 B、C、Si、P 等。这五类元素的不同组合如图 2-9 所示，由此可得到七大类块体非晶合金，这七大类非晶合金的代表成分列于表 2-1 中。表中所列成分的第一个元素为非晶合金的基体元素，其原子百分比通常大于 50%。其中 RE（rear earth）表示稀土元素，但不包括 Yb 元素。Yb 元素虽然属于稀土元素，但从原子尺寸及元素间混合焓的角度来看，其性质与其他稀土元素差异较大，却与碱土金属元素 Ca 和 Sr 极为相似，且相互之间可以形成固溶体，故将 Yb-Mg-Zn-Cu 体系归于 Ca 基及 Sr 基非晶合金一类。

**表 2-1 七大类块体非晶合金的代表成分[17]**

| 体系分类 | 代表成分 |
|---|---|
| Ⅰ | Zr-Al-(Ni,Cu)  RE-Al-(Ni,Cu)  RE-Al-Co  Zr-Ga-Ni  RE-Ga-Ni |
| Ⅱ | Fe-Zr-B  Co-Ta-B  (Fe,Co)-(Cr,Mo,Y)-(C,B) |
| Ⅲ | Fe-(Al,Ga)-(P,C,B,Si,Ge) |
| Ⅳ | (Zr,Ti)-(Cu,Ni)-Be  Ti-(Cu,Ni,Sn)-Be  (Ti,Zr)-(Cu,Ni,Sn)-Be |
| Ⅴ | Pd-Si  (Pd,Ni,Cu)-P  (Pt,Ni,Cu)-P  (Au,Ag,Pd,Cu)-Si |
| Ⅵ | Cu-(Zr,Hf,Ti)  (Ni,Sn)-Nb  (Ti,Zr)-(Cu,Ni)  (Ti,Mo)-(Cu,Ni,Fe) |
| Ⅶ | Ca-Mg-Zn  Ca-Mg-(Zn,Cu)  Sr-Mg-Zn  (Sr,Yb)-Mg-(Zn,Cu)  Yb-Mg-(Zn,Cu) |

在非晶合金的成分设计中，常常通过相似元素的部分替代来提高其玻璃形成能力。在高温下，非晶合金呈现为液态，随着温度的降低，液体的黏度增大并形成固体。如果冷却速率足够快，固体将保持液体无序的状态，此种无序的固态称为玻璃态，其形成玻璃态的难易程度被称为玻璃形成能力（glass forming ability，GFA）。在元素周期表中，近邻的金属元素通常具有相近的原子半径和电负性，这些元素在相图上通常形成固溶体，这种性质相近的元素可以视为非晶合金中的相似元素。通过细致调节非晶合金中相似元素的比例，常常可以有效地提高非晶合金玻璃形成能力。

在不同非晶体系中通过对基体元素进行部分相似元素的替代，使其成分符合高熵合金的定义，便得到高熵非晶合金。在 Takeuchi 和 Inoue 关于块体非晶合金的分类中，除Ⅲ类中未见高熵非晶合金报道外，其他六大体系均有块体高熵非晶合金的报道。不同高熵非晶合金体系总结于表 2-2 中。

**表 2-2 高熵非晶合金体系及主要特点[17]**

| 体系分类 | 成分 | 临界尺寸/mm | 特性 |
|---|---|---|---|
| Ⅰ | GdTbDyAlM(M=Fe,Co 和 Ni) | ≤1 | 磁蓄冷 |
| | HoErCoAlRE(RE=Gd,Dy,和 Tm) | 1 | 磁蓄冷 |
| Ⅱ | FeCoNi(Si,B) | 1～1.5 | 软磁 |
| | FeCoNi(P,C,B) | ≤1 | 软磁 |
| Ⅳ | TiZrCuNiBe | 3 | 高强度 |
| | TiZrHfCuBe | 12 | 高强度,高 GFA |
| | TiZrHfCuNiBe | 15 | 高强度,高 GFA |
| | TiZrHfBe(Cu,Ni) | 12～30 | 高强度,高 GFA |
| Ⅴ | PdPtCuNiP | 10 | 高 GFA |
| Ⅵ | TiZrHfCuNi | 1.5 | 高强度 |
| Ⅶ | CaSrYbZn(Mg,Li) | 3 | 室温均匀流变 |
| | MgCaSrYb(Zn,Cu) | 5 | 低玻璃化转变温度 |

第Ⅰ类高熵非晶合金的通用公式为 $RE_1RE_2RE_3AlM$，其中 $RE_1$，$RE_2$ 和 $RE_3$ 分别代表三种不同的重稀土元素 Gd，Tb，Ho，Er 和 Tm；M 代表过渡族元素 Fe，Co，Ni 中的一种。这一类非晶合金的玻璃形成能力一般，临界尺寸在 1mm 左右。该类高熵非晶合金的特点是在低温下具有较高的磁熵变。这样可以利用材料的磁热效应进行磁制冷，具有制冷效率高、能耗少、噪声小以及无环境污染等优点。

第Ⅱ类高熵非晶合金的通用公式为 FeCoNiM，其中 M 表示元素 B，C，Si 和 P 中的一种或几种。这一类非晶合金的玻璃形成能力一般，临界尺寸在 1mm 左右。此类材料具有很高的强度，其屈服强度可以达到 3GPa。此类材料还具有优异的软磁性能，非晶合金通常具有较高的电阻值，作为变压器铁芯具有较低的涡流损耗，因此这一类高熵非晶合金在变压器铁芯方面具有潜在的应用。

第Ⅳ类高熵非晶合金具有优异的力学性能和很强的玻璃形成能力，其部分成分的临界尺寸可以做到厘米量级。此类非晶合金具有较高的屈服强度，其屈服强度可以达到 2GPa，弹性形变可以达到 2%，因此可以存储较高的弹性能。此类非晶合金应用在对力学性能具有一定要求的领域，比如高尔夫球头等体育器材；并在应变片和气体流量计等方面具有潜在的应用价值。

第Ⅴ类高熵非晶合金含贵金属 Pd，Pt 等材料，并且具有很强的玻璃形成能力。

第Ⅵ类高熵非晶合金只含常见的工业合金元素，玻璃形成能力一般，屈服强度较高。

第Ⅶ类高熵非晶合金具有较低的玻璃化转变温度和较低的弹性模量，在接近室温的情况下可以进行超塑性变形。此类非晶合金在室温下可表现出均匀的流变行为，在较低的应变速率下，其行为表现为非牛顿流体，在较高的应变速率下则表现为粉碎性断裂。另外，此类合金具有在水中可降解的特性，生物相容性较好。

这六类高熵非晶合金约包含三十余种高熵非晶合金体系，见表 2-3。玻璃化转变温度（$T_g$）最低的高熵非晶合金为 $ZnSrCaYbLi_{0.55}Mg_{0.45}$，只有 319K；$FeCoNiB_{0.6}Si_{0.4}$ 高熵非晶合金的 $T_g$ 最高，为 771K。玻璃形成能力最好的是 $TiZrHfBeCu_{0.375}Ni_{0.625}$，临界尺寸为 30mm，约化玻璃化转变温度高达 0.608。$ZnSrCaYbLi_{0.55}Mg_{0.45}$ 高熵非晶合金的弹性模量最低的只有 16.1GPa，与骨头的弹性模量非常接近。含 FeCoNi 的高熵非晶合金表现出较好的软磁性能，矫顽力都小于 8A/m，但是其饱和磁感应强度偏低。GdTbDyAlM（M＝Fe，Ni，Co）高熵非晶合金在低温（20～150K）表现出优异的磁熵变性能。其中，GdTbDyAlFe 高熵非晶合金的磁制冷能力高达 691J/kg。高熵非晶合金的物理化学性能在 2.3，2.4，2.5 三节中将给出详细介绍。

**表 2-3 高熵非晶合金体系的物理性能参数**（临界玻璃形成尺寸 $d_c$，玻璃化转变温度 $T_g$，净化温度 $T_x$，过冷液相区温度区间 $\Delta T_x = T_x - T_g$，熔点 $T_m$，液相线温度 $T_l$，约化玻璃化转变温度 $T_{rg} = T_g/T_l$，杨氏模量 $E$，剪切模量 $G$，体弹模量 $K$，居里温度 $T_C$，磁熵变 $\Delta S_{pk}$，制冷能力 RC，矫顽力 $H_c$）

| | 合金成分 | $d_c$ /mm | $T_g$ /K | $T_x$ /K | $\Delta T_x$ /K | $T_m$ /K | $T_l$ /K | $T_{rg}$ | $E$ /GPa | $G$ | $K$ | $T_C$ /K | $\Delta S_{pk}$ /(J/kg/K) | RC /(J/kg) | $H_c$ /(A/m) |
|---|---|---|---|---|---|---|---|---|---|---|---|---|---|---|---|
| 无磁性 | SrCaYbMgZn | 4 | 353 | 389 | 36 | | 630 | 0.56 | 22.8 | 8.89 | 17.5 | | | | |
| | $SrCaYbMgZn_{0.5}Cu_{0.5}$ | 5 | 351 | 391 | 40 | | 642 | 0.55 | 24.3 | 9.47 | 18.6 | | | | |
| | $ZnSrCaYbLi_{0.55}Mg_{0.45}$ | 3 | 319 | 344 | 25 | | 559 | 0.57 | 16.1 | 6.28 | 12.4 | | | | |
| | PdPtCuNiP | 10 | 580 | 645 | 65 | — | — | — | — | — | — | — | — | — | — |
| | $(TiZrCuNb)_{87.5}Ni_{12.5}$ | 带材 | 648 | 721 | 73 | 1781 | — | — | — | 43.4 | 124.5 | — | — | — | — |
| | $(TiZrCuNb)_{85}Ni_{15}$ | 带材 | 651 | 717 | 66 | 2130 | — | — | — | 43.9 | 125.6 | — | — | — | — |
| | $(TiZrCuNb)_{80}Ni_{20}$ | 带材 | 662 | 731 | 69 | 2582 | — | — | — | 45 | 127.8 | — | — | — | — |
| | $(TiZrCuNb)_{75}Ni_{25}$ | 带材 | 678 | 743 | 65 | 2880 | — | — | — | 46.2 | 130 | — | — | — | — |
| | TiZrHfBeCuNi | 15 | 681 | 751 | 70 | — | — | — | 103 | — | — | — | — | — | — |
| | TiZrCuNiBe | 3 | 683 | 729 | 46 | — | — | — | 116 | — | — | — | — | — | — |
| | TiZrHfCuNi | 1.5 | 658 | 711 | 53 | — | — | — | 96 | — | — | — | — | — | — |
| | TiZrHfBeCu | 12 | 630 | 708 | 78 | 935 | 1164 | 0.541 | 100 | — | — | — | — | — | — |
| | $TiZrHfBeCu_{0.8755}Ni_{0.1245}$ | 12 | 641 | 693 | 52 | 973 | 1156 | 0.554 | — | — | — | — | — | — | — |
| | $TiZrHfBeCu_{0.75}Ni_{0.25}$ | 15 | 638 | 694 | 56 | 926 | 1102 | 0.579 | — | — | — | — | — | — | — |
| | $TiZrHfBeCu_{0.625}Ni_{0.375}$ | 20 | 644 | 692 | 48 | 925 | 1090 | 0.591 | — | — | — | — | — | — | — |
| | $TiZrHfBeCu_{0.5}Ni_{0.5}$ | 25 | 643 | 695 | 52 | 948 | 1066 | 0.603 | — | — | — | — | — | — | — |
| | $TiZrHfBeCu_{0.375}Ni_{0.625}$ | 30 | 632 | 684 | 52 | 951 | 1040 | 0.608 | — | — | — | — | — | — | — |
| | $TiZrHfBeCu_{0.25}Ni_{0.75}$ | 20 | 644 | 696 | 52 | 962 | 1109 | 0.581 | — | — | — | — | — | — | — |
| | $TiZrHfBeCu_{0.125}Ni_{0.875}$ | 15 | 641 | 692 | 51 | 972 | 1114 | 0.575 | — | — | — | — | — | — | — |
| | TiZrHfBeNi | 15 | 646 | 701 | 55 | 969 | 1108 | 0.583 | — | — | — | — | — | — | — |
| 磁性 | $FeCoNiB_{0.6}Si_{0.4}$ | 1 | 771 | 808 | 37 | — | — | — | 160 | — | — | — | — | — | 2.3 |
| | $FeCoNiB_{0.7}Si_{0.3}$ | 1.5 | 767 | 807 | 40 | — | — | — | 180 | — | — | — | — | — | 1.1 |
| | $FeCoNiP_{0.2}C_{0.6}B_{0.2}$ | <1 | 683 | 720 | 37 | — | 1263 | 0.541 | — | — | — | — | — | — | 6.4 |
| | $FeCoNiP_{0.3}C_{0.5}B_{0.2}$ | <1 | 671 | 714 | 43 | — | 1228 | 0.546 | — | — | — | — | — | — | 3.3 |
| | $FeCoNiP_{0.4}C_{0.4}B_{0.2}$ | 1 | 672 | 720 | 48 | — | 1234 | 0.545 | — | — | — | — | — | — | 2.5 |
| | $FeCoNiP_{0.5}C_{0.3}B_{0.2}$ | 1 | 674 | 730 | 56 | — | 1239 | 0.544 | — | — | — | — | — | — | 1.2 |
| | $FeCoNiP_{0.6}C_{0.2}B_{0.2}$ | <1 | 695 | 740 | 45 | — | 1262 | 0.551 | — | — | — | — | — | — | 2 |
| | $FeCoNiP_{0.2}C_{0.4}B_{0.4}$ | <1 | 699 | 739 | 40 | — | 1315 | 0.532 | — | — | — | — | — | — | 4.3 |
| | $FeCoNiP_{0.3}C_{0.3}B_{0.4}$ | 1 | 702 | 749 | 47 | — | 1293 | 0.543 | — | — | — | — | — | — | 3.4 |
| | $FeCoNiP_{0.4}C_{0.2}B_{0.4}$ | <1 | 708 | 753 | 45 | — | 1278 | 0.554 | — | — | — | — | — | — | 3.5 |
| | $FeCoNiP_{0.2}C_{0.2}B_{0.6}$ | <1 | 723 | 759 | 36 | — | 1355 | 0.534 | — | — | — | — | — | — | 4.1 |

续表

| 合金成分 | | $d_c$ /mm | $T_g$ /K | $T_x$ /K | $\Delta T_x$ /K | $T_m$ /K | $T_l$ /K | $T_{rg}$ | $E$ /GPa | $G$ | $K$ | $T_C$ /K | $\Delta S_{pk}$ /(J/kg/K) | RC /(J/kg) | $H_c$ /(A/m) |
|---|---|---|---|---|---|---|---|---|---|---|---|---|---|---|---|
| 磁性 | HoErCoAlGd | | 612 | 652 | 40 | — | — | — | — | — | — | 37 | 112. | 627 | — |
| | HoErCoAlDy | | 632 | 668 | 36 | — | — | — | — | — | — | 18 | 12.6 | 468 | — |
| | HoErCoAlTm | | 648 | 680 | 32 | — | — | — | — | — | — | 9 | 15 | 375 | — |
| | GdTbDyCoAl | — | 594 | 626 | 32 | — | — | — | — | — | — | 58 | 9.43 | 632 | — |
| | GdTbDyNiAl | — | 582 | 607 | 25 | — | — | — | — | — | — | 45 | 7.25 | 507 | — |
| | GdTbDyFeAl | — | 575 | 604 | 29 | — | — | — | — | — | — | 112 | 5.96 | 691 | — |

## 2.3 高熵非晶合金的力学性能

高熵非晶合金是非晶合金的一种，其力学性能与传统非晶合金相似。在非晶态合金中，不存在位错这样的变形机制，其力学性能的微观机制至今没有定论。非晶合金的弹性模量与晶态材料大致相等，但其强度要高出许多。在室温下，非晶合金的形变表现为高度局域化的剪切带，并可能表现出锯齿流变行为。尽管非晶合金的宏观变形行为已经积累了大量数据，但其变形机制还没有清晰的图像，仍然是科技工作者感兴趣的领域之一。

晶态金属材料塑性变形有成熟的位错理论，即变形是通过位错的滑移来进行的。由于原子的周期性排列和长程平移序，位错的滑移可以在较低能量或应力状态下进行。非晶合金不存在晶态金属中的长程平移对称性，其变形行为的微观机制目前还没有统一认识。对于非晶合金的变形，已取得的共识是变形通过局部的原子重排来实现，但原子重排的基本单元还存在各种观点，已有很多的非晶合金塑性变形模型被提出。在这些模型中，比较常用的两个模型有“自由体积（free volume）”模型和“剪切转变区（shear transformation zone，STZ）”模型。

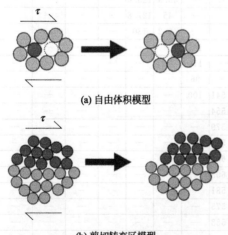

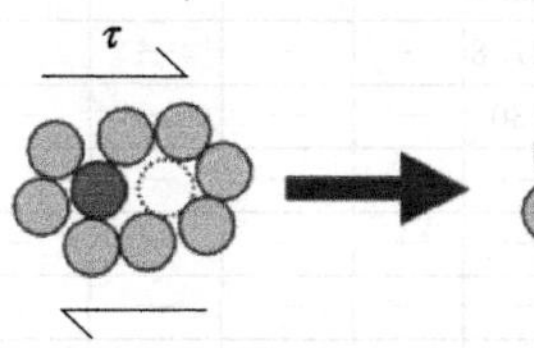


(a) 自由体积模型

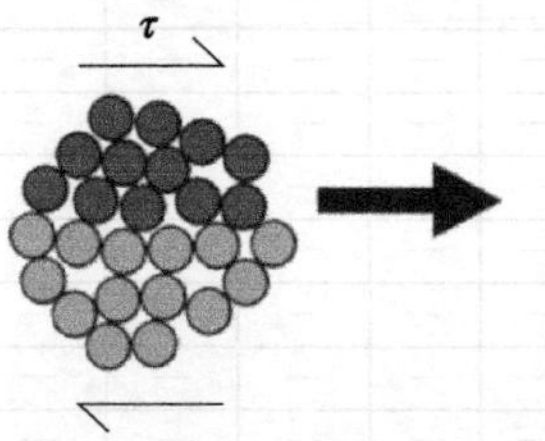


(b) 剪切转变区模型

图 2-10　非晶合金变形模型示意图[18]

1977 年，Speapen 提出了非晶合金变形的“自由体积（free volume）”模型。非晶合金是无序结构，类似于液体，Speapen 引入液体中自由体积的概念来解释非晶合金的流变行为。自由体积是原子无规则堆砌而形成的空穴，它可以提供原子或分子活动的空间。在液体中，若原子周围有一个足够大的自由体积，原子会扩散到这个自由体积中。Speapen 认为，非晶合金的塑性变形是通过原子的跃迁来实现的，如图 2-10(a) 所示，原子跃迁的过程是一个热激活过程，原子跃迁的速率和周围自由体积的大小密切相关。自由体积越大，原子跃迁的激活能就越小，从而跃迁的速率就越快。在无应力作用下，原子沿各个方向跃迁的概率相等。在外加应力的作用下，原子沿应力方向的跃迁所需能量会小于其他方向，因此沿应力方向的原子跃迁概率高于其他方向，从而在应力方向上发生一定的变形。自由体积模型提供了一种描述非晶合金塑性变形相对完整且简单实用的理论体系。目前，该模型也是应用最为广泛的非晶合金塑性变形理论分析模型之一。

在自由体积模型的基础上，Argon 首先提出了“剪切转变区（STZ）”模型，后来 Falk，Langer 等对此模型进行了进一步发展。该模型认为，非晶合金的变形不是单个原子跳动或跃迁，而是数个原子一起协同相对于另外一些原子进行的剪切运动，这些数个原子组成的团簇，通常称之为“剪切转变区（STZ）”，如图 2-10(b) 所示。该模型在塑性应变速率方程上类似于自由体积模型，只不过认为非晶合金塑性流动的基本单元不是单个原子而是 STZ。

传统非晶态合金具有优异的力学性能，比如高断裂强度、高弹性应变以及高断裂韧性等，高熵非晶合金同样具有这些优异的力学性能，其力学性能列于表 2-4 中。

**表 2-4　高熵非晶合金的弹性模量、屈服强度及压缩塑性应变**

| 成分 | 杨氏模量/GPa | 剪切模量/GPa | 体积模量/GPa | 泊松比 | 屈服强度/MPa | 压缩塑性应变/% |
|---|---|---|---|---|---|---|
| MgCaSrYbZn | 22.8 | 8.89 | 17.5 | 0.283 | 385 | 0 |
| $MgCaSrYbZn_{0.5}Cu_{0.5}$ | 24.3 | 9.47 | 18.6 | 0.282 | 424 | 0 |
| $CaSrZnYbLi_{0.55}Mg_{0.45}$ | 16.1 | 6.28 | 12.4 | 0.283 | 依赖应变速率 | 依赖应变速率 |
| ZrTiCuNiBe | — | — | — | — | 2315 | 0 |
| TiZrHfBeCu | 106.9 | 36.1 | 97.3 | 0.348 | 1995 | 2.2 |
| $TiZrHfBeCu_{0.5}Ni_{0.5}$ | 116.7 | 38.6 | 104.6 | 0.351 | 2101 | 1.9 |
| TiZrHfBeNi | 118.9 | 38.7 | 104.7 | 0.353 | 2276 | 4.1 |
| TiZrHfCuNi | — | — | — | — | 1920 | 0.3 |
| TiZrHfBeCuNi | 124.02 | 40.25 | 108.97 | 0.354 | 2064 | 0.6 |
| $FeCoNiB_{0.6}Si_{0.4}$ | — | — | — | — | 3239 | 3.1 |
| $FeCoNiB_{0.7}Si_{0.3}$ | — | — | — | — | 3624 | 1.7 |
| $FeCoNiP_{0.4}C_{0.4}B_{0.2}$ | — | — | — | — | 2817 | 1.1 |
| $FeCoNiP_{0.48}C_{0.32}B_{0.2}$ | — | — | — | — | 2850 | 1.2 |
| $FeCoNiP_{0.3}C_{0.3}B_{0.4}$ | — | — | — | — | 3210 | 0.3 |

非晶合金的弹性模量与其组成元素的弹性模量具有密切关系，可根据非晶合金的弹性模量判据进行预测，具体表达式如下：

$$M^{-1}=\sum f_iM_i^{-1} \tag{2-1}$$

式中，$M$ 代表金属玻璃的弹性模量；$f_i$ 和 $M_i$ 分别代表第 $i$ 种组成元素的原子百分比和弹性模量。

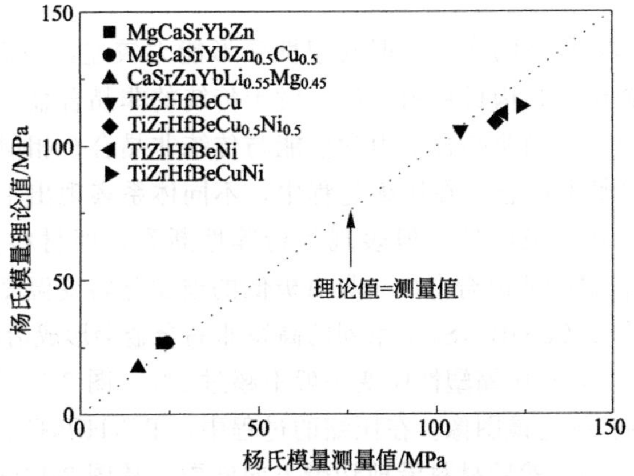


图 2-11　高熵非晶合金杨氏弹性模量理论值和测量值的比较[19]

图 2-11 给出了高熵非晶合金杨氏弹性模量理论值和测量值的比较，其中理论值由式(2-1)计算得出，测量值都是通过超声法测得的。从图中可以看出，高熵非晶合金的杨氏弹性模量的理论值和测量值符合得很好。根据非晶合金的模量判据及弹性模量与其他性能之间的关联，可以从弹性模量的角度出发，分析和预测一个新的非晶合金体系的各种性能。非晶合金的弹性模量是调节非晶合金性能的一个很重要的参数，而非晶合金的弹性模量又可以用组成元素的弹性常数来估算，这样就在非晶合金的性能与组成元素的弹性模量之间建立了联系，可以通过选择

组成元素来调整和控制非晶合金的性能。根据非晶合金弹性模量判据，当组成元素的弹性模量较高时，对应的非晶合金也具有较高的弹性模量，而弹性模量较高的非晶合金具有较高的强度和硬度，同时具有高的稳定性，即高的玻璃化转变温度。

提高材料的强度是材料领域永恒的课题，非晶合金由于其高强度而深受人们关注。非晶合金由于没有晶体中的位错、晶界等缺陷，因而具有很高的强度和硬度。图 2-12 比较了含铁的传统合金、高熵合金和高熵非晶合金的屈服强度。对于传统的钢材，其屈服强度一般不超过 1000MPa。对于高熵合金而言，其屈服强度取决于材料的结构。一般来说，FCC 结构的高熵合金屈服强度相对较低，而 BCC 结构的高熵合金其屈服强度要明显高于 FCC 结构的高熵合金，同时也远高于传统材料的屈服强度。高熵非晶合金的屈服强度要高于高熵合金，是传统合金的数倍以上。高熵非晶合金同时具有大的弹性应变，在屈服前其弹性应变量一般在 2% 左右，其最大弹性应变能是传统材料的数倍以上，使得高熵非晶合金在对材料弹性要求较高的场合具有较大的应用价值。

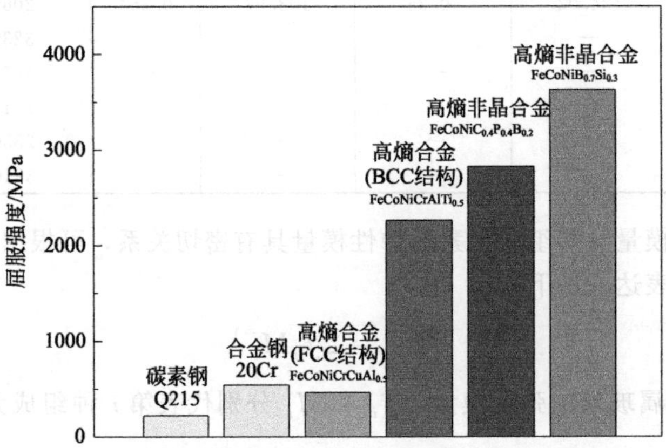


图 2-12　传统合金、高熵合金和高熵非晶合金屈服强度的比较[20]

虽然高熵非晶合金具有很高的强度，但其塑性变形能力较差，一般不存在加工硬化现象，从而限制了高熵非晶合金作为结构材料的应用。对于传统的非晶合金，一般通过引入第二相来增强材料的塑性形变能力，高熵非晶合金力学性能与传统非晶合金相似，原则上也可以通过同样的方式来增强塑性。高熵非晶合金在压缩过程中，不同体系表现出不同行为。MgCaSrYbZn 系列的高熵非晶合金达到弹性极限后一般表现为粉碎性断裂，即材料会粉碎成许多不规则小块。$CaSrZnYbLi_{0.55}Mg_{0.45}$ 高熵非晶合金由于具有极低的玻璃化转变温度，其应力应变表现出奇特的行为。TiZrHfBeCu 和 $FeCoNiB_{0.6}Si_{0.4}$ 系列的高熵非晶合金会形成沿压缩方向大约 45°的剪切带，材料沿剪切带方向断裂，其压缩塑性应变一般不超过 5%。图 2-13 为 $TiZrHfBeCu_{0.375}Ni_{0.625}$ 高熵非晶合金压缩样品的扫描电镜图像。在压缩的过程中，$TiZrHfBeCu_{0.375}Ni_{0.625}$ 的屈服强度为 2124MPa，塑性形变为 3.3%，然后材料沿剪切带方向断裂。从图 2-13(a) 可以看出，压缩后材料沿着轴向约 45°方向断裂。在材料的表面还可以看到沿断裂方向的剪切带，这些剪切带承担了材料的塑性变形。图 2-13(b) 为样品断面的扫描电镜图像，其断口呈现出脉络状形貌，是具有压缩塑性的非晶合金在断裂后的典型断口特征。

$CaSrZnYbLi_{0.55}Mg_{0.45}$ 高熵非晶合金在非晶合金中具有极低的玻璃化转变温度。当升温速率为 10K/min 时，其玻璃化转变温度为 50℃，接近于室温。在室温下，当 $CaSrZnYbLi_{0.55}Mg_{0.45}$ 应变速率为 $1\times10^{-4}s^{-1}$ 时，经过弹性变形后发生软化，流变应力值稳定在 200MPa 左右，如图 2-14 所示。图中右侧插图为 $CaSrZnYb(Li_{0.55}Mg_{0.45})$ 高熵非晶合金经过压缩变形后的表面扫描

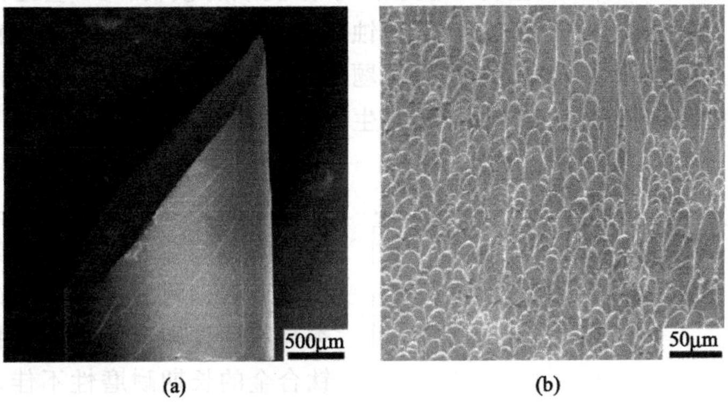


图 2-13 $TiZrHfBeCu_{0.375}Ni_{0.625}$ 高熵非晶合金压缩样品形貌及断口 SEM 分析[21]

(a) 压缩样品侧面；(b) 压缩断面形貌

电镜图片，从中可以看出样品表面光滑，不像其他具有大塑性的非晶合金样品那样存在剪切带，说明样品发生的是均匀流变。当应变速率升高到 $1\times10^{-3}s^{-1}$ 时，样品在应力达到 400MPa 后发生粉碎性断裂，左侧插图为样品发生断裂后的扫描电镜图片，可以看出样品断裂为许多不规则的碎块。

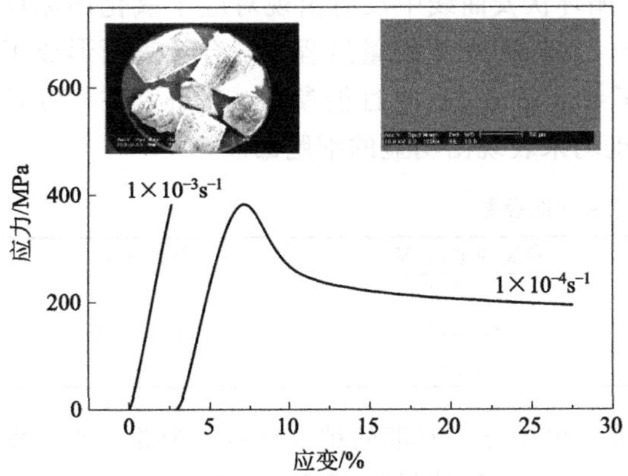


图 2-14 $CaSrZnYbLi_{0.55}Mg_{0.45}$

高熵非晶合金的韧脆转变示意图[22]

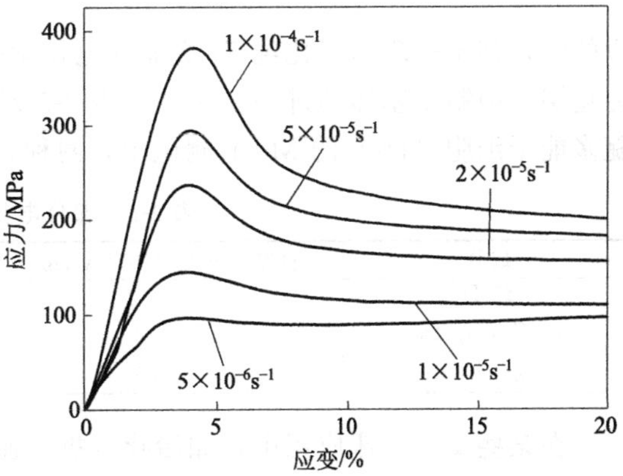


图 2-15 $CaSrZnYbLi_{0.55}Mg_{0.45}$

高熵非晶合金的低应变速率下的应力-应变曲线[22]

$CaSrZnYbLi_{0.55}Mg_{0.45}$ 在较低的应变速率下表现出均匀流变行为，而且其流变应力与流变速率密切相关。不同应变速率的应力-应变曲线如图 2-15 所示。从图中可以看出，该高熵非晶合金在变形过程中，随着形变量的增加，应力增大到某一确定值后开始下降，然后稳定在一较低的应力值。当应变速率分别为 $5\times10^{-6}s^{-1}$，$1\times10^{-5}s^{-1}$，$2\times10^{-5}s^{-1}$，$5\times10^{-5}s^{-1}$ 和 $1\times10^{-4}s^{-1}$ 时，其最大流变应力值分别为 100MPa，150MPa，250MPa，300MPa 和 400MPa，稳态流变应变值分别为 90MPa，110MPa，160MPa，190MPa 和 210MPa。该高熵非晶合金的应力随着应变速率的增大而增大，但并非简单的线性增长，而是表现出非牛顿流体的行为。

## 2.4 高熵非晶合金的化学性能及生物相容性

随着人类文明和科学技术的进步，人们越来越重视自身健康，这就催生了一门涉及材料学和生物学的交叉学科，促使生物医用材料飞速发展。其中，金属材料是人类最早开始使用的生物医用材料之一，早在16世纪纯金薄片就被用于修复颅骨损伤，18世纪铁丝被用于固定断骨。时至今日，医用钛合金由于低密度、耐腐蚀被广泛用于人造骨骼、骨钉和心血管支架等。金属材料的主要缺点是腐蚀性、离子析出等问题。医用金属材料植入人体后长期浸泡于含有有机酸、各类离子的生物体液中，其腐蚀产物是生物毒性元素，对正常组织产生影响和刺激，甚至引发疾病。

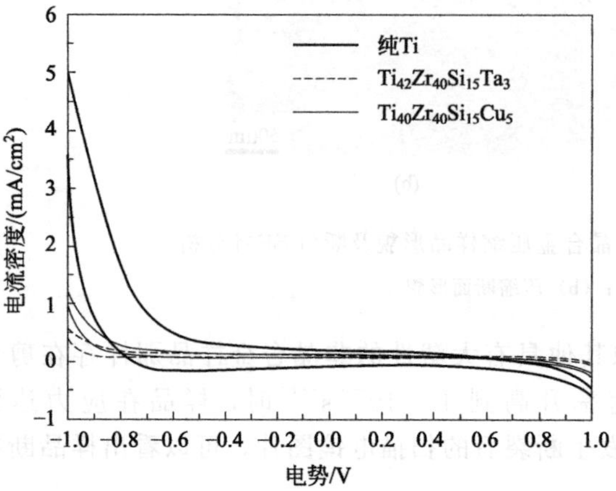


图 2-16 TiZr双主元非晶合金的循环伏安曲线[23]

非晶合金这种从20世纪中叶开始快速发展的新型金属材料，以其低弹性模量、高弹性应变、耐磨损和耐腐蚀等特性，成为一类具有巨大应用潜力的生物医用材料。由于钛合金的长期耐磨性不佳，人们开发出一种TiZr双主元非晶合金体系，并对 $Ti_{42}Zr_{40}Si_{15}Ta_3$ 和 $Ti_{40}Zr_{40}Si_{15}Cu_5$ 两种双主元非晶合金的电化学性能和生物相容性进行了系统研究[23]。这两种双主元非晶合金与纯Ti和Ti-6Al-4V等传统生物医用材料相比，具有更高的强度和更低的杨氏模量，并且电化学性能十分稳定。如图2-16所示，其循环伏安曲线中没有出现对应于氧化还原反应的峰，甚至表现出了比纯Ti更弱的电化学响应。在极化曲线测量过程中，合金表面形成了钝化层，抑制了基体的进一步腐蚀，表2-5列出了部分电化学腐蚀性能参数。另外，在72h骨髓多能干细胞（D1）的MTT测试中，两种合金也均未表现出明显的细胞毒性。

**表 2-5 部分电化学腐蚀性能参数**[23]

| 成分 | 自腐蚀电流/($10^{-9}$A/cm²) | 自腐蚀电位/V | 腐蚀环境 |
|---|---|---|---|
| 纯 Ti | 123.2 | −0.262 | |
| $Ti_{42}Zr_{40}Si_{15}Ta_3$ | 42.6 | −0.436 | Hank's 液 |
| $Ti_{40}Zr_{40}Si_{15}Cu_5$ | 52.5 | −0.388 | |

在某些实际临床应用中，如治疗骨折、血栓等，仅需要短时期的植入材料，为此人们开发出了一系列Mg基、Ca基块体非晶合金。这种新一代生物移植材料可提高细胞活性并加快骨组织愈合，同时在满足人体可吸收金属离子的安全范围内，在人体生理环境下逐渐腐蚀，即植入人体后可自行降解，病人痊愈后不必经二次手术可将植入物取出。但由于主要元素Mg、Ca化学活性高，Mg基、Ca基块体非晶合金在生物体中会快速释放氢气，并且在骨组织完全愈合前就会降解殆尽，导致其无法完全满足临床应用要求，图2-17显示了部分可降解生物医用材料的腐蚀速率对比[24]。因此，改善Mg基、Ca基块体非晶合金腐蚀性能，对其临床医院的发展具有重要意义。

北京航空航天大学的逯淑杰等研究了Sr元素的掺杂对 $Mg_{66}Zn_{30}Ca_4$ 块体非晶合金腐蚀性能的影响[24]。图2-18(a)给出了合金在PBS液中开路电位随浸泡时间的变化，图2-18(b)为动电位极化曲线，图2-18(c)为 $H_2$ 释放随浸泡时间的变化。在浸泡开始的800s内，合金的开路电位迅速升高，表明合金形成了钝化膜，使材料的抗腐蚀性提高。随着浸泡时间延迟，合金的开路电位基本保持不变，期间的小范围波动可能与钝化膜的形成和脱落有关。由动电位极化曲线可知，合金的自腐蚀电流在10μA/cm² 数量级。另外，在−1.15V电位附近，掺杂Sr元素的合金的曲线中出现Z字形区域，这也说明了这些合金腐蚀过程中在表面形成了钝化膜。由于可降解生物医用金属材料中的Mg、Ca等成分与生物体液不可避免地发生反应：M+

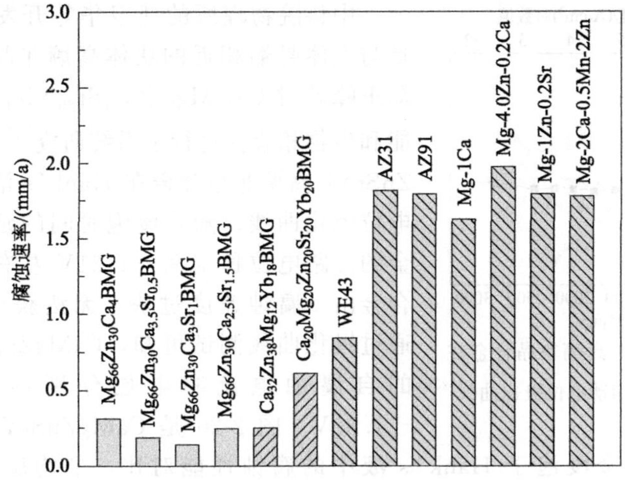


图 2-17　多种可降解生物医用材料的腐蚀速率对比[24]

$2H_2O \longrightarrow M^{2+} + 2OH^- + H_2$，合金在降解过程中不断释放 $H_2$。$Mg_{66}Zn_{30}Ca_4$ 非晶合金掺杂 1%（原子分数）Sr 元素后，在 250h 的浸泡试验中 $H_2$ 释放量下降了约 30%。综上所述，Sr 元素掺杂降低 $Mg_{66}Zn_{30}Ca_4$ 非晶合金在 PBS 液中的开路电位、自腐蚀电位和 $H_2$ 释放速率，改善合金的电化学腐蚀性能。

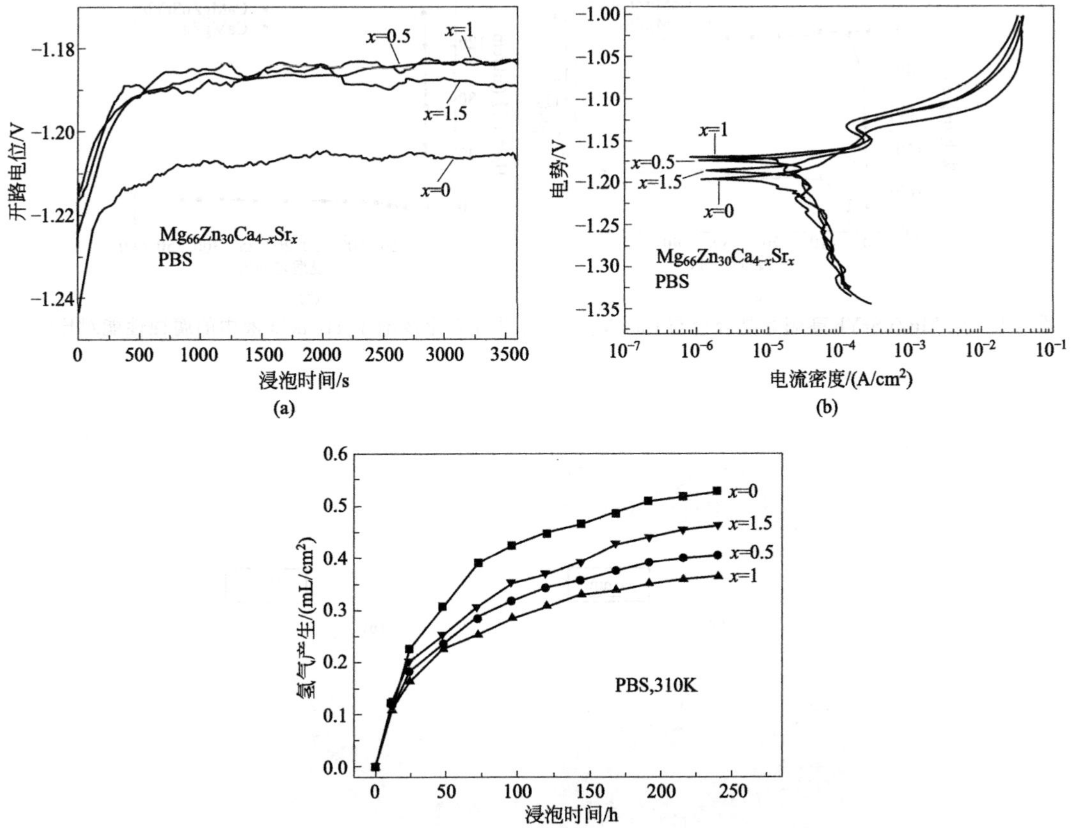


图 2-18　合金在 PBS 液中的变化[24]

(a) 开路电位随浸泡时间的变化；(b) 动电位极化曲线；(c) $H_2$ 释放随浸泡时间的变化

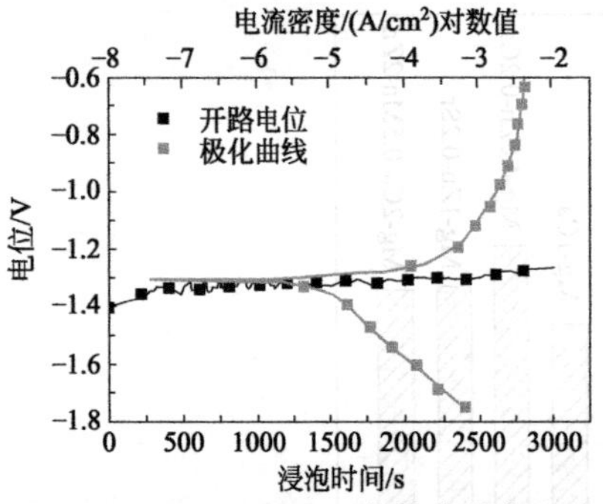


图 2-19 CaMgZnSrYb 高熵非晶合金在 Hank's 液中的开路电位和动电位极化曲线[25]

中科院物理所的汪卫华等开发出了一系列弹性模量与人体骨骼相近的块体高熵非晶合金。北京大学的郑玉峰等对 $Ca_{20}Mg_{20}Zn_{20}Sr_{20}Yb_{20}$ 非晶合金的腐蚀性能和生物相容性进行了系统研究[25]。图 2-19 是 CaMgZnSrYb 高熵非晶合金在 Hank's 液中的开路电位和动电位极化曲线。随着浸泡时间的延长，该高熵非晶合金的开路电位稳定在 −1.31V 左右，而 CaMgZn 非晶合金由于腐蚀速度过快，无法获得稳定开路电位值。通过极化曲线测试可知，CaMgZnSrYb 高熵非晶合金的自腐蚀电流和电位分别约为 $9.16\mu A/cm^2$ 和 −1.30V。图 2-20 是 CaMgZnSrYb 高熵非晶合金与 $Ca_{65}Mg_{15}Zn_{20}$ 非晶合金浸泡于 Hank's 液中的腐蚀性能对比，平均腐蚀失重速率分别为 $0.17mg/(cm^2 \cdot h)$ 和 $45g/(cm^2 \cdot h)$，$H_2$ 产生速率分别为 $0.02mL/(cm^2 \cdot h)$ 和 $48mL/(cm^2 \cdot h)$。如图 2-21 所示，研究人员还对 CaMgZnSrYb 高熵非晶合金进行了生物体实验，将 $\phi0.7mm \times 5mm$ 的棒状试样植入老鼠腿骨中的空腔 4 周后，发现植入物未发生明显降解，而且老鼠腿骨空腔内壁形成了新的骨组织。与此相反，无植入物的腿骨空腔内壁没有新的骨组织出现，这说明该材料可以有效起到促进成骨细胞增殖与分化的作用，从而加速骨组织愈合。

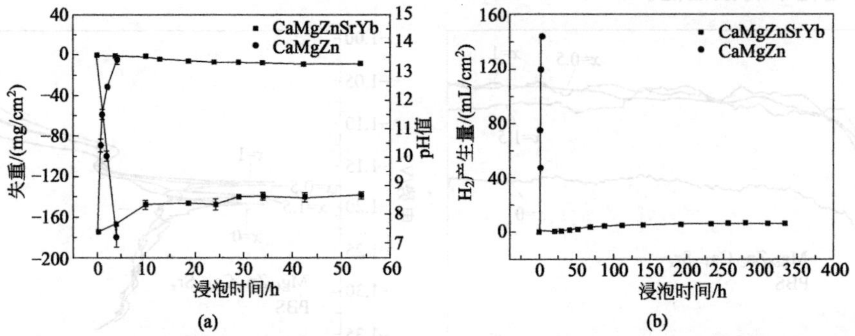


图 2-20 CaMgZnSrYb 高熵非晶合金与 $Ca_{65}Mg_{15}Zn_{20}$ 非晶合金浸泡于 Hank's 液中的腐蚀性能对比[25]

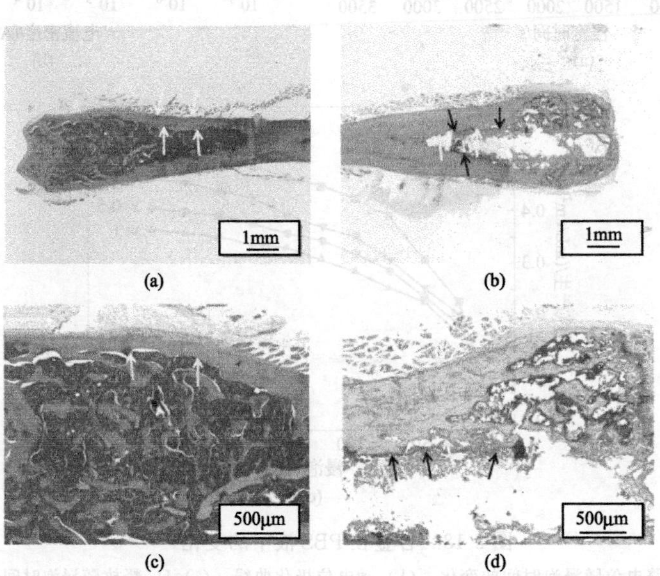


图 2-21 植入 CaMgZnSrYb 高熵非晶合金的骨骼组织愈合情况[25]

综上所述，由于块体高熵非晶合金具有成分范围宽、玻璃形成能力强的特点，可有效通过成分调节获得具有可降解、生物安全性较高、力学相容性好、价格低廉等优势的高熵非晶合金体系生物医用材料，其在临床实践方面具有广阔的应用前景。

# 2.5 高熵非晶合金的磁性能

## 2.5.1 高熵非晶合金的磁热性能

磁制冷技术是在外加磁场作用下通过磁制冷工质材料的励磁、退磁实现制冷，其中外加磁场相当于传统制冷中的压缩机，因而磁制冷相比于传统的气体压缩制冷具有制冷效率高、噪声低、体积小、环保无污染、从低温到室温均适用以及其他广泛的应用领域等优点。因此，新型磁制冷机作为传统制冷机的潜在替代产品，受到世界各国科技界的关注。

开发具有巨大磁热效应的新型磁制冷工质一直以来都是磁制冷领域的关键。一般而言，磁性材料要成为优良的磁制冷工质应具有在工作温度附近大的磁热效应、高制冷效率、小的磁滞后、电阻较大、低热容量、价格低廉、无毒无害、化学性质稳定等性能。为寻求性能好的制冷工质，研究人员在开始阶段把注意力集中在含稀土和过渡族元素的晶体材料上，主要包括顺磁盐、稀土金属单质及其化合物、Gd-Si-Ge 合金、La(Fe，Co)$_{13-x}$M$_x$（M=Si，Al）系合金、Ni-Mn-Ga 合金等。

近些年，由于非晶材料在作为磁制冷材料应用方面已具备自己独特的优势，逐渐开始引起人们的关注。研究表明，稀土基非晶合金作为磁制冷材料具备如下独特优势：①在冻结温度附近有大的磁熵变；②得益于非晶态合金的无序结构，磁熵变峰较宽，导致其制冷效率高过很多晶态材料；③无序对电子散射增大了电阻，减小涡流损耗，提高了使用效率；④在冻结温度附近及以上温度磁滞后很小；⑤稀土基非晶合金普遍具有良好的玻璃形成范围，通过选择不同稀土元素的组合并调节其比例可以控制材料磁转变的温度以及磁熵变的大小；⑥很好的玻璃形成能力提供了宽广的过冷液相区，便于进行热处理。通过热处理不仅可以调节磁转变温度，而且还可以通过控制晶化行为得到具有特殊性能的复合材料。研究已经证实，现有的稀土基非晶合金在很宽的温度区域内拥有很好的制冷能力，作为磁制冷工质材料具有很好的应用前景。

很多研究组将高熵的概念引入非晶领域，开发了一系列高熵非晶合金。非晶合金和高熵合金都比较独特，很多问题仍悬而未决，还需要开展深入的理论研究和实验探索。而具有特殊功能物性的高熵非晶合金的开发与研究不仅是一个难题而且意义重大。研究表明，重稀土基（Gd-，Tb-，Dy-，Er-，Ho-，Tm-）非晶合金作为磁制冷材料拥有很好的磁制冷能力。近期研究人员在现有重稀土元素的成分基础上，通过使用其他重稀土元素替代的方法，制备了一系列高熵非晶合金样品，研究了其磁热效应的大小及变化规律[26]。

该系列高熵非晶合金由五种元素组分组成，分别是组分 A、B、C、T 以及 Al 元素组分，并且每种组分的原子百分比含量均为 20%，即表示其元素组分以及各组分的原子百分含量的化学分子式为：$A_{20}B_{20}C_{20}T_{20}Al_{20}$。其中，A、B、C 彼此不相同，分别选自 Gd、Tb、Dy、Ho、Er 和 Tm 中的一种稀土元素；T 选自 Co、Ni、Fe 中的一种元素。

图 2-22 显示的是这种高熵非晶合金的 X 射线衍射图。从图中可以看出，该系列高熵非晶合金的 XRD 曲线在低角度有一个强度较高的弥散衍射峰，并且没有尖锐的对应于晶体相的布拉格衍射峰，表明该系列合金为完整的非晶态结构。

图 2-23 为高熵非晶合金 $Gd_{20}Tb_{20}Dy_{20}Al_{20}M_{20}$（M=Fe，Co 和 Ni）在场冷 FC 下和零场冷 ZFC 下的磁化曲线，外加测量场为 200Oe。由图可知该系列合金 ZFC 和 FC 曲线在低温都会分叉，表现出典型的自旋玻璃磁转变行为。通过对 FC 曲线进行微分，我们可以求得三种高

熵非晶合金的磁转变温度分别为：M＝Fe，$T_C$＝112K；M＝Co，$T_C$＝58K；M＝Ni，$T_C$＝45K，如图 2-23 插图中所示。显而易见，随着 M 元素从 Fe 到 Ni 的转换，磁转变温度 $T_C$ 迅速降低，这可能是由于从 Fe($3d^6$) 到 Ni($3d^8$) 元素中 3d 电子数的增加使由 3d 电子交换耦合控制的磁相互作用减弱，进而使交换能降低所致。

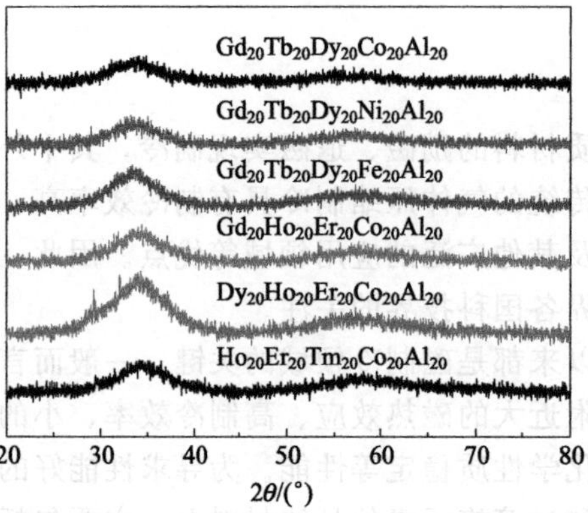


图 2-22　高熵非晶合金的 X 射线衍射图[26]

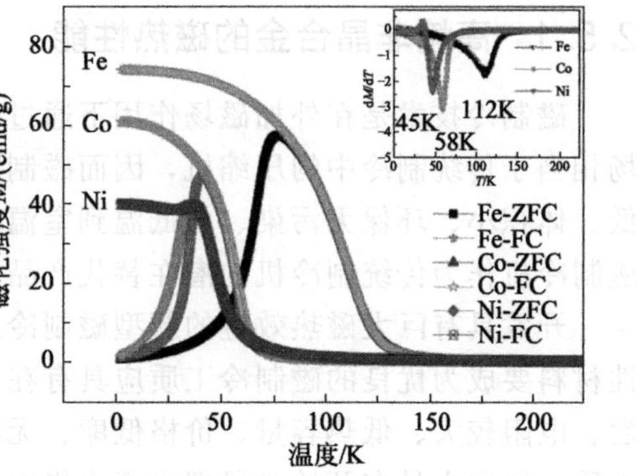


图 2-23　高熵非晶合金 $Gd_{20}Tb_{20}Dy_{20}Al_{20}M_{20}$ (M＝Fe，Co 和 Ni) 的场冷 FC 下和零场冷 ZFC 下的磁化曲线（插图为 M-T 曲线的微分曲线）[26]

**表 2-6　高熵非晶合金的热力学和磁热性能参数[26]**

| 序号 | 合金成分 | $T_g$/K | $T_x$/K | $\Delta T$/K | $T_c$/K | $-\Delta S_M^{pk}$/[J/(kg·K)] | RC/(J/kg) |
|---|---|---|---|---|---|---|---|
| 1 | $Gd_{20}Tb_{20}Dy_{20}Co_{20}Al_{20}$ | 594 | 626 | 32 | 58 | 9.43 | 632 |
| 2 | $Gd_{20}Tb_{20}Dy_{20}Ni_{20}Al_{20}$ | 582 | 607 | 25 | 45 | 7.25 | 507 |
| 3 | $Gd_{20}Tb_{20}Dy_{20}Fe_{20}Al_{20}$ | — | 611 | — | 112 | 5.96 | 691 |
| 4 | $Gd_{20}Ho_{20}Er_{20}Co_{20}Al_{20}$ | 612 | 652 | 40 | 37 | 11.20 | 627 |
| 5 | $Dy_{20}Ho_{20}Er_{20}Co_{20}Al_{20}$ | 632 | 668 | 36 | 18 | 12.64 | 468 |
| 6 | $Ho_{20}Er_{20}Tm_{20}Co_{20}Al_{20}$ | 648 | 680 | 32 | 9 | 14.99 | 375 |

注：1. $T_g$—玻璃化转变温度；$T_x$—晶化开始温度；$\Delta T=T_x-T_g$—过冷区液相的宽度；$T_c$—磁转变温度；$-\Delta S_M^{pk}$—最大磁熵变值；RC—制冷能力。

2. 表中各成分样品测量时所用的加热速率为 20K/min。

磁熵变的计算可以由以下数学方法近似得到：

$$\Delta S_M(T,H)=\frac{\int_0^H M(T_i,H)\mathrm{d}H-\int_0^H M(T_{i+1},H)\mathrm{d}H}{T_i-T_{i+1}} \tag{2-2}$$

式中，$M(T_i,H)$ 和 $M(T_{i+1},H)$ 分别是在外场 $H$ 下，$T_i$ 和 $T_{i+1}$ 温度点实验所得磁化强度。通过测量高熵非晶合金 $Gd_{20}Tb_{20}Dy_{20}Al_{20}M_{20}$ (M＝Fe，Co 和 Ni) 不同温度点的等温 $M$-$H$ 曲线，如图 2-24(a) 所示，根据公式(2-2) 计算得到磁熵变值。根据上述方法算得在 0.5～5T 之间的不同最大外加磁场下磁熵变随温度变化的关系，如图 2-24(b)～(d)所示。高熵非晶合金 $Gd_{20}Tb_{20}Dy_{20}Al_{20}M_{20}$ (M＝Fe，Co 和 Ni) 在 5T 的最大外加磁场下，最大磁熵变 $|\Delta S_M^{pk}|$ 分别为 5.96J/(kg·K)，9.43J/(kg·K) 和 7.25J/(kg·K)，见表 2-6；与 $Gd_5Si_2Ge_{1.9}Fe_{0.1}$ [7J/(kg·K)] 和 Gd 基非晶合金 [7.6～9.5J/(kg·K)] 的最大磁熵变值基本相当。

评价材料制冷效率的另外一个重要参数为制冷能力参数（refrigerant capacity，RC）。RC 主要与$\Delta S_m$-$T$ 曲线下的面积有关。一般来说，材料拥有的磁熵变越大，发生磁熵变的温度范

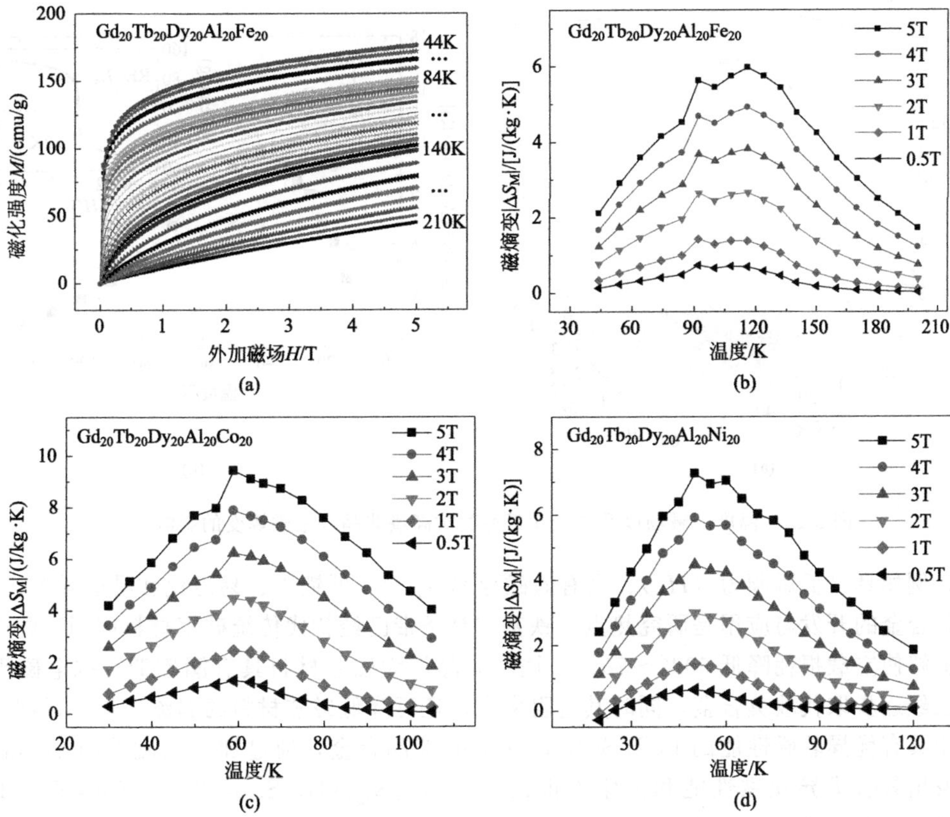


图 2-24　高熵非晶合金 $Gd_{20}Tb_{20}Dy_{20}Al_{20}M_{20}$（M＝Fe，Co 和 Ni）在不同温度的等温磁化曲线（a）和磁熵变随温度的变化曲线（b）、(c)、(d)[26]

围越宽，则这种材料就具有更好的制冷能力，也更具备实用价值。高熵非晶合金 $Gd_{20}Tb_{20}Dy_{20}Al_{20}M_{20}$（M＝Fe，Co 和 Ni）在 5T 的最大外加磁场下的 RC 值分别为 691J/kg，632J/kg 和 507J/kg（表 2-6），明显高于经典晶态磁制冷材料 $Gd_5Si_2Ge_2$（305J/kg）和 $Gd_5Si_2Ge_{1.9}Fe_{0.1}$（360J/kg），预示了该系列高熵非晶合金具有较好的制冷效率。研究发现高熵非晶合金的自旋玻璃的磁转变行为和复杂的成分结构致使其具有更宽的磁转变区间，高熵非晶合金 $Gd_{20}Tb_{20}Dy_{20}Fe_{20}Al_{20}$ 的 $\delta T_{FWHM}$ 可以达到 116K，这也是其具有较大 RC 的根本原因。

图 2-25 为温度、磁场以及稀土元素种类对高熵非晶合金磁熵变的影响。$Ho_{20}Er_{20}RE_{20}Co_{20}Al_{20}$（RE＝Gd，Dy 和 Tm）高熵非晶合金最大磁熵变 $\Delta S_M^{pk}$ 分别为 11.20J/(kg·K)，12.64J/(kg·K) 和 14.99J/(kg·K)，明显高于 $Gd_5Si_2Ge_{1.9}Fe_{0.1}$ 和稀土基非晶合金。三种高熵非晶合金的 RC 值分别为 627J/kg，468J/kg 和 375J/kg，虽然较上述 Gd-Tb-Dy-Al-M 高熵非晶合金有所下降，但仍然明显高于经典晶态磁制冷材料 $Gd_5Si_2Ge_2$ 和 $Gd_5Si_2Ge_{1.9}Fe_{0.1}$。另外，通过改变添加稀土元素的类型，也可以实现对最大磁熵变 $\Delta S_M^{pk}$ 和磁制冷能力 RC 的调控。可见，此系列高熵非晶合金是一种新型、具有优异磁制冷性能的工质材料，具有潜在的应用价值。

## 2.5.2　高熵非晶合金的软磁性能

由于非晶合金没有晶体结构缺陷和磁晶各向异性，因而具有比传统晶态软磁材料更优良的

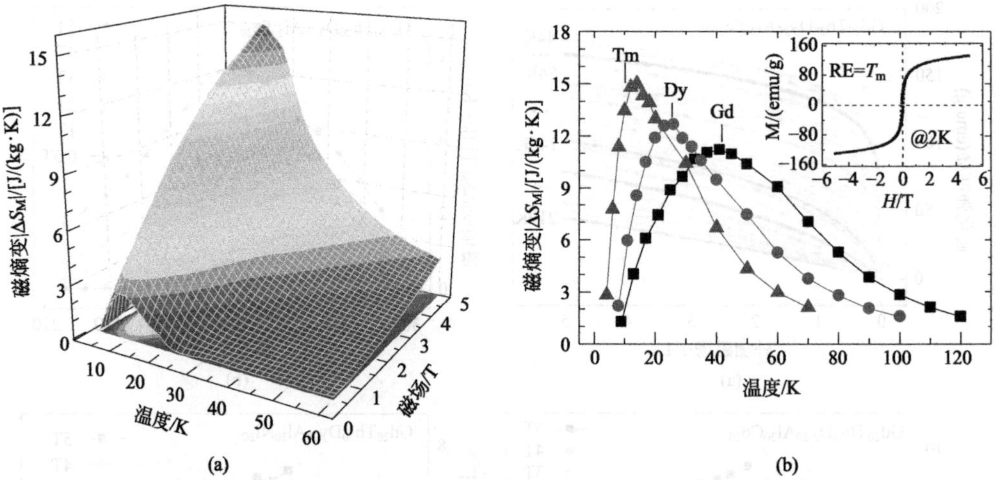


图 2-25 温度、磁场以及稀土元素种类对高熵非晶合金磁熵变的影响[26]

磁性能，例如具有低矫顽力（$H_c$）、高有效磁导率（$\mu_e$）、低铁损、易磁化和易退磁等。目前，软磁非晶合金的开发与应用是研究热点，铁基非晶条带已经替代传统硅钢材料应用于配电变压器中，能够使空载损耗降低 60%～70%。铁基非晶作为磁芯材料具有漏磁低、抗电磁干扰等优势，已经逐步取代坡莫合金，同时其电阻率高，还可降低磁芯材料的涡流损耗。近期，研究人员基于具有优异软磁性能的 Fe-B-Si 和 Fe-P-C-B 非晶合金，通过加入强磁性的 Co 和 Ni 元素，开发出具有优异软磁性能和力学性能的 $Fe_{25}Co_{25}Ni_{25}(B, Si)_{25}$ 和 $Fe_{25}Co_{25}Ni_{25}(P, C, B)_{25}$ 系高熵块体非晶合金[27,28]，其 XRD 图谱如图 2-26 所示，可见，两种体系的高熵非晶合金的玻璃形成能力都在 1mm 以上。

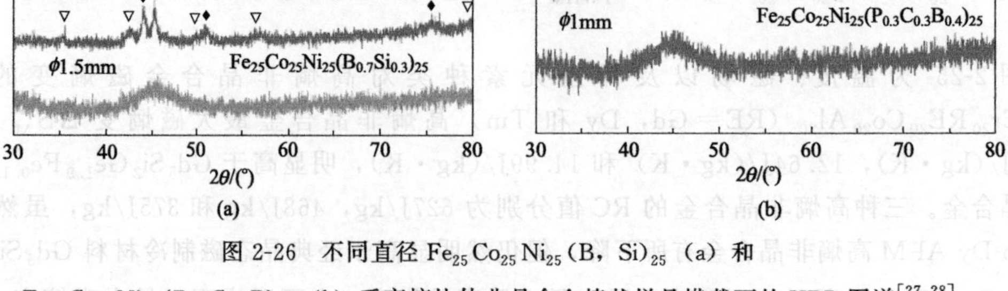

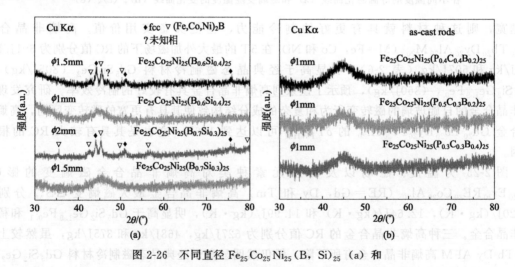


图 2-26 不同直径 $Fe_{25}Co_{25}Ni_{25}(B, Si)_{25}$ (a) 和 $Fe_{25}Co_{25}Ni_{25}(P, C, B)_{25}$ (b) 系高熵块体非晶合金棒状样品横截面的 XRD 图谱[27,28]

图 2-27 为 $Fe_{25}Co_{25}Ni_{25}(B, Si)_{25}$ 和 $Fe_{25}Co_{25}Ni_{25}(P, C, B)_{25}$ 系高熵块体非晶合金的磁滞回线图。由图可见，这一系列合金呈现典型的软磁特征。由表 2-7 所给出的该系列高熵非晶合金软磁性能参数可见，该系列合金的饱和磁化强度（$I_s$）随 B 含量的增加（5%～17.5%，原子分数）由 0.77T 逐渐增加到 0.87T，而 $H_c$ 变化很小（1.1～3.7A/m），同时具有较高的磁导率。这是因为 Fe、Co、Ni 的原子磁矩分别为 $2.1\mu_B$、$1.7\mu_B$、$0.6\mu_B$，Co 和 Ni 元素的添

加使该合金的平均原子磁矩减小，从而降低 $Fe_{75}(B_{0.7}Si_{0.3})_{25}$ 合金的 $I_s$。有研究表明，具有高玻璃形成能力的非晶合金在较大范围内具有更加均匀的无序结构，不存在晶核，从而使合金具有更低的各向异性常数（$K$）和内应力（$s$），而合金的 $H_c$ 由 $K$ 和 $s$ 决定。Co 和 Ni 元素的添加显著提高了 $Fe_{75}(B_{0.7}Si_{0.3})_{25}$ 合金的玻璃形成能力，所以使合金具有更低的 $K$ 和 $s$，进而导致 $Fe_{75}(B_{0.7}Si_{0.3})_{25}$ 合金的 $H_c$ 降低。可见，该系列高熵非晶合金是具有低矫顽力的高磁导率的软磁材料，这也为开发新型软磁材料提供了一种模型体系。

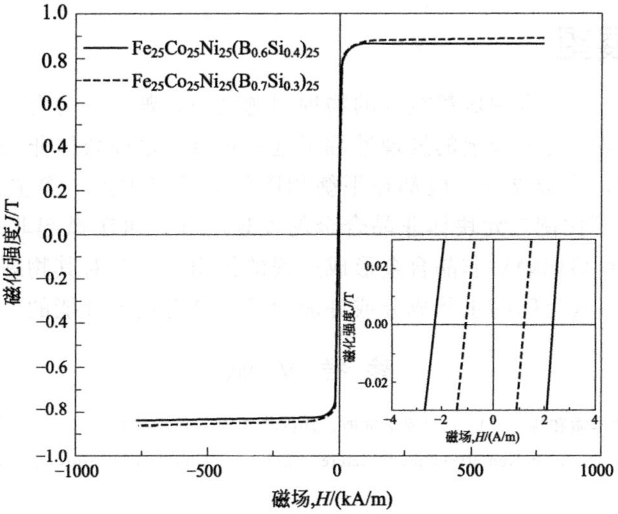


(a) $Fe_{25}Co_{25}Ni_{25}(B,Si)_{25}$

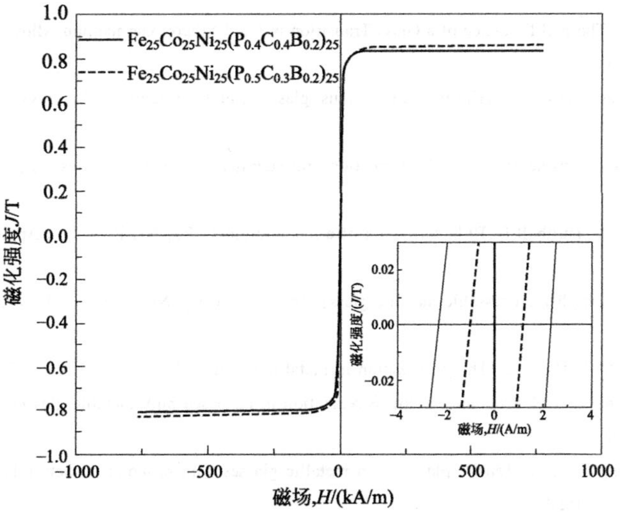


(b) $Fe_{25}Co_{25}Ni_{25}(P,C,B)_{25}$

图 2-27 高熵块体非晶合金棒状样品横截面的磁滞回线图[27,28]

**表 2-7 高熵非晶合金的热力学和软磁性能参数**

| 合金成分 | $T_g$/K | $T_x$/K | $\Delta T$/K | $d_c$/mm | $I_s$/T | $H_c$/(A/m) | $\mu_e$(1kHz) |
|---|---|---|---|---|---|---|---|
| $Fe_{25}Co_{25}Ni_{25}(B_{0.2}Si_{0.8})_{25}$ | — | 731 | — | <1 | 0.77 | 3.7 | 18000 |
| $Fe_{25}Co_{25}Ni_{25}(B_{0.4}Si_{0.6})_{25}$ | 761 | 788 | 27 | <1 | 0.80 | 2.8 | 18800 |
| $Fe_{25}Co_{25}Ni_{25}(B_{0.5}Si_{0.5})_{25}$ | 764 | 794 | 30 | <1 | 0.83 | 1.5 | 22000 |
| $Fe_{25}Co_{25}Ni_{25}(B_{0.6}Si_{0.4})_{25}$ | 771 | 808 | 37 | 1 | 0.84 | 2.3 | 18300 |

续表

| 合金成分 | $T_g$/K | $T_x$/K | $\Delta T$/K | $d_c$/mm | $I_s$/T | $H_c$/(A/m) | $\mu_e$(1kHz) |
|---|---|---|---|---|---|---|---|
| $Fe_{25}Co_{25}Ni_{25}(B_{0.7}Si_{0.3})_{25}$ | 767 | 807 | 40 | 1.5 | 0.87 | 1.1 | 19800 |
| $Fe_{25}Co_{25}Ni_{25}(B_{0.8}Si_{0.2})_{25}$ | — | 784 | — | <1 | 0.80 | 1.6 | 19200 |
| $Fe_{75}(B_{0.7}Si_{0.3})_{25}$ | — | 843 | — | <1 | 1.42 | 3.8 | — |

注：1. $T_g$—玻璃化转变温度；$T_x$—晶化开始温度；$\Delta T=T_x-T_g$—过冷区液相的宽度；$d_c$—临界尺寸；$I_s$—饱和磁化强度；$H_c$—最大磁熵变值；$\mu_e$—相对磁导率。

2. 表中各成分样品测量时所用的加热速率为 20K/min。

## 2.6 小结与展望

玻璃形成能力是非晶合金领域最重要的物理问题之一，曾经认为更多元素混合可以提高玻璃形成能力，但单相晶态高熵合金的发现推翻了这一观点。之前块体非晶合金都是由某一元素占比超过 50%构成的，合金成分一般都在平衡相图的共晶点附近，等主元高熵非晶合金的发现或许会像 $Cu_{50}Zr_{50}$ 等比例二元块体非晶合金的发现一样，再次掀起非晶合金形成机制的研究热潮。高的混合熵和结构熵对非晶合金形成过程的作用，以及对其物理化学性能的影响仍然需要深入研究；同时，其特殊的主元成分或许能为开发具有优异性能的合金材料提供新思路。

## 参考文献


[1] 汪卫华. 非晶态物质的本质和特性 [J]. 物理学进展，2013，33（5）：177-351.

[2] Jun W K，Willens R H，Duwez P. Non-crystalline Structure in Solidified Gold-Silicon Alloys [J]. Nature，1960，187（4740）：869-870.

[3] Cohen，Turnbull，Composition Requirements for Glass Formation in Metallic and Ionic Systems [J]. Nature，189（1961）131-132.

[4] Chen H S，Turnbull D，Thermal Evidence of a Glass Transition in Gold-Silicon-Germanium Alloy [J]. Applied Physics Letters，1967，10（10）：284-286.

[5] Lu Z P，Liu C T. Glass formation criterion for various glass-forming systems [J]. Physical Review Letters，2003，91（11）：115505.

[6] Chen H S. Thermodynamic considerations on the formation and stability of metallic glasses [J]. Acta Metallurgica，1974，22（12）：1505-1511.

[7] Drehman A J，Greer A L，Turnbull D. Bulk formation of a metallic glass：$Pd_{40}Ni_{40}P_{20}$ [J]. Applied Physics Letters，1982，41（8）：716-717.

[8] Peker A，Johnson W L. A highly processable metallic glass：$Zr_{41.2}Ti_{13.8}Cu_{12.5}Ni_{10.0}Be_{22.5}$ [J]. Applied Physics Letters，1993，63（17）：2342-2344.

[9] Yu B H，Wang H W，Bai Y H，et al. The β-relaxation in metallic glasses [J]. 2014，1（3）：429-461.

[10] Wang Z，Yu H B，Wen P，et al. Pronounced slow β-relaxation in La-based bulk metallic glasses [J]. J Phys Condens Matter，2011，23（14）：142202.

[11] Yu H B，Shen X，Wang Z，et al. Tensile plasticity in metallic glasses with pronounced beta relaxations [J]，Physical Review Letters，2012，108（1）：015504.

[12] Liu Y H，Wang G，Wang R J，et al. Super Plastic Bulk Metallic Glasses at Room Temperature [J]. Science，2007，315（5817）：1385-1388.

[13] Wang A，Zhao C，He A，et al. Composition design of high B-s Fe-based amorphous alloys with good amorphous-forming ability [J]. Journal of Alloys and Compounds 656（2016）729-734.

[14] Yeh J W，Lin S J，Chin T S，et al. Formation of simple crystal structures in Cu-Co-Ni-Cr-Al-Fe-Ti-V alloys with multiprincipal metallic elements [J]. Metallurgical & Materials Transactions A，2004，35（8）：2533-2536.

[15] Zhang Y，Zuo T T，Tang Z，et al. Microstructures and properties of high-entropy alloys [J]. Progress in Materials Science，2014，61（8）：1-93.

[16] Ye Y F，Liu C T，Yang Y. A geometric model for intrinsic residual strain and phase stability in high entropy alloys [J]. Acta Materialia，2015，94：152-161.

[17] Takeuchi A, Inoue A. Development of Metallic Glasses by Semi-Empirical Calculation Method [J]. Journal of Metastable & Nanocrystalline Materials, 2005, 24-25 (1): 283-286.

[18] Schuh C A, Hufnagel T C, Ramamurty U. Overview No. 144- Mechanical behavior of amorphous alloys [J]. Acta Materialia, 2007, 55 (12): 4067-4109.

[19] 赵昆．锶基块体金属玻璃的制备及其性能的研究 [D]．北京：中国科学院大学，2011.

[20] 齐天龙．强磁性高熵块体非晶合金的制备及其性能研究 [D]．大连：大连理工大学，2015.

[21] Zhao S F, Shao Y, Liu X, et al. Pseudo-quinary $Ti_{20}Zr_{20}Hf_{20}Be_{20}$ ($Cu_{20-x}Ni_x$) high entropy bulk metallic glasses with large glass forming ability [J]. Materials & Design, 2015, 87: 625-631.

[22] Zhao K, Jiao W, Ma J, et al. Formation and properties of strontium-based bulk metallic glasses with ultralow glass transition temperature [J]. Journal of Materials Research, 2012, 27 (20): 2593-2600.

[23] Huang C H, Huang Y S, Lin Y S, et al. Electrochemical and biocompatibility response of newly developed TiZr-based metallic glasses [J]. Materials Science & Engineering C, 2014, 43: 343-349.

[24] Li H, Pang S, Liu Y, et al. Biodegradable Mg-Zn-Ca-Sr bulk metallic glasses with enhanced corrosion performance for biomedical applications [J]. Materials & Design, 2015, 67: 9-19.

[25] Li H F, Xie X H, Zhao K, et al. In vitro and in vivo studies on biodegradable CaMgZnSrYb high-entropy bulk metallic glass [J]. Acta Biomaterialia, 2013, 9 (10): 8561-8573..

[26] Huo J, Huo L, Men H, et al. The magnetocaloric effect of Gd-Tb-Dy-Al-M (M=Fe, Co and Ni) high-entropy bulk metallic glasses [J]. Intermetallics, 2015, 58 (58): 31-35.

[27] Qi T, Li Y, Takeuchi A, et al. Soft magnetic $Fe_{25}Co_{25}Ni_{25}$ (B, Si)$_{25}$ high entropy bulk metallic glasses [J]. Intermetallics, 2015, 66: 8-12.

[28] Y Li, W Zhang, T Qi. New soft magnetic $Fe_{25}Co_{25}Ni_{25}$ (P, C, B)$_{25}$ high entropy bulk metallic glasses with large supercooled liquid region [J]. Journal of Alloys and Compounds. 2017, 693: 25-31.

# 第 3 章

# 高熵合金的概念

高熵合金作为一类新的合金材料深受关注，其成分多变、制备工艺多种多样，从而导致合金呈现出独特的组织形貌和性能特征。在阐述高熵合金的组织与性能前，首先对高熵合金的定义、分类、四大核心效应进行详细解释。

## 3.1 高熵合金的定义

### 3.1.1 高熵合金的狭义定义

传统合金，一般根据组成元素的数目命名为二元合金、三元合金和多元合金；或者根据主要主元名称命名为铁基、镁基、镍基合金等。而高熵合金中含有多种元素，且每种元素的作用相当，无法像传统合金一样进行定义。最初，Yeh 等将高熵合金定义为包含 5 种及 5 种以上元素，且每种元素原子分数＞5%并＜35%的合金。这个定义由何而来？首先，我们先深入了解一下熵的概念。

在热力学上，熵是基本状态函数，是表征系统混乱度的一个参数。混乱度越大，系统的熵就越大。根据玻尔兹曼热力学统计原理，一个体系的熵可以表示为：

$$S = K_B \ln W \tag{3-1}$$

式中，$K_B$ 为玻尔兹曼常数，与摩尔气体常数 $R$ 有关，数值为 $1.38\times10^{13}$J/K；$W$ 为热力学概率，代表在宏观态中包含微观态的总数。可以看出系统的熵值随着微观状态数的增加而增加，熵是系统微观状态数的量度。如果我们将微观状态数的多少与有序和无序相联系，由玻尔兹曼公式可知，高熵态对应无序，低熵态对应有序。

一般来说，固体的熵来自晶格振动所引起的各种量子态。一个物质系统的熵通常包括配置熵（混合熵、组态熵）、振动熵、磁性熵、热温熵等。其中，对于固溶体而言，当不计混合热时，由于不同合金元素的原子互相配置（混合）出现不同组态而引起的体系熵值的增加被称之为配置熵、混合熵或组态熵。当体系不存在浓度梯度时，混合熵最大，体系达到平衡态。对于多主元高熵合金而言，原子排列组态的影响最大，如果忽略其他组态对熵值的影响，则系统的熵以原子排列的混合熵为主。

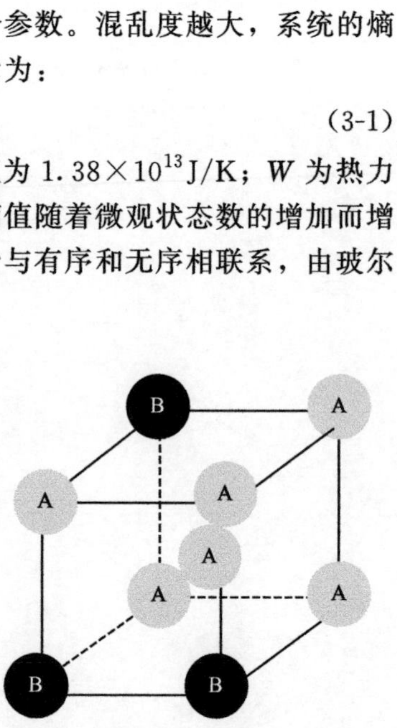

图 3-1 溶质原子 B 固溶于 A 基体中的二元固溶体 BCC 晶体结构示意图（模型未考虑晶格畸变）

以下以 A、B 两种原子形成的二元固溶体 $A_{1-c}B_c$ 为例来说明固溶体的混合熵（$c$ 表示 B 原子所占的原子分数），图 3-1 为体心立方（BCC）类型的二元固溶体晶体结构示意图。

当 $N_c$ 个B原子和 $N_{1-c}$ 个A原子无规则排列在 $N$ 个格点上时，该固溶体具有的排列方式共有 $W_1=\frac{N!}{(N_c)!\ (N_{1-c})!}$ 种。若近似认为晶格振动的情况不变，那么，对于以上每一种排列方式，系统都具有和纯物质相同的振动微观态数目，用 $W_2$ 表示，这样，由于原子无规则排列，则有下式成立：

$$W=W_1W_2 \tag{3-2}$$

将式(3-2) 代入式(3-1) 可得：

$$S=K_B\ln W_2+K_B\ln W_1 \tag{3-3}$$

利用Sterling公式，把混合熵进行如下简化过程：

$$\begin{aligned} S_{\text{mix}}&=K_B\ln\frac{N!}{(N_c)!\ (N_{1-c})!}=K_B[N\ln N-N-N_c\ln N_c+N_c-N_{1-c}\ln N_{1-c}+N_{1-c}] \\ &=-N[c\ln c+(1-c)\ln(1-c)] \end{aligned} \tag{3-4}$$

由于 $c$ 和 $1-c$ 均小于1，因此上式为正值。

据此推而广之，当固溶体由 $n$ 种原子组成时，其混合熵计算公式则与二元固溶体相似，为：

$$S_{\text{mix}}=-R[c_1\ln c_1+c_2\ln c_2+\cdots+c_n\ln c_n]=-R\sum_{i=1}^{n}c_i\ln c_i \tag{3-5}$$

依据极值定理：且当 $c_1=c_2=\cdots=c_n$ 时，体系的熵达到极大值 $R\ln(n)$。

从式(3-5) 可以看出，对理想固溶体而言，主元数越多，主元含量越接近，其混合熵就越高。需要注意的是，式(3-5) 是根据规则溶体模型推导出来的，而所谓的随机互溶状态是指液态溶液或高温固溶状态下，合金的能量足够高，从而使得不同元素原子能够随机占据晶体结构中的节点位置。这里将合金的随机互溶状态近似等价于规则溶体，以此计算合金的混合熵。

$$G=H-TS \tag{3-6}$$

式中，$H$ 为焓；$S$ 为熵；$T$ 为热力学温度。

$H$ 反映原子间相互结合的能量。在同类元素中（均为后过渡族元素或均为前过渡族元素），元素之间在液态时能够连续互溶，其混合焓接近于零，这样就可以认为 $H$ 变化较小。此时熵值高的合金，其热力学稳定态的自由能会降低，因而倾向于形成无序排列的固溶体，而不是有序排列的金属间化合物。

**表3-1 等原子比合金的混合熵（$\Delta S_{\text{conf}}$）值**

| $N$ | 1 | 2 | 3 | 4 | 5 | 6 | 7 | 8 | 9 | 10 | 11 | 12 | 13 |
|---|---|---|---|---|---|---|---|---|---|---|---|---|---|
| $\Delta S_{\text{conf}}$ | 0 | $0.69R$ | $1.1R$ | $1.39R$ | $1.61R$ | $1.79R$ | $1.95R$ | $2.08R$ | $2.2R$ | $2.3R$ | $2.4R$ | $2.49R$ | $2.57R$ |

表3-1给出了不同等原子比合金的混合熵值。由此可以看出，三元等原子比合金的混合熵已经超过 $1R$。对于结合力非常强的金属间化合物，例如NiAl、TiAl合金，其形成焓分别为 $1.38R$ 和 $2.06R$。Yeh等学者认为 $\Delta S_{\text{conf}}=1.50R$ 是高温时抵抗原子间强键合力的必要条件，因此，$\Delta S_{\text{conf}}=1.50R$ 成为划分高熵和中熵合金的界限，且认为5个主元是必要的。$\Delta S_{\text{conf}}=1R$ 被认为是划分中熵和低熵合金的判据，因为当混合熵低于 $1R$ 时，其很难与键合能竞争。据此将合金材料分为以下三类：

① 以一种或两种元素为主要组成元素的低熵合金，即传统合金（$\Delta S_{\text{mix}}<1R$）；

② 包含两种到四种主要元素的中熵合金（$1R\leqslant\Delta S_{\text{mix}}\leqslant1.5R$）；

③ 包含至少五种主要组成元素的高熵合金（$\Delta S_{\text{mix}}\geqslant1.5R$）。

扩展到整个材料世界，也可以将材料界划分为低熵、中熵和高熵三个部分，如图1-18

所示。

表 3-2 列出了一些传统合金的混合熵。可以看出，大部分合金属于低熵合金，一些 Ni 基合金、Co 基合金、非晶合金属于中熵合金。虽然，高熵合金中元素越多，混合熵越大，但是过多的元素会增加系统的复杂性；而且当合金元素个数超过 13 时，混合熵的增加逐渐减缓，每增加一个元素，混合熵增量仅为 $0.07R$。因此，继续增加合金主元数，并不能显著提高合金的混合熵，当主元数达到一定程度时，合金混合熵的增长会逐渐趋于平缓，以至于没有太大变化。所以，一般情况下，高熵合金的元素个数在 5～13 之间。对于每个元素的含量，当一个元素的浓度为 5%（原子分数）时，其对混合熵的贡献为 $-0.05R\ln0.05=0.15R$，这相当于高混合熵 $1.5R$ 的 1/10。因此，Yeh 等认为作为高熵合金中的主元，其原子分数要≥5%。由于当元素含量（原子分数）为 4%、3%、2% 和 1% 时，其对混合熵的贡献仅为 $0.129R$、$0.105R$、$0.078R$ 和 $0.046R$，因此，将原子分数<5%的元素称为添加元素。如果按照上述定义，取元素的个数上限为 13，那么可以设计出 7099（$C_{13}^5+C_{13}^6+C_{13}^7+C_{13}^8+C_{13}^9+C_{13}^{10}+C_{13}^{11}+C_{13}^{12}+C_{13}^{13}=7099$）种高熵合金。此外，高熵合金的成分设计自由度很大，还可添加微量的合金元素（包括类金属元素，如 C、Si、B 等）改良合金的微观组织和性能。

**表 3-2 一些传统合金的计算构型熵**（液态或随机互溶）

| 合金系 | 合金牌号 | 混合熵 |
|---|---|---|
| 低合金钢 | 4340 | $0.22R$ 低熵 |
| 不锈钢 | 304 | $0.96R$ 低熵 |
| | 316 | $1.15R$ 中熵 |
| 高速钢 | M2 | $0.73R$ 低熵 |
| Al 合金 | 2024 | $0.29R$ 低熵 |
| | 7075 | $0.43R$ 低熵 |
| Ni 基合金 | Inconel 718 | $1.31R$ 中熵 |
| Mg 合金 | AZ91D | $0.35R$ 低熵 |
| Co 基合金 | Stellite 6 | $1.13R$ 中熵 |
| 非晶合金 | $Zr_{53}Ti_5Cu_{16}Ni_{10}Al_{16}$ | $1.30R$ 中熵 |

然而，目前对于高熵合金的定义没有严格界定。也有一些学者把三元或四元的等原子比的合金认为是高熵合金。例如，Senkov 等[1,2] 基于高熔点金属元素制备出了具有 BCC 固溶体结构的 WNbMoTa 和 NbTiVZr 四元高熵合金，并对合金的组织结构和力学性能进行了系统研究。Lucas 等[3] 对四元 FeCoCrNi 高熵合金的化学有序度进行了研究，结果表明，该合金形成简单的 FCC 固溶体，并且不存在长程化学有序结构。Guo 等[4] 则采用 X 射线和中子衍射的方法研究了 ZrNbHf 三元高熵合金的微观结构，并发现块体和薄膜样品均呈现出 BCC 固溶体结构。由此可知，三元和四元合金同样可以形成简单的无序固溶体结构。事实上，相较于传统合金，三元或四元等原子比合金的混合熵已经明显高于传统合金的熔化熵，其同样具有高的混合熵。因此，主要主元数等于或多于 5 不应该成为定义多主元高熵合金的严格条件，仅仅从元素个数和含量上界定高熵合金只是一个基本准则。

### 3.1.2 高熵合金的广义定义

所谓高熵合金的广义定义，既包括狭义的高熵固溶体合金，又包含高熵非晶合金和高熵合金陶瓷。传统的陶瓷材料通常为金属与非金属二元化合物及其混合物，例如二元氮化物（AlN，CrN，$Si_3N_4$，TiN 等），二元碳化物（$Cr_3C_2$，SiC，TiC，VC 等），二元硼化物（CrB，$NbB_2$，TaB，$TiB_2$ 等）。高熵合金陶瓷的概念是基于高熵合金提出的。相较于传统陶瓷材料，高熵陶瓷的特点是在金属元素占据的位置上由多种金属与非金属元素组成，且这些多种主元符合高熵合金的狭义定义，如 $(Al_{0.5}CoCrCuFeNi)_{59}N_{41}$、$(AlCrTaTiZr)_{48}C_9N_{43}$、$(AlCrMoTaTiZr)_{50}N_{50}$ 合金。高熵非晶合金的定义与狭义高熵固溶体合金的定义几乎相同，只是前者形成了非晶态的相结构。

## 3.2 高熵合金的表达方式

由于高熵合金中元素种类众多，其无法像传统合金那样以主要主元来命名。如果随意安排元素的顺序，合金的名称会有很多种表达方式。为了能够明显辨识出每个合金并和同一体系的合金做比较，一般建议将高熵合金中的主要元素按照英文字母表的顺序排列在前，然后将微量添加元素同样按照英文字母表的顺序排列在后，每种元素的含量可以以原子比或者原子分数的形式标在下缀，如两种等原子比的合金 AlCoCrFeNi，CoCrCuFeMnMoNiZr。对于非等原子比的合金，例如 $Al_{0.5}Co_{1.5}CrFeNi_{1.5}Ti_{0.5}$ 和 $CoCr_{0.5}Cu_{0.5}Fe_{1.5}Mn_{0.5}Mo_{0.3}NiZr_{0.4}$ 合金，其同样可以以原子分数的形式表达为 $Al_{8.3}Co_{25}Cr_{16.7}Fe_{16.7}Ni_{25}Ti_{8.3}Co_{17.5}$ 和 $Cr_{8.8}Cu_{8.8}Fe_{26.3}Mn_{8.8}Mo_{5.3}Ni_{17.5}Zr_{7.0}$。此外，对于含有微量添加元素的非等原子比高熵合金可以像如下合金一样进行表示：$Al_{0.5}Co_{1.5}CrFeNi_{1.5}Ti_{0.5}B_{0.1}C_{0.2}$ 和 $CoCr_{0.5}Cu_{0.5}Fe_{1.5}Mn_{0.5}Mo_{0.2}NiZr_{0.2}C_{0.1}Si_{0.15}$。为了研究某个合金元素变化对合金组织性能的影响，则合金体系可以表示成如下：$Al_{0.5}Co_xCrFeNi_{1.5}Ti_{0.5}B_{0.1}C_{0.2}$（$x$=0.5，0.75，1.0，1.25，1.5）。

高熵合金陶瓷材料的表达形式类似于传统的陶瓷材料，其等计量比成分表达式可以按照如下方式书写（Al，Cr，Ta，Ti，Zr)N 或者 $(Al, Cr, Ta, Ti, Zr)_{50}N_{50}$。当金属或非金属元素为等原子分数时，可以书写为（AlCrTaTiZr)N 或者 $(AlCrTaTiZr)_{50}N_{50}$。若为非等计量比，则成分表达式可以写为 $(Al, Cr, Ta, Ti, Zr)_{1-x}N_x$ 或者 $(Al, Cr, Ta, Ti, Zr)_{100-y}N_y$，其金属或非金属元素顺序可以按照上述高熵合金的书写方法进行，如 $(Al_{0.34}Cr_{0.22}Nb_{0.11}Si_{0.11}Ti_{0.22})_{50}N_{50}$ 或者 $(Al_{29.1}Cr_{30.8}Nb_{11.2}Si_{7.7}Ti_{21.2})_{50}N_{50}$。

## 3.3 高熵合金的分类

### 3.3.1 按微观结构划分

高熵合金最重要的特点是其结构特点，即容易形成无序固溶体结构。然而，并非所有高熵合金均能形成无序固溶体，通常还会形成非晶、金属间化合物等相。根据高熵合金形成的微观相结构，可以将其划分为固溶体结构高熵合金、非晶结构高熵合金、多相复合高熵合金。

**(1) 固溶体结构高熵合金** 固溶体高熵合金指组织结构为固溶体的高熵合金。传统固溶体是以某一种主元为溶剂，在其晶格点阵位置上溶入其他主元原子而形成的均匀混合固态溶体，仍保持着溶剂的晶体结构。而高熵合金由于其元素种类众多，元素含量相当，其形成的固溶体晶体结构往往不同于任何一种元素，不同原子随机占据晶格点阵，其并不存在溶质与溶剂的区别。常见的固溶体高熵合金包括面心立方固溶体高熵合金、体心立方固溶体高熵合金、密排六方固溶体高熵合金，以及面心立方与体心立方混合的高熵合金。这些固溶体可以是完全无序固溶体，也可以是有序固溶体。

**(2) 非晶结构高熵合金** 非晶结构高熵合金即形成的相结构为非晶的高熵合金。其成分满足高熵合金的定义，而结构为原子无序排列的非晶态。

**(3) 多相复合高熵合金** 当高熵合金中元素间的作用非常复杂时，往往形成包含无序固溶体相、有序相或金属间化合物相等多相结构，因此，将这类合金统称为多相复合高熵合金。

### 3.3.2 按元素组成划分

高熵合金按元素组成可划分为：①等原子比高熵合金；②非等原子比高熵合金；③微量添加元素高熵合金。所谓等原子比高熵合金，即所有元素的原子分数相同，如 CoCrFeMnNi 合金。顾名思义，非等原子比高熵合金即各个元素所占的百分比不同，如 $Al_{0.5}$CoCrFeNi 合金。微量添加元素高熵合金是在前两者的基础上，在考虑某些特殊性能的要求下，添加微量的其他元素，例如 $Al_{0.5}CoCrFeNiB_{0.1}C_{0.2}$ 以及 $Al_{0.1}$CoCrFeMnNi。

### 3.3.3 按维度划分

目前，高熵合金按照维度可分为高熵合金薄膜（二维高熵合金）和高熵合金块体材料（三维高熵合金）。对于高熵合金纳米颗粒（零维高熵合金）以及高熵合金纳米线或管（一维高熵合金）目前研究甚少。高熵合金薄膜材料往往是为了改善合金表面性能，通过热喷涂、激光熔覆、溅射、气相沉积等方法制备得到。合金通过这些方法凝固时，冷却速率非常快，形核速率高，得到的晶粒细小，同时抑制其他相的析出。而高熵合金缓慢的扩散效应使得冷却速率对合金凝固的影响更加明显。也就是说，与传统合金薄膜相比，在相同冷却速率下，高熵合金薄膜材料的晶粒更加细小，其他相的形成会得到明显抑制。此外，高熵合金薄膜材料也容易形成非晶结构。高熵合金块体材料是通过传统铸造工艺、磁悬浮熔炼、真空电弧熔炼、铜模吸铸、定向凝固等技术制备得到的。与薄膜材料相比，其冷却速率缓慢，得到的晶粒较大，相结构更加复杂，存在相分离以及成分偏析。

## 3.4 典型的高熵合金结构模型

和传统合金类似，高熵合金的结构可分为晶体和非晶体两大类。高熵合金晶体与非晶体的最本质差别在于组成晶体的原子、离子、分子等质点是规则排列的（长程有序），而非晶体中这些质点基本上无规则地堆积在一起（长程无序）。高熵合金在大多数情况下都以晶体形式存在。晶体结构是决定固态金属的物理、化学和力学性能的基本因素之一。高熵合金中常见的晶体结构模型有面心立方结构、体心立方结构以及密排六方结构。与传统固溶体不同的是，高熵合金的无序固溶体中不存在溶剂与溶质的区别，不同原子随机占据晶格位置，晶格中存在严重的晶格畸变。

### 3.4.1 面心立方结构

高熵合金面心立方结构（FCC）与传统合金相似，只是不同原子倾向于随机占据晶格点阵，其引起的晶格畸变更加严重。当原子在高熵合金中随机排列，则形成无序 FCC 结构（$A_1$ 结构）；当合金中原子间作用非常强烈，形成有序结构，如 $L1_2$ 结构，即大部分面心位置由特定的一种金属原子占据，晶格顶点的位置由其他原子占据。与传统的 $L1_2$ 结构相比，高熵合金中 $L1_2$ 结构有序度稍有下降。

### 3.4.2 体心立方结构

高熵合金体心立方结构（BCC）模型如图 3-2 所示。当合金形成无序 BCC 固溶体结构时，原子随机分布在晶胞的顶点和体心位置，此结构为 $A_2$ 结构；当合金中原子出现有序排列时，例如特定的原子占据体心位置，则形成有序 $B_2$ 或 $DO_3$ 等结构。只是相对于传统的 BCC 有序结构，此类有序结构的长程有序度也明显降低。这种有序度的降低反映在 X 射线衍射谱上则为有序衍射峰的消失或减弱。

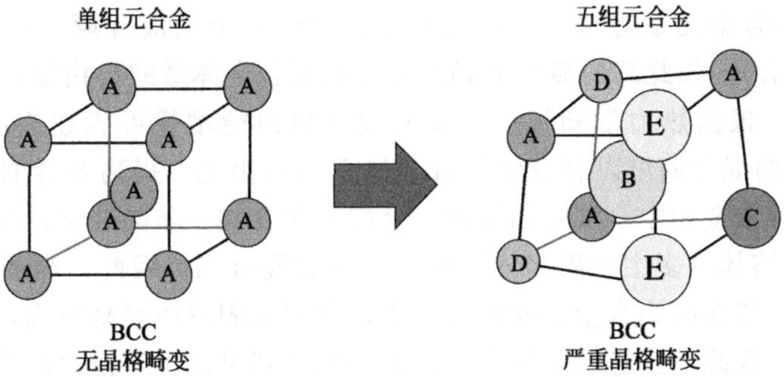


图 3-2　纯金属元素 BCC 结构向五元 AlCoCrFeNi 高熵合金的 BCC 结构的转变示意图

### 3.4.3　密排六方结构

高熵合金中密排六方结构（HCP）相对较少，已有的研究集中于稀土元素基的高熵合金。其中，Ho-Dy-Y-Gd-Tb、CoFeReRu 合金呈现出单相 HCP 结构。

### 3.4.4　非晶结构

高熵合金非晶结构往往也是由急冷凝固得到，即合金凝固时原子来不及有序排列成结晶，得到的固态合金是长程无序结构，无晶态合金的晶粒、晶界存在。

## 3.5　高熵合金的四大效应

由高熵合金的定义可知，高熵合金往往具有五种以上的主要组元，且不同元素间的相互作用相对复杂。相对于传统合金而言，高熵合金的成分点位于相图的中心位置。如果根据现有的金属学、金属物理和合金热力学等知识分析，在热力学上预计高熵合金平衡状态时将会形成多种金属间化合物和其他复杂的有序相。这些金属间化合物及复杂结构的相使得高熵合金的组织结构变复杂，脆性增加，并对合金的加工和理论分析都造成极大阻碍。

虽然传统的合金钢材料也采用了多主元合金化来提高材料的某些特殊性能，而且有些合金的主元数也大于 5，但是由于合金化元素的含量低，因此可以利用数学中的一级近似或微扰方法来分析合金钢的组织和性能。相比于合金钢，高熵合金属于高阶合金，就像数学中的高阶方程一样，对其理论分析难度要更大。

然而随着对高熵合金研究的深入，人们发现很多高熵合金体系在凝固的过程中并没有生成众多的金属间化合物和其他复杂结构的相。相反，高熵合金往往趋向于生成具有简单结构的合金固溶体相。另外，高熵合金在动力学、组织结构、性能等方面也较传统合金有自身的特点。基于目前对高熵合金的研究结果，人们总结出了高熵合金多方面的基本规律，即所谓的四大效应：热力学上的高熵效应、动力学上的迟滞扩散效应、结构上的晶格畸变效应和性能上的“鸡尾酒”效应。

### 3.5.1　热力学上的高熵效应

多主元高熵合金的高熵效应主要体现在高的混合熵对合金相形成的影响。当一个包含 $n$

种元素的等原子比合金体系从纯元素转变为随机互溶状态时，合金混合熵的增量为 $\Delta S_{mix}=-R\ln(n)$，$R$ 为气体常数。可见，五种合金元素等原子比随机互溶组成的合金的混合熵高达 1.61$R$，远高于两种合金元素等原子比随机互溶组成的合金的混合熵（0.69$R$），甚至高于一般金属的熔化熵（1$R$）。如此高的混合熵必然会影响到合金体系的自由能，进而影响合金在冷却过程中的相形成。根据热力学知识，合金的混合自由能增量可表述为：$\Delta G_{mix}=\Delta H_{mix}-T\Delta S_{mix}$。显然，高的混合熵可以有效降低合金体系的自由能，提高合金的稳定性。而在高熵合金可能形成的各种合金相中（端际固溶体、金属间化合物、非晶合金以及随机互溶的固溶体等），随机互溶的固溶体（多主元固溶体）具有最高的混合熵。因此，高的混合熵促进了随机互溶固溶体的形成，即在高熵合金的凝固过程中，多主元固溶体容易生成，并且更加稳定，尤其是在高温条件下。因此，当等摩尔比合金的混合熵高到可以足够抵消混合焓的作用时，将会有利于高熵固溶体合金的生成，使其倾向于形成简单的面心立方或者体心立方结构的多主元高熵固溶体相。传统的固溶体相又被称为端际固溶体，这种固溶体是以一种元素的晶格为基础，其他少量元素的原子为溶质置换基体中的原子或存在于间隙位置，这种固溶体中有溶剂和溶质的区别。而在高熵合金固溶体相中很难将溶质与溶剂原子区别开来，这种固溶体的结构不依赖于合金中任何一种主元，这是高熵合金固溶体的独特之处。另外，高的混合熵明显增加了合金系的混乱程度，使合金化原子随机分布在晶格的点阵位置上，从而降低了合金原子有序化和偏析的趋势，抑制了有序金属间化合物的生成和相分离的发生。叶均蔚等也认为：高混合熵可以增进主元间的相溶性，在相当程度上扩大端际固溶体或金属间化合物的溶解范围。一般由几种化学相容性较好的元素组成的高熵合金体系只生成很少的几种固溶体相，甚至单一的随机互溶固溶体相。例如，CoCrFeMnNi 合金以及耐热 HfNbTaTiZr 合金，前者在完全退火后依然保持单相 FCC 结构，后者在铸态以及均匀化出来后仍为单相 BCC 结构。相反，如果合金中含有相互间作用比较强烈的元素，其往往会形成多相。例如，Al 与过渡族元素具有非常强的键合作用，而 Cu 与过渡族元素几乎相互排斥，因此，AlCoCrCuFeNi 合金在 600℃ 以上形成富 Cu 的 $FCC_1$ 相，富其他元素的 $FCC_2$ 相以及 BCC 相。随着冷却的进行，$FCC_1$ 相通过调幅分解的形式形成 $A_2$ 和 $B_2$ 双相。

此外，根据经典吉布斯相律，对于一个给定的合金，当体系压力恒定时，其满足：

$$P=C+1-F \tag{3-7}$$

式中，$C$ 是合金中所含元素的个数；$P$ 是所形成的相的数目；$F$ 是体系的自由度。对于含有六种主元的高熵合金，在给定压力下，该体系的平衡相数目可以达到七个主元。而已有研究结果显示，高熵合金生成相的数目要远远小于经典吉布斯相律所预测的合金体系所形成的最大平衡相的数目，这种特点正是高熵合金在热力学上的独特之处。

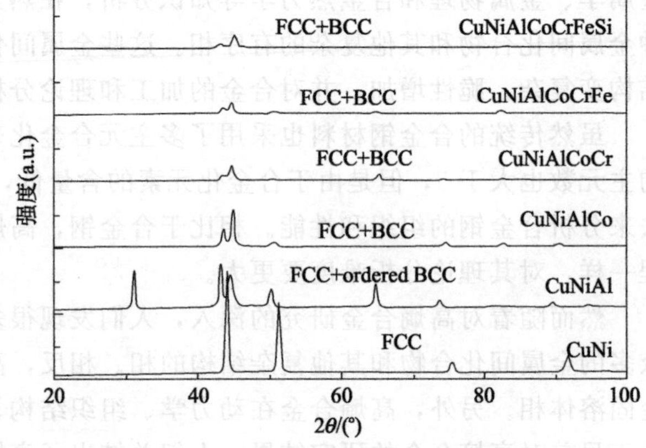


图 3-3 随着主要主元数的增加 Cu-Ni-Al-Co-Cr-Fe-Si 合金系的 XRD 图谱[5]

图 3-3 为 Cu-Ni-Al-Co-Cr-Fe-Si 合金系的 XRD 图谱[5]。可以发现，随着主要主元数的增加，合金系主要生成简单 FCC 结构或 FCC 与 BCC 混合结构的固溶体。而当合金系为 CuNiAlCoCrFeSi 七元合金时，根据吉布斯相律其平衡相可以达到八个主元。此外，由表 3-3 可知，Si 与其他四种元素的形成焓非常负（尤

其是 Fe、Co、Ni、Cr 四种元素与 Si 的形成焓分别可达 −35kJ/mol、−38kJ/mol、−40kJ/mol、−37kJ/mol），理论上可能形成含 Si 的化合物。然而，通过实验得到的合金相只有 FCC 和 BCC 双相，远远小于预测的平衡相数。这主要归结为高的混合熵促进了元素间的相互互溶，抑制了金属间化合物的出现。

**表 3-3　Cu-Ni-Al-Co-Cr-Fe-Si 系合金中不同主元间的形成焓**　　单位：kJ/mol

| 项目 | Cu | Ni | Al | Co | Cr | Fe | Si |
|---|---|---|---|---|---|---|---|
| Cu | | 4 | −1 | 6 | 12 | 13 | −19 |
| Ni | 4 | | −22 | 0 | −7 | −2 | −40 |
| Al | −1 | −22 | | −19 | −10 | −11 | −19 |
| Co | 6 | 0 | −19 | | −4 | −1 | −38 |
| Cr | 12 | −7 | −10 | −4 | | −1 | −37 |
| Fe | 13 | −2 | −11 | −1 | −1 | | −35 |
| Si | −19 | −40 | −19 | −38 | −37 | −35 | |

## 3.5.2　结构上的晶格畸变效应

多主元高熵合金中典型的固溶体相是由多种主元组成的。一般认为，在这种固溶体中各元素的原子随机占据晶体的点阵位置，每个原子周围都围绕着其他种类的原子。所有原子既可以看成是溶质原子，也可以看成是溶剂原子，而且各类原子的尺寸不同，性质各异，这就会使固溶体产生严重的晶格畸变，使得原子偏离平衡位置，引起势能的增加，体系的自由能升高，相当于处于亚稳态，从而对晶体的一系列物理和化学性质产生影响。图 3-2 给出了从单元素 BCC 结构向五元 AlCoCrFeNi 合金的 BCC 结构转变的示意图。可以看出，不同原子间的作用使得键长增大或缩短，晶格发生了严重扭曲。图 3-4 为 AlCoCrFeNi 合金对应的高分辨透射电镜照片，可以看出在某些区域原子间距发生了明显变化，从而证实合金中存在严重的晶格畸变。

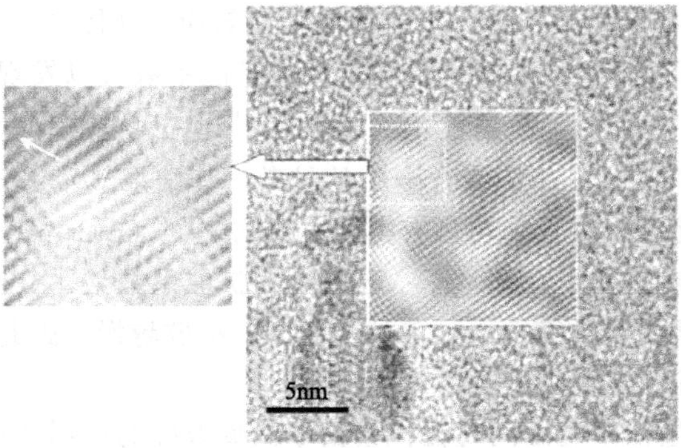


图 3-4　AlCoCrFeNi 高熵合金对应的高分辨透射电镜照片

对于高熵合金晶格畸变的大小，最常用的描述参数为平均原子尺寸差（$\delta$），其定义如下：

$$\delta = \sqrt{\sum_{i=1}^{n} c_i (1 - r_i/\overline{r})^2} \tag{3-8}$$

式中，$r_i$ 是第 $i$ 个元素的原子半径；$c_i$ 是第 $i$ 个元素的原子百分比；$\overline{r} = \sum_{i=1}^{n} c_i r_i$ 是平均原子半径。由此公式计算得到的畸变是平均错配应变，而真实的晶格畸变并没有这么大。原子在晶格中的排列往往会有一个弛豫过程，即原子会自发调节其空间占位，从而使得系统的自由能最低。然而，由 $\delta$ 的大小可以明确判别合金畸变的程度，$\delta$ 越大说明合金的晶格畸变越大。

此外，高熵合金的晶格畸变还要考虑不同元素间的键能强弱以及晶体结构的影响。对于相同元素形成的 FCC 相与 BCC 相，BCC 结构具有更严重的晶格畸变，因此 BCC 相的固溶强化效果往往更加明显。

多主元高熵合金的这种严重的晶格畸变效应必然会影响到合金的力学、热学、电学及化学性能。其中，BCC 合金具有很高的强度和硬度，很大程度上取决于高熵合金显著的固溶强化作用以及严重的晶格畸变所导致的内部应力增加，从而阻碍位错的运动。同时，如此严重的晶格畸变所导致的高的内应力使得电子被散射的概率增加，进而使得合金的电阻率增高；与此相似，热在固体中的传导是通过点阵振动波（声子）和自由电子来实现的，严重的晶格畸变会增加声子和点阵的散射，从而降低导热率。此外，严重的晶格畸变也会削弱材料的 X 射线衍射峰的强度。Yeh 等研究了 CuNiAlCoCrFeSi 系高熵合金随着元素种类增多而 XRD 衍射峰强度异常降低（图 3-3）的现象，其根本原因如图 3-5 所示。当合金的晶格由不同大小的原子占据时，各个衍射晶面粗糙不平，发生布拉格衍射时，X 射线被严重散射，从而使得衍射峰的强度降低。

## 3.5.3 动力学上的迟滞扩散效应

高熵合金中不同主元原子间的相互作用以及晶格畸变，会严重影响其主元间的协同扩散，从而降低高熵合金中原子的有效扩散速率。对于扩散控制的相变，新相的形成需要不同种类的原子协同扩散，从而实现成分的分离。根据前几节的阐述，高熵合金中含有随机固溶体或者有序固溶体相，其中所有原子都可以认为是溶质原子。那么，任何一个原子在此类晶格中的扩散都有别于其在传统合金晶格中的扩散。扩散时，每个空位都被其他种类的原子所包围。不同晶格位置的晶格势能有很大差别，从而导致高的扩散激活能以及缓慢的扩散速率。大量低晶格势能的点阵位置阻碍原子的扩散或成为原子扩散的陷阱，这些均导致了高熵合金的缓慢扩散效应。如图 3-6 所示，通过比较各类合金中原子在温度 $0.8T_m$（$T_m$ 为合金的熔化温度）时的扩散系数可以发现：高熵合金中原子的扩散系数明显低于其他合金中原子的扩散系数[6]。Tsai 等[7] 通过扩散偶的方法研究了不同合金原子在近乎理想固溶体结构的 CoCrFeMnNi 合金中的扩散。其结果显示 Mn，Cr，Fe，Co，Ni 五种原子在该合金中的扩散速率依次降低。与具有类似 FCC 结构的 Fe-Cr-Ni（-Si）合金，以及纯 Fe，Co，Ni 相比，这五种元素的原子在 CoCrFeMnNi 中的扩散系数最小。对于同一元素，其扩散系数与其所在体系所含元素的个数有关，元素种类越多，扩散越慢。因此，原子在不同合金系中的扩散系数可以总结为：高熵合金＜不锈钢＜纯金属。

另外，高熵合金在凝固过程中，相分离发生在高温区间时往往会由于高熵效应的作用被抑制从而延迟到低温区间，这便加剧了迟滞扩散效应的影响。于是，在高熵合金的基体上往往会有细小的纳米相及亚晶沉淀析出。如图 3-7 显示，在铸态 CuCoNiCrAlFe 合金调幅分解的板条状基体及板条间基体上存在大量 FCC 和 BCC 结构的纳米级沉淀相[8]。Canton 等发现 CoCrFeMnNi 五元合金的树枝晶的枝晶臂的宽度为 15μm，比六元 CoCrCuFeMnNi 合金的枝晶臂宽两倍。此外，在 CoCrFeMnNi 中添加 Nb 或 Ti 时，合金仍然保持 FCC 结构。然而，Nb、Ti 均为 BCC 结构稳定元素，其能完全溶解于 FCC 结构中，且并没有与其他元素结合形成传统合金中经常出现的第二相，这主要由于元素在高熵合金中的缓慢扩散抑制了第二相的形成。迟滞扩散效应不仅仅影响相分离，还会对合金的其他方面产生影响，主要体现在以下几点：①减缓相变速率；②容易得到过饱和固溶体及细小的沉淀；③提高再结晶温度；④阻碍晶粒形核长大；⑤提高蠕变抗性等；⑥提高合金的热稳定性。Tsai 等[9] 研究了 $Al_{0.5}$CoCrCuFeNi 合金的变形行为以及热处理对其的影响，发现在 900℃对该合金进行锻造时合金表现出明显的加工硬化，说明该合金回复过程进行得非常缓慢。此外，冷轧后合金需要在 900℃处理 5h 后其硬度才能恢复到冷轧前均匀处理后的硬度，如图 3-8 所示。在该合金中，各元素的熔点在 1279～

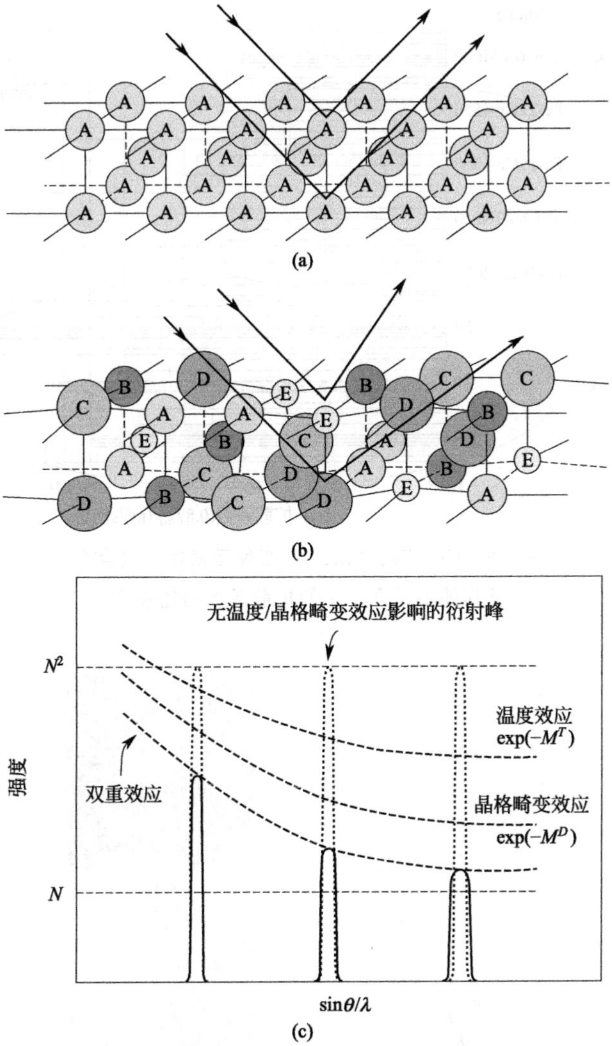


图 3-5 晶格畸变效应对布拉格衍射的影响示意图[5]

(a) 由同种原子组成的完美晶格点阵；(b) 由不同尺寸的原子随机分布形成的发生畸变的晶格点阵；(c) 温度以及晶格畸变效应对 XRD 衍射峰强度的影响

1362℃之间，根据传统合金中的经验准则，该合金热处理 1h 的再结晶温度应为 645℃（约 $0.5T_m$）。然而，该合金的实际再结晶温度比此估算温度要至少高 355℃，迟滞扩散明显减缓了合金的再结晶过程，同时使得再结晶温度升高。因此，迟滞扩散效应有利于对合金微观组织及性能的控制。

### 3.5.4 性能上的“鸡尾酒”效应

多主元高熵合金的“鸡尾酒”效应最早是由印度科学家 Ranganathan 提出的，这种效应是源于元素的基本特性以及它们之间的相互作用使得高熵合金呈现出一种复合的效应，也是从原子尺度考虑多种主元对合金宏观性质影响的效应。换句话说，合金主元的一些微观性质会最终反映到合金的宏观性能上，如密度、强度、抗氧化性、耐腐蚀性等。此外，由于成分以及制备工艺不同，高熵合金可以由单相、双相甚至多相组成，合金的性能会受到组成相的综合影

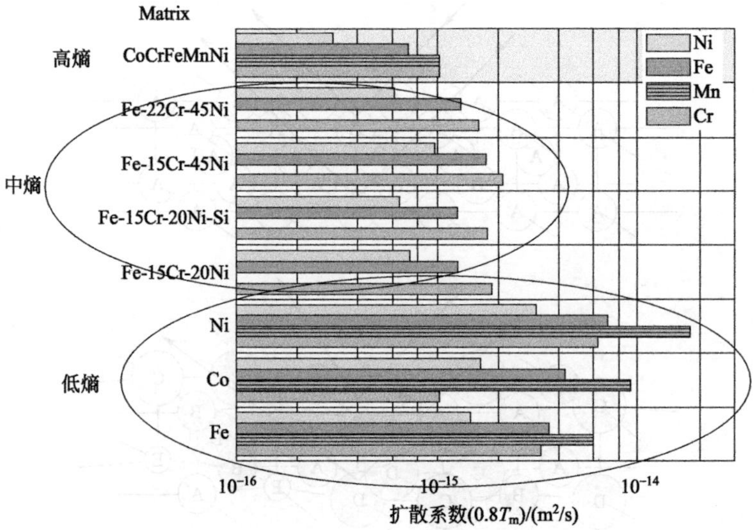


图 3-6 Cr、Fe、Mn、Ni 四种元素在高熵合金及其他不同合金中的扩散系数的比较[6]

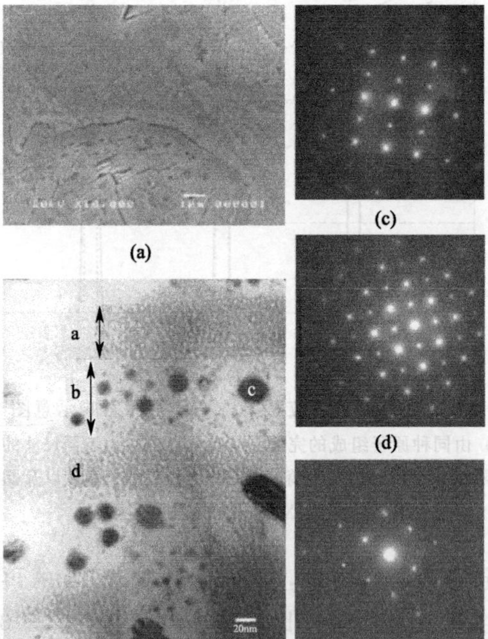


图 3-7 铸态 CuCoNiCrAlFe 合金的显微组织[8]

(a) 合金腐蚀后的 SEM 照片：合金为树枝晶组织，枝晶区域为有序 BCC 相和无序 BCC 相的调幅分解组织，枝晶间为无序 FCC 结构；

(b) TEM 明场像：a 为 70nm 宽的无序 BCC 调幅分解条带，b 为 100nm 宽的有序 BCC 调幅分解条带，c 为调幅分解条带中的 FCC 纳米析出相，直径在 7～50nm，d 为调幅分解条带间的 BCC 结构的纳米析出相，直径是 3nm；

(c)～(e)为 (b) 中，a，b 区域分别从 [011]、[001]+(010)、[011] 轴进行的选区衍射斑点

响，包括晶粒形貌、尺寸、晶界、相界以及每个相的性能。因此，其综合性能不单单是各个相和各个主元的简单混合叠加，“鸡尾酒”效应强调的是混合原则之外的效果，这是任何一种主元所不具备的。如图 3-9 所示，在铸态 $Al_xCoCeFeNi$ 高熵合金中，随着 Al 含量的增加，$Al_xCoCeFeNi$ 高熵合金的相结构由 FCC 结构逐渐向 BCC 结构转变，合金的显微硬度呈现递增的“鸡尾酒”效应，尤其是当 BCC 相含量逐渐增加时，合金的硬度快速增高[10]。

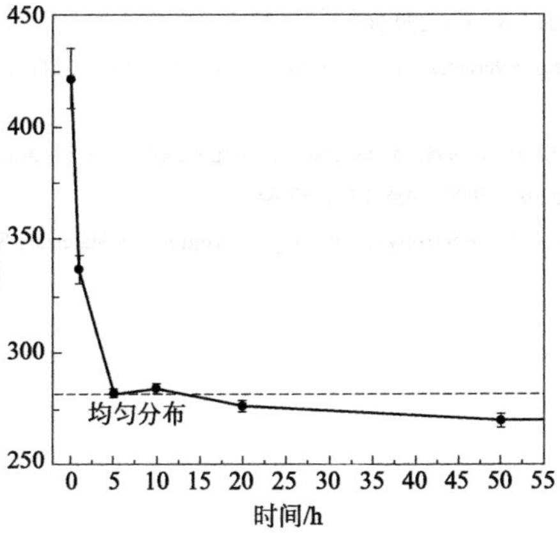


图 3-8 轧制 50%后 $Al_{0.5}CoCrCuFeNi$ 合金在 900℃热处理时其硬度随热处理时间的变化关系[9]

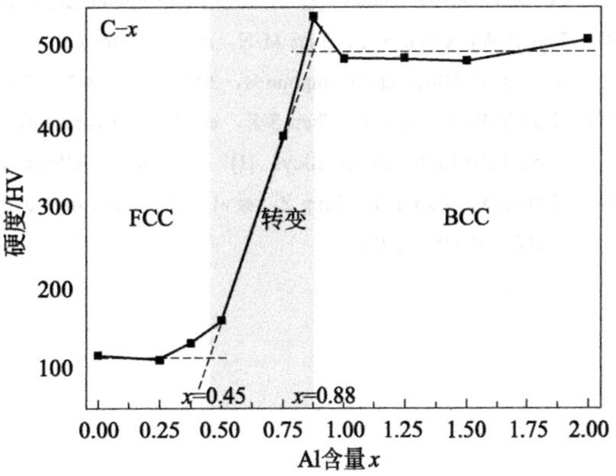


图 3-9 铸态 $Al_xCoCeFeNi$ 高熵合金的硬度随 Al 含量的变化[10]

高熵合金往往具有很高的屈服强度。但是，由于大部分合金中包含后过渡族金属元素，合金的密度较高。将高熵合金的比强度（屈服强度/密度）以及杨氏模量与传统合金、非晶合金进行对比（图 3-10），发现高熵合金仍然具有高的比强度，而其弹性模量可以在很大范围内变化[11]，这体现了高熵合金的鸡尾酒效应。

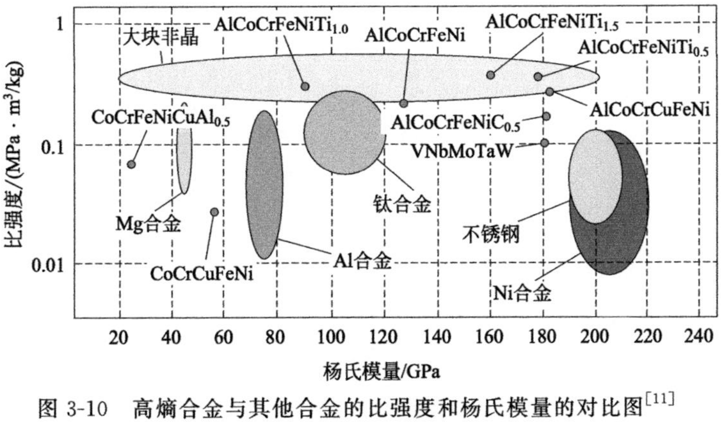


图 3-10 高熵合金与其他合金的比强度和杨氏模量的对比图[11]

## 参考文献


[1] Senkov O N，Wilks G B，Miracle D B，et al. Refractory high-entropy alloys [J]. Intermetallics，2010，18 (9)：1758-1765.

[2] Senkov O N，Senkova S V，Miracle D B，et al. Mechanical properties of low-density，refractory multi-principal element alloys of the Cr-Nb-Ti-V-Zr system [J]. Materials Science and Engineering：A，2013，565：51-62.

[3] Lucas M S，Mauger L，Munoz J A，et al. Magnetic and vibrational properties of high-entropy alloys [J]. Journal of Applied Physics，2011，109 (7)：299.

[4] Guo W，Dmowski W，Noh J-Y，et al. Local Atomic Structure of a High-Entropy Alloy：An X-Ray and Neutron Scattering Study

[J]. Metallurgical and Materials Transactions A, 2013, 44 (5): 1994-1997.

[5] Yeh J-W, Chang S-Y, Hong Y-D, et al. Anomalous decrease in X-ray diffraction intensities of Cu-Ni-Al-Co-Cr-Fe-Si alloy systems with multi-principal elements [J]. Materials Chemistry and Physics, 2007, 103 (1): 41-46.

[6] Yeh J W. Recent progress in high-entropy alloys [J]. European Journal of Control, 2006, 31 (6): 633-648.

[7] Tsai K Y, Tsai M H, Yeh J W. Sluggish diffusion in Co-Cr-Fe-Mn-Ni high-entropy alloys [J]. Acta Materialia, 2013, 61 (13): 4887-4897.

[8] Yeh J W, Chen S K, Lin S J, et al. Nanostructured High-Entropy Alloys with Multiple Principal Elements: Novel Alloy Design Concepts and Outcomes [J]. Advanced Engineering Materials, 2004, 6 (5): 299-303.

[9] Tsai C-W, Chen Y-L, Tsai M-H, et al. Deformation and annealing behaviors of high-entropy alloy $Al_{0.5}CoCrCuFeNi$ [J]. Journal of Alloys and Compounds, 2009, 486 (1-2): 427-435.

[10] Kao Y-F, Chen T-J, Chen S-K, et al. Microstructure and mechanical property of as-cast, homogenized, and deformed Alx-CoCrFeNi high-entropy alloys [J]. Journal of Alloys and Compounds, 2009, 488 (1): 57-64.

[11] Zhang Y, Zuo T T, Tang Z, et al. Microstructures and properties of high-entropy alloys [J]. Progress in Materials Science, 2014, 61 (0): 1-93.

# 第4章

# 第一性原理方法在高熵合金中的应用

## 4.1 第一性原理方法的简要介绍

在开始介绍第一性原理时，先简要说明两个近似，即绝热近似和单电子近似。由于电子与原子核的质量相差3个数量级，电子对环境变化的敏感性远比原子核快得多，原子核相对电子可视为“不动”。通过绝热近似，也称为Born-Oppenheimer近似，将原子核自由度与电子的自由度分开，将多体问题转化为多电子问题。由于固体的周期中，将电子视为在周期场势中运动，即通过平均场近似，将多电子问题转化为单电子问题。

第一性原理方法，通常指不用唯象或可调的参数，只需要基本的物理常数，如光速、普朗克常数、电子电荷等作为输入参数，以自然界公认的更精确的理论为基础，预测的结果与实验结果有出色的一致性。这里所指的第一性原理方法，指基于密度泛函理论的第一性原理计算方法，有时也称为密度泛函理论或从头算等。

密度泛函理论是由Kohn和Hohenberg于1964年提出并给出相应的证明。①从薛定谔方程得到的基态能量是电子密度的唯一函数，即基态能量$E$可表达为$E[n(r)]$，其中$n(r)$是电子密度；②基态电子密度决定了基态的所有性质，即通过找到含有三个空间变量的电子密度函数来求解薛定谔方程，而不用求解含多个空间变量的波函数，同时也揭示了如果知道真实的泛函形式，可通过迭代方法，得到泛函所确定的能量最小值和相应的电荷密度。紧接着，在1965年，Kohn和Sham提出了Kohn-Sham方程：

$$\left\{-\frac{1}{2}\nabla^2+\varphi(r)+\mu_{\mathrm{Xc}}[n(r)]\right\}\psi_i(r)=\varepsilon_i\psi_i(r) \tag{4-1}$$

$$\varphi(r)=\upsilon(r)+\int\frac{n(r')}{|r-r'|}\mathrm{d}r' \tag{4-2}$$

$$n(r)=\sum_{i=1}^{n}|\psi_i(r)|^2 \tag{4-3}$$

其中，式(4-1)中的第一项为电子的动能；第二项为电子与所有原子核之间的相互作用能，为电子Hatree势能，表示单个电子与全部电子所产生的总的电子密度之间的相互作用能。因为Kohn-Sham方程中所研究的电子是总电子密度的一部分，所以这一项包含了一个“自作用”部分，即该电子与自身的库仑作用，其实自作用并没有物理意义。在Kohn-Sham方程，对其修正的部分放在了第四项交换关联部分，此部分是未知项，没有确定的解析表达式，该项一直是密度泛函理论研究的热点。

经过半个多世纪的发展，第一性原理方法在众多研究人员的努力下，呈现了百花齐放的现象。根据单粒子薛定谔方程的表达或求解方式，我们大致可将目前的计算方法进行一些简单归类。对于能量项，根据原子在元素周期表中的排列来决定是否考虑相对论效应；对于重元素，相对论效应不能被忽略。目前，不管是量化计算或是能带电子结构计算，相对论效应正被逐步地引入到相应的计算工具中。对于第二项 Hartree 势，首先根据研究的体系，再考虑周期性，在材料的第一性原理计算中，需要构建周期性的晶体结构，同时考虑对称性；对于原子内壳层电子的特点及大多数物理化学性质主要由外层电子所决定。为了加速计算，对内壳层电子采用适当近似，构建了赝势。对于多数性质的预测，可以说是相当准确的。对于交换项，由于没有明晰的解析形式，目前该项的发展可用 Jobbi 天梯来形容，逐步逼近相对精确地表达，从局域密度近似、广义梯度近似、MetalGGA 再到杂泛函 HES06 等。对于波函数的展开，随着计算条件及算法的发展，全数值的计算得到快速发展。目前常用的主要以轨道展开，或以平面波展开，或以球形波为主。根据计算的精度要求，针对选定的研究对象，选择适当的势和交换关联泛函及相应的波函数展开方式，以及相对论效应等。值得强调的是，随着新算法的快速发展及计算能力的快速提升，第一性原理分子动力学正逐步成为研究材料随温度及时间演化的重要方法。

最后要强调的是，随着计算平台性能的快速提升，分子动力学在材料性质预测方面正愈来愈多地被研究人员运用。利用分子动力学，从原子层次上研究体系的静态和动力学性质。根据原子间相互作用力，分子动力学被划分为经典的分子动力学和第一性原理分子动力学。在经典分子动力学中，用经验势来描述原子间的相互作用，由于获取经验势常依赖于选取的模型，势的移植性较差。在第一性原理分子动力学中，在计算了体系一定空间位置的电子密度后，根据 Hellmann-Feynman 理论，可以计算原子核间的相互作用。根据电子结构优化及电子与原子核的处理方式，第一性原理分子动力学被划分为 Car-Parrinello 分子动力学，即 CP-MD；以及 Born-Oppenheimer 分子动力学，即 BO-MD。

## 4.2 第一性原理方法在高熵合金中的应用

### 4.2.1 高熵合金可计算模型

对于单相高熵合金，其结构通常是随机固溶体结构，即有一定的晶体结构，如 FCC、BCC、HCP、NaCl 结构等，但化学成分或磁序是随机分布的，即格点上随机地分布着合金原子或随机的磁无序排列。目前常用的固溶体可计算模型有基于有效介质和团簇扩展的方法，还有随机分布的超胞（SC）方法等。

严格意义上讲，尽管采用周期性边界条件描述真实的固溶体结构是不可能的，但是，对于单相固溶体，目前可利用的方法通常有简单的超胞（SC）方法、虚拟晶格近似（VCA）、相干势近似（CPA）、特殊的准无序超胞（SQS）方法等。超胞方法是基于单胞结构，进行 $n\times n\times n$ 扩胞，考虑到高熵合金的无序固溶体特点，进行合金原子的随机分布。由于 VCA 仅对电子势进行过于简化的处理，其通常仅适用于由化学近似元素组成的合金。CPA 是一种平均场方法，通过有效介质，能够自洽地描述合金元素势，结合密度泛函理论的第一性原理方法，可精确地计算合金理想晶格在不同磁态下，简单晶格形变的总能量变化。因此，在考虑温度的情况下，涉及多晶弹性模量、层错能及居里温度的理论预测与实验测量有很高的吻合度。作为平均或平均场方法，VCA 和 CPA 描述的合金都是基于原子位于理想的晶格格点上，忽略格点近程局域环境，即不能有效描述原子偏离理想晶格格点的大小及导致的晶格畸变，为了克服此方面的缺陷，相关专家正着手发展非局域 CPA。SQS 的初衷是采用一个小的超胞，结合有效团簇扩展方法，以关联函数为判据，构建能够模拟二元无序固溶体的结构模型。随着高效计算方法的发展，目前常用的基于动力学蒙特卡罗及遗传算法的 SQS，可有效地构建二元或三元固溶体合金的可计算模型。但对于多主元合金，特别是高熵合金，存在的关联函数太多，并不能有效模拟高熵合金固溶体的可计算模型。目前文献报道中采用 SQS 方法来构建高熵合金的结构模型，通常是降低关联函数要求或构建较小的超胞，来近似模拟无序固溶体的结构特征。值得注意的是，为了满足关系函数的匹配，SQS 的晶格基矢通常不再保持原来的晶格基矢间的关系，这可能为计算带来了一定的不确定性，如计算考虑自旋的后 3d 过渡金属元素所组成的高熵合金。

图 4-1 给出目前高熵合金的第一性原理可计算模型。图 4-1(a) 表示基于 BCC 晶体结构，格点上为以化学计量比为变量的合金元素组成的有效介质；图 4-1(b) 和 (c) 为基于有效团簇扩展的不同原子数的四元和三元等物质的量高熵合金的 SQS 结构模型；图 4-1(d) 为 3×3×3 的带有随机原子分布的简单超胞。

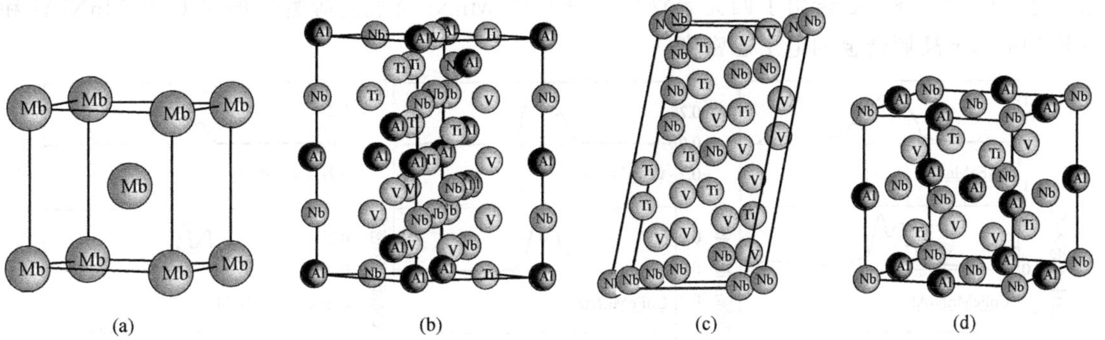


图 4-1 高熵合金固溶体系的可计算模型[1]

(a) 适于用 VCA 和 CPA；(b) 和 (c) SQS 结构模型；(d) 带有随机分布的简单超胞

## 4.2.2 高熵合金的电子密度

通过第一性原理的计算，能够得到基态的电子密度。费米面附近的电子密度经常被用来揭示材料的稳定性及一些功能性能，特别是带隙、磁性等。

对于 3d 高熵合金和难熔高熵合金，汪等利用基于密度泛函的 KKR-CPA 方法计算了高熵合金的电子能谱函数和电子态密度，由于高熵合金的固溶体结构特点并不具有平移对称性，所以不能用电子能带结构进行描述，而需要用电子谱函数来描述。如图 4-2 所示，可以看到合金的无序对占据态的影响比较大，特别是在费米面以下，相比难熔 MoNbTaVW 合金，CoCrFeMnNi 3d 高熵合金的布洛赫谱函数在能量和波矢上有明显的拖尾[2]。其主要的原因是 3d 过渡金属从 Cr 到 Ni，具有不同的磁效应。对于 CoCrFeMnNi 高熵合金，采用自旋极化 KKR-CPA 方法，计算结果表明了复杂的磁性基态，如组态平均的单点磁矩（Cr，Mn，Fe，Co 和 Ni 合金元素的相对磁矩分别为 0.14，1.30，1.84，1.08 和 0.14)。而对于不考虑自旋的铁磁或反铁磁体系，除了不同合金元素的势散射外，并没有特殊自旋的电子引起由于自旋方向不同的磁无序散射。而无磁的 MoNbTaVW 难熔高熵合金，其占据态的无序展宽比较小。由于有效的电荷转移比较少。合金组分的成键态重心调整也比较小，并没有明显的无序散射。由于 3d，4d 和 5d 过渡金属的 d 带宽度彼此并不相同，一些低的色散带错位会发生，导致未添满的反键态的拖尾。综上所述，化学无序和磁无序对高熵合金的电子结构有较大影响，在研究高熵合金的物理及冶金性质时，应被充分考虑。

3d 高熵合金的合金元素通常是磁性元素，利用超胞或 SQS 可计算模型，通常只考虑自旋轨道磁矩或不考虑磁性，在第一性原理计算时，需要考虑是否自旋极化。最近，结合实验制备 3d 高熵合金样品，左等采用第一性原理方法结合 SQS 可计算模型，研究几类 3d 高熵合金的

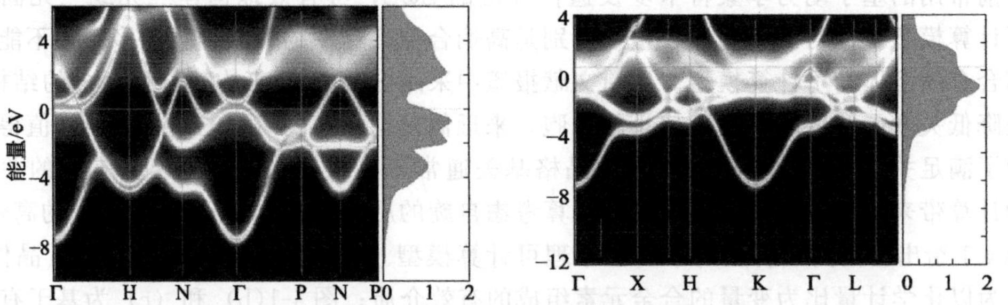


图 4-2 CoCrFeMnNi 3d 高熵合金和 VNbMoTaW 难熔高熵合金的电子谱函数和电子密度[3]

电子态密度[4]。图 4-3 给出了四元等物质的量 CoFeMnNi 及五元等物质的量 CoFeMnNiAl 和 CoFeMnNiCr 高熵合金的电子态密度。

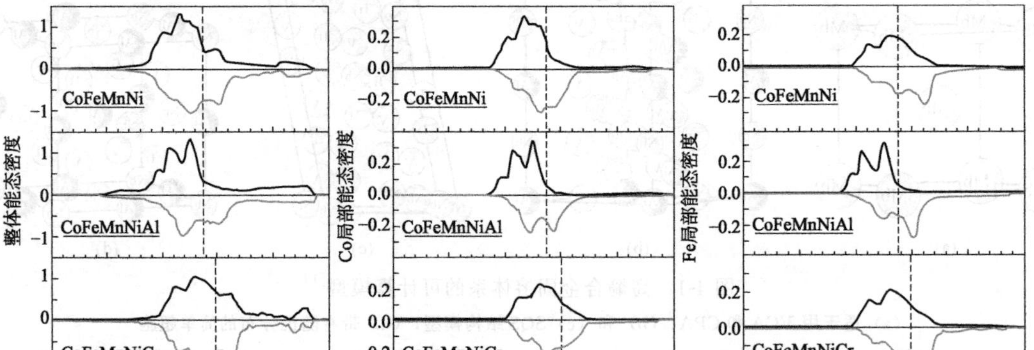

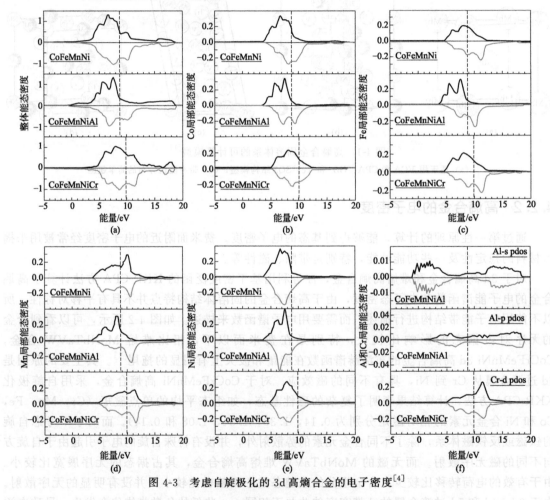


图 4-3 考虑自旋极化的 3d 高熵合金的电子密度[4]

尽管 3d 高熵合金是由具有磁性的元素组成，但由于通常实验制备是在高温下进行淬火，因此，3d 高熵合金通常保持了高温下的顺磁性，基于相干势近似，结合无序局域模型，可有效模拟顺磁态的高熵合金的电子结构。图 4-4 给出了三类等物质的量 3d 高熵合金的总电子态密度和部分电子态密度。在 CuNiCoFeCr，NiCoFeCr 及 NiCoFeCrTi 三种合金中，Ni、Cu、Ti 均没有呈现局域磁矩，因此并没有在图 4-4 中画出对应的态密度。由于费米面附近，自旋向上和向下的部分态密度并不完全对称，即 Fe，Co 呈现了明显的净自旋，具有一定的局域磁矩。对比图 4-4 的无磁态和顺磁态电子密度，在费米面附近明显可以看到，考虑顺磁性后，电子密度的相对强度下降程度小，有利于相的稳定。

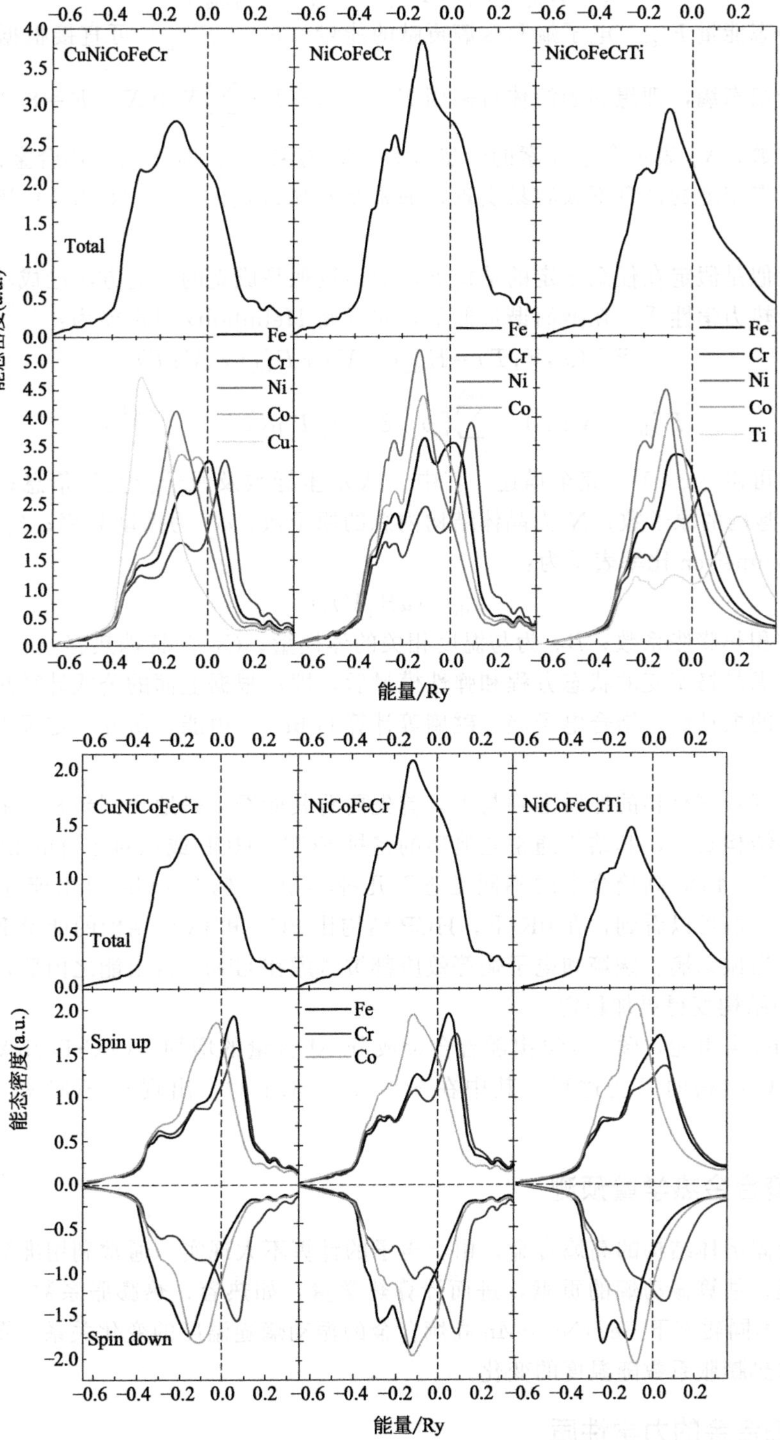


图 4-4　无磁态和顺磁态 3d 高熵合金的电子密度及分态密度[5]

1Ry＝13.6eV

### 4.2.3 高熵合金的相稳定性

通过第一性原理，可计算材料的 Gibbs 自由能：

$$G \approx E_{sta} + F_{el} + F_{vib} + F_{mag} + F_{config} + \cdots \tag{4-4}$$

其中，静态能量 $E_{sta}$、电子熵和磁熵贡献的能量（$F_{el}+F_{mag}$）可直接根据第一性原理计算求得。对于组态熵，理想的固溶体可采用 $F_{config} \approx -RT\sum_{i=1}^{n} X_i \ln X_i$ [$R=8.314\text{J}/(\text{K}\cdot\text{mol})$ 为理想气体常数，$X_i$ 表示合金元素的摩尔分数，$T$ 为温度]。对于固溶体合金的振动熵计算，由于基于声子态密度的计算不太容易实现，通常是利用改进的德拜（Debye）热力学模型来估算的。

准简谐近似是假定在任意给定的结构下，简谐近似是成立的。此方法已成功地再现了固体的相稳定性及热力学性质。在准简谐近似下，非平衡 Helmholtz 自由能为：

$$F^{*}(x,V;T) = E_{sta}(x,V) + F^{*}_{vib}(x,V;T) \tag{4-5}$$

$$F^{*}_{vib}(x,V;T) = \sum_{j=1}^{3nN}[\omega_j/2 + k_B T\ln(1-\mathrm{e}^{-\omega_j/k_B T})] \tag{4-6}$$

晶格结构可由（$x$，$V$）完全描述，其中 $x$ 表示坐标数及原子位置等信息；$V$ 是晶体结构体积；$n$ 是原胞内的原子数；$N$ 为晶体结构内总的原子数；$\omega_j$ 为振动频率；$k_B$ 为玻尔兹曼常数。热力学 Grüneisen 比率表示为：

$$\gamma_{th} = (\alpha B_T V)/C_V \tag{4-7}$$

这里的 $\alpha$ 是体积热膨胀系数；$B_T$ 为与温度相关的体模量；$C_V$ 为特殊热容。

当获得考虑晶格畸变的状态方程和弹性模量后，即可根据上面的公式计算热力学性质，求得不同温度下的振动熵，结合电子熵、磁熵等计算 Gibbs 自由能，研究一定温度下高熵合金的相稳定性。

第一性原理预测材料的性质准确与否，首先要看其能否正确地预测新材料的结构。对于高熵合金等固溶结构材料，其结构通常是典型的密排 FCC、HCP 或相对密排的 BCC 结构，图 4-5 给出了 CoCrFeMnNi 高熵合金的不同磁态下几种典型的结构 Gibbs 自由能随温度的变化关系。从图中，我们可以看到，在 0K 下，HCP 结构比 FCC 和 BCC 结构的能量都要低，但随着温度的增加，当振动熵、磁熵和电子熵等效应都被考虑在 Gibbs 自由能之内后，在铁磁及顺磁态下，FCC 相结构变得更加稳定。

根据 Gibbs 自由能，图 4-6 给出随着合金成分 Al 含量的增加，$CoCrFeNiAl_x$ 经历了简单的 FCC 到 BCC 结构的相变过程，其中在 $x=0.5\sim1.1$ 时，出现了 FCC 和 BCC 结构的双相区。

### 4.2.4 高熵合金热学量预测

对于作为固溶体结构的高熵合金，由于声子的计算不太现实，通常利用准简谐热力学模型根据状态方程，估算振动熵的贡献，进而计算热学量，如热容、热膨胀系数、Debye 温度等。图 4-7 给出了不同磁态下 FeCrNiCoMn 高熵合金的振动熵随温度的变化关系。图 4-8 展示了难熔高熵合金的热膨胀系数随温度的变化。

### 4.2.5 高熵合金的力学性质

根据弹性理论，在立方晶系中，有三个独立的弹性常数：$c_{11}$、$c_{12}$、$c_{44}$，其中弹性常数 $c_{11}$ 和 $c_{12}$ 满足关系式：

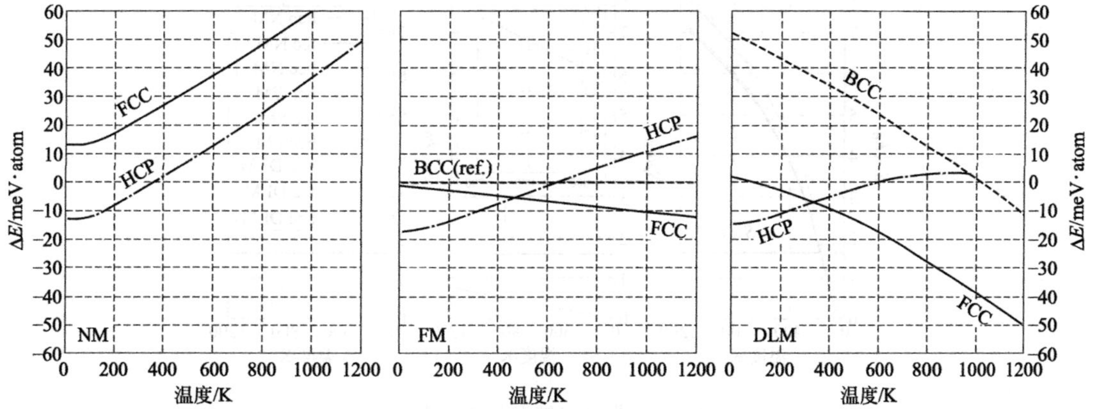


图 4-5　3d 高熵合金不同磁态下的相结构能量随温度的变化[6]

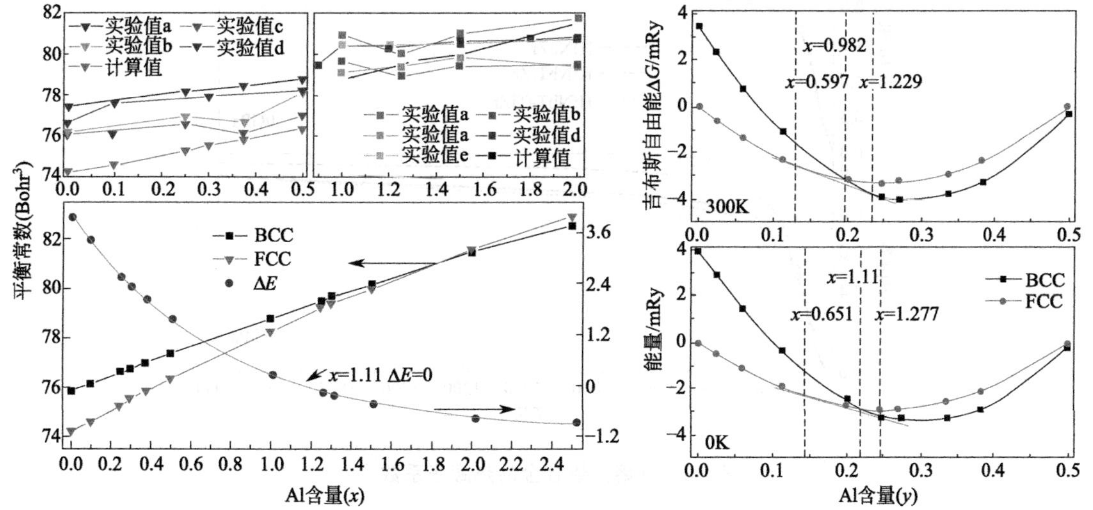


图 4-6　$CoCrFeNiAl_x$ 高熵合金的简单相变[7]

$$B=(c_{11}+2c_{12})/3 \tag{4-8}$$

$$c'=(c_{11}-c_{12})/2 \tag{4-9}$$

其中，$B$ 为体模量；$c'$为剪切模量，体模量通过对状态方程求导即可获得。第一性原理可计算材料在不同体积下的能量，通过 Morse 或 BM4 函数或多项式拟合而得到状态方程。剪切模量 $c'$和 $c_{44}$ 通过线性拟合正交和单斜形变与能量变化的关系而得到。其中，正交和单斜形变如下：

$$\begin{pmatrix} 1+\delta_o & 0 & 0 \\ 0 & 1-\delta_o & 0 \\ 0 & 0 & \dfrac{1}{1-\delta_o^2} \end{pmatrix} \text{和} \begin{pmatrix} 1 & \delta_m & 0 \\ \delta_m & 1 & 0 \\ 0 & 0 & \dfrac{1}{1-\delta_m^2} \end{pmatrix}$$

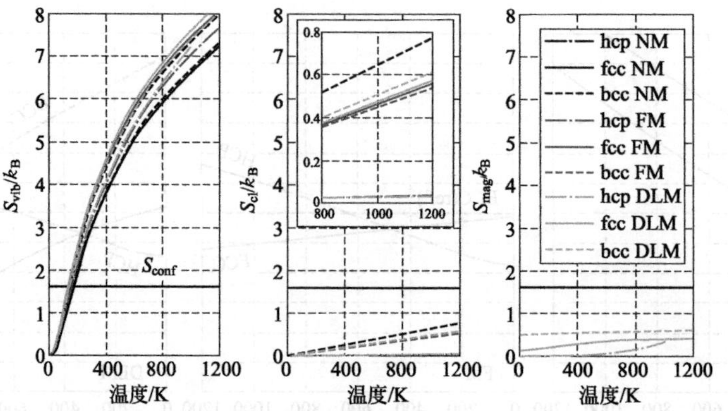


图 4-7 振动熵随温度的变化[6]

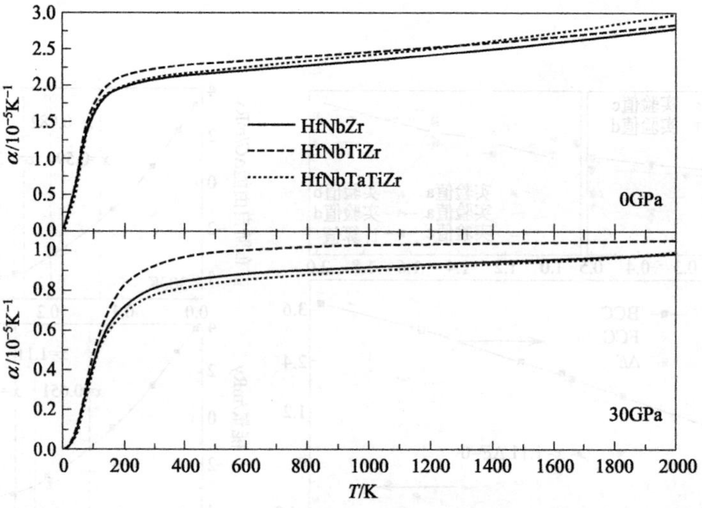


图 4-8 难熔高熵合金的热膨胀系数[8]

不同形变下的能量变化与 $c'$ 和 $c_{44}$ 满足 $\Delta E(\delta_o)=2Vc'\delta_o^2+O(\delta_o^4)$ 和 $\Delta E(\delta_m)=2Vc_{44}\delta_m^2+O(\delta_m^4)$，其中 $\delta$ 为微小变化量。

对于各向同性体系，可用体模量 $B$ 和剪切模量 $G$ 进行描述。对于立方晶系，多晶体模量与单晶体模量一致。而对于剪切模量 $G$，可采用平均的方法得到，即 $G=(G_V+G_R)/2$，其中对 $G_V$ 和 $G_R$ 与弹性常数关系如下：

$$G_V=\frac{c_{11}-c_{12}+3c_{44}}{5} \text{和} G_R=\frac{5(c_{11}-c_{12})c_{44}}{4c_{44}+3(c_{11}-c_{12})} \tag{4-10}$$

同时，$G_V$ 和 $G_R$ 也被用来表征材料的弹性各向异性，$A_{VR}=(G_V-G_R)/(G_V+G_R)$；另一个弹性各向异性的特征量为 Zener 比率 $A_Z=c_{44}/c'$。进而可计算杨氏模量和泊松比，其与体模量和剪切模量的关系式如下：

$$E=\frac{9BG}{3B+G} \text{和} v=\frac{3B-2G}{2(3B+G)} \tag{4-11}$$

图 4-9 给出了难熔高熵合金的弹性常数随 Al 成分变化图。

弹性模量具有各向异性，即沿不同的晶向，由于弹性常数的变化，相应的多晶弹性模量会

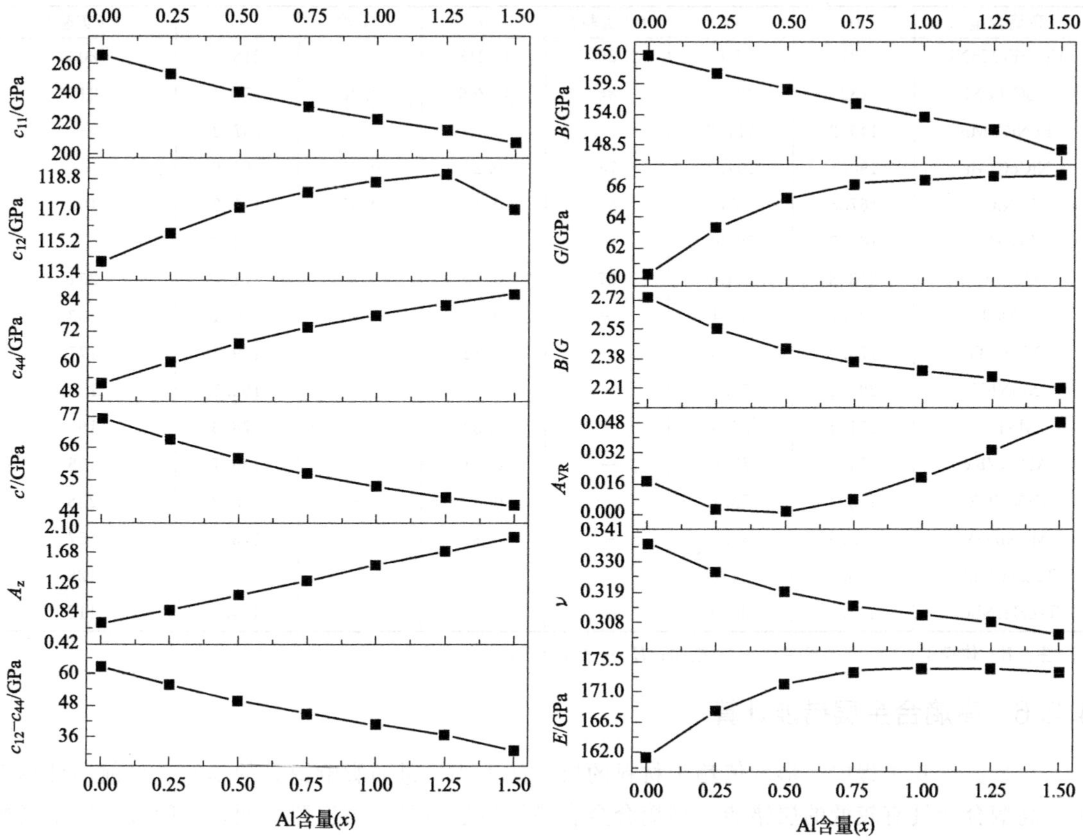


图 4-9　$Al_x$ MoNbTiV 高熵合金弹性常数及模量随 Al 含量的变化[9]

发生变化。图 4-10 给出了三种不同的难熔高熵合金杨氏模量沿不同方向的变化，颜色深浅表示杨氏模量的大小。从中我们可以看到，TiZrNbMo 合金沿［001］方向的杨氏模量最大，而沿［111］方向最小；而 $TiZrNbMo_{0.8}$ 则出现相反情况，［111］方向的杨氏模量最大，而沿［001］方向最小。有意思的是，当价电子浓度达到某一特定数值时（VEC＝4.72），杨氏模量呈现各向同性，这一特殊的数值也适用于含 Al 的难熔高熵合金及 Gum 金属。根据体积守恒的能量与应变关系，求得独立的弹性常数，根据弹性理论，计算多晶模量。表 4-1 给出了 3d 高熵合金和难熔高熵合金的多晶弹性模量的理论计算与实验值。

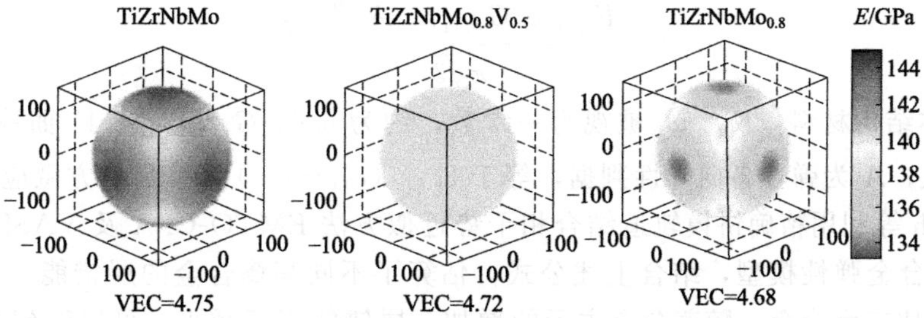


图 4-10　$TiZrNbMo_x V_y$ 高熵合金杨氏模量的

三维示意图（VEC 表示价电子浓度）[10]

表 4-1 3d 高熵合金多晶弹性模型的理论预测与实验对比

| 高熵合金 | $B$ | $G$ | $G$(实验) | $\nu$ | $\nu$(实验) | $E$ | $E$(实验) |
|---|---|---|---|---|---|---|---|
| CoCrFeMnNi | 129 | 80 | 86 | 0.218 | 0.26 | 218.6 | 203 |
| CoCrFeNi | 182 | 98.5 | 84 | 0.266 | 0.28 | 250.4 | 215 |
| FeNiCoMn | 149.2 | 111.2 | 77 | 0.20 | 0.22 | 267.2 | — |
| NiCoCrMn | 190.8 | 104.7 | 78 | 0.27 | 0.25 | 265.6 | — |
| FeNiCo | 167.5 | 73 | 60 | 0.31 | 0.35 | 191.2 | 162 |
| FeCrNi | 165.7 | 78.02 | — | 0.296 | — | 202.3 | — |
| CoCrNi | 218.8 | 104.9 | 87 | 0.30 | 0.30 | 271.4 | 231 |
| CrMoTi | 185.7 | 80.1 | — | 0.31 | — | 210.1 | 233 |
| MoNbTi | 170.9 | 67.3 | — | 0.32 | — | 179.5 | 177 |
| MoNbV | 200.2 | 71.7 | — | 0.34 | — | 192.1 | 185 |
| MoTiV | 171.4 | 67.3 | — | 0.33 | — | 178.6 | 190 |
| AlMoNbV | 174.2 | 75.0 | — | 0.31 | — | 196.7 | 155 |
| CrMoTiV | 193.4 | 73.3 | — | 0.33 | — | 195.2 | 208 |
| MoNbTiV | 172.6 | 65.1 | — | 0.33 | — | 173.5 | 167 |
| TiZrHfNbV | 126.6 | 34.6 | — | 0.38 | — | 95 | 128 |
| TiZrHfNbCr | 117.2 | 38.6 | — | 0.35 | — | 104.1 | 112 |

注：$B$—体模量；$G$—剪切模量；$\nu$—泊松比；$E$——杨氏模量。

### 4.2.6 高熵合金层错能计算

在材料形变过程中，形变依赖于材料的层错能大小，进而影响退火的本质。目前的计算表明，高熵合金具有较低的层错能。高熵合金容易发生层错已经被实验证明，也间接说明了高熵合金有较低的层错能。

高熵合金呈现了低的层错能，低层错能有利于形成不全位错和增加部分位错的间距，随着间距的增加，滑移和攀移变得更加困难，进而增加强度；低层错能使材料更容易发生孪生变形，增加位错存储容量，增大应变硬化速率以及具有良好的延展性。为了揭示由低层错能所诱导的良好塑性和寻找兼具高强度及良好塑性的高熵合金，获得精确层错能的计算显得更加重要。对于层错能的计算，从物理上讲，由于面缺陷的存在导致体系能量的升高，基于第一性原理计算常用的方法是结合经验性公式、超胞方法和轴向相互作用的模型（Ising 模型）。下面以三种不同模型进行讨论。

#### 4.2.6.1 实验与理论结合方法

根据公式：

$$\gamma=\frac{K_{111}w_0G_{(111)}a_0A^{-0.37}}{\pi\sqrt{3}}\frac{\varepsilon^2}{\alpha} \tag{4-12}$$

对于 FCC 晶体结构材料，$K_{111}w_0$ 被视为一常数，约为 6.6；$G_{(111)}$ 是 111 面簇的剪切模量；$a_0$ 为晶格常数；$A$ 为弹性各向异性判据，等于 $2c_{44}/(c_{11}-c_{12})$；$\varepsilon^2$ 是均方微应变，$\alpha$ 为层错概率。Zaddach 等利用精确饼模轨道结合相干势近似方法 EMTO-CPA 及 VASP＋SQS 方法，通过计算高熵合金弹性模型，结合上述公式，估算了不同高熵合金的层错能，计算结果如图 4-11 所示。相比二元合金，随着合金主元的增加，层错能逐渐减小。可以看到高熵合金具有较低的层错能[11]。

#### 4.2.6.2 超胞方法

对于具有 FCC 晶体结构的材料，层错通常分为内禀性层错、外禀性层错和孪层错（详细讨论请参看金属学原理)。对于内禀性层错，如图 4-12 所示，沿（111）晶向，FCC 的理想堆垛方式为—ABCABCABC—；对于内禀性层错，可简单视为其中的一层被抽出，形成的堆垛方式为—ABCABC｜BCABC—。因此，在进行层错能计算时，可利用单位面积上理想堆垛与带有层错的堆垛模型的能量差表示。正如张等采用 12 层的理想堆垛与 12 层的内禀性、外禀性及孪层错堆垛，同时加一定的真空层 16Å（1Å＝0. 1nm）。其模型如图 4-13 所示，计算结果如表 4-2 所示。值得注意的是，由于高熵合金的固溶体特征以及其合金元素的无序性，在一部分文献中采用有限样本统计平均方法，如通过平均 80 个随机结构的计算结果；而在有的文献中，则采用 SQS 的方法来模拟无序。

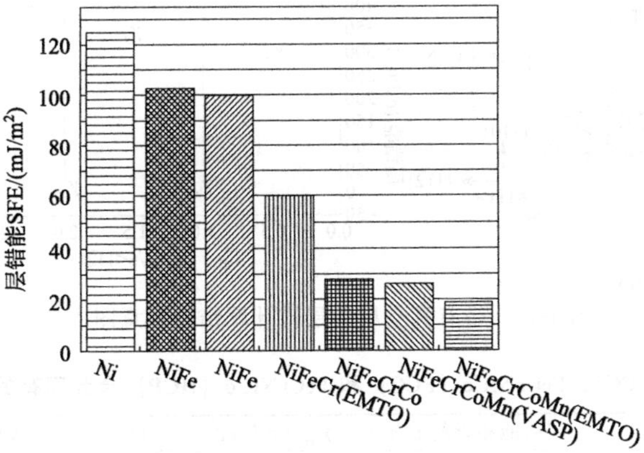


图 4-11 不同组元高熵合金的层错能[11]

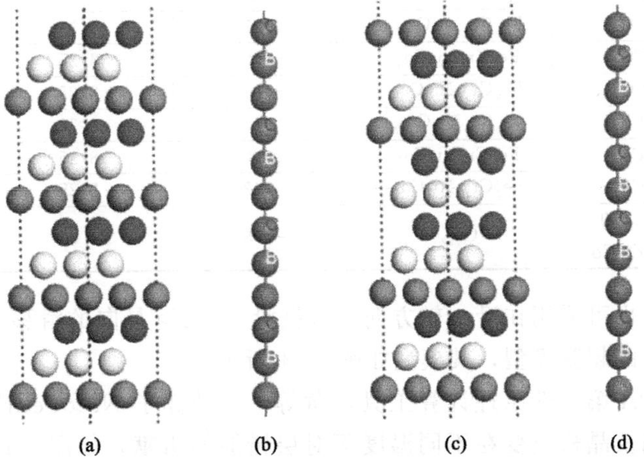


图 4-12 FCC 晶体结构沿（111）晶向的原子堆垛与发性内禀性层错的堆垛方式

**表 4-2 通过第一性原理计算的 CrCoNi 中熵合金的层错能**（$T=0$ K）

| 层错类型 | $\gamma_{isf}$ | $\gamma_{us}$ | $\gamma_{TB}$ | $\gamma_{ut}$ |
|---|---|---|---|---|
| 层错能 $E$ /(mJ/m$^2$) | −24 | 264 | −17 | 310 |

根据此模型，所计算的高熵合金的层错能如表 4-3 所示，可以发现一些合金的层错为负，考虑晶格畸变的层错能有点降低。其本质表明，理想的堆垛能量相应较高。值得注意的是，这是在 0K 下进行计算的，并没有考虑温度效应。

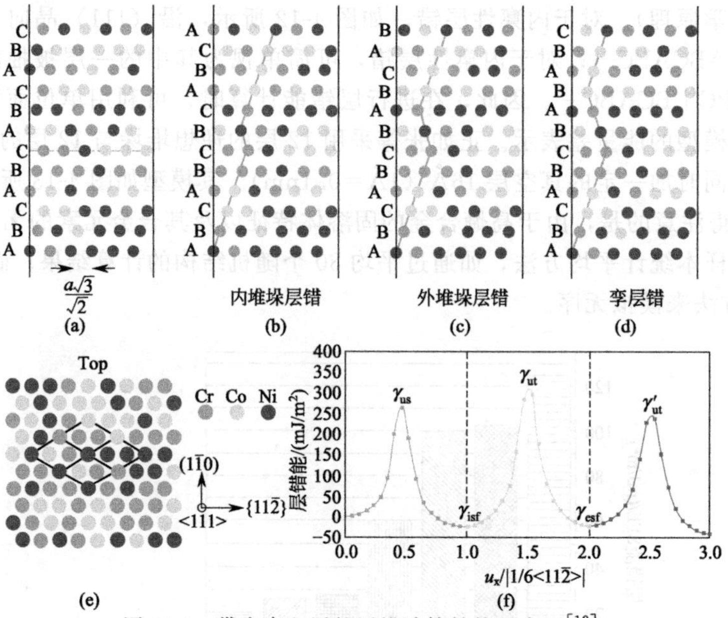


图 4-13　带有真空层的层错计算结构示意图[12]

**表 4-3　CrNiCo (FCC)，FeCrNiCo (FCC) 和 FeCrNiCo (HCP) 合金固有的层错能形成能[13]**

| 合金体系 | 结构 | 层错能相近的成分 | $\gamma_{isf}$/(mJ/m²) | 价电子浓度(VEC) | d层电子密度 |
|---|---|---|---|---|---|
| CrNiCo | FCC1 | $Cr_{10}Ni_8Co_{14}$ | −18 | 8.69 | 6.94 |
| | FCC2 | $Cr_{14}Ni_9Co_9$ | −49 | 8.44 | 6.72 |
| | FCC3 | $Cr_{10}Ni_{12}Co_{10}$ | −77 | 8.19 | 6.56 |
| | 其他 | — | −24 | — | — |
| FeCrNiCo | FCC1 | $Fe_8Cr_6Ni_8Co_{10}$ | −117 | 8.31 | 6.56 |
| | FCC2 | $Fe_8Cr_8Ni_8Co_8$ | −82 | 8.25 | 6.50 |
| | FCC3 | $Fe_9Cr_{10}Ni_7Co_6$ | −180 | 8.25 | 6.47 |
| | HCP1 | $Fe_8Cr_6Ni_8Co_{10}$ | −8 | 8.31 | 6.56 |
| | HCP2 | $Fe_8Cr_8Ni_8Co_8$ | +43 | 8.25 | 6.50 |
| | HCP3 | $Fe_9Cr_{10}Ni_7Co_6$ | +142 | 8.25 | 6.47 |
| Co | FCC3 的 FeCrNiCo | $Co_{32}$ | −198 | 9.00 | 7.00 |

对于超胞模型，也可采用在沿 $z$ 轴方向，根据沿＜211＞晶向的滑移量，通过改变晶格基矢来构建具有周期性的超胞模型，其模型如图 4-14 所示[14]。

结合 EMTO-CPA 第一性原理计算工具，黄等[15] 计算了 NiCoFeCrMn 高熵合金的层错能，同时考虑了磁熵及晶格应变在不同温度下对层错能的贡献，如图 4-15 所示。发现当把温度效应，特别是晶格振动的贡献考虑在内，则层错能表现为正，即堆垛有更低的能量，但由于层错能较低，层错容易发生。

#### 4.2.6.3　Ising 模型

关于 Ising 模型内容如下：

$$\gamma_{isf}=(E_{hcp}+2E_{dhcp}-3E_{FCC})/A \tag{4-13}$$

$$\gamma_{esf}=4(E_{dhcp}-E_{fcc})/A \tag{4-14}$$

$$\gamma_{TB}=2(E_{dhcp}-E_{fcc})/A \tag{4-15}$$

考虑到多主元高熵合金的特点，特别是层错能的多样性，如对于 $FCC_{\{111\}}$ 面簇，内禀性、外禀性及孪层错的交替出现，同时 FCC/HCP 界面的存在，都为直接使用第一性原理结合超胞

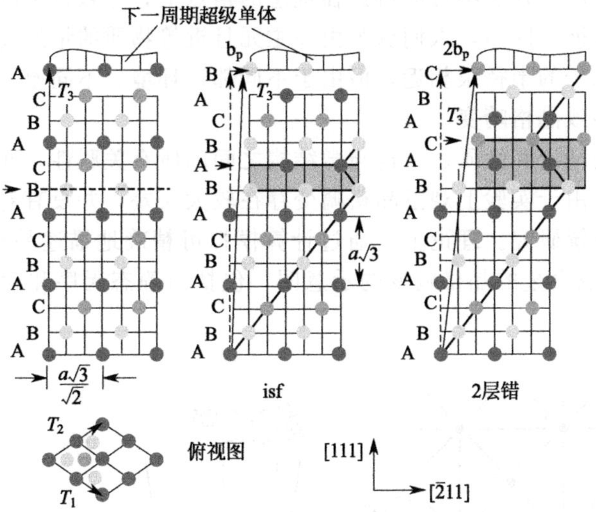

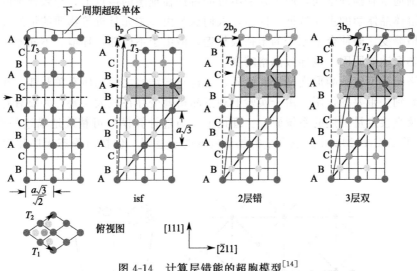


图 4-14 计算层错能的超胞模型[14]

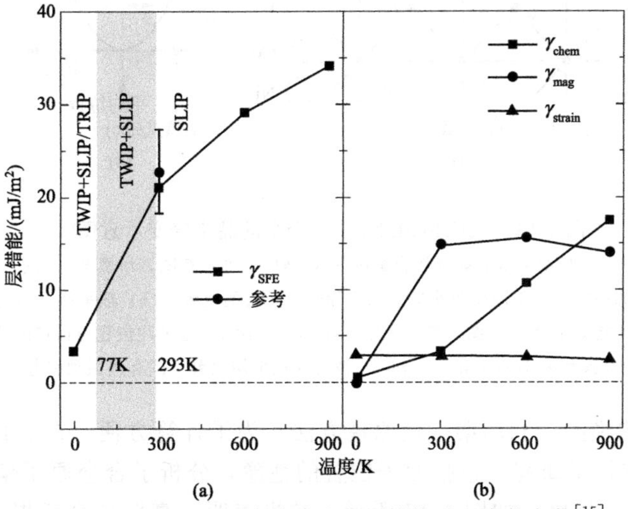


图 4-15 CoCrFeMnNi 高熵合金的层错能随温度的变化[15]

(a) 图表示总的层错能（$\gamma_{SFE}=\gamma_{chem}+\gamma_{mag}+\gamma_{strain}$）；

(b) 图表示化学部分，即理想堆垛与内禀性层错的能量差，磁熵部分[$\gamma_{mag}=-T(S_{isf}-S_0)/A$，其中 $S_{isf}$ 和 $S_0$ 表示理想堆垛与发生层错堆垛的磁熵] 及应变部分的贡献[$\gamma_{strain}=0.5sG\varepsilon^2/(1-\upsilon)$]，$s$ 表示沿 111 晶向的层间距离，$G$ 为剪切模量，$\nu$ 为泊松比，$\varepsilon$ 表示垂直于层错面的应变，SLIP 表示位错

的计算方法带来了困难。层间势（不同于原子间的相互作用势）方法是基于第一性原理计算，利用 Chen-Möbius 反演方法，提取针对不同晶面簇的层间势，目前层间势已被初步用于金属 $FCC_{\{111\}}$ 面簇及层状材料的研究。层间势可以方便地研究不同的层错及层错的相互作用，并给出可靠的层错能数值；同时，获得界面能（如 FCC/HCP，FCC/BCC）和表面能等与层相关的面缺陷能。

# 4.3 高熵合金的晶格畸变

在合金的形成过程中，由于合金原子的不同原子尺寸，大的原子倾向于推开周围的原子，

小的原子周围通常有额外空间，原子几乎不可能占据在理想的格点上，导致合金的局域晶格畸变，这是固溶体晶体学的主要特征。因而，人们认为由多主元且近等物质的量的高熵合金自然存在大的晶格畸变。即使合金原子的半径很相近，但由于不同邻近环境、不同原子间的电荷转移以及不同热振动等原因，也导致晶格畸变。

大的晶格畸变不仅影响形变理论和性质、结构与微结构之间的所有关联性，而且还对热力学和动力学起到关重要的作用。由于实验上观察晶格畸变存在较大误差，并没有对晶格畸变进行深入探索及直接定量描述的系统研究。理论上，通过计算模拟可精确地描述晶格畸变程度。图 4-16 给出了 CoCrFeMnNi 高熵合金的晶格畸变的示意图，包括由静态无序和动态无序引起的位置偏差。

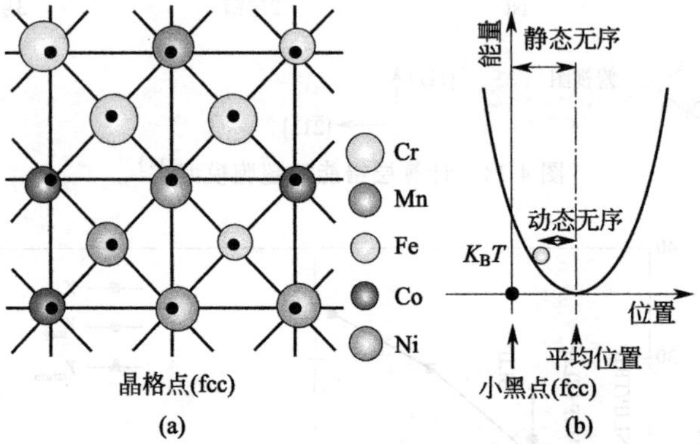


图 4-16　CoCrFeMnNi 高熵合金的晶格畸变示意图[16]

(a) CoCrFeMnNi 高熵合金的 FCC 结构二维示意图，小黑圆点表示理想晶格点，不同颜色小球表示实际合金元素的位置；(b) 热平衡下简谐振荡的能量-位置示意图，静态无序（static disorder）指平均位置与格点间的位移，动态无序（dynamic disorder）被视为在平均位置周围有热振动引起的位移

基于 SQS 的超胞模型，利用第一性原理方法，为了计算方便，在非自旋极化情况下，Oh 等对 CoCrFeMnNi 进行了研究，包括原子位置的弛豫，分析了合金原子偏离理想格点的程度，合金原子间成键无序的程序，如图 4-17 所示。结果表明，高斯拟合所揭示的标准偏离远大于基于平均值的局域键无序。

## 4.4　高熵合金的缓慢扩散

缓慢扩散是高熵合金的四大核心效应之一。晶格缺陷扩散是不同条件下辐照、热处理时材料结构演化的重要机制。如在辐照过程中，高能粒子产生了大量空位和间隙，它们的演化对理解辐照效应至关重要。对于如高熵合金的多主元合金，合金元素的随机分布产生极大的化学无序，导致严重的局域晶格畸变，原子位置的变化影响缺陷的形成及迁移能，进而影响结构的演化。分子动力学模拟能够直接提供原子变化信息，通过势能垒，找到最优扩散路径。经典分子动力学在模拟时间足够长和原子间相互作用比较精确的情况下，可以正确地预测扩散过程。由于高熵合金多主元的特点，得到比较精确的多主元合金的原子间相互作用势有较大的难度。目前可利用的方法是第一性原理分子动力学，尽管可计算的模型原子数有限且模拟时间较短，但基本上能够提供必要的信息。

对于扩散系数，最直接的估算方法是爱因斯坦关系：

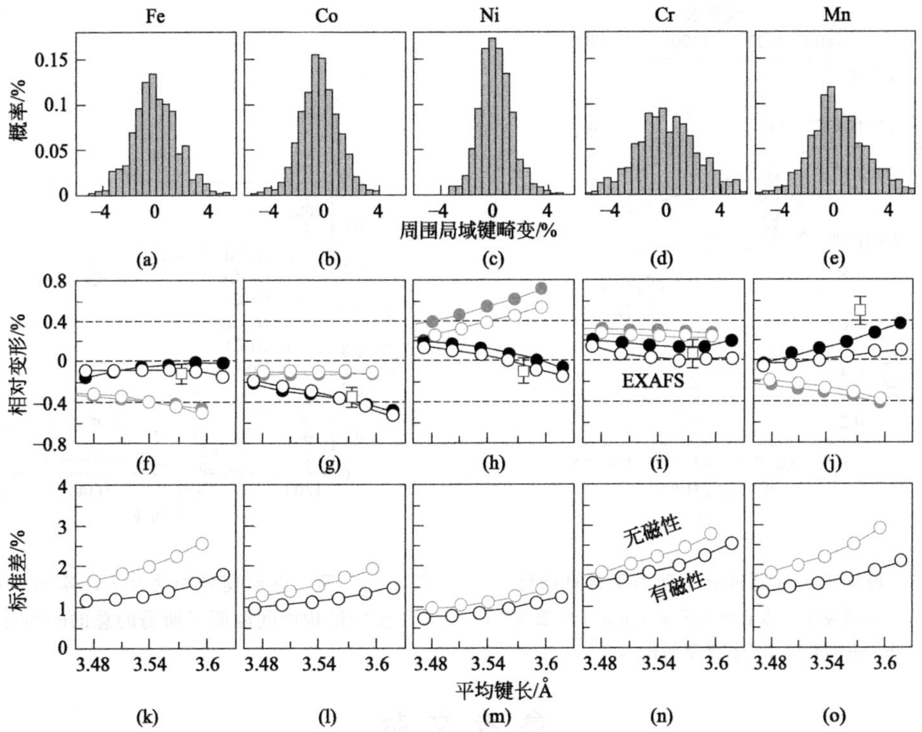


图 4-17　第一性原理计算合金原子周围局域键畸变。实验扩展 X 射线吸收精细结构的键长［□(f)～(j)］与理论平均键长（实心点）的对比，及不同体积下键长的平均值偏离高斯拟合（黑空心点），考虑自旋极化及非自旋极化计算键长的对比［灰色空心和实心点，(k)～(o)］[17]

$$D=\frac{\langle r_s^2(t)\rangle}{2nt} \tag{4-16}$$

式中，$r_s^2(t)$为位移平方；$t$ 为时间；$n$ 为体系的维度数，如 $n=3$ 表示间隙原子的三维扩散。由于研究对象为原子或缺陷，相应的结果为追踪原子的扩散系数或缺陷的扩散系数。由于原子轨迹太短，对于追踪原子的扩散系数，其原子位移平方被定义为：

$$R_k^2(t)=\frac{1}{N_s}\sum_{k=1}^{N_s}[r_k(t)-r_k(t_0)]^2 \tag{4-17}$$

$R_k(t)$和 $r_k(t_0)$分别表示原子 $k$ 的瞬间和初始位置；$N_s$ 为 $s$ 形原子的原子数。对所有原子或选定原子的原子位移平方进行线性拟合，可得到相应的扩散系数。通过把长缺陷轨迹分为短部分，再对所有部分进行平均，就可得到缺陷扩散系数。此时，缺陷轨迹较短，利用重叠部分计算均方位移来提高统计性质：

$$r_s^2(t)=\frac{1}{N_sN_t}\sum_{j=1}^{N_s}\sum_{i=1}^{N_t}[r_i(t_{0j}+t)-r_i(t_{0j})]^2 \tag{4-18}$$

图 4-18(a) 给出了第一性原理分子动力学计算的 NiCoCr 合金中所有和部分原定间隙位的扩散系数；图 4-18(b) 给出合金原子的扩散系数。可以发现，通过间隙扩散的 Co 和 Cr 的扩散系数比 Ni 的扩散系数大。NiCoCr 合金各哑铃结构中间隙原子所需的总的时间分数展示在图 4-19 中，Co-Cr 哑铃结构的间隙所需时间最多，而 Ni-Ni 所需时间最少。这与 Co 和 Cr 扩散比 Ni 更快有关。通常情况下，三元合金中的各合金原子的扩散比二元合金中要慢。

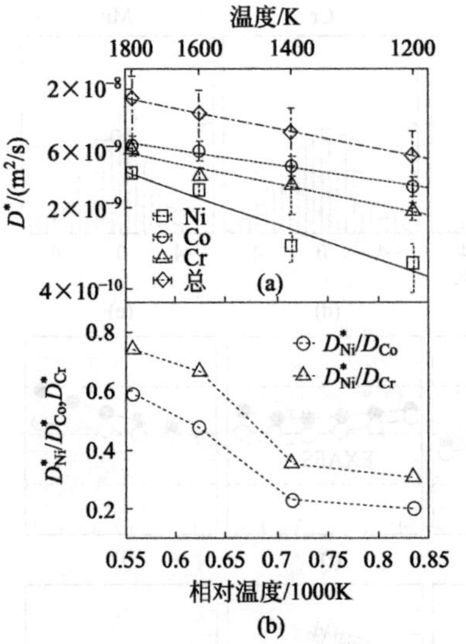


图 4-18 根据第一性原理分子动力学计算结果

(a) NiCoCr 合金间隙原子的全部和部分合金原子扩散系数；

(b) 不同合金原子扩散率的比率[18]

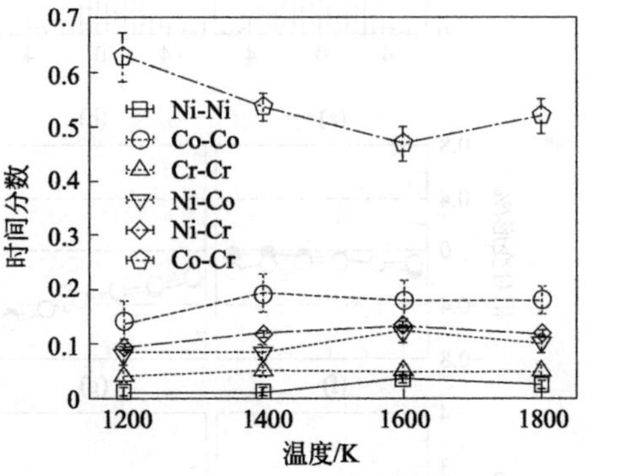


图 4-19 第一性原理分子动力学计算 NiCoCr 合金各哑铃结构中间隙原子所需的总的时间分数[18]

## 参考文献


[1] Tian F Y, Wang Y, Vitos L. Impact of aluminum doping on the thermo-physical properties of refractory medium-entropy alloys [J] . Journal of Applied Physics, 2017, 121 (1): 015105-015113.

[2] Zhang Y W, Stocks G M , Jin K, et al. Influence of chemical disorder on energy dissipation and defect evolution in concentrated solid solution alloys [J] . Nature Communication, 2015, 6: 8736.

[3] Troparevsky M C, Morris J R, Daene M, et al. Beyond Atomic Sizes and Hume-Rothery Rules: Understanding and Predicting High-Entropy Alloys [J] . JOM, 2015, 67 (10): 2350-2363.

[4] Zuo T T , Gao M C, Ouyang Lizhi, et al. Tailoring magnetic behavior of CoFeMnNi$_x$ (x = Al, Cr, Ga, and Sn) high entropy alloys by metal doping [J] . Acta Mater, 2017, 130: 10-18.

[5] Tian F Y, Varga L K, Chen N, et al. Ab initio investigation of high-entropy alloys of 3d elements [J] . Physical Review B, 2013, 87 (7): 178-187.

[6] Ma D C, rabowski B G, Kormann F, et al. Ab initio thermodynamics of the CoCrFeMnNi high entropy alloy: Importance of entropy contributions beyond the configurational one [J] . Acta mater, 2015, 100: 90-97.

[7] Tian F Y, Delczeg L, Chen N, et al. Structural stability of NiCoFeCrAl$_x$ high-entropy alloy from Ab initio theory [J] . Physical Review B, 2013, 88 (8): 1336-1340.

[8] Song H Q, Tian F Y, Wang D P. Thermodynamic properties of refractory high entropy alloys [J] . Journal of Alloys & Compounds, 2016, 682: 773-777.

[9] Cao Peiyu, Ni Xiaodong, Tian Fuyang, et al. Ab initio study of Al$_x$ MoNbTiV high-entropy alloys [J] . Journal of Physics: Condensed matter, 2015, 27, 075401.

[10] Tian F Y, Varga L K, Chen N, et al. Ab initio, design of elastically isotropic TiZrNbMo$_x$ V$_y$ , high-entropy alloys [J] . Journal of Alloys & Compounds, 2014, 599 (13): 19-25.

[11] Zaddach A J, Niu C, Koch C C, et al. Mechanical Properties and Stacking Fault Energies of NiFeCrCoMn High-Entropy Alloy [J] . JOM, 2013, 65 (12): 1780-1789. .

[12] Zhang Z, Sheng H, Wang Z, et al. Dislocation mechanisms and 3D twin architectures generate exceptional strength-ductility-toughness combination in CrCoNi medium-entropy alloy [J] . Nature Communications, 2017, 8: 14390.

[13] Zhang Y. H Zhuang Y, Hu A, et al. The origin of negative stacking fault energies and nano-twin formation in face-centered cubic high entropy alloys [J] . Scripta Materialia, 2017, 130: 96-99.

[14] Kibey S, Liu J B, Johnson D D, et al. Predicting twinning stress in fcc metals: Linking twin-energy pathways to twin nucleation

[J] . Acta Materialia，2007，55：6843.

[15] Sathiaraj G D，Bhattacharjee P P. Analysis of microstructure and microtexture during grain growth in low stacking fault energy equiatomic CoCrFeMnNi high entropy and Ni-60 wt. % Co alloys [J] . Journal of Alloys & Compounds，2015，637：267-276.

[16] Okamoto N L，Yuge K，Tanaka K，et al. Atomic displacement in the CrMnFeCoNi high-entropy alloy，A scaling factor to predict solid solution strengthening [J] . AIP Advances，2016，6：125008.

[17] Oh H S，Ma D，Leyson G P，et al. Lattice Distortions in the CoCrFeMnNi High Entropy Alloy Studied by Theory and Experiment [J] . Entropy，2016，18（9）：321.

[18] Zhao S，Osetsky Y，Zhang Y. Preferential diffusion in concentrated solid solution alloys：NiFe，NiCo and NiCoCr [J] . Acta Materialia，2017，128：391-399.

# 第 5 章 高熵合金的设计

## 5.1 概述

高熵合金主要包括高熵固溶体合金和高熵非晶合金。高熵合金设计即设计高熵合金体系元素的种类与含量，其中主要包括多主元高熵固溶体合金设计和多主元高熵非晶合金设计。高熵合金设计需要依据一定的理论，采用一定的设计方法，参照有关设计原则，参考有关设计经验，对合金组分进行筛选并根据制备试验结果对成分进行优化。

高熵合金设计的主要理论依据是高熵合金热力学。高熵合金的合金化规律具有其相对的特殊性，包括合金具有多主元并且各主元的原子百分比接近；同时，高熵合金主元组成需结合热力学、动力学以及合金性能设定方面进行综合考虑。合适的合金设计与制备可得到具有不同性能的高熵合金，如高强度、高加工硬化能力、高耐磨性以及耐高温软化、耐高温氧化、耐腐蚀和高电阻率、优异磁性能等。目前对已开发的高熵合金而言，已有很多方面性能优于传统合金，这些特性都源于高熵合金各元素混合的高熵效应、迟滞扩散效应、形成强的晶格畸变固溶体主相甚至出现纳米晶结构或形成非晶结构以及“鸡尾酒”效应等。

高熵合金的设计需要系统了解高熵合金化学成分、相组成、组织形成与变化的规律，并且要了解其热力学、动力学机理。合理选择成分与相组成进行设计，可能制备出具有特定组织、结构的合金，从而获得在某些方面具有特殊优异性能的高熵合金。高熵合金设计需要考虑性能要求、化学成分选择、制备工艺及设备、应用前景、加工工艺性、成本及原料资源等因素。

作为一种全新的合金体系，高熵合金的设计涉及大量合金元素，包括 B、Al、Si 等ⅢA、ⅣA 族元素，第四周期Ⅱ～Ⅷ副族（Ti、Zn）的全部元素，以及 Zr、Pd、Ag、Mo、Nb、Au、Ta、Hf 等第三、四周期的副族元素等。如此多样的元素种类使得高熵合金的成分选择具有相当大的灵活性，从而产生了多种具有不同特性的高熵合金体系。可选元素的增多在丰富高熵合金材料体系的同时，也给合金的成分设计带来较大困难。目前，高熵合金研究主要开展的工作有：新型高熵合金的开发；高熵合金理论；各种高熵合金的化学成分对合金微观结构及性能的影响（这方面一直是国内外高熵合金研究的重点）；高熵合金的实际应用。当前，研究者已成功地设计、制备了数种高熵合金体系及多种典型高熵合金成分，并且已有部分高熵合金得到实际应用。但在高熵合金热力学、动力学及性能机理等方面的研究尚未成熟，还存在许多亟待解决的问题。

多主元高熵固溶体合金的设计，应使其组成元素按照一定比例通过某种方式相互融合及加工后，得到多种含量相近的元素融合而成的面心立方（FCC）、体心立方（BCC）或密排六方（HCP）固溶体——高熵值的简单结构组成相。这不排除在一定条件下可得到少量非晶相；在某些条件下可得到纳米晶体颗粒。但是一般应避免组成相中含有金属间化合物相，更应尽量避免出现非金属夹杂物相等杂质。固溶体中固溶的 H 等杂质元素也应尽可能少。由于简单固溶体相所具有的优良综合特性，在多主元高熵固溶体合金的制备过程中应尽量提高固溶体相的体积分数，避免金属间化合物的生成。

简单固溶体相形成的基本规律：高熵合金由于其主元数与组织、结构决定的混合熵很高及合金元素扩散的迟滞效应，在凝固过程中可以抑制传统多元合金中的脆性相，如金属间化合物的析出，凝固后往往形成 BCC 或 FCC 结构的固溶体，可大大降低多元合金的脆性，有利于获得高的力学性能。一定组分配比的高熵合金能形成以 FCC 或 BCC 等无序固溶体为主的组织。通过适当调整成分，能得到组织简单同时又具有优异的综合力学性能或特异的热学性能、电磁性能、耐氧化及耐腐蚀性能等的高熵合金及其合金体系。

在高熵合金的设计与制备、加工及应用方面已形成一些理论性认识和一定的高熵合金设计理论与方法。目前对高熵合金的合金化机理的研究还很有限，还需在高熵合金的微结构、相图、热力学分析、物理、化学及机械性能的测定等方面进一步研究，需要建立系统的合金化理论等。可采用材料基因工程（高通量计算、高通量制备、高通量表征、数据库及服役与失效）的方法，加速筛选高性能轻质高熵合金的“优质基因”，实现高效率、低成本、高可靠地获得材料成分、结构、性能之间的关系。

# 5.2 多主元高熵固溶体合金的设计

## 5.2.1 多主元高熵固溶体合金设计依据理论

20 世纪 90 年代中期，叶均蔚等[1] 提出了高熵合金设计思路，由此发展了一类新型合金。高熵合金研究者已经研究并总结建立了高熵合金设计的一些理论，主要包括高熵合金热力学和动力学等，但在这方面的研究与总结尚在发展和完善之中。

### 5.2.1.1 多主元高熵固溶体合金设计热力学依据

多主元高熵固溶体合金显微组织中形成简单的 BCC、FCC 相或非晶相，不倾向于形成脆性的金属间化合物。由于高熵效应，导致所得相数 $P$ 远小于相律计算结果。

在统计热力学中，熵是代表系统混乱度的参数，即系统混乱度越大，熵值越高；同时也越易于形成随机固溶体。根据 Boltzmann 假设，合金系统的混合熵 $\Delta S_{conf}$ 可用公式(5-1) 表示为：

$$\Delta S_{conf}=k\ln w \tag{5-1}$$

式中 $k$——玻尔兹曼常数，$k=1.38\times10^{13}$，J/K；

$w$——混合后微观组态数。

由此可求出由 $n$ 种元素组成等原子比固溶体的 $\Delta S_{conf}$，可用公式(5-2) 表示为：

$$\begin{aligned}\Delta S_{conf}&=-R\sum_{1}^{n}x_i\ln x_i\\&=-R\left(\frac{1}{n}\ln\frac{1}{n}+\frac{1}{n}\ln\frac{1}{n}+\cdots+\frac{1}{n}\ln\frac{1}{n}\right)\\&=R\ln n\end{aligned} \tag{5-2}$$

式中 $R$——理想气体常数，$R=8.314$，J/(K·mol)。

在第 9 章中所述 $\Omega$ 参数和 $\delta$ 或 $\Phi$、$\Phi_f$ 是预测高熵合金中固溶体形成规律的重要参数，如图 5-1 所示[2,3]。通常选取 $\Omega>1.1$ 且 $\delta<6.5\%$作为能否形成固溶体相的判断标准。张

勇等提出原子半径差异$\delta$小于6.5%、混合焓在$-15\sim-5$kJ/mol范围内，混合熵在12～17.5J/(K·mol)之间时，多主元合金易于形成固溶体相。最近，C. T. Liu课题组的Ye提出了新的参数（$\Phi$）来判别合金是否形成单相结构[4]。他认为，合金的构型熵（$S_T$）包括理想气体状态下的混合熵（$S_c$）和由原子排列以及原子半径引起的剩余混合熵，高熵合金$S_c$与$\Phi$的关系，如图5-2所示。只有当$\Phi>20$时，合金才会形成单相无序固溶体；当$\Phi<20$时，形成多相结构。

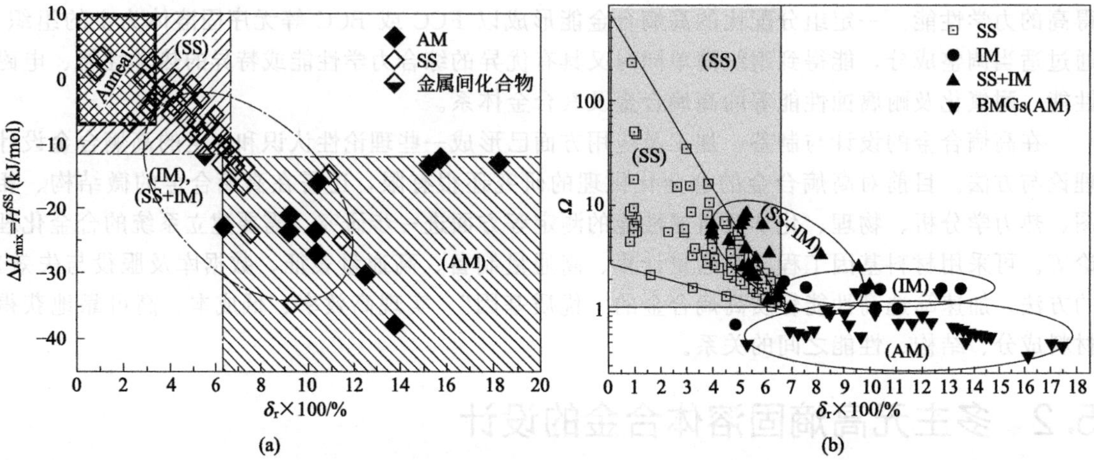


图5-1 多组元合金中$\delta_r$与$\Delta H$、$\delta_r$与$\Omega$参数关系图[2,3]

SS—固溶体；IM—金属间化合物；AM—无定形相；

SS+IM——固溶体和金属间化合物；BMGs—非晶合金

### 5.2.1.2 多主元高熵固溶体合金动力学结论

北京科技大学张勇等[5] 利用Adam-Gibbs方程解释得到固溶体高熵合金的凝固条件：高混合熵使得液态高熵合金黏度降低，使液态金属中的原子活性增加、扩散速率相对加快，有利于晶体形核、长大，降低了合金的非晶形成能力，有利于得到单一固溶体相；高熵合金熔液扩散系数$D$值的降低会降低金属间化合物的形核速率，特别是随着合金主元的增多，高熵合金固有的缓慢扩散效应引起$D$值下降，使二元金属间化合物难以形成、析出。在高熵合金中的固溶体和金属间化合物形核竞争过程中，快速凝固动力学效应显示出重要性，冷却速率和合金主要元素含量增加越快，越有利于高熵合金中简单固溶体优先于金属间化合物的形核。上述两方因素综合影响的结果，使高熵合金熔液在一定速度范围内冷却、凝固，有利于得到单一固溶体相组织。在假定原子位置之间的距离是恒定的条件下，纯金属或稀释固溶体（顶部）和HEA晶格（底部）中沿着原子扩散路径的晶格势能分布的差异见图5-3。从中子衍射数据得出的ZrHfNb多主元合金的PDF及RDF图谱见图5-4[6]。

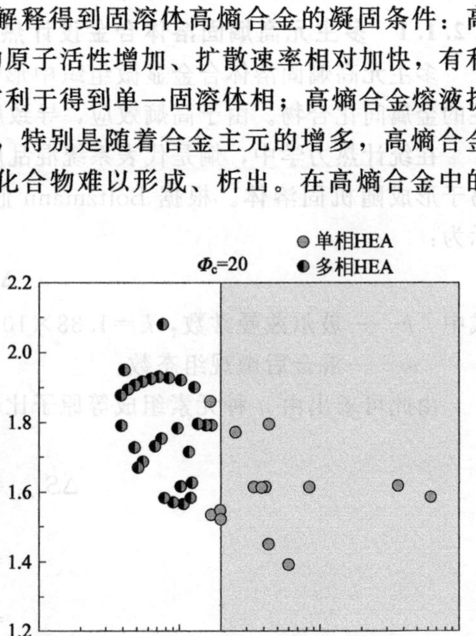


图5-2 高熵合金的$S_c$与$\Phi$的关系图[4]

多主元高熵固溶体合金在固态下，由于严重的晶格畸变效应影响，其固溶体相中元素之间的扩散系数降低，扩散速率下降，使其在热、冷加

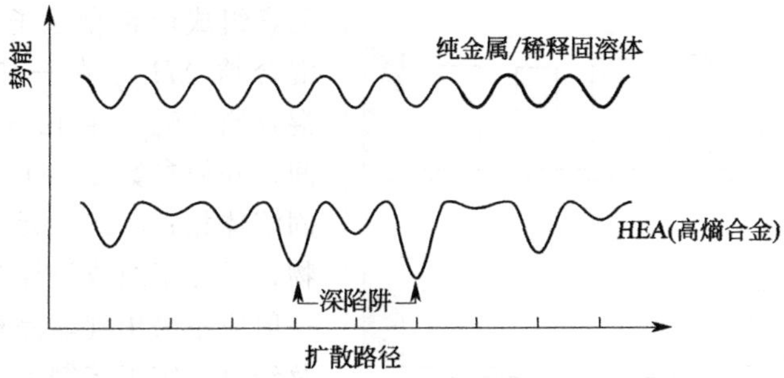


图 5-3 在假定原子位置之间的距离是恒定的条件下，纯金属或稀释固溶体（顶部）和 HEA 晶格（底部）中沿着原子扩散路径的晶格势能分布差异

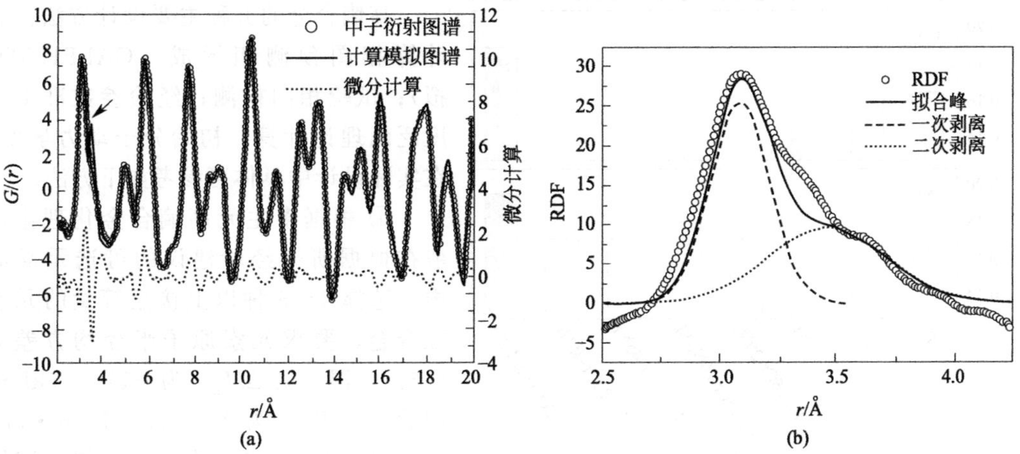


图 5-4 从中子衍射数据得出的 ZrHfNb 多主元合金的 PDF（a）及 RDF（b）图谱[6]

工与热处理及较高温度或腐蚀介质作用下的服役过程中，加工硬化程度、回复与再结晶、固溶与析出转变、高温蠕变抗力等表现均会显著不同于常规合金，从而使其在强度、硬度、耐高温性能、耐腐蚀性能等方面具有显著异于常规合金的优异性能。不同体系中 Co，Cr，Fe，Mn，Ni 五种元素的扩散激活能见图 5-5[7]。

## 5.2.2 多主元高熵固溶体合金设计考虑因素

多主元高熵固溶体合金的设计需要考虑以下问题：①化学成分设计能够保证制备得到多主元高熵固溶体合金，即得到由多主元互溶形成的固溶体主相，一般应避免出现化合物相或非晶相；②设计制备的高熵固溶体合金能够在经过加工、处理后得到需要的力学性能、电磁性能、热学性能或化学性能等；③制备得到的高熵固溶固体合金的纯净度与纯洁度高，以保证不弱化所需的性能；④高熵固溶体合金的成分设计应使其易于制备及成形；⑤高熵合金成分设计应考虑组成元素的资源因素及经济性因素。

## 5.2.3 多主元高熵固溶体合金设计方法

### 5.2.3.1 多主元高熵固溶体合金成分设计基本原则

多主元高熵固溶体合金成分设计应符合的基本原则：①组成元素一般应不少于 5 种（最少

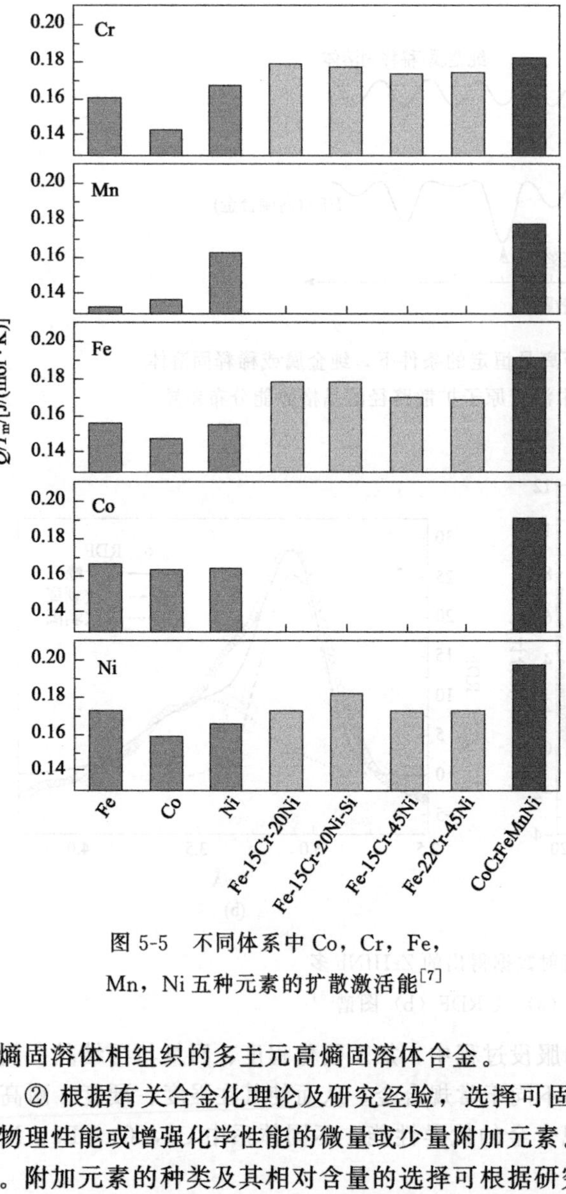


图 5-5　不同体系中 Co，Cr，Fe，Mn，Ni 五种元素的扩散激活能[7]

3 种)，组成元素相对含量接近或等量；②元素组成应符合原子半径差异 $\delta<6.5\%$、混合焓 $\Delta H_{mix}$ 在 $-15\sim5$kJ/mol 范围内，混合熵 $\Delta S_{mix}$ 在 $12\sim17.5$J/(K·mol) 之间，并使参数 $\Omega>1.1$，以易于制备得到固溶体相；③组成元素之间不易形成化合物；④元素组成设计时，需要的制备方法一般应不易出现非晶相；⑤合金元素组成及经过一定工艺制备、加工后，可确定得到所需要的性能。

#### 5.2.3.2　多主元高熵固溶体合金成分设计方法

高熵合金的五种主要设计方法：利用计算相图预测相形成（CALPHAD 模拟）；试验相图检测；经验参数准则；密度泛函理论计算；初始分子动力学模拟。在实际设计中具体可参考如下方法。

① 根据多主元高熵合金化理论，一般在根据研究经验建议的可选元素范围内，选择 3～5 种以上接近等量的元素组配合金，要求元素原子半径均方差 $\delta<6.5\%$、混合焓 $\Delta H_{mix}$ 为 $-15\sim-5$kJ/mol，混合熵 $\Delta S_{mix}$ 为 $12\sim17.5$J/(K·mol)、参数 $\Omega>1.1$，满足多主元高熵固溶体合金化学成分条件，使其制备后可达到高熵状态，以利于得到 FCC 或 BCC 或 HCP 高熵固溶体相组织的多主元高熵固溶体合金。

② 根据有关合金化理论及研究经验，选择可固溶于多主元高熵固溶体的可固溶强化或增强物理性能或增强化学性能的微量或少量附加元素。附加元素应不导致合金组织中出现化合物相。附加元素的种类及其相对含量的选择可根据研究经验，采用当量计算法或试验法确定。

③ 优先参照已有多主元高熵固溶体合金化学成分设计实例，选择新高熵固溶体合金组成元素的选择范围或选择方向（即合金系）。

④ 可参照现有多主元高熵固溶体合金的组成元素及其含量，对其中个别元素进行同特性或特性互补性元素替换。

⑤ 以新的多主元高熵固溶体合金制备实验结果进行修正，进而确定新高熵合金化学成分设计方案。

⑥ 计算机计算、模拟法。根据已有的多主元高熵固溶体合金设计成功实例及高熵合金实际热力学原则、动力学原则，依据第一性原理、蒙特卡罗法、分子动力学法和有限元法等，建立高熵固溶体合金化学成分预测模型，编制计算软件，选择组成元素种类及其相对含量，进行计算机计算、模拟，然后根据实验验证结果，修正模型及计算、模拟软件与组成元素种类及其相对含量，再进行实验验证。如此多次重复后，最终确定新高熵合金化学成分设计方案。

⑦ 应用“材料基因组”思想及研究成果进行多主元高熵固溶体合金设计。可基于对各种

化学成分的高熵固溶体相性能的试验研究数据，根据相关化学成分的 FCC 或 BCC 或 HCP 结构高熵固溶体常温下的性能，设计高熵固溶体合金的化学成分。

⑧ 应用材料高通量试验方法辅助于多主元高熵固溶体合金设计及优化。在进行高熵固溶体合金系选择及高熵合金系内高熵固溶体合金的化学成分设计时，可采用高通量试验研究思路与方法，进行大量高熵固溶体合金元素组成及其相对含量方案下的高熵固溶体合金制备（及测试分析）试验，提高高熵固溶体合金系及高熵固溶体合金的设计速度及优化设计方案。试验测量与 CALPHAD 计算合金结果的比较见图 5-6[8]。

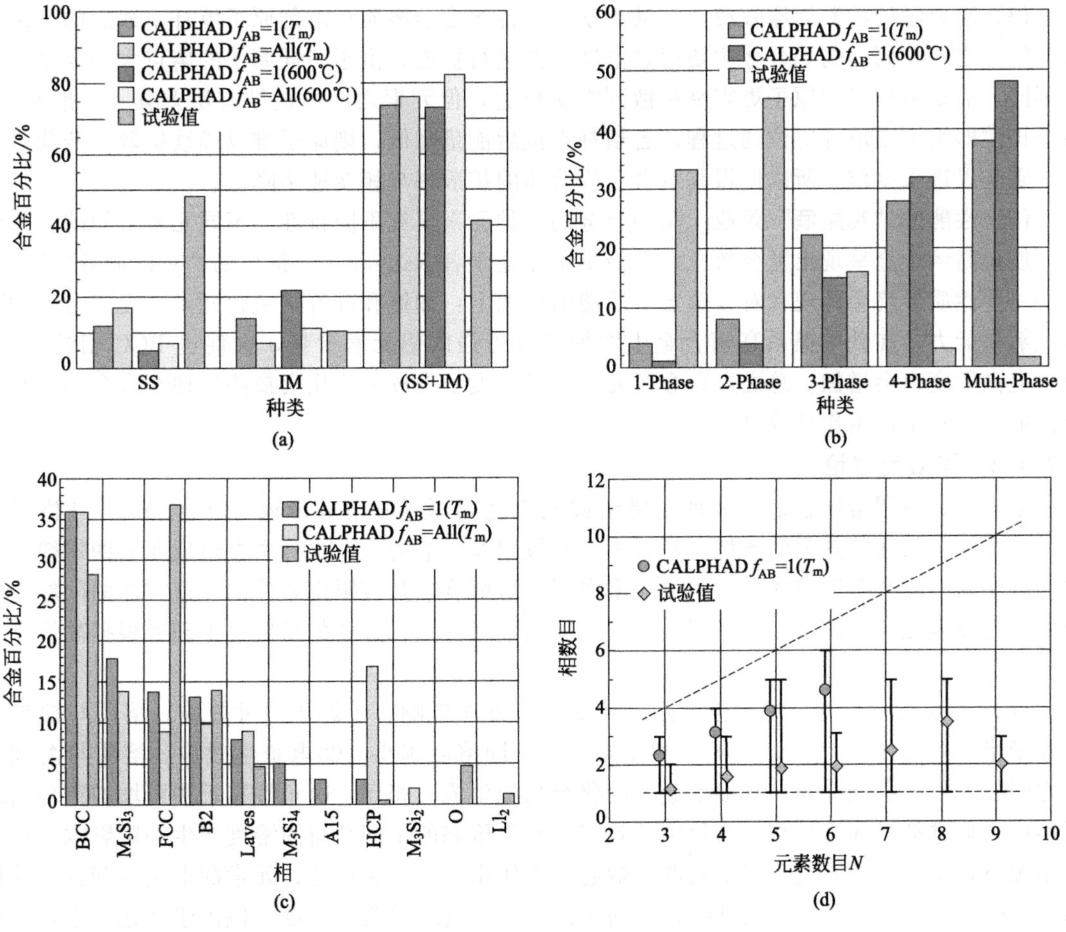


图 5-6 试验测量与 CALPHAD 计算合金结果的比较[8]

## 5.2.4 多主元高熵固溶体合金的合金化理论

### 5.2.4.1 多主元高熵固溶体合金的多重效应

多主元高熵固溶体合金的多种主要组成元素与相对含量及其混合为高熵固溶体相的组织，使其显示出多主元合金化的多重效应。

**（1）热力学的相结构的高熵效应** 在合金形成过程中，混合熵与混合焓相互竞争。由于高熵合金具有较高混合熵，因此使得合金系统吉布斯自由能降低，尤其在高温阶段，混合熵起主导作用，从而降低合金有序化及偏析趋势，抑制金属间化合物及相分离产生，因此促进多基元无序固溶体的形成。

**(2) 晶体结构的晶格畸变效应** 在结构方面，一般认为高熵合金固溶体中各原子占据每个晶体点阵位置的概率是相等的，但由于不同元素原子尺寸的差异，固溶体会产生严重的晶格畸变。高熵合金具有由多种主元组成的典型固溶体相，且一般认为各元素原子等概率随机占据晶体中的点阵位置，即所有原子无溶质原子与溶剂原子之分，所以其构型熵较高，有可能形成原子级别的应力，因此常常具有特殊性能。事实上，这种包含多种不同尺寸原子的固溶体，必然存在晶格畸变效应，甚至由于过大的原子尺寸而导致晶格畸变能太高，以致无法保持晶体构型，从而导致晶格坍塌，形成非晶相等。这种畸变效应对材料的热学、力学、光学及电学都会产生显著影响。

**(3) 动力学的扩散迟滞效应** 在动力学上，传统合金溶质和溶剂原子填补空缺后的键结情形与填补之前相同。高熵合金主要通过空缺机制进行扩散，由于不同原子的熔点大小与键结强弱不同，活动力较强的原子更容易扩散到空缺位置，但元素之间的键结有所差异。一般来说，原子扩散即为不断填补空位的过程，若填补空位后能量降低，则原子难以继续扩散；若能量升高，则难以进入空位，所以使得高熵合金固溶体的扩散率与相变速率降低。

**(4) 性能的“鸡尾酒”效应** 高熵合金的多种元素具有不同特性，不同元素之间的相互作用，使得高熵合金呈现出复合效应，即最早由印度学者 Ranganatha 提出的“鸡尾酒效应”，元素的一些性质最终会体现在对合金宏观性能的影响上：如铬和硅等抗氧化元素会提高合金的高温抗氧化能力；在铁钴镍系高熵合金中增加结合力强的铝元素含量，会促进 BCC 相的形成，同时显微硬度也会增加。总之，合金组元在原子尺度上发挥的作用会最终体现在合金的宏观综合性能上，甚至产生额外效果。

#### 5.2.4.2 固溶度理论

多主元高熵固溶体合金的多种主要组成元素之间原子互溶并形成 FCC 或 BCC 晶格固溶体，需要符合前述的热力学条件和原子半径差极限及一般为 5～13 种主要组成元素的规律。多主元高熵固溶体合金固溶体相的组成元素之间的溶解度也是有限定条件的。这方面的问题与传统的二元及多元合金的情况会有很大不同。但是，可在二元合金的基础上推理或根据高熵合金实验进行总结。

Hume-Roothery 指出二元合金固溶度受到三方面影响。①原子尺寸效应。溶质与溶剂间的原子半径差需小于15%，原子尺寸差异越大，固溶度越小。②电负性效应。溶质与溶剂元素之间较大的电负性差异，有助于金属间化合物的生成；相反，电负性接近则可增加组分间的固溶度，促进形成固溶体相。③价电子效应。元素价态的不同会对固溶度产生一定影响。在一般情况下，原子尺寸效应对固溶度的影响起主要作用，可定量描述；元素的电负性和价态的作用相对较小，目前仅有部分定性结论，尚不能用于定量地预测固溶度。但由于其他因素，即尺寸因素是形成固溶体的必要不充分条件。所以，在预测固溶度时，也需要考虑除尺寸因素之外的其他因素的影响。多主元高熵固溶体合金的出现显然需要对合金固溶度理论进行进一步研讨。

多主元高熵固溶体合金固溶体的形成及其晶体结构类型选择机理方面的认识，可类比于纯金属的结构形成机理来进行推理。由于多主元高熵固溶体合金是由接近等量的多种原子半径差异小于一定幅度（$\delta<6.5\%$）的具有某方面相关特性的元素组成的，元素原子之间的互溶与结合不同于传统合金固溶体的形成及其溶解度的情况。其中多种主元趋向于“平等占位”式相处，即在多主元高熵固溶体合金的多种主要元素的原子的准平衡凝聚为液态及固态的过程中，在空间因素和原子热运动及化学键作用下，“平等占位”自然组成某种自由能较低的晶体结构，并且由于多主元高熵固溶体合金设计制备时对主要组成元素的倾向性选择，使得形成的固溶体是倾向于 FCC 晶体结构或 BCC 晶体结构或 HCP 晶体结构的各种主要元素原子相互代位式固

溶体。而这种 FCC 或 BCC 或 HCP 结构的晶体是由多种主要元素“平等占位”组成的，因此可视为固溶体结构。多主元高熵合金固溶体结构也符合高熵特点并具有高熵效应。由此，多主元高熵合金的固溶度其实已不再是影响其结构最重要的因素；或者说，多主元高熵固溶体合金的固溶度不需特别优先考虑，只需重点考虑多个主元的“优化组合”即可。在组成主元确定之后，多主元高熵固溶体合金的某种主元素对其他主元素的固溶度也就基本确定了。这种多主元高熵固溶体合金中某种元素的固溶度在热、冷加工过程中的变化即使出现也将是微量的，因为主元素之间趋向于遵循相互结合组成高熵合金的高熵效应，而主元素之外，如加入其他微量元素，一般也可以被设定为以传统模式固溶于高熵固溶体晶格中的，其固溶度也很小，不影响高熵固溶体的固溶度。多主元高熵固溶体合金的固溶度也是影响其性能的因素，与所有主元相结合的高熵效应有关。对于多主元高熵固溶体合金其主元组成以及多种主元之间的相互固溶情况，即主元种类及其相对含量，决定了总体固溶情况和合金的主要特性。当然，原子尺寸因素、电负性因素、价电子因素仍然是影响多主元高熵固溶体合金之间的相互组配、固溶为一体的因素，多种主要元素的种类及其相对含量是主要决定因素。多主元高熵固溶体合金的组成元素种类及其含量与冷却速率、环境压力等造成的凝固条件，使得某些可能形成化合物的元素之间，在相互之间的原子比例、空间位置方面失去了形成化合物的可能；高熵合金熔液在冷凝过程中有限的原子扩散组合及选择性相邻处能力，使其难以成为非晶态组织。这样形成的高熵固溶体相的微观结构仍然会符合体系自由能最低，相对稳定的热力学条件。高熵固溶体中各种元素随机混合示意图见图 5-7。五元 BCC 结构的晶格中出现严重晶格畸变的示意图见图 5-8。

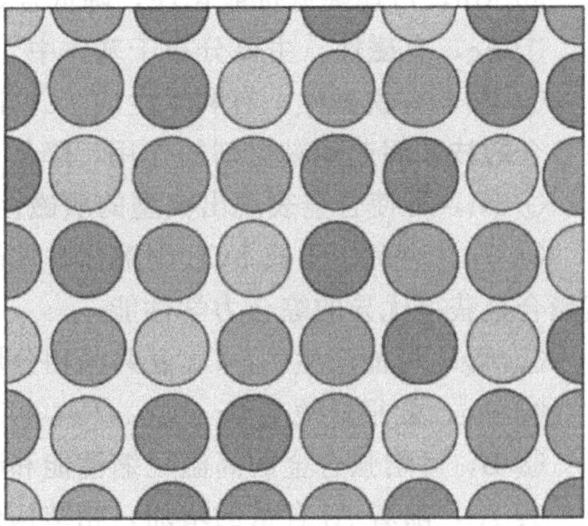
图 5-7　高熵固溶体中各种元素随机混合示意图

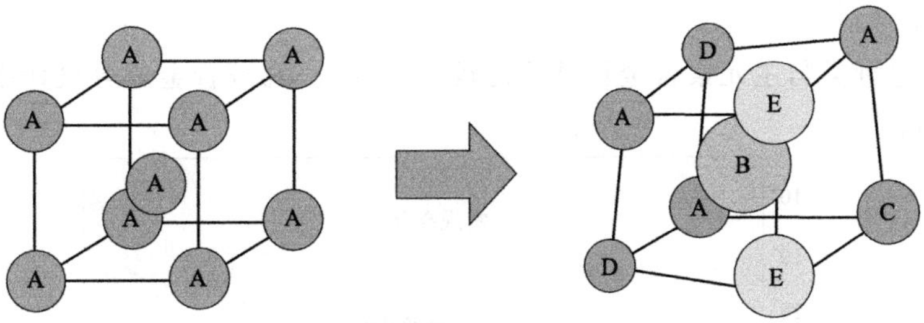

图 5-8　五元 BCC 结构的晶格中出现严重晶格畸变的示意图

## 5.2.5　合金元素选择与合金系设计

### 5.2.5.1　合金元素选择

在设计多主元高熵固溶体合金的组成元素时，可根据前述高熵合金设计原则及方法，参照现有实践经验，根据高熵合金所需的性能，利用多主元高熵固溶体合金的“鸡尾酒效应”，按照元素性能叠加增强或互补组合的思路，通过添加某些元素可以改变合金的相组成及微结构，提高合金的综合力学性能，在验算满足前述基本设计条件的前提下进行，还可根据元素选择组合下的高熵合金制备及测试试验结果进行修正选择。下述为部分元素对高熵合金组织、性能的可能影响。

① Ti，原子半径较大，加入合金可增加晶格畸变，提高硬度、强度，有利于得到 BCC 晶格。

② Zr，可能导致生成金属间化合物，从而降低合金的强度和塑性。

③ V，可能降低抗氧化性，可能导致枝晶区形成均匀散布的纳米颗粒，合金组织细化，合金硬度和强度逐渐增加，塑性降低。

④ Cr，可能促进生成BCC固溶体，会使强度、硬度降低，塑性提高。

⑤ Mo，原子半径较大，有较大的晶格畸变和固溶强化作用。随着 Mo 元素加入，BCC 结构的晶格常数逐渐增大，使合金的组织明显细化，强度、硬度和塑性均得到改善。

⑥ Mn，可能降低抗氧化性，降低合金的成本。

⑦ Fe，有磁性，主要分布于基体中。不影响固溶体相和微观结构。

⑧ Co，有铁磁性，有利于生成 FCC 固溶体，加入少量 Co 可提高塑性和耐磨性，可富集在合金的枝晶间起到黏合剂的作用，降低合金的脆性，防止合金冷却时发生断裂。

⑨ Ni，可使合金表现出典型的顺磁性，有利于生成 FCC 固溶体。

⑩ Cu，有利于生成 FCC 固溶体，偏聚于晶间区域，可能以球形富 Cu 纳米相析出，致使高熵合金获得优异的综合力学性能。

⑪ Ag，可能产生 Ag-Cu 亚共晶相分层。

⑫ Au，能很好地与 Cr、Co、Fe、Ni、Cu 结合，可作为各主元之间的结合中介。

⑬ B，可增强合金的高温压缩性能和耐磨性。

⑭ Al，随着 Al 含量的增加，相结构由 FCC 转变成 BCC，合金微观组织趋于简单，晶体结构可能由胞状晶向树枝状转变，合金的显微硬度递增呈现“鸡尾酒效应”，耐磨性增加。

⑮ Si，增加压缩强度和塑性。

⑯ Ge，在 FCC 的枝晶区相对不稳定，一般聚集于枝晶间区。

⑰ Sn，合金的塑性随 Sn 含量的增加而变化。当 Sn 含量较少时（如 $x=0.01$），合金可能呈现为单一的 FCC 固溶体，合金的塑性和强度都随 Sn 含量的增加而明显提高；Sn 含量较多时（如 $x=0.05$），延伸率达到最大值，当 Sn 含量再增加时，合金中析出金属化合物硬脆相，延伸率下降。

⑱ Nb，可能导致生成金属间化合物，降低合金的强度和塑性，适量添加 Nb 可增加耐腐蚀性。

等原子比合金种类与主元素合金种类的比较见图 5-9。高熵合金成分设计中使用各种元素的频率见图 5-10。

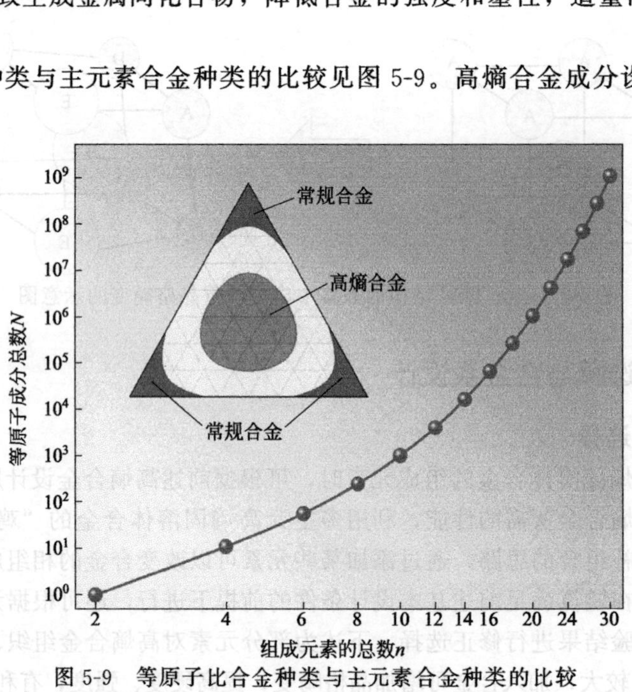


图 5-9　等原子比合金种类与主元素合金种类的比较

插图说明了在三元图上常规合金和高熵合金的设计之间的差异

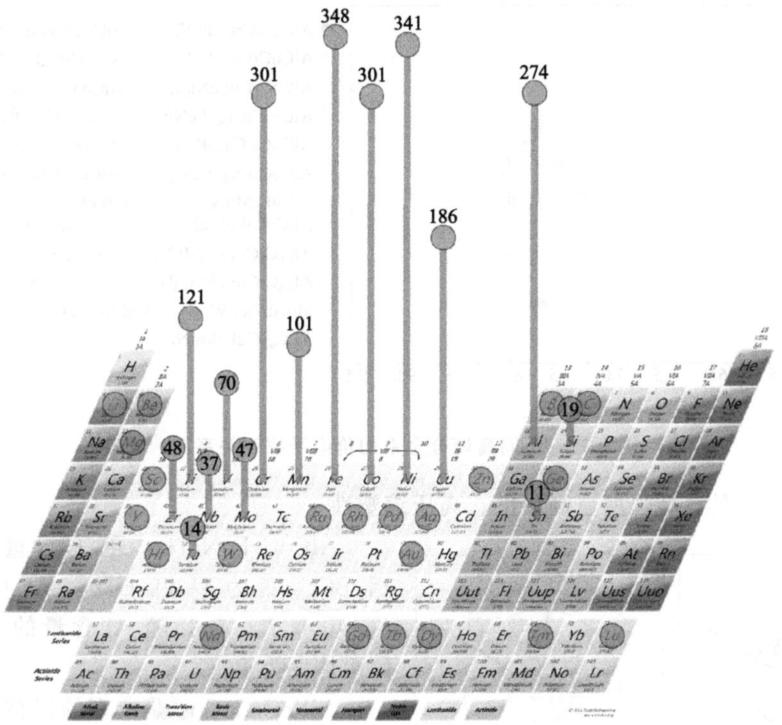


图 5-10　高熵合金成分设计中使用各种元素的频率[8]

高熵合金主要元素种类选择的考虑因素：

① 主要元素数量最少 3 种，通常 5 种以上；一般不多于 13 种，多于 20 种已无效。各主元含量通常应近乎等量。热力学参量 $\Omega>1.1$。

② 元素类型如下。a. 首先保证得到高熵固溶体相，避免出现金属间化合物相。主元素之间的原子半径均方根差应小于 6.5%。b. 根据合金所需性能选择组合元素。c. 根据所需合金密度选择组合元素。d. 对于轻质高熵合金可考虑在这些合金系范围内进行选择组合，如 Al、Li、Mg、Zn、Sc、Ti、Y、V、Mn、Cu 等。几种可能的元素选择组合方案为 AlLiMgScTi，AlLiMgYTi，AlLiMgYV，AlMgMnZnCu，$Al_x$LiMgZnCu。e. 高强度、高硬度高熵合金。f. 对于高塑性、高韧性高熵合金，选择 FCC 晶体结构及有利于形成 FCC 固溶体相的元素。宜加 Cu、Ni、Al 等，但 Al 含量应少于 Cu。g. 耐热、热稳定性好的高熵合金。h. 耐腐蚀高熵合金。i. 导电、导热性的高熵合金。j. 磁学性能优良的高熵合金。k. 光热转换效率高的高熵合金。

③ 各种元素的原子半径、物理特性参数。Guo 等[9] 通过总结已有数据，提出了价电子浓度（VEC）与固溶体稳定性的关系。他们认为 VEC≥8.0 时，FCC 固溶体相较稳定；当 VEC<6.87 时，BCC 固溶体相较稳定，FCC＋BCC 双相结构出现在 6.87<VEC<8.0 的区域。

④ 高熵合金试验研究经验。不同高熵合金系的价电子浓度关系见图 5-11。通过立体角描述的一个原子周围原子排列的示意图见图 5-12。

#### 5.2.5.2　多主元高熵固溶体合金系设计实例

**(1) 部分已有高熵固溶体合金及其特性数据**　$Al_x$CoCrFeNi（$x=0$，15，0.4，0.6，0.8），随 Al 含量增加，由 FCC 晶格变为 FCC＋BCC，其强度、硬度增加，塑性下降；温度升高，韧性下降。$Al_{0.5}$CoCrFeNi、$Al_{0.5}$FeNiCr、$Al_{0.5}$FeCoCrNi$Ti_{0.2}$，属于 900℃抗氧化级。

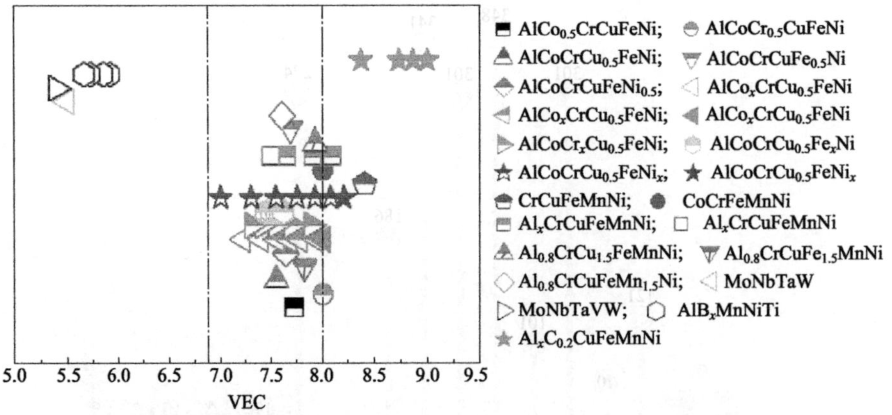


图 5-11 不同高熵合金系的价电子浓度关系图[9]

$AlCrFeNiCo_{0.25}$，具有高强度、高硬度、高压缩塑性。

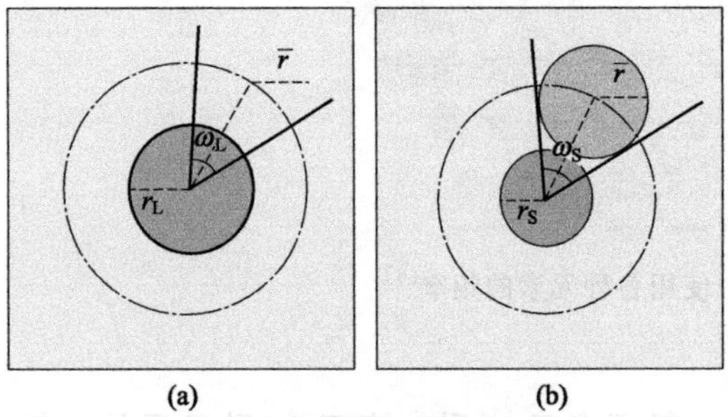


图 5-12 通过立体角描述的一个原子周围原子排列的示意图

(a) 最大原子周围；(b) 最小原子周围

$AlCoCrFeNiTi_x$，随 Ti 含量的增加，由单相 BCC 变为双相 BCC。$Al_xCoCrFeNiTi_{0.5}$ ($x=0, 0.2, 0.5, 1$) 随 Al 含量的增加，由 FCC 固溶体变为 BCC。

$AlFeCrCoCu_x$ 是典型的树枝晶结构，熔点为1380℃；硬度较高，硬度随添加元素原子半径的增加而增大。$Al_xCoCrCuFeNi$ ($x=0$，0.5，1，2，3)、AlCoCrFeNiCu，其耐腐蚀性能好于 1Cr18Ni9Ti。AlCuTiFeNiTi、$Al_{0.5}FeCoCrNiTi_{0.5}$，属于 900℃ 氧化。AlCrCuFeNi，属于 FCC(FCC) 和 BCC(BCC) 结构，随着 Cr 含量的增加，BCC 结构的强衍射峰的衍射强度减弱；当 $x=1.5$ 时，衍射强度达到最小；当 $x=2.0$ 时，衍射强度有所增大。

AlFeCrCoCu，其抗高温氧化能力强，第 6 种元素的添加（Al 元素含量减少）会降低合金的抗高温氧化能力。AlFeCrCoCuMn、AlFeCrCoCuV、AlFeCrCoCuMo，属于树枝晶 BCC 和晶间 FCC。AlFeCrCoCuTi 为两种 BCC 组成的枝晶共析组织、晶间 FCC 结构及 ω 析出相组成的合金体。AlFeCrCoCuZr 由树枝晶 HCP 结构、BCC 析出组织及晶间 FCC 结构组成。AlFeCrCoCuMo 和 AlFeCrCoCuV 合金抗高温氧化能力最差，原因是 Mo 和 V 的氧化物具有的挥发性会破坏致密氧化层的形成，劣化了合金的抗高温氧化性能。

对于 $Al_x(TiVCrMnFeCoNiCu)_{100-x}$，当 Al 含量为零时，合金的相结构为 FCC，BCC，σ 相和非晶相；随着 Al 含量的增加，微观组织趋于简单，$x=20$ 时，合金中只有 BCC 简单固溶体。

$CrNiFeCoCuTi_xAl_{1-x}$ ($x=0$，0.2，0.4，0.6，0.8，1)，随着 Ti 含量的增加，Al 含量的减少，由单相 FCC 向两相 FCC+BCC 转变，耐腐蚀性增强，断裂形式从韧性断裂向准解离断裂转变。

$CrNiFeCoCuTi_y$ ($y=0.5$，1，1.5，2.0) 随着 Ti 含量的增加由 FCC（大量）向 FCC+BCC（大量）+初级点阵结构转变，硬度升高、强度降低，耐腐蚀性增强，由韧性断裂向沿晶断裂方式转变。

$Cu_{25}Al_{10}Ni_{25}Fe_{20}Co_{20}$，FCC 固溶体，塑性较高，延伸率为 21%。

$Cu_3Cr_2Fe_2Ni_3Mn_2Nb_x$（$x=0$，0.2，0.4），主要为 FCC 相。

$Cu_xCr_2Fe_2Ni_3Mn_2Nb_{0.4}Mo_{0.2}$（$x=0.5$，1.0，1.5），主要为 FCC 和 BCC 混合结构，随着 Nb 含量的增加，合金中 FCC 结构减少，而合金的硬度显著提高。

$FeCoNiCrCu_{0.5}Al_x$（$x$ 为摩尔比，$x=0.5$、1.0、1.5），随着铝含量增加，热稳定性降低，由 FCC 结构向 FCC+BCC 双相结构转变，合金铸态组织为枝晶结构。其 BCC 相的硬度、抗腐蚀性能、磁性能均优于 FCC 相。

$Ti_{0.5}AlCoFeNiCr_x$，抗压缩性和塑性好。

TiZrHfNbMo 的结构为 BCC 相，加入 C、B 提高硬度、压缩强度，可能导致出现金属间化合物相。

$(TiZrHfNbMo)_{100-x}C_x$，$(TiZrHfNbMo)_{100-x}B_x$，$(TiZrHfNbMo)_{83.33}C_{16.67}$，这三种合金硬度高，几乎没有塑性变形能力。

热稳定性：FeSiBAlNiNb＞FeSiBAlNiCo＞FeSiBAlNi＞FeSiBAlNiCu≈FeSiBAlNiAg。添加高熔点主元 Nb、Co 显著提高熔点，有助于改善非晶高熵合金的热稳定性；相对较低熔点元素 Cu、Ag 的加入会削弱高熵合金的耐热性，降低其相应非晶高熵合金的热稳定性。

描述结构材料通常需要特性的蜘蛛图见图 5-13。

**(2) 部分已有高熵合金系**

① 高强度、高硬度高熵合金系　$CoCrCuFeNiTi_{0.5}$，$AlCrFeNiCo_{0.25}$，具有高强度、高硬度。AlCuNiFeTiMn 具有较高硬度。$AlCoCrFeNiTi_{0.5}$ 合金具有高的强度、硬度。AlFeCrCoCu-X，X 的原子半径增加，硬度增加。

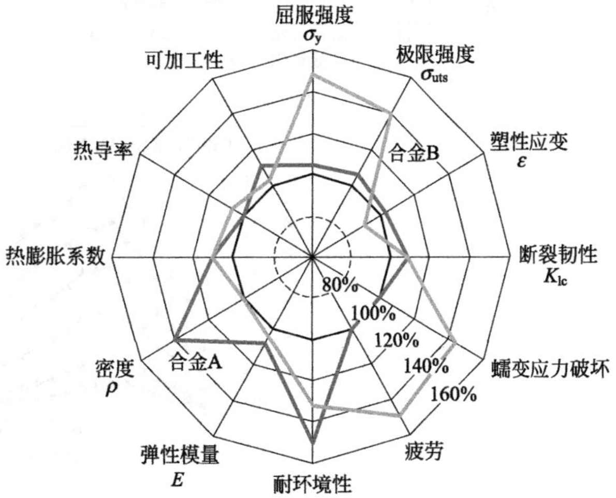


图 5-13　描述结构材料通常需要特性的“蜘蛛图”

② 高塑性、高韧性高熵合金系　$AlCrFeNiCo_{0.25}$，具有高强度、高硬度、高压缩塑性。$FeCoCuNiSn_x$ 系合金和 $FeNiCuMnTiSn_x$ 系合金塑性优良。$AlCoCrFeNiTi_{0.5}$ 合金具有高塑性、韧性。$Al_{0.5}CrCoFeMCu$ 具有良好的塑性。

③ 热稳定高熵合金系　$Al_xCrCoFeNiCu$ 合金具有优异的高温强度。$Al_{0.5}CrCoFeMCu$ 表现出正的屈服强度温度系数。

④ 耐氧化、耐腐蚀高熵合金系　耐氧化合金有 $Al_{0.5}FeCoCrNiTi_{0.2}$，$Al_{0.5}FeCoCrNiTi_{0.5}$。

耐腐蚀合金有 AlCoCrFeNiCu，$CrNiFeCoCuTi_y$（$y=0.5$，1，1.5，2.0），$y$ 增加，耐腐蚀性增加。$CuCr_2Fe_2Ni_2Mn_2$ 高熵合金的腐蚀速率仅为 0.074mm/a，要远低于 304 不锈钢的 1.710mm/a。$Al_{0.5}FeCoCrSiFeCoNiCrCu_{0.5}Al_x$，$x$ 增加，耐腐蚀性增加。$FeCoCuNiSn_x$ 的耐腐蚀性能较好，在 5% NaOH 溶液中，FeCoCuNiSn 耐腐蚀性能与 304 不锈钢耐蚀能力相当。一般而言，在高浓度硫酸、盐酸、硝酸等腐蚀环境中，高熵合金具有优异的耐腐蚀性，特别是含有 Ti、Cr、Ni 或 Co 的高熵合金，甚至比传统的不锈钢还耐腐蚀。通过对 $CoCrFeNiCu_x$ 系高熵合金的抗腐蚀性能研究发现，CoCrFeNi 具有良好的抗点蚀性能，与 304 不锈钢相当。

该体系高熵合金的抗点蚀能力随着Cu含量的提高而逐渐下降，这说明对于高熵合金来说，体系中含Cu不利于提高合金的抗点蚀能力，主要由于富Cu的枝晶间相与贫Cu的枝晶相形成了具有明显电势差的原电池，从而导致合金中富Cu枝晶间相的选择性腐蚀。

⑤ 轻质高熵合金系 AlLiMgYTi，AlLiMgYV，AlMgMnZnCu，$Al_x$LiMgZnCu，AlLiMgScTi等系列。

⑥ 磁性高熵合金 Huo等[10] 研究了$Gd_{20}Tb_{20}Dy_{20}Al_{20}M_{20}$（M＝Fe，Co，Ni）系非晶高熵合金的磁热效应。该系合金的居里温度在45～112 K，与稀土基非晶合金相比，该系合金具有大的磁熵变和磁制冷能力（在不同磁场强度下的磁熵变随温度的变化见图5-14）。这源于该合金系的玻璃自旋行为以及复杂的成分。$FeCoNi(AlSi)_x$（$x$＝0，0.1，0.2，0.3，0.4，0.5，0.8）高熵合金的饱和磁化强度和矫顽力与铝硅含量的关系见图5-15[11]。

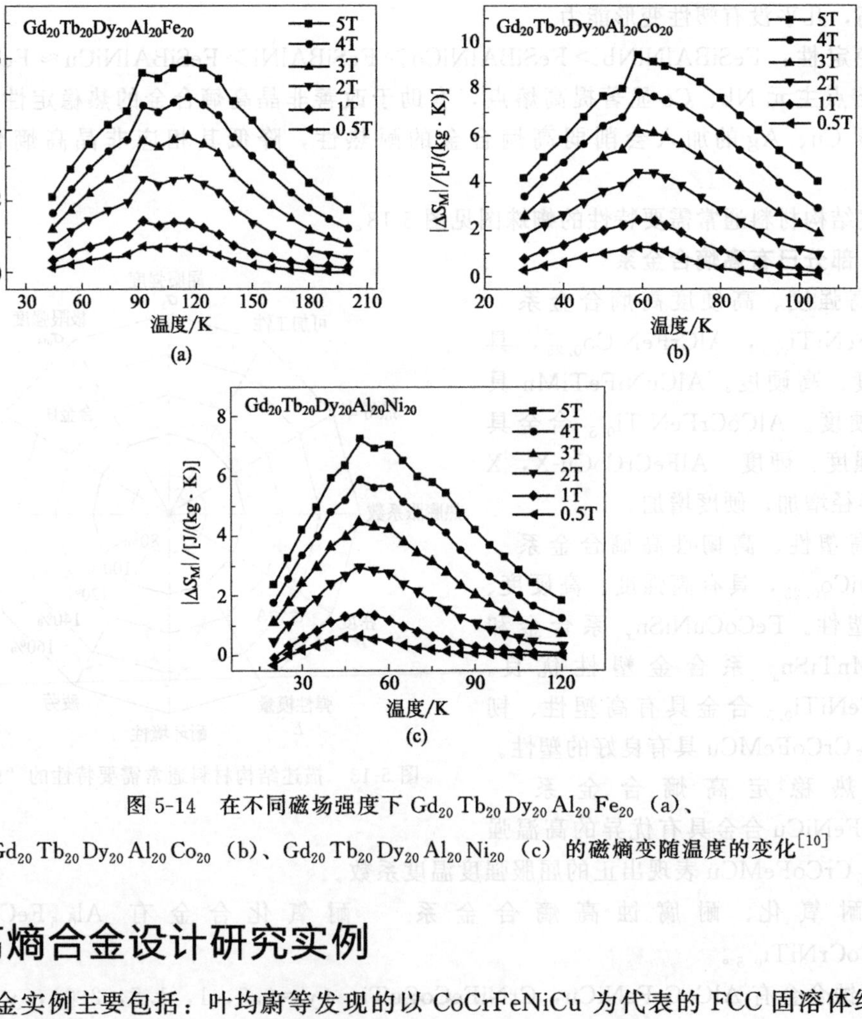


图5-14 在不同磁场强度下$Gd_{20}Tb_{20}Dy_{20}Al_{20}Fe_{20}$（a）、$Gd_{20}Tb_{20}Dy_{20}Al_{20}Co_{20}$（b）、$Gd_{20}Tb_{20}Dy_{20}Al_{20}Ni_{20}$（c）的磁熵变随温度的变化[10]

## 5.3 高熵合金设计研究实例

典型合金实例主要包括：叶均蔚等发现的以CoCrFeNiCu为代表的FCC固溶体结构的合金；张勇等开发的以CoCrFeNiAl为代表的BCC固溶体结构的合金。

北京科技大学张勇等对$Al_x(TiVCrMnFeCoNiCu)_{100-x}$[12]、$AlCoCrFeNiTi_{0.5}$[13]、$CoCrCuFeNiTi_x$[14] 等六元高熵合金系的微观组织、性能进行以下表征。① $Al_x(TiVCrMnFeCoNiCu)_{100-x}$高熵合金中Al含量$x$＝0时，合金为FCC、BCC、σ相和非晶相等多相共存，随着Al含量增加，合金微观组织趋于简单；当$x$＝20时，合金中只有BCC固溶体；但当Al含量增加到$x$＝40时，出现金属间化合物$Al_3Ti$等。②$Cu_xAlCoCrFeNiTi_{0.5}$高熵合金中，Cu

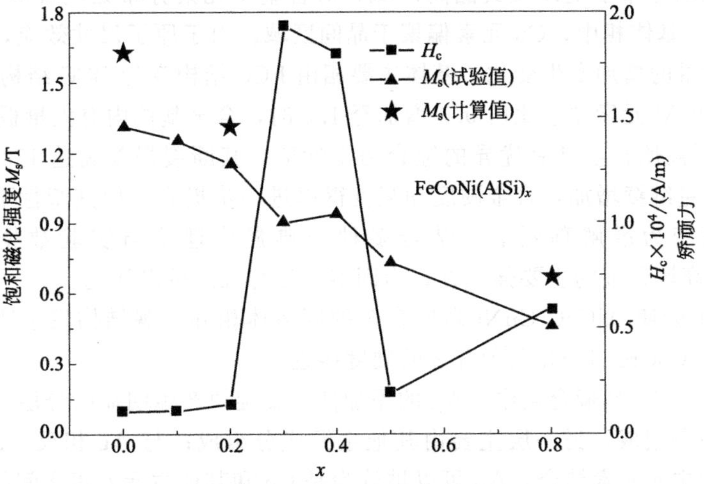


图 5-15 FeCoNi $(AlSi)_x$ ($x=0$, 0.1, 0.2, 0.3, 0.4, 0.5, 0.8)
高熵合金的饱和磁化强度和矫顽力与铝硅含量的关系[11]

含量$x=0$时，合金的室温压缩力学性能优于已报道的大多数大块金属玻璃；随着Cu含量增加，其微观结构没有明显变化，仍然是以BCC为主，当$x=0.25$和0.5时，Cu明显分布于枝晶间区域，合金的强度轻微减小、塑性大大降低。③CoCrCuFeNiTi$_x$高熵合金中，随着Ti含量增加，$Ti_{0.8}$和$Ti_{1.0}$合金的晶体结构变得复杂，由FCC相、Laves相和少量非晶相组成；Ti含量不同，合金力学性能也不同。AlCoCrCuFeNiTi$_{0.5}$合金抗压强度达1650MPa，在室温下的塑性应变极限为22.4%，屈服强度与断裂强度分别高达2.26GPa与3.14GPa，综合力学性能优于目前已报道的大块金属玻璃等大多数高强合金。加入大原子尺寸的Ti元素后，会增强固溶强化效应，AlCoCrFeNi合金屈服强度提高、塑性下降。当Ti含量增加到0.8时，抗压强度小幅度增加，达1848MPa，但塑性应变极限降为3%。当Ti含量增加到1.0时，$Ti_{1.0}$合金的抗压强度为1272MPa，但是其弹性应变值仅为1.6%。随Ti含量增加，合金的杨氏模量逐渐增大；当$x=0.8$时达到最大，Ti含量继续增加，杨氏模量降低；合金的屈服强度和弹性极限均随Ti含量的增加而逐渐变大。CoCrCuFeNi和CoCrCuFeNiTi$_{0.5}$合金还表现出典型的顺磁性，而CoCrCuFeNiTi$_{0.8}$合金和CoCrCuFeNiTi$_{1.0}$合金表现出超顺磁性，这可能是由于随着Ti原子含量的增加，纳米粒子在非晶相中聚集、镶嵌造成的。

张勇等[14] 研究了$Ti_{0.8}$CrFeCoNiCu HEAs和TiCrFeCoNiCu HEAs的磁性，发现其磁化曲线上除了居里温度外，在19～23 K的温度区间内还出现了超顺磁转变的特征温度——闭塞温度。他们认为虽然闭塞温度太低限制了上述两种合金作为超顺磁材料的实用性，但是提供了通过合理调整合金成分以改善磁学性能的思路。

叶均蔚等[15] 研究了AlCoCrCuFeNi、AlCrFeMnNi等高熵合金中主元元素，如Al、Fe、Ag、Au等含量的改变对合金微观组织、性能的影响。AlCoCrFeCuNi体系高熵合金，其中Al为第二周期Ⅲ主族元素，其余Co、Cr、Fe、Ni、Cu均为第四周期副族元素。各主元原子半径相近，最大原子半径差为10.6%，低于15%，所有主元电负性均介于1.6～2.0之间，相差较小，且其单质均为BCC或FCC结构；所选主元均属廉价元素。因此，以上合金元素的选择符合高熵合金组分选择原则。研究结果表明：Al$_x$CoCrCuFeNi高熵合金，随着Al元素含量的增加，BCC固溶体相的体积分数和硬度逐渐增大；但合金的摩擦系数减小，这是由于其耐磨损机制发生了改变，由分层磨损转变为氧化磨损。不同Al元素含量的等轴晶相组织Al$_x$CoCrCuFeNi高熵合金研究结果如下：

① Al元素均匀分布于基体及其晶间区域，对合金中元素分布无显著影响。Co、Cr、Fe、Ni元素主要分布于基体相中，Cu元素偏聚于晶间区域。由于原子尺寸效应，合金中固溶体晶体结构随着Al含量的增加发生变化，基体主要相由FCC结构变为BCC结构，且基体BCC相发生调幅分解。当Al元素摩尔比由0.5增加至1.0时，合金基体内有大量板条状和球形富Cu纳米相析出，使得高熵合金具有优异的综合力学性能，其断裂强度高达1739.3MPa，压缩率约12.1%。Al含量继续增加，合金硬度和强度得以进一步提高，但其塑性下降较明显，断裂形式由韧性断裂变为准解理断裂。结合多种经典强化理论与实验数据综合分析发现，$Al_xCoCrCuFeNi$高熵合金的主要强化方式为固溶强化与沉淀析出强化。

② 添加Fe不会使AlCoCrCuNi高熵合金的固溶体相和微观结构发生明显的变化，所以AlCoCrCuNi和AlCoCrCuFeNi两种合金的硬度接近。

③ 在AlCoCrCuNi高熵合金中，Ag的添加使合金锭块产生明显的分层，其中一层是由亚共晶（Ag-Cu）成分组成，另一层主要由其他主元成分组成；与Ag相反，Au能够很好地和AlCoCrCuNi五种主元元素结合，Au可以被认为是Cu和其他主元元素之间的结合中介。为了达到六种主元的有效混合，原子对之间的最大焓值不应该超过约10kJ/mol。在设计高熵合金时，基于混合焓基础上的元素间相互作用是被考虑的重要因素。铸态$Al_xCoCrCuFeNi$系高熵合金的相结构随着Al含量的增加由FCC转变成BCC；合金的显微硬度随着Al含量的递增呈现“鸡尾酒效应”。美国学者关注高熔点的BCC高熵合金，提出了四元高熵合金的观点。

$FeCoCuNiSn_x$系合金和$FeNiCuMnTiSn_x$系合金的延伸率分别达到19.8%和16.9%。$FeCoCuNiSn_x$系高熵合金具有很好的塑性和较高的抗拉强度，合金的塑性随Sn含量的增加呈抛物线变化。当Sn含量小于0.05时，$FeCoCuNiSn_x$为单一的FCC（FCC）固溶体，此时，合金的塑性和强度都随Sn含量的增加而明显提高；延伸率在Sn含量为0.05时，达到了最大值19.8%；当Sn含量大于0.05时，随Sn含量的增加，合金中析出$Cu_{81}Sn_{22}$相。由于$Cu_{81}Sn_{22}$相是硬脆相，因此，伴随此相的产生，合金的塑性逐渐下降。基于合金主元多样性和材料成本的考虑，在$FeCoCuNiSn_x$合金体系中加入Mn元素，制备出$FeMnNiCuCoSn_x$系列高熵合金。Mn元素的加入，不仅增加合金的主元数和混合熵，而且还降低了合金成本。合金的最大延伸率为16.9%，强度为476.9MPa。$FeMnNiCuCoSn_x$系列高熵合金的显微组织结构和性能随Sn的变化趋势与$FeCoCuNiSn_x$系合金类似。在Sn含量较少时，为单一的FCC固溶体；随Sn含量的增加，析出$Cu_{5.6}Sn$化合物，从而降低合金塑性。对于$FeNiCuMnTiSn_x$系列合金，当$x=0$时，即FeNiCuMnTi合金由$Fe_2Ti$、NiTi、FeTi、$Fe_3Mn_7$等金属间化合物组成，宏观上表现为顺磁性。随Sn含量的增加，$FeNiCuMnTiSn_x$合金逐渐向单一的晶体结构转变，当$x=1$时，FeNiCuMnTiSn合金形成了类似闪锌矿的$TiNi_2Sn$单一晶体相，磁学性能由开始的顺磁性转变成软磁性。制备$FeCoCuNiSn_x$高熵合金体系，在合金中加入Sn元素，并作为变量来改善合金的性能。Sn元素与合金体系中的其他元素在物理化学性质方面有明显不同。Sn在室温下是很软的元素，熔点只有232.06℃，而且具有很高的沸点2270℃，熔点与沸点之间相差近2000℃。此外，Sn在$FeCoCuNiSn_x$这个合金体系中相对其他元素具有最大的原子半径，而且与其他元素的固溶度很小。因此，Sn元素加入合金中会对合金的晶体结构、力学性能产生影响。$FeNiCuMnTiSn_x$高熵合金体系不能形成简单的固溶体结构，合金中有大量的金属间化合物存在，当Sn含量为1时，形成了以化合物为基的固溶体，其中在枝晶中是$TiNi_2Sn$基，枝晶间是$Cu_3Sn$基。$FeNiCuMnTiSn_x$高熵合金的磁性随Sn含量的增加而增加，合金体系经历了顺磁性、超顺磁性、软磁性的转变过程。其原因是随Sn元素的加入，改变了合金的晶体结构，越来越多的$Ti_4(Ni_4Fe_4)Sn_4$固溶体相产生，导致合金的磁性增强。因此，晶体结构对合金的磁性性能起着重要的作用。

Zhuang Y. X. 等[16] 采用铜模吸铸的方法制备 FeCoNiCuAlX（X 分别为 Si，Cr，Ti，Zr，Nd）合金并研究不同元素对 FeCoNiCuAl 合金的相组成、显微结构和性能的影响。结果表明，FeCoNiCuAl 高熵合金的组成相为 BCC（主相）加 FCC（次相）双相固溶体，并且具有典型的铸造枝晶结构。合金中分别添加 Si、Cr、Ti 元素后，其相组成和显微结构并没有发生变化，但加剧 Cu 在枝晶间的偏析；添加 Zr 或 Nd 会导致生成金属间化合物；添加 Si、Cr、Ti 元素提高了 FeCoNiCuAl 高熵合金的压缩强度和塑性；添加 Zr、Nd 元素降低合金的强度和塑性。

2003 年 Cantor 等[17] 在研究了多种等原子比多主元合金的非晶形成可能性，证伪了混乱原理。按照混乱原理，将 16 种或 20 种元素等原子比合金化，合金的混合熵势必很高，必然会形成大尺寸的非晶合金。实验结果非如此，16 种或 20 种元素的等原子比合金，无论是通过铜模铸造还是用铜转轮冷却合金液甩带的方法，得到的都是多种晶态相的组织，不能形成非晶结构，这表明高熵原理不再适用，同时，表明还有其他重要因素影响非晶结构的形成。利用相同方法制备的 CoCrFeNiMn 五元合金形成了 FCC 固溶体相，其组织呈树枝晶形貌。

$AlFeCoNiCrCuV_x$ 高熵合金由 FCC 加 BCC 固溶体组成，合金组织为典型的树枝晶体结构。加入 V 使合金组织细化，合金硬度和强度增加、塑性降低。$AlFeCoNiCrCuV_{1.0}$ 合金具有最高的硬度和强度，分别为 532HV 和 1707MPa。$Cu_{0.5}FeAlNiCrMo_x$ 合金组织由 BCC 固溶体组成，$Cu_{0.5}FeAlNiCrMo_{0.5}$ 和 $Cu_{0.5}FeAlNiCrMo_{1.0}$ 合金组织由 BCC 加有序 BCC 固溶体组成，合金的组织为典型的树枝晶体结构。由于 Mo 原子半径较大，加入 Mo 元素，两种 BCC 结构的晶格常数逐渐变大，合金的组织明显细化，合金的强度、硬度以及塑性均得到改善。$Cu_{0.5}FeAlNiCrMo_{1.0}$ 合金的硬度最高，为 823HV。$Cu_{0.5}FeAlNiCrMo_{0.5}$ 合金性能最好，硬度为 717HV，抗压强度为 2153MPa，应变值为 7%。CuAlFeNiCrMn 合金组织由 BCC 加有序 BCC 固溶体组成；$CuAlFeNiCrMnV_{0.5}$ 合金的组织为 BCC 加 FCC 固溶体；$CuAlFeNiCrMnTi_{0.5}$ 合金组织为 FCC+BCC+有序 BCC 固溶体；$CuAlFeNiCrMnMo_{0.5}$ 合金组织为有序 BCC 固溶体。合金元素的加入使合金硬度和强度增加，但 V 对强度并没有增强作用，这是由于 $CuAlFeNiCrMnV_{0.5}$ 合金的晶粒粗大。综合性能最好的为 $CuAlFeNiCrMnMo_{0.5}$ 高熵合金，硬度为 628HV，抗压强度为 1800MPa，应变值为 4.7%，这是由于 Mo 元素的加入使合金的组织细化，加之较大的晶格畸变和固溶强化作用造成的。

高熵合金 $Al_xFeCrCoNiCu$($x=0.25$，0.5，1.0）成分设计研究：按照理论计算结果，拟采用的金属元素主元分别为第三周期元素 Al 和第四周期过渡金属（TM）元素 Fe、Cr、Co、Ni 和 Cu。过渡金属位置靠近、性质相似，Al 的原子半径比其他过渡金属元素半径稍大。合金中 Al 元素可以改变合金的结构组成，加入少量铁磁性硬金属 Co 可提高塑性和耐磨性；Cu 富集在合金的枝晶间起到黏合剂的作用，降低合金的脆性，防止合金冷却断裂（制备所用元素原料应具有高的纯度）。

对 FeCrMnNiCo 的研究表明：五元等摩尔比的高熵合金 FeCrMnNiCo 熔铸后会形成单一的 FCC 相结构。含有六种到九种等摩尔比的过渡金属元素的高熵合金也具有相似的 FCC 相结构，电负性较大的 Cu 和 Ge 元素在 FCC 的枝晶区相对不稳定，一般聚集于枝晶间区。

研究发现，随着 Al 元素增加和 Cu 元素减少，$Al_xCoFeNiCu_{1-x}$（$x=0.25$，0.5，0.75）系高熵合金由单一的 FCC 晶体结构相，逐渐转变为以 FCC 为主和少量 BCC 相，存在一定程度的 Al、Cu 元素偏聚现象，使合金形成白色富 Al 区域和灰色富 Cu 区域两种不同的显微组织。$Al_{0.25}CoFeNiCu_{0.75}$ 合金的晶粒尺寸小于 1$\mu$m，形成了大量纳米晶和少量 FCC 结构纳米孪晶。Al 含量的增加使该系合金的强度、硬度升高，塑性下降。$Al_{0.25}CoFeNiCu_{0.75}$ 块体合金具有最优的综合力学性能，压缩屈服强度和断裂强度分别为 1598MPa 和 1889MPa，极限压缩率为13.1%，硬度为482HV。Cr元素的加入促进了机械合金化过程中BCC相的形成，减少了FCC相的形成，降低高熵合金的压缩强度；当Al的摩尔比为$x=0.25$时，添加Cr使合金的硬度略有上升，塑性降低；但是$x=0.5$，0.75时添加Cr使合金硬度降低，塑性提高。添加Ti元素有利于高熵合金中BCC相的形成，使高熵合金的强度和硬度提高、塑性降低。$Al_{0.5}CoCrFeNiCu_{0.25}Ti_{0.25}$合金的压缩屈服强度、断裂强度和硬度分别达到2046MPa、2279MPa和628HV。含C的$Al_{0.5}Co_{0.3}CrFeNiC_{0.2}$高熵合金形成了FCC主相、BCC相、有序BCC相以及$Cr_{23}C_6$，并在FCC相中发现了纳米孪晶组织。

Pan Ye等[18]研究发现，$AlCrFeCuNi_x$（$0.6\leqslant x\leqslant1.4$）系高熵合金由一种BCC相，一种FCC相和$AlFe_{0.23}Ni_{0.77}$化合物相组成；当$x$从1.0增加到1.4时，合金硬度显著降低，其中$AlCrFeCuNi_{0.8}$压缩强度及塑性最高，这说明等摩尔比高熵合金不一定具有最佳性能。王艳苹等研究了分别添加Mn，Ti，V元素对AlCrFeCoNiCu合金的影响。结果表明，添加Mn元素使合金中形成长条状的富Cr相；添加Ti元素使合金的组织形貌从枝晶转变为共晶胞块；添加V导致枝晶区出现均匀分布的纳米颗粒。在这三种元素中，V的加入得到了最好的增强效果和最小的塑性损失，而添加Ti的合金却几乎没有应变硬化能力，其压缩断裂强度和压缩率均最低。付志强[19]研究发现Co元素对$Al_{0.5}CrFeNiCo$合金系具有软化和增塑作用。

由于$Al_xTiVCrMnFeCoNiCu$和$Ti_xCrFeCoNiCu$多主元合金系合金主元为等原子比或近等原子比，因而混合熵很高。根据自由能的计算公式$G=H-TS$，高混合熵可显著降低合金的自由能，从而降低其有序化的可能性，提高高温下的稳定性；高混合熵能平衡由于大原子溶入晶格而导致合金发生的晶格畸变，使固溶体相比有序金属间化合物相更为稳定，在高温下尤其如此。

$Ti_xCrFeCoNiAl$合金系的组织主要由BCC固溶体相组成，固溶强化作用显著，这使得T0，T1，T2和T3这4种合金均具有非常高的强度和硬度。相对于整齐排列的BCC结构，由Ti，Cr，Fe，Co，Ni，Al等主元（原子半径分别为1.47Å，1.28Å，1.27Å，1.25Å，1.25Å和1.43Å，1Å=0.1nm）组成的合金系，由于Ti，Al和其他主元间原子半径差异很大，因而所组成的晶体结构会产生严重的晶格畸变。这使得合金晶格畸变能很高，导致固溶强化作用得到增强，也保证合金体系具有很高的强度。

针对原位自生TiC颗粒增强$A1_{0.5}$高熵合金基复合材料，制备了TiC增强相体积分数分别为5%、10%、15%的复合材料，以研究增强相的体积分数对高熵合金基复合材料的显微结构、相组成及力学性能的影响。

研究者把Fe、Co、Ni、Cu、V、Zr、Al这7种金属元素组合到一起，制备了FeCoNiCu-VZrAl七主元高熵合金，并将其作为靶材，用直流磁控溅射的方法制备了FeCoNiCuVZrAl氮化薄膜。过渡族金属氮化薄膜具有很高的硬度和化学惰性，但是韧性相对基底金属或基底合金较差。因此，提高氮化膜的柔韧性，同时提高与基底金属或合金的复合能力很重要。为此设计了FeCoNiCu合金体系，此合金体系具有简单的FCC晶体结构，塑性很好。Musil等研究了超硬的Zr-Ni-N纳米复合薄膜，硬度高达10GPa；制备了VN纳米复合薄膜。另外，加入Al元素可提高氮化膜的热稳定性和抗腐蚀能力。

吉林大学赵明等[20]在非自耗真空熔炼炉中制备$AlNiTiMnB_x$、$Al_xCoNiCrFe$、CuNi-CrFe、TiNi-Mn、AlNiCuCr五种不同体系的高熵合金，并对其结构与性能进行了初步研究。此外，北京科技大学，中国科学院、清华大学、哈尔滨工业大学、广西大学、中山大学和山东科技大学也都进行了相关研究工作，主要是以某种高熵合金的元素种类和成分的变化对合金微观组织结构和性能的影响作为主要研究内容，少部分学者对高熵合金的不同制备方法和应用进行了研究。

$Al_{0.5}FeCoNiCrCu$ 合金经 50％冷压压缩后未出现裂纹，在树枝晶内部有大量纳米颗粒，使合金硬度得到进一步提升。高熵合金的晶粒尺寸越小，单位体积内晶界面积越多，使晶界滑移更加容易进行，有助于塑性变形过程中的应力松弛，从而提高塑性。

## 参考文献


[1] 叶均蔚，高熵合金的发展 [J]. 华冈工程学报，2011（27）：1-18.

[2] S. Guo，Q. Hu，C. Ng，C. T. Liu，More than entropy in high-entropy alloys：Forming solid solutions or amorphous phase [J] . Intermetallics，2013，41（10）：96-103.

[3] Yang X，Zhang Y. Prediction of high-entropy stabilized solid-solution in multi-component alloys [J] . Materials Chemistry & Physics，2012，132（2-3）：233-238.

[4] Ye Y F，Wang Q，Lu J，et al. Design of high entropy alloys：A single-parameter thermodynamic rule [J] . Scripta Materialia，2015，104：53-55.

[5] Zhang Y，Zuo T T，Tang Z，et al. Microstructures and properties of high-entropy alloys [J] . Progress in Materials Science，2014，61（8）：1-93.

[6] Guo，Wei，Dmowski，et al. Local Atomic Structure of a High-Entropy Alloy：An X-Ray and Neutron; Scattering Study [J] . Metallurgical & Materials Transactions A Physical Metallurgy & Materials Science，2013，44（5）：1994-1997.

[7] Tsai K Y，Tsai M H，Yeh J W. Sluggish diffusion in Co - Cr - Fe - Mn - Ni high-entropy alloys [J] . Acta Materialia，2013，61（13）：4887-4897.

[8] Miracle D B，Senkov O N. A critical review of high entropy alloys and related concepts [J] . Acta Materialia，2017，122：448-511.

[9] Guo S，Ng C，Lu J，et al. Effect of valence electron concentration on stability of FCC or BCC phase in high entropy alloys [J] . Journal of Applied Physics，2011，109（10）：213.

[10] Huo J，Huo L，Men H，et al. The magnetocaloric effect of Gd-Tb-Dy-Al-M（M= Fe，Co and Ni）high-entropy bulk metallic glasses [J] . Intermetallics，2015，58（58）：31-35.

[11] Yong Z，Zuo T T，Cheng Y Q，et al. High-entropy Alloys with High Saturation Magnetization，Electrical Resistivity，and Malleability [J] . Scientific Reports，2013，3（6125）：1455.

[12] 周云军，张勇，王艳丽，等．多组元 $Al_x(TiVCrMnFeCoNiCu)_{(100-x)}$ 高熵合金系微观组织研究 [J] . 稀有金属材料与工程，2007，36（12）：2136-2139.

[13] Zhou Y J，Zhang Y，Wang F J，et al. Effect of Cu addition on the microstructure and mechanical properties of $AlCoCrFeNiTi_{0.5}$，solid-solution alloy [J] . Journal of Alloys & Compounds，2008，466（1）：201-204.

[14] Wang X F，Zhang Y，Qiao Y，et al. Novel microstructure and properties of multicomponent $CoCrCuFeNiTi_x$ alloys [J] . Intermetallics，2007，15（3）：357-362.

[15] Tung C C，Yeh J W，Shun T T，et al. On the elemental effect of AlCoCrCuFeNi high-entropy alloy system [J] . Materials Letters，2007，61（1）：1-5.

[16] Zhuang Y X，Xue H D，Chen Z Y，et al. Effect of annealing treatment on microstructures and mechanical properties of FeCoNiCuAl high entropy alloys [J] . Materials Science & Engineering A，2013，572（11）：30-35.

[17] Cantor B，Chang I T H，Knight P，et al. Microstructural development in equiatomic multicomponent alloys [J] . Materials Science & Engineering A，2004，375-377（1）：213-218.

[18] Pi Jinhong，Pan Ye，Zhang Hui，et al. Microstructure and properties of $AlCrFeCuNi_x$，（$0.6\leqslant x\leqslant 1.4$）high-entropy alloys [J] . Materials Science & Engineering A，2012，534：228-233.

[19] 付志强．AlCrFeNi-M 系高熵合金及其复合材料的组织与性能研究 [D] . 哈尔滨：哈尔滨工业大学，2011.

[20] 张力．高熵合金的制备及组织与性能 [D] . 长春：吉林大学，2007.

# 第6章

# 高熵合金的制备方法

## 6.1 高熵合金制备需要考虑的问题

高熵合金是由多个主要与补充元素组成的高混合熵合金，通常具有固溶体相组织，其组织中的晶粒通常是常规尺寸的，也可能是纳米晶；有的具有非晶相。高熵合金组成元素的熔点、密度及原子半径可能接近，也可能相差较大。根据现有的研究与应用经验，高熵合金的制备方法基本上与现有的合金制备方法相同，但也有其特殊性。高熵合金的制备包括制备得到高熵合金与高熵合金的成形加工问题。制备高熵合金的方法基本上可分为熔铸或机械合金化及粉末冶金，可制备得到非晶组织高熵合金或单晶体或纳米晶粒组织；还可以制备块体材料，也可以制备薄膜材料或加工成板、带、丝状材料。有关高熵合金的熔铸理论、凝固结晶理论、压力加工理论与热处理理论等，还需进一步研究和总结。

## 6.2 熔铸法制备高熵合金

### 6.2.1 高熵合金熔铸方法

最初始和最常用的高熵合金制备方法是真空电弧熔炼加铜模铸造法，还可采用真空电子束熔炼法或真空等离子束熔炼法。对于不需很高熔炼温度的，也可采用真空感应熔炼法。在真空条件下熔炼，可显著提高合金的纯净度。

### 6.2.2 高熵合金液凝固技术方法

对熔炼完成后的熔融高熵合金可根据需要，在水冷铜坩埚中及时快速凝固，即对熔炼完成后的合金液适当保温、电磁搅拌均匀化后，浇注到铜膜或吸铸模具中直接冷却铸造；对完成熔炼的合金液连续通过结晶器进行连续铸造；对熔炼完成后的合金液在旋转的真空锥形容器中进行挥发除杂并凝固为薄壳状；对熔炼完成后的合金液在单晶生长装置中，通过引晶头作用，凝固并生长成大尺寸的单晶等。对于熔炼得到的高熵合金液快速冷却凝固，有利于得到固溶体相，而抑制化合物相生成。

### 6.2.3 高熵合金真空电弧熔炼法

中国台湾学者叶均蔚首次制备高熵合金的方法是真空电弧炉熔炼加铜模铸造法，这是至今为止制备高熵合金的主要方法。真空电弧熔炼过程是采用真空电弧炉，对常规方法熔炼铸造的高熵合金棒料或各种主元素料块的混合料的压制棒料制成自耗电极，通过真空下电极间放电产生电弧热，将其快速加热到高温进行熔化、熔合、成分均匀化，并挥发出气体及部分易挥发杂质元素，合金液滴随即下落到铜坩埚中进行冷却凝固，得到块体高熵合金；或者采用非自耗电极的真空电弧炉，对各种主元素料块的混合料进行真空加热熔炼，这种方法制备的高熵合金的晶粒细小、均匀，且化学成分均匀、致密度高。根据制备经验，为使铸锭表面较规则、粗糙度较小，要求铜坩埚（及铜模）的壁面粗糙度较小。铜坩埚的冷却强度应足够，以保证得到细小晶粒的组织，并防止由于重力、密度（甚至扩散）等因素导致合金中元素分布不均匀。

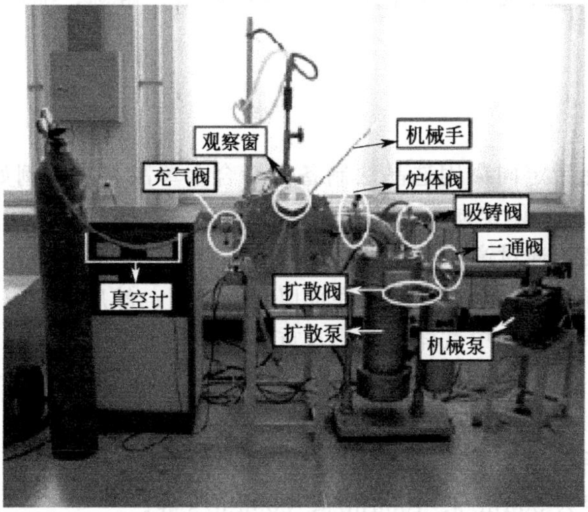


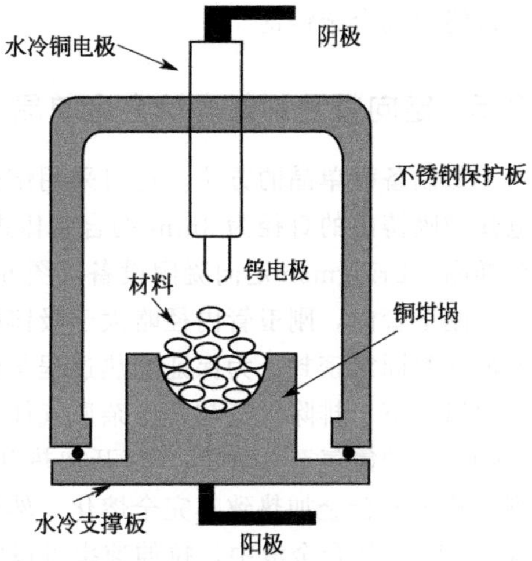


图 6-1 WK-П 型非自耗真空熔炼炉的实物图和示意图

使用 WK-П 型非自耗真空熔炼炉熔炼为例，如图 6-1 所示：

**(1) 熔炼准备** 按照设计的高熵合金化学成分，计算合金熔点，确定熔炼工艺，计算估算原料损失率后的配料比例，清洁原料，根据熔炼炉容量及需要熔炼的合金量进行配料；检查熔炼炉系统的完好性，严格进行炉膛清理等必要的开炉准备。

**(2) 熔炼的具体操作过程** 将合金原料混装入坩埚内，4 个熔炼铜坩埚，其中一个放 Ti 锭，中间 1 个是吸铸铜模。用机械泵预抽真空达到 $6\times10^{-2}$ Pa，预热扩散泵 0.5～1h 后，缓慢开启炉体阀，当真空度<0.2Pa 时，打开全部炉体阀，再次拧紧炉门旋钮，用机械泵抽低真空至压力<$6\times10^{-2}$ Pa，用扩散泵对炉内抽高真空至压力<$5\times10^{-3}$ Pa 后，对炉膛充入高纯氩气（纯度为 99.99%）至 $1.013\times10^{5}$Pa；重复上述抽真空操作 2～3 次，使炉内含氧量尽可能低。向装料炉内充入 $1.013\times10^{5}$Pa 的高纯氩气后开始熔炼。引弧电流为 60～70A，引弧后先在装有纯 Ti 的坩埚上熔炼 1～2min，以除去炉膛内的氧气，防止熔炼过程中高熵合金被氧化。然后，将焊枪移到需要熔炼的坩埚上，对合金原料进行熔炼，熔炼电流大概为 200～300A，每熔炼完一遍，操纵机械手将已经熔化为一体的合金翻面，如此反复熔炼 5～8 遍，以确保合金成分均匀。待合金熔炼完成后，再利用机械手将合金移至吸铸铜坩埚内，底下是循环水冷却的铜质浇注模具，以 200～300A 的电流将合金熔化，完成后，瞬间增加电流，同时迅速打开吸铸阀，利用压力差的作用使合金瞬间完成吸铸，吸铸成直径 6mm 的棒状样品。待熔炼炉冷却 15min 后，取出样品，用布蘸乙醇或丙酮擦拭清洁炉膛。

## 6.2.4 真空感应熔炼

真空感应熔炼高熵合金需要注意装料的顺序及元素块或粉的相邻关系，先在坩埚底部装入熔点较低的原料块，以利于高熔点原料熔化；容易相互化合的元素料块尽量分开装入，以免生成难熔的化合物；通电熔炼之前，预先充分抽真空（也可进行多次充氩气及抽真空），以免原料及熔炼后的合金氧化；为了提高高熵合金的纯净度及纯洁度，可使用电磁悬浮线圈，对原料压块进行电磁悬浮熔炼，以避免合金液受坩埚材料中的元素污染。

以真空感应熔炼制备 $Al_xCoCrCuFeNi$（$x=0.5,1.0,1.5$）六主元高熵合金时，所用原料纯度为99.9%（质量分数）的Al粉，纯度为99.9%（质量分数）的Co粉，纯度为99.9%（质量分数）的Cr粒，纯度为99.5%（质量分数）的Fe块，纯度为99.99%（质量分数）的Cu粉和纯度为99.99%（质量分数）的Ni粉。原料粉体依次经过冷压成形、熔炼、浇注过程，最终得到合金铸锭。

## 6.2.5　定向凝固制备高熵合金单晶

类似制备硅单晶的方法，也可采用熔炼后定向凝固选晶法制备高熵合金单晶材料。例如，将电弧炉吸铸出的直径为3mm的合金棒进行晶体定向凝固生长，得到具有一定晶体学取向的合金样品。Bridgman定向凝固设备（图6-2）通过高频电磁感应对样品进行加热，先将棒状样品放入刚玉管内，刚玉管内径略大于吸铸样品的外径，刚玉管底部以钼托封闭；然后将刚玉管放入加热腔固定密封。为保证加热过程与保温过程中试样无氧化，首先使用高纯度氩气清洗腔体与通风管道，排除氧气与其他杂质气体。腔体抽真空，真空度达到 $5\times10^{-4}$Pa，然后充入纯度>99.9%的氩气至0.02Pa。打开加热开关，对感应线圈通电加热，以辐射传导的方式直接对刚玉管中的合金加热致其完全熔化，然后保温20min，启动拉伸装置，将刚玉管以一定速率拉入Ga-In冷却合金液中，拉伸速率可设定为30μm/s、100μm/s、200μm/s等。

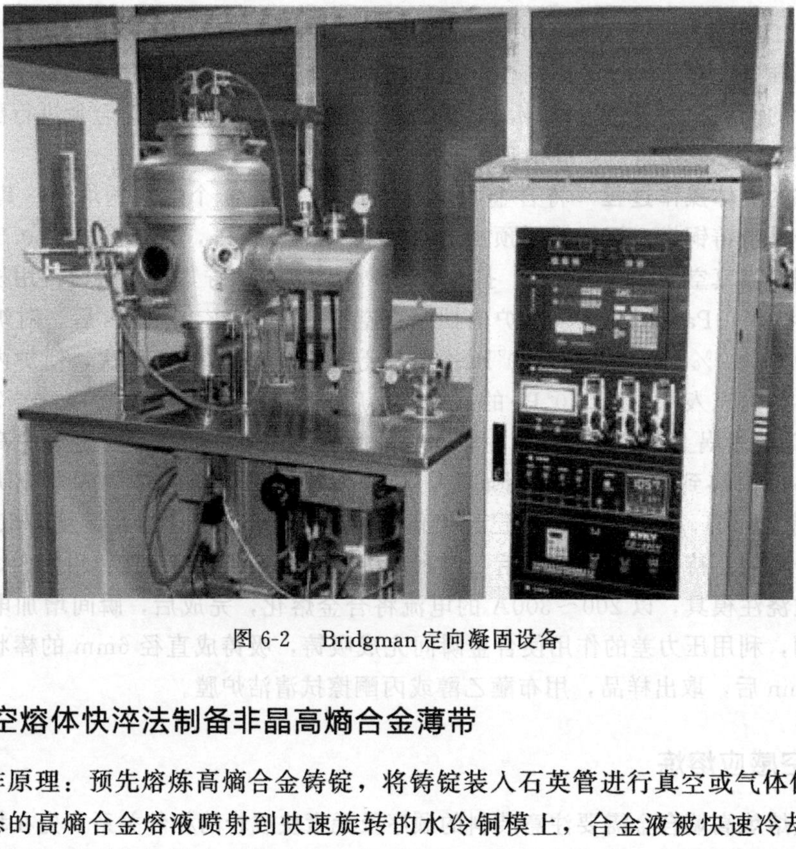

图6-2　Bridgman定向凝固设备

## 6.2.6　真空熔体快淬法制备非晶高熵合金薄带

基本工作原理：预先熔炼高熵合金铸锭，将铸锭装入石英管进行真空或气体保护下的再熔化，将过热态的高熵合金熔液喷射到快速旋转的水冷铜模上，合金液被快速冷却形成非晶薄带。高真空单辊旋淬系统包括合金熔炼和通体喷射快速凝固成薄带两个制备过程，系统示意如

图 6-3 所示。此设备主要包括由德国 Johanna Otto Gmbh 公司生产的真空系统（最佳真空度可以达到 $5\times10^{-3}$Pa）、压力系统和高频感应电源系统。其中压力系统主要由压力罐组成，其作用是在石英管内部和外部形成一个喷射压力差 $\Delta p=p_1-p_0$ 使得熔体能够喷射出来，这个压力差是利用腔体（压力为 $p_0$）和压力罐（压力为 $p_1$）产生的；合金熔化所需要的热量由高频电源系统所产生的高频感应热提供，可以用来加热及熔化母合金；石英管中的合金在感应线圈的高频感应加热作用下熔化，利用石英管和炉腔内部的压力差 $\Delta p$ 将合金从石英管底部的小孔中喷射到高速旋转的铜辊上，在这个过程中合金的冷却速率可以达到 $10^5\sim10^6$K/s，合金迅速冷却形成薄带。

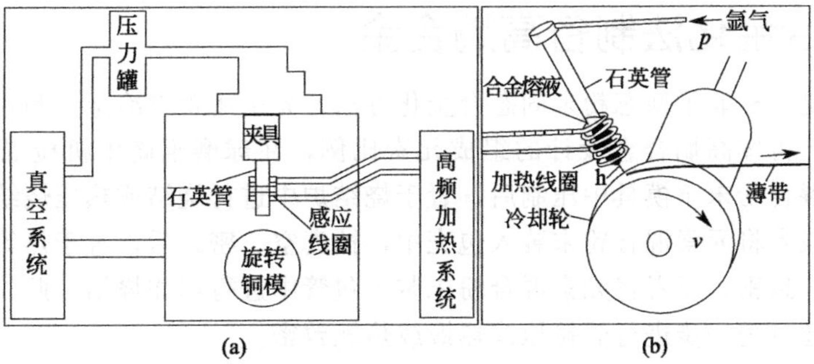


图 6-3　真空旋淬系统简图 (a) 和甩带过程示意图 (b)

图 6-4　一种甩带法制备非晶的装置

薄带的制备过程大致如下：首先将真空熔炼好的纽扣锭破碎成小块，选取适当大小的合金块装入石英管中，石英管的一端在砂轮机上加工出直径为 1 mm 左右的圆孔，然后通过调整连接石英管的升降系统，使合金块置于感应线圈正中间位置。打开真空系统将腔体真空抽至低于 $5\times10^{-3}$Pa，然后向炉内冲入保护气体 Ar 气至大约 −0.05MPa。通过调节喷射气流流量，使喷射系统的内外压力差达到 0.06MPa；调整铜辊转速（线速度为 30m/s，铜辊转速为 2600r/s），调节感应电源，加热电流使铸锭熔化，迅速调节升降系统，使石英管底部降低至距离铜辊表面一定距离处；然后打开喷射开关，在石英管内部熔化的金属溶液被喷射到高速旋转的铜辊表面，在离心力的作用下金属溶液快速凝固并脱离，即可得到具有一定厚度和一定宽度的合金薄带，如图 6-4 所示。

熔体快淬法有以下工艺要点：首先，合金薄带的冷却速率可以通过调整铜辊的转速和合金的喷射压力来调节；其次，关于合金熔液的温度问题，合金熔液的温度越高，想要得到同样厚度薄带所需铜辊的冷却速率越高。为了使熔体有较大流动性，一般要求合金熔液有一定过热度，以高于熔点1000℃为宜；关于石英管的喷嘴形状问题，石英管喷嘴的形状对薄带尺寸具有直接影响，一般宽度3mm以下的薄带需要圆形小孔，更宽的薄带要求狭长形状的喷嘴；直径过小的喷嘴不容易控制熔液的连续平稳流动，而太大的喷嘴可能导致熔体的“自流”。此外，合金喷射时，石英试管底部小孔与铜辊的距离也是关键因素。在本文的熔体旋淬试验中，这一距离被控制在1mm。

## 6.3 机械合金化法制备高熵合金

机械合金化是一种非平衡态粉末固态合金化方法。先采用粉末冶金法制备多主元高熵合金各组成元素粉末，再按高熵合金设计的组成元素比例，在球磨辊筒中机械混合均匀各元素粉末，然后将元素混合粉末于模具中压制后，置于烧结炉中进行烧结或热压烧结或放电等离子烧结成形为块体，或者将元素混合粉末装入包壳中，抽真空、密封后，置于热等静压机中进行热等静压烧结成形、致密，或者将元素混合粉末装入包管中进行爆炸烧结。此外，对烧结成形的块体高熵合金，还可进一步进行热挤压或热锻或热轧致密。

运用机械合金化法制备高熵合金，有利于扩展各主元间的固溶度，比熔铸方式更有利于高熵合金固溶体的形成，可制备晶粒细小、性能优良的高熵合金块体。机械合金化法的不足之处是合金粉末在球磨过程中，可能受到来自球磨介质、球磨罐内气氛和过程控制剂等的污染，引入的杂质也可能在球磨过程中与粉末反应形成新的物相。杂质污染高熵合金会改变合金的相组成和结构，降低合金的塑性、韧性。在制备合金元素粉末、混粉以及烧结过程与球磨过程中必须严格控制和减少对粉末的污染，可在真空下或惰性气体等保护下进行，以免发生氧化或氮化。

机械合金化法被引入到高熵合金的制备过程中明显扩展了高熵合金的制备与应用范围。

Chen等[1] 用机械合金化的方法制备了$Cu_{0.5}Ni$、$Cu_{0.5}NiAl$、$Cu_{0.5}NiAlCo$、$Cu_{0.5}NiAlCoCrFeTi$、$Cu_{0.5}NiAlCoCrFeTiMo$二元到八元高熵合金粉末，并对其形成过程进行了研究，发现二元合金为FCC相，三元合金为BCC相，球磨60h后合金仍保持晶态结构。四元及更多主元的合金在球磨过程中最先形成FCC相，但是随着研磨时间的延长，FCC相转变为非晶相。

印度学者Varalakshmi S. 等[2] 在2008年率先发表了机械合金化法制备AlFeTiCrZnCu高熵合金的研究成果。合金粉末高能球磨20h，形成了单一BCC结构的固溶体，其化学成分很均匀，晶粒尺寸约为10nm；在保护气氛下冷压、烧结得到的合金块体，保持BCC结构固溶体纳米晶粒，其硬度为2GPa。2010年他们又分别采用真空热压和热等静压对机械合金化并对AlFeTiCrZnCu高熵合金粉末进行固结。结果表明，以采用热等静压制备的合金块体致密度最高，力学性能最优。真空热压成形的合金块体硬度为9.50GPa、压缩强度为2.19GPa；采用热等静压制备的合金块体硬度为10.04GPa，压缩强度为2.83GPa。

国内武汉理工大学傅正义等[3] 在2009年采用机械合金化法制备了CoCrFeNiCuAl高熵合金。X射线衍射分析显示，球磨42h后的粉末完全合金化，形成过饱和固溶体；球磨60h的粉末颗粒平均尺寸小于5$\mu$m，在高分辨透射电镜上可观察到其晶粒大小在50nm以下。合金化粉末最终形成以BCC为主相，FCC为次相的固溶体。机械合金化法制备的CoCrFeNiCuAl合金粉末在500℃以下热稳定性良好，600℃以上开始出现相变。合金粉末高温退火处理后，其晶体结构与电弧炉熔铸类似。2010年，他们又采用机械合金化技术制备出CoCrFeNiTiAl高熵合金粉末，通过放电等离子烧结制得合金块体，合金块体的相对致密度达到98%，维氏硬度为432HV。

## 6.4　制备高熵合金薄膜

制备高熵合金薄膜可采用现有制备普通合金薄膜的工艺方法。

**(1) 物理气相沉积法**

① 真空磁控溅射法　在真空下，电磁场调控等离子束，扫描、轰击高熵合金靶材，使其表层金属各组成元素呈原子态或离子态溅射飞出，然后碰撞基板表面并吸附、沉积于基板上，可使基板薄层覆盖一定厚度的高熵合金薄膜。基板温度对薄膜的性质有很重要影响，通常需要适当加热基板，使得吸附原子具有足够能量，可以在基板表面自由移动，以形成微观厚度均匀的薄膜。溅射方式有平衡磁控溅射、非平衡磁控溅射、反应磁控溅射、中频磁控溅射、脉冲磁控溅射等。

这个过程实际上是入射粒子（通常为离子）通过与靶材碰撞，进行一系列能量交换的过程；而入射粒子能量的95%用于激励靶中的晶格，只有5%左右的能量是传递给溅射原子。在磁控溅射的过程中，入射粒子通常为经过高压电场击穿的Ar气电离形成的等离子态，而磁控溅射是指利用磁场和电场控制Ar离子的运动轨迹，使其更多地轰击到靶材上，使靶材中更多的原子被激发出来，提高沉积效率。

② 热蒸发沉积　在真空、高温下，使原料高熵合金的各组成元素呈原子态挥发后，碰撞到冷却基板上并吸附、沉积于基板上。将原料高熵合金加热到高温的方法可以是电阻加热、电磁感应加热、电子束加热、离子束加热、激光加热等。高熵合金主元的挥发条件应相近，需防止在元素挥发、沉积过程中，由于易挥发轻元素被部分抽出而损失，使得到薄膜的化学成分相对于原料发生明显变化及薄膜不是高熵合金；也需要防止制得的薄膜沿厚度方向出现化学成分偏差。高熵合金薄膜的厚度可控制，可以得到微米或纳米晶粒的薄膜。

**(2) 熔覆法**

① 热喷涂　使用燃气喷涂装置，将预先制备的高熵合金粉末装入料仓，通过料仓出料口后，在下落中被燃气喷枪喷出的火焰快速烧熔，并喷落于工件表面，凝固后形成薄膜。此法会产生少量金属氧化物杂质，不适用于含易氧化主元的高熵合金粉末制备薄膜。

② 熔液快速浸覆法　将待覆薄膜的低温工件或基板快速浸入高熵合金熔液中，短时间后快速取出，即可在工件或基板表面形成高熵合金薄膜。

③ 甩带法　将高熵合金熔液浇于高速运动的铜滚轮表面，快速冷凝固形成带状薄膜。

④ 激光熔覆　激光熔覆法是指以不同填料的方式在熔覆基体表面放置被选择的涂层材料，利用激光进行辐照，使涂层材料和基体表层同时熔化；并且通过快速凝固，形成稀释度极低且与基体进行冶金结合的表面涂层（图6-5）。这种方法的优点是可以对材料表面进行改性和修复，显著地改善基层表面的耐蚀、耐磨、抗氧化及电气特性等，从而满足不同作业环境下对材料表面特定性能的要求，同时节约材料。激光熔覆的稀释度小，组织致密度高，涂层材料与基体结合好，材料种类多及粒度变化范围大，但由于尺寸及成本的限制，这种方法不适宜于大面积喷涂。

⑤ 熔液离心覆凝法　将高熵合金熔液倒入高速旋转的待覆薄膜的基板或工件的低温、回转形内腔面的底部，其在离心力作用下沿环形内腔面铺开并快速冷凝成为薄膜。最好将基板或工件的环形内腔抽真空，以防氧化。控制薄膜厚度及其高度方向的均匀性是一个难题。

⑥ 电弧堆焊　采用电弧焊枪等装置，以高熵合金丝为消耗电极（阴极焊条），以待覆膜零件为阳极，利用高能电弧熔融高熵合金丝。其高熵合金液滴流在电场加速及等离子气电弧的冲击下，飞向待覆膜零件表面并冷凝于表面上，使电弧及高熵合金液滴流快速扫描冲击待覆膜零件表面，即可形成高熵合金覆膜，对其打磨后即为薄膜。在真空下进行此过程可防氧化。

图 6-5 典型激光熔覆制备方法

⑦ 激光 3D 打印法 采用激光加热的 3D 打印装置，将高熵合金粉末加热熔融后打印到基板或工件表面成为精确控制平面造型及厚度的薄膜。在真空中进行，更有利于防止氧化及防止氧化物杂质生成，速冷凝固，可得到纳米或微米晶粒的薄膜。

**(3) 化学气相沉积** 可使用 3～5 种分别含有所需制备的高熵合金薄膜组成元素的某种化合物，在 3～5 种反应气体中，进行热挥发及还原反应，产生高熵合金组成元素的气体；然后沉积于基板上，形成高熵合金薄膜。此种方法制得化学成分符合要求的高熵合金薄膜的难度较大。

**(4) 铺粉真空烧结法** 将高熵合金粉末预先铺展在基板表面上形成均匀薄层，抽真空，加压烧结成为致密的高熵合金薄膜。可采用压板机械加压，或采用覆袋包覆后袋内抽真空、袋外压气加压的方法。

激光熔覆高熵合金制备薄膜：激光熔覆设备采用 TJ-HL-T500 横流式 $CO_2$ 激光成套加工机床，熔覆基体材料为 Q235 钢，熔覆涂层材料为 $FeCoNiCrAl_2Si$，采用纯度高于 99% 的 Fe，Co，Ni，Cr 和 Al 粉及硅铁粉末［Si 含量为 77%（质量分数）］的混合粉[4]。在球磨辊筒中将混合粉末研磨均匀后，涂覆在基材表面，厚度为 1.5～1.8mm。熔覆中用 Ar 作保护气体，熔覆参数为：激光功率 2.0kW，扫描速率 400mm/min；光斑直径 4.5mm。将熔覆薄膜后工件在 Ar 保护下分别于 600～800h 和 1000℃退火 5h。

磁控溅射制备高熵合金薄膜（其原理图和设备图如图 6-6 和图 6-7 所示）：先制备镀膜靶材，浇铸得到直径为 260mm 的圆柱形高熵合金铸锭，用线切割加工成直径为 60mm、厚度为 5mm 的镀膜靶材，膜衬底选择高纯石英玻璃。用 FJL-560A 型双室磁控溅射设备（图 6-8）镀膜，在镀膜之前先用去离子水初步清洗玻璃衬底，再用丙酮和无水乙醇进一步清洗，晒干待用。把衬底和靶材放入溅射室中特定位置，关闭溅射室。利用机械泵对溅射室抽低真空至低于 15Pa 后，打开电磁阀和分子泵，旋闸板阀至接近完全旋开，对溅射室抽高真空达 $3\times10^{-4}$～$5\times10^{-4}$Pa 后，打开气体流量计电源，清洗和调控 2～3 次，调节到镀膜所用的气流量。将偏压调节到设定值，调节电流和电压，将功率调节为设定值。先预溅射 15min，除去靶材表面的杂质，然后在衬底上镀膜，溅射时间为 2h。溅射完毕后，冷却 0.5h 取样。

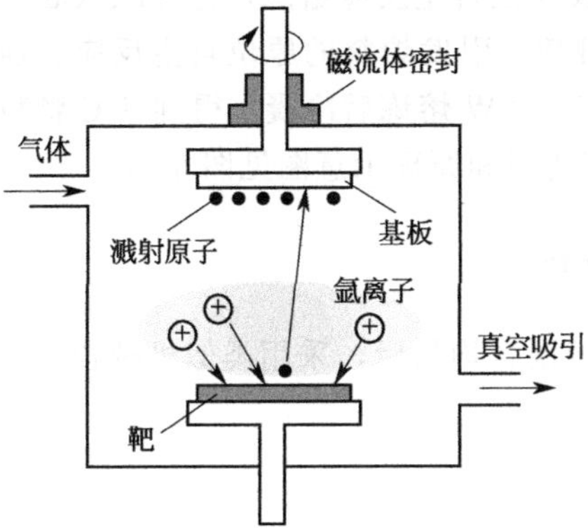


图 6-6　真空磁控溅射原理示意图

图 6-7　一种真空磁控溅射装置

## 6.5 “高通量法”制备高熵合金

已用于制备高熵合金薄膜材料，可一次制备出 24 个样品。现正致力于研究一次制备出 100 个块体高熵合金样品。与此同时，进行批量样品的化学成分设计、组织筛选、性能测试分析，大幅提高了新型高熵合金的研究开发效率。

## 6.6 高熵合金复合材料的制备

### 6.6.1 原位自生合成反应制备薄膜

原位自生合成反应制备薄膜是指将高熵合金基本组成元素或原料与反应物料（气体或固体或熔体）混合熔炼或烧结，引发原位自生反应生成增强相分布于基体高熵合金中，制备预定增强相分布于高熵合金基体中的复合材料。

制备过程如下：制备 AlOs-$TiC_y$（$y=5,10,15$）复合材料，增强相原料是纯度为 99.9%的 Ti 粉和纯度为 99.0%的活性炭粉。在 Ti、C 粉中加入一定比例的可提高压制性的 Cu 粉。在行星式球磨机中对混合粉体混磨 10h（130r/min），以便充分混合。混合粉冷压制块（Ti-C-Cu 预制

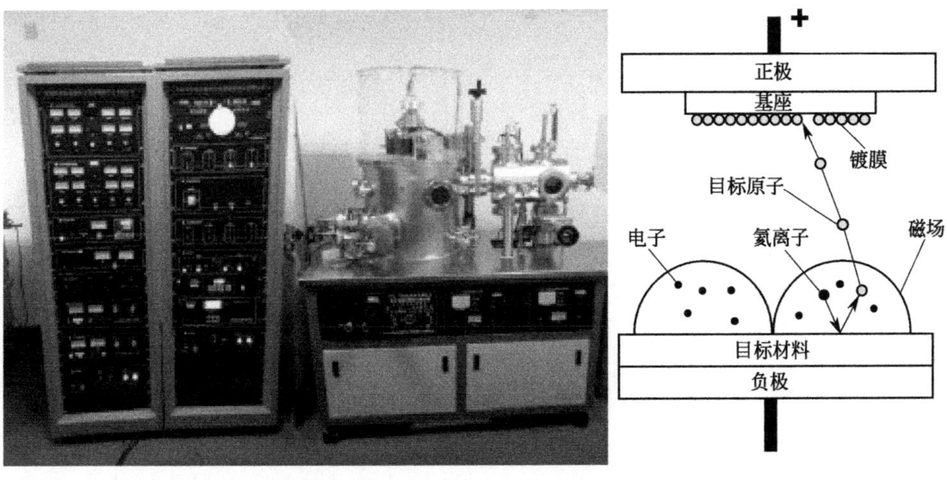


图 6-8　FJL-560A 型双室磁控溅射设备实物图（a）和原理示意图（b）

块)，采用水冷铜坩埚真空电磁感应熔炼，先进行熔化及原位自生反应熔炼，将 Ti-C-Cu 预制块置于基体混合粉体压块之上，缓慢增加设备功率至 30kW，引发炉料的原位自生反应。通过观察窗观察反应完，再进行混合均匀熔炼，增加功率至 110 kW 熔炼后冷凝，得到 TiC 颗粒增强高熵合金复合材料。FJL-560A 型双室磁控溅射设备实物图和原理示意图见图 6-8。

### 6.6.2 机械合金化法制备陶瓷高熵合金复合材料

将高熵合金粉与增强相（颗粒或纤维、晶须）机械混合均匀后，采用类似机械合金化法制备高熵合金的工艺方法可制备高熵合金复合材料。

## 6.7 高熵合金的热加工

高熵合金的相变与显微结构的变化温度通常在 500～1500℃之间，并可在外力作用下发生形变。对高熵合金可进行如同常规金属材料的各种压力加工及热处理等。高硬度的高熵合金的延伸率较低，一般只适用于进行压缩性显著变形加工。

## 参 考 文 献


[1] Chen Y L，Hu Y H，Hsieh C A，et al. Competition between elements during mechanical alloying in an octonary multi-principal-element alloy system [J]. Journal of Alloys & Compounds，2009，481 (1)：768-775.

[2] Varalakshmi S，Kamaraj M，Murty B S. Synthesis and characterization of nanocrystalline AlFeTiCrZnCu high entropy solid solution by mechanical alloying [J]. Journal of Alloys & Compounds，2008，460 (1)：253-257.

[3] Zhang K B，Fu Z Y，Zhang J Y，et al. Nanocrystalline CoCrFeNiCuAl high-entropy solid solution synthesized by mechanical alloying [J]. Journal of Alloys & Compounds，2009，485 (1)：L31-L34.

[4] 张晖，周潘冶，何宜柱．激光熔覆 $FeCoNiCrAl_2Si$ 高熵合金涂层 [J]．金属学报，2011，47 (8)：1075-1079.

# 第 7 章 高熵合金的组织特征

## 7.1 高熵合金的凝固原理

与纯金属不同，单相合金的凝固过程一般是在一个固液两相共存的温度区间完成。在平衡凝固过程中，这一温度区间从平衡相图中的液相线温度开始，至固相线温度结束。随着温度的变化，固相成分按固相线变化，液相成分按液相线变化。凝固过程中必有传质过程发生，即固液界面两侧将不断发生溶质再分配。而实际上要达到平衡凝固是极困难的，特别是在固相中，成分的均匀分布是靠原子的扩散来完成，所以溶质在大范围内是不可能达到均匀分布的；同时，在液相中溶质原子均匀混合也存在两种机制，即扩散与液体的流动。在无搅拌的作用下，液相也很难达到均匀，扩散传输不能将凝固过程中所排出的溶质同时传输到对流液体中。因此，在凝固界面处产生了溶质的富集。由于液相成分的不同，导致理论凝固温度的变化，即成分过冷。合金凝固与纯金属不同，除“热过冷”的影响外，更主要的是受到“成分过冷”的影响。在无成分过冷或负温度梯度时，金属和纯金属一样，液-固界面为树枝状形态。在正的温度梯度时，晶体的生长方式具有多样性：当稍有成分过冷时为胞状生长；随着成分过冷的增大(即温度梯度的减小)，晶体由胞状晶变为柱状晶、柱状枝晶和等轴枝晶。其中，单相合金形成柱状树枝晶的条件为：

$$\frac{G_L}{R} \leqslant \frac{m_L c_0 (1-k_0)}{D_L k_0} \tag{7-1}$$

式中，$G_L$ 为液-固界面前液相中的温度梯度；$R$ 为凝固速率；$m_L$ 为液相线的斜率；$k_0$ 为溶质平衡分配系数；$D_L$ 为液相中溶质的扩散系数；$c_0$ 为合金的溶质浓度。

高熵合金无序固溶体的凝固过程与传统单相合金的凝固相似，只是高熵合金中元素种类多，各主元浓度相当。当其形成单相固溶体时，一般认为合金主元在晶格中随机占位，不存在固定溶剂，所有元素均可看成为溶质，因此多主元高熵合金的溶质浓度很高。由式(7-1) 可以看出，在其他条件不变的情况下，随着合金的溶质浓度 $c_0$ 的增加，合金中成分过冷的倾向越大。此外，高熵合金具有缓慢扩散效应，即使在液态情况下，由于高混合熵的作用，原子扩散速率降低，即 $D_L$ 减小，这就同样增大成分过冷的倾向。于是，在多主元合金的凝固过程中，成分过冷就不可避免；而且在很多情况下，成分过冷的程度还很大。所以，液-固界面的平面生长被破坏，树枝晶沿着优先结晶的生长方向形成，通常一次枝晶臂的生长方向与热流方向平行。如果成分过冷区足够宽，二次枝晶在随后的生长过程中又会在前端分裂出三次枝晶。这样不断分枝的结果导致在成分过冷区迅速形成树枝晶骨架。在构成骨架枝晶的固液两相区，随着枝晶的长大和分枝，剩余液相的溶质不断富集，熔点不断降低，致使分枝周围熔体的过冷很快消失，分枝便停止分裂和生长。由于无成分过冷，分枝侧面往往以平面生长方式来完成其凝固过程。

# 7.2 高熵合金的组织

高熵合金中虽然元素种类众多，然而其经常形成简单的固溶体相结构，如简单的 FCC 或 BCC 结构的固溶体。目前已有研究发现了 HCP 结构的固溶体。此外，对于不同元素体系的高熵合金，非晶相、金属间化合物等其他相也会出现，从而形成不同的显微组织。因此，高熵合金的相结构和显微组织主要受到成分的影响，其次还要考虑制备工艺的影响。对于传统铸造工艺，例如电弧熔炼制备的高熵合金，由于存在元素偏析，合金组织一般呈现树枝晶形貌。此外，不同形状的第二相颗粒、调幅分解组织、共晶组织等也会经常出现。采用特殊工艺，例如定向凝固技术，合金可以生长为柱状晶或者单晶；采用机械合金化技术可以得到非晶态高熵合金。本章对已有研究中出现的高熵合金的相结构和显微组织进行分析总结，其具体的相形成规律以及制备工艺将在以后的章节中进行详细阐述。

## 7.2.1 单相单晶组织

所谓的单晶即结晶体内部的微粒在三维空间呈有规律、周期性排列；或者说晶体的整体在三维方向上由同一空间格子构成，整个晶体中质点在空间的排列为长程有序。还可以说，在宏观尺度范围内单晶不包含晶界，单晶为一个晶粒。与单晶相对的，是众多晶粒组成的多晶。单晶的制备与研究是伴随高温合金的发展而发展的。由于晶界是高温形变时的薄弱环节，变形过程中晶界最先软化，因此消除或减少晶界可以有效提高合金在高温下的力学性能。此外，材料的磁性能也与晶粒尺寸以及晶界的密度密切相关。晶界会严重阻碍磁畴壁的运动，从而使得合金矫顽力升高。对于优异的软磁材料而言，矫顽力越小越好。所以，增大晶粒尺寸、减少晶界可以有效减小矫顽力。因此，制备单晶体，不仅可以提高合金的高温力学性能，还有助于磁性能的改善。目前，张勇课题组最先使用 Bridgman 定向凝固技术制备出 FCC 结构的 $CoCrFeNiAl_{0.3}$ 高熵合金单晶体[1]。Bridgman 定向凝固后的 $CoCrFeNiAl_{0.3}$ 样品示意图以及各个区域对应的光学显微组织如图 7-1 所示。整个样品由未熔化区、过渡区以及定向凝固区组成。在底部未熔化区，合金保持吸铸后的树枝晶形貌，枝晶向各个方向延伸。在过渡区，树枝晶向等轴晶转变，晶粒大小在 50～300$\mu$m 范围内。这种形貌的转变可以归结为以下原因：①具有较低熔点的枝晶区域由于热扩散作用发生重熔，枝晶区域受到热影响从而促进枝晶的生长和粗化；②大的 $G/v$（温度梯度/晶体生长速率）使得平面凝固得以保持，从而促进等轴晶的形成；③吸铸后

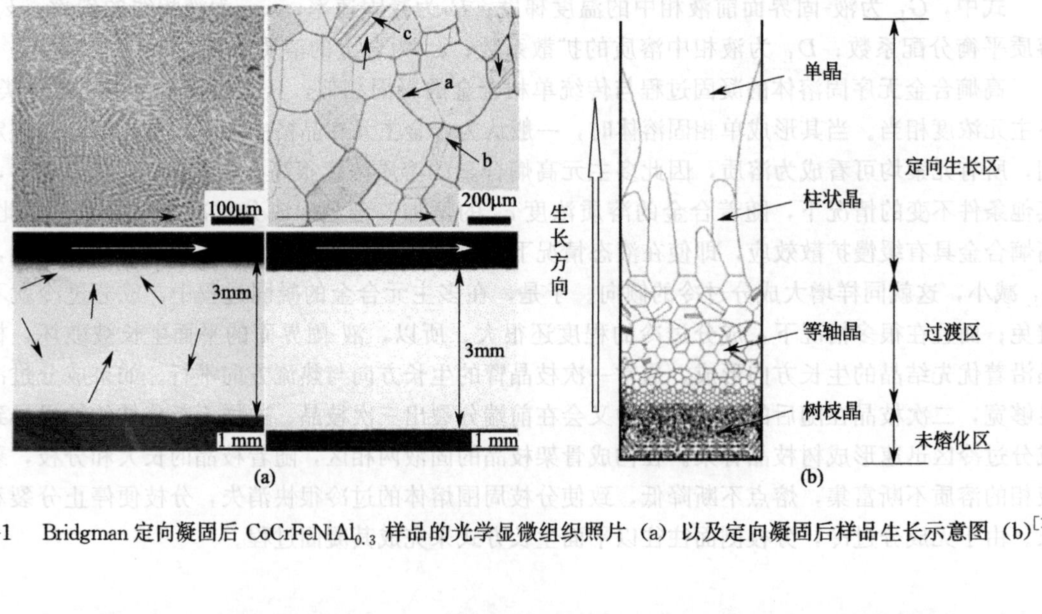


图 7-1 Bridgman 定向凝固后 $CoCrFeNiAl_{0.3}$ 样品的光学显微组织照片 (a) 以及定向凝固后样品生长示意图 (b)[1]

样品内部的残余热应力促进枝晶向等轴晶的转变。此外，在等轴晶晶粒内部可以观察到许多退火孪晶，这说明合金内部层错能比较低。在过渡区之后，合金进入了完全熔化区。此时，合金由等轴晶转变成为柱状晶，最后发展为单晶。这源于晶粒生长出现择优取向，即与晶体生长方向具有一定倾角的晶粒优先生长，其他晶粒受到排挤，从而被吞并消失。单晶体的生长要受到以下因素的影响：①适当的温度梯度；②缓慢的晶体生长速率；③高的真空度；④沿着晶体生长方向发生温度的热扩散。为了使得整个样品均为单晶，在第一次抽拉结束后将样品翻转180°，进行二次抽拉，即二次定向凝固。二次定向凝固的实验过程与第一次完全相同，让样品底端的单晶区处于未熔状态。其原理与籽晶法相似，利用结构相似性，金属熔液从未熔区开始向金属熔液中生长，液相原子与未熔部分原子形成完全共格界面，原子面的堆垛成为未熔区原子堆垛面的一种延续，样品经过二次择优取向后趋向单一化。图 7-2 为 $CoCrFeNiAl_{0.3}$ 合金的 EBSD 图，该单晶体具有明显的（001）取向，这与传统的 Ni 基高温合金相同。其晶界均属于小角晶界，且晶界角大部分在 2°之内，这更好地证明了经过二次抽拉得到的晶体为单晶体[2]。

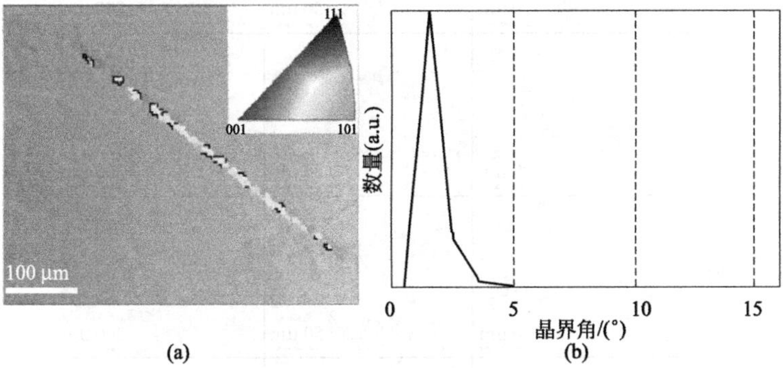


图 7-2　$CoCrFeNiAl_{0.3}$ 单晶高熵合金的 EBSD 图[2]

(a) 晶体取向图；(b) 晶界角度分布图

## 7.2.2　单相多晶组织

高熵合金的相结构和显微组织主要受到成分的影响，其次还要考虑制备工艺的影响。对于传统铸造工艺，如电弧熔炼制备的高熵合金往往是由多个晶粒组成，形成等轴晶或柱状晶组织。固溶体通常以树枝状生长方式结晶，当其凝固过程接近平衡凝固时，合金会得到均匀的单相固溶体，此类凝固过程需要实现在每一温度下液相内、固相内的均匀扩散以及固相的均匀长大。然而，在实际凝固过程中，由于冷却速率较快，在每一温度下不能保证足够的扩散时间，使得凝固过程偏离平衡条件，导致先结晶的枝干和后结晶的枝间的成分不同，从而出现枝晶偏析。

CoCrFeMnNi 是目前研究最为广泛的单相 FCC 固溶体合金。铸态下，该合金为等轴晶组织，由于五种合金元素性质相近，凝固过程中不会出现明显的成分偏析。为了研究该合金的相稳定性，以及显微组织转变，采用了各种处理工艺，例如热等静压、锻造、冷轧以及之后不同温度的热处理、时效等。图 7-3 为 CoCrFeMnNi 合金在不同程度冷轧后在 800℃、900℃、1000℃热处理 1h 后的背散射组织照片[3]，可以看出，热处理后的合金均为等轴晶组织，晶粒清晰可见。研究发现，在 800℃热处理 1h 后，只有大压下量（压下量为 61%、84%、92%、96%）的样品发生了完全再结晶；当温度升高时，合金发生完全再结晶所需的压下量不断减小。当合金的压下量≥80%，且在 800℃时发生完全再结晶，则晶粒大小几乎不受压下量的影响，晶粒尺寸保持在4～5$\mu$m。在1000℃发生完全再结晶后，晶粒大小随着压下量不同而在44～109$\mu$m之间变化。总之，在发生完全再结晶的情况下，晶粒的大小随着热处理温度的升高而增大，且随着压下量的增大而减小。再结晶后，晶粒的长大符合晶粒长大指数定律。晶粒长大指数 $n=3$，激活能 $Q=325$kJ/mol。此外，再结晶后晶粒内出现了很多退火孪晶。随着热处理温度的升高（1000℃除外）以及压下量的增大，孪晶界所占的百分比不断增大。然而，当轧制后的晶粒发生完全再结晶后，其在不同温度下长大时，每个晶粒中孪晶的密度以及孪晶界所占晶界的百分比只与晶粒的大小有关，与热处理工艺无关。这符合晶粒生长过程中Fullman-Fisher型孪晶的形成规律。在此之前，Liu等[4] 研究发现CoCrFeMnNi合金的硬度与晶粒大小间的关系满足霍尔-佩奇关系式。

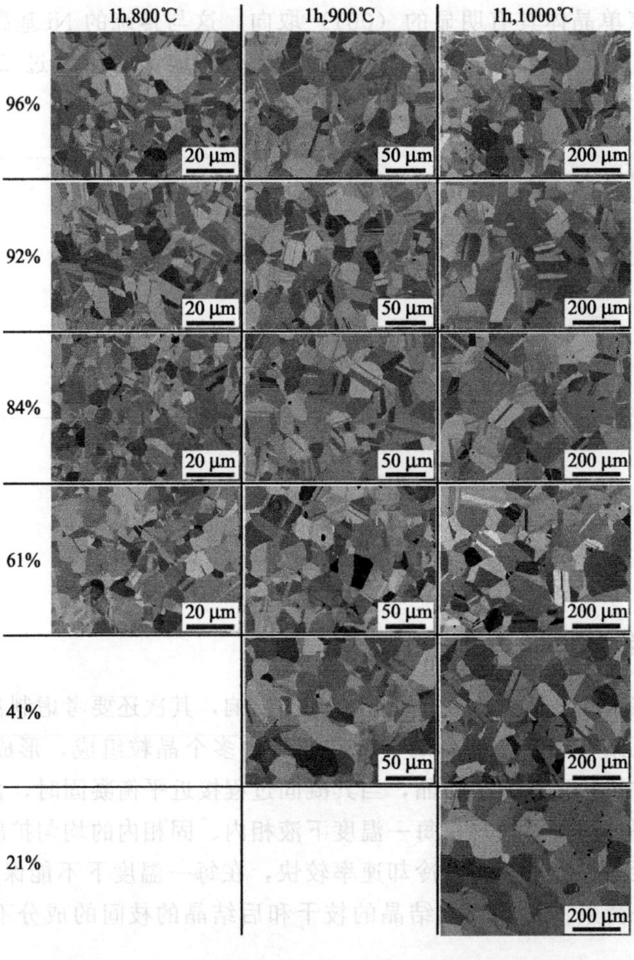


图7-3　CoCrFeMnNi合金在不同程度冷轧后在800℃、900℃、1000℃热处理1h后的背散射组织照片[3]

由于BCC结构的高熵合金往往具有很高的屈服强度和断裂强度，开发和研究单相BCC结构的高熵合金成为高熵合金的研究重点。Senkov等[5] 通过成分设计开发出了多种耐热高熵合金，例如WNbMoTa和WNbMoTaV，其X射线衍射（XRD）图谱如图7-4所示。由于这几种元素的原子半径以及价电子浓度非常接近，这两种合金均形成了单相BCC结构。背散射图像(图7-5) 显示，WNbMoTa和WNbMoTaV均为多晶组织。WNbMoTa的晶粒较大，晶粒直径在200$\mu$m左右；WNbMoTaV的晶粒比较细小，晶粒直径约80$\mu$m。在两种晶粒内部可以看到轻微程度的成分差异，即树枝晶形貌。通过成分分析发现，Ta 在两种合金中的分布比较均匀，W 在枝晶区分布较多，Mo、V、Nb 三种元素偏聚于枝晶间。这说明合金发生了非平衡凝固。元素偏析的程度会随着固液线的温度区间的增加而增大。此外，其还受到元素的熔点以及凝固速率的影响。然而，由于一个树枝晶是由一个核心结晶而成的，枝晶偏析属于晶内偏析，其在热力学上是不稳定的，通过后续的均匀化退火或者扩散退火，即在固相线以下较高的温度经过长时间的保温使原子充分扩散，从而消除枝晶偏析。

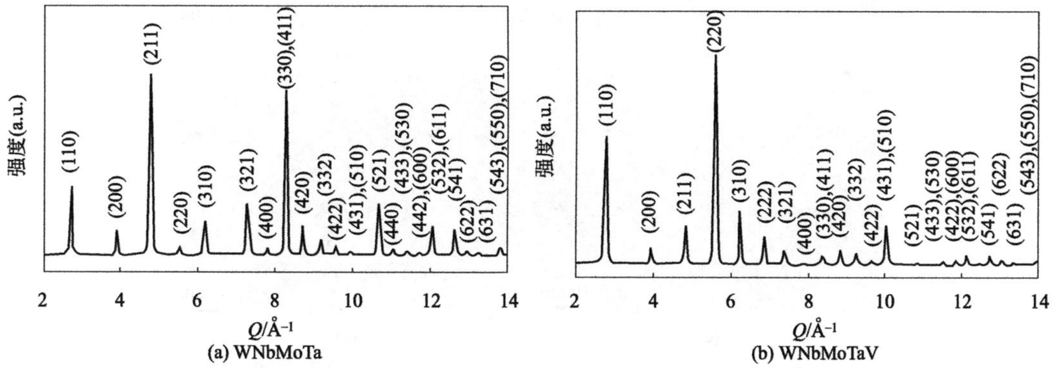


图 7-4　WNbMoTa 和 WNbMoTaV 合金的 XRD 图谱[5]

(1Å=0.1nm)

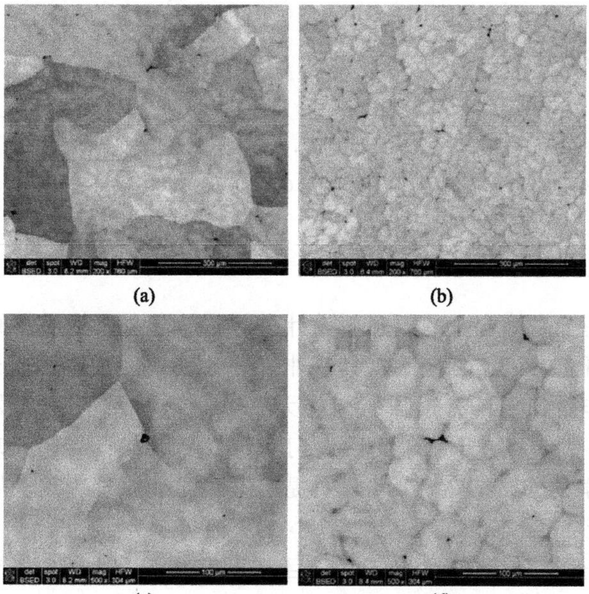


图 7-5　WNbMoTa 和 WNbMoTaV 合金的背散射组织图

(a)、(c) WNbMoTa；(b)、(d) WNbMoTaV

图 7-6 为 BCC 结构的 $NbTiVMoAl_x$（$x$=0,0.25,0.5,0.75,1.0,1.5）多主元合金的微观组织图片。从图 7-6 中可以清晰地观察到，所有合金都呈现出典型的铸造柱状树枝晶组织形貌，且二次枝晶臂近似垂直于一次枝晶臂。这种柱状树枝晶和等轴树枝晶在多主元高熵合金中普遍存在，根据前面所述的合金凝固理论，再根据合金中形成单相固溶体的“成分过冷”的判

据，可以解释多主元合金中倾向于形成柱状树枝晶的原因。

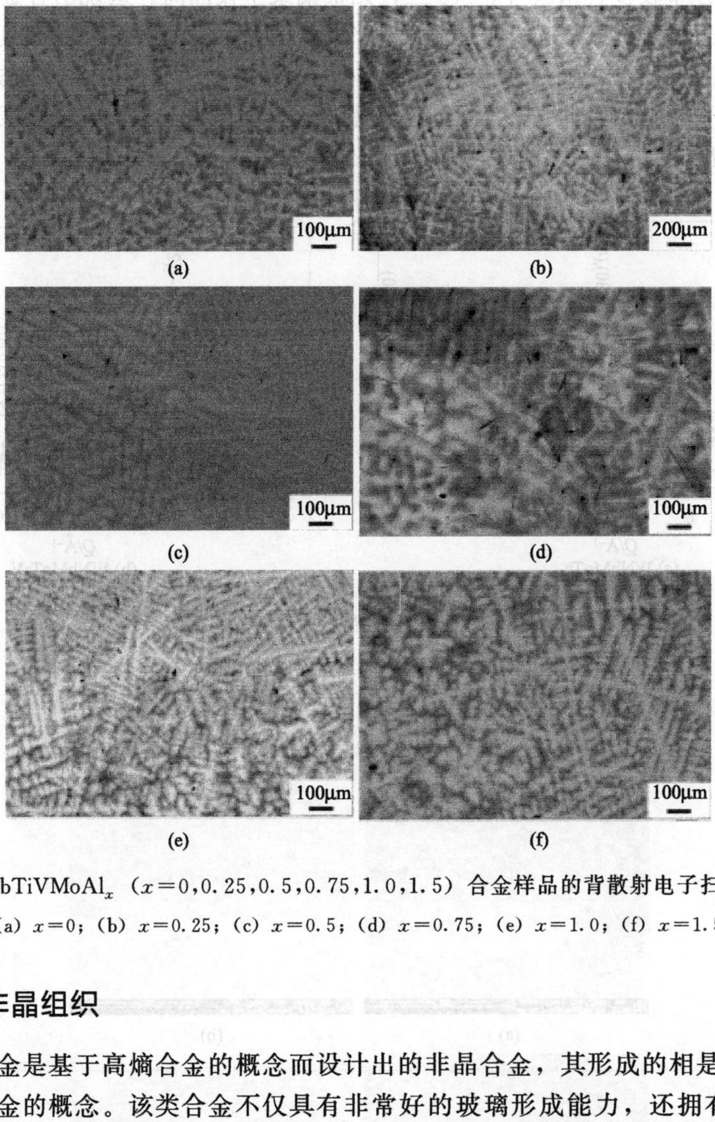


图 7-6 NbTiVMoAl$_x$ ($x$=0,0.25,0.5,0.75,1.0,1.5) 合金样品的背散射电子扫描图片[5]

(a) $x$=0；(b) $x$=0.25；(c) $x$=0.5；(d) $x$=0.75；(e) $x$=1.0；(f) $x$=1.5

## 7.2.3 单相非晶组织

高熵非晶合金是基于高熵合金的概念而设计出的非晶合金，其形成的相是非晶态，其成分特点满足高熵合金的概念。该类合金不仅具有非常好的玻璃形成能力，还拥有很高的混合熵。因此，可以认为高熵非晶合金具有很强的拓扑无序以及化学无序性。最初发现的高熵合金是20世纪90年代大块非晶合金的开发，此后人们都致力于寻找具有超高玻璃形成能力的合金。1993年，英国剑桥大学的Greer在*Nature*上提出了“混乱原理”，他认为：合金的主元数越多，混乱度越高，其形成晶态相的可能性越小，从而容易形成非晶合金。非晶合金的形成还与原子尺寸差、原子混合焓等因素有关。目前已发现了多种非晶态高熵合金。Takeuchi等[6]发现了目前具有最好玻璃形成能力的$Pd_{40}Ni_{20}Cu_{20}P_{20}$合金，通过元素取代法设计出了$Pd_{20}Pt_{20}Ni_{20}Cu_{20}P_{20}$合金，并通过将熔融态合金水淬的方法得到了直径为10mm的棒状非晶合金，其样品形貌及XRD图谱如图7-7所示。可以看出，该棒状样品表面呈现出良好的金属光泽，既没有被氧化也无明显的缺陷存在，XRD图谱表明，该合金形成了单一的非晶相。此外，通过类似的成分取代法，Takeuchi在$Cu_{60}Zr_{40}$的基础上制备出了CuNiPdTiZr非晶合金；Ding和Yao[7]在$(ZrTi)_{40}(CuNi)_{40}Be_{20}$的基础上制备出了BeCuNiTiZr以及ZrTiCuNiBe非晶合金。

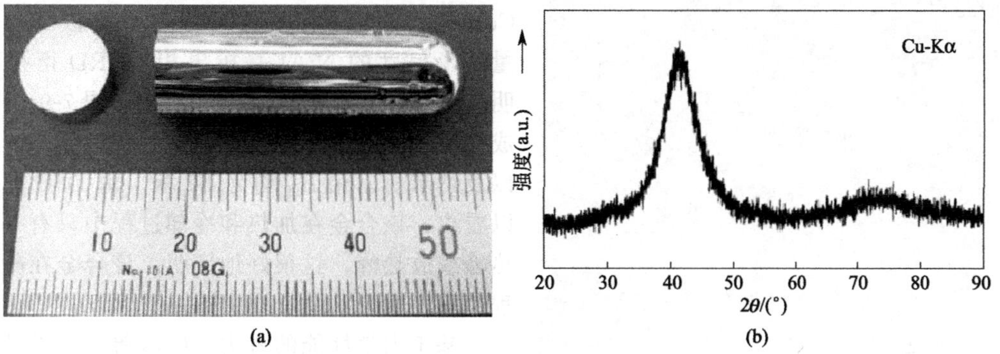


图 7-7 通过 $B_2O_3$ 熔融水淬得到的直径为 10mm 的 $Pd_{20}Pt_{20}Ni_{20}Cu_{20}P_{20}$ 合金棒状样品[6]

(a) 表面与横截面照片；(b) XRD 图谱

Zhao 等[8] 采用感应熔炼以及快速吸铸到铜模的方法制备了 $Zn_{20}Ca_{20}Sr_{20}Yb_{20}(Li_{0.55}Mg_{0.45})_{20}$ 合金。其宽化的衍射峰说明该合金由单一的非晶相组成，合金中不存在晶态相。此外，可以在 DSC 曲线上观察到明显的玻璃化转变温度（$T_g$）以及晶化峰，这与合金的非晶本质相符。该合金具有非常低的 $T_g$ 点（323K），高的比强度，良好的导电性，类似于聚合物的热塑性、可加工性能、超低的弹性模量。其在室温下压缩变形时，表现出了均匀的稳态流变特性，没有任何剪切带的出现。

然而，对于这些高熵合金为何会形成非晶结构，其非晶化是否源于高混合熵效应还不是很明确。高熵非晶合金也可以通过镀膜或者机械合金化的方法制备。Chen 等[9] 在对 BeCoMgTi 以及 BeCoMgTiZn 合金球磨 144h 后发现这两种合金已经完全非晶化。根据 Weeber 和 Bakker 对于机械合金化形成非晶机制的分类，该非晶化过程属于第二种类型，即在非晶化之前没有出现固溶体相以及金属间化合物相。因此推断，高混合熵效应以及严重的形变促进了元素间的互溶，阻碍了金属间化合物的形成。此外，大的原子尺寸差有助于合金形成非晶结构而非晶体结构。

## 7.2.4 多相共晶组织

虽然高熵合金中高的混合熵利于合金形成简单固溶体结构，然而，多种主元间复杂的相互作用往往使得合金由多相构成，包括简单固溶体、有序固溶体、金属间化合物等，从而使合金呈现出不同的显微组织。共晶组织是众多显微组织中非常典型的一种，其形成往往与有序相及化合物相关。共晶合金在铸造工业中非常重要，其原因在于：①共晶合金比纯主元熔点低，简化了熔化和铸造的操作；②共晶合金比纯金属有更好的流动性，其在凝固过程中防止阻碍液体流动的枝晶形成，从而改善铸造性能；③恒温转变（无凝固温度范围）减少了铸造缺陷，如偏聚和缩孔；④共晶凝固可以获得多种形态的显微组织，尤其是规则排列的片层或杆状共晶组织，可能成为优异性能的原位复合材料外。共晶组织还具有独特的高温使用优势，优势有：a. 近似平衡的显微组织，在很高的温度下，组织稳定性好；b. 相界能量低；c. 组织形态可控性好；d. 断裂强度高；e. 缺陷结构稳定；f. 抗高温蠕变能力强；g. 由于共晶组织的形成是等温相变过程，其凝固过程中偏析程度以及缩孔的形成都会在很大程度上得到降低。因此，设计和制备共晶高熵合金具有重要的意义。

Lu 等[10] 采用真空感应炉制备出了 $AlCoCrFeNi_{2.1}$ 共晶高熵合金。其显微组织，如图 7-8 所示，为典型的细小的片层状共晶组织，片层间的距离大约为 2μm。通过成分分析发现，片

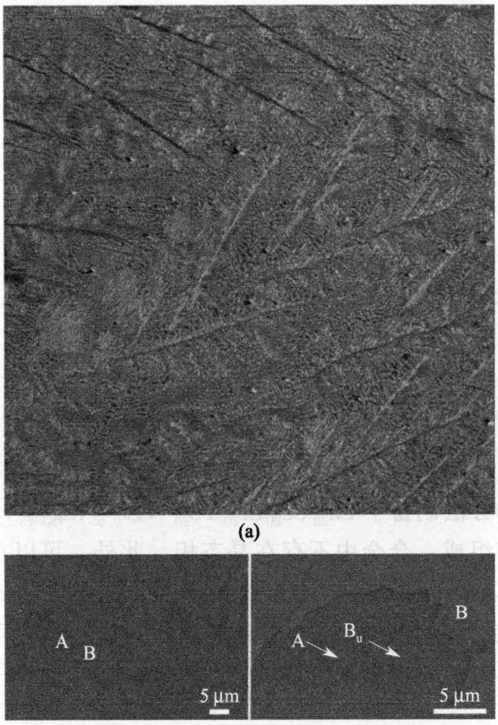


图 7-8 $AlCoCrFeNi_{2.1}$ 合金的显微组织图像[10]

(a) 共聚焦激光扫描的片层状共晶组织照片；(b) SEM 片层共晶组织图像；(c) 是 (b) 放大后的组织照片，A，B 分别为不同片层对应的相，$B_{II}$ 是从 A 中析出的相，其成分与 B 相同

层 B 区域富集 Al、Ni，片层间 A 区域富集 Fe、Co、Cr；同时，在片层间 A 区域弥散分布着大量纳米尺度的 NiAl 基析出相。XRD 衍射谱表明，该合金具有 FCC 和 B2 双相（图 7-9）。结合成分分析可以推断出 A 区域为 FCC 相，B 区域以及纳米析出相 $B_{II}$ 均为 B2 相。由 DSC 曲线可以看出，该合金在加热和冷却过程中只有一个吸热峰或放热峰，这很好地证明了该合金在凝固过程中只发生了共晶反应。

基于力学性能的考虑，Guo 等[11] 设计了不含 Co 元素的 $Al_xCrCuFeNi_2$ 系高熵合金，期待通过价电子浓度高的 Ni 元素取代 Co 来达到塑性与强度的平衡。图 7-10 为该合金系对应的组织形貌。$Al_{1.2}CrCuFeNi_2$ 合金中存在大量均匀分布的棒状第二相，其平均长度约 180nm，除此之外观察不到其他相的存在，这种组织形貌说明该合金接近共晶成分或者在非平衡凝固状态下位于共晶成分范围内。结合 XRD 分析，棒状第二相为 B2 结构，基体为 FCC 结构。$Al_{2.0}CrCuFeNi_2$，$Al_{2.2}CrCuFeNi_2$ 以及 $Al_{2.5}CrCuFeNi_2$ 三种合金显微组织相似，主要由类似于向日葵形状的共晶团组成：花瓣状的片层从中心圆盘区向外辐射，葵花籽状的粒状析出相均匀分布在中心圆盘区。这种组织形貌在传统合金中也很少见到，类似的形貌曾在铸态伪二元共晶合金 NiAl(Ti)-Cr(Mo)（名义成分 Ni-32Al-28Cr-3Mo-4Ti，%，原子分数）中观察到。

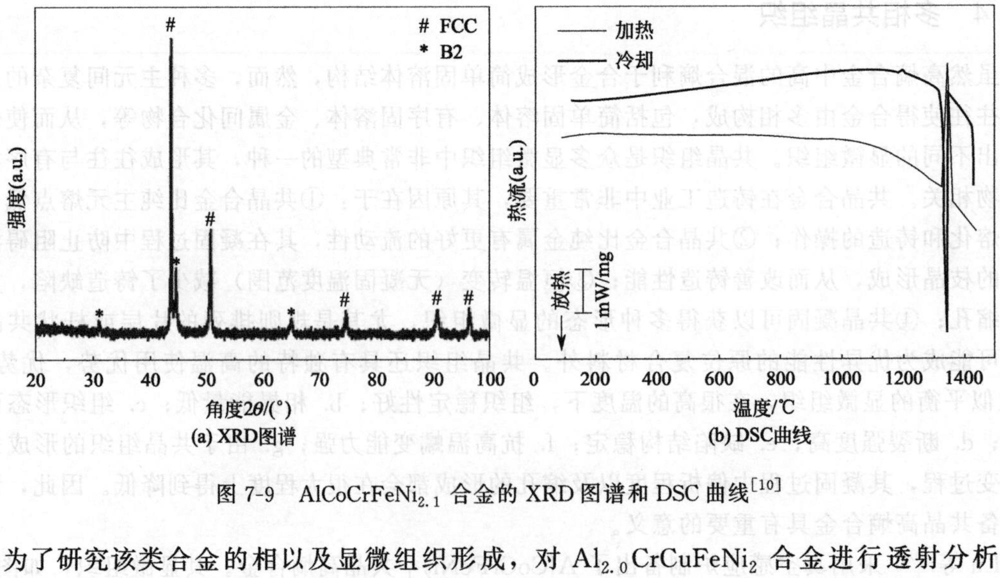


图 7-9 $AlCoCrFeNi_{2.1}$ 合金的 XRD 图谱和 DSC 曲线[10]

为了研究该类合金的相以及显微组织形成，对 $Al_{2.0}CrCuFeNi_2$ 合金进行透射分析，如图 7-11[12] 所示。在透射下，其共晶组织形貌与扫描状态下完全相同，共晶团清晰可见。衍

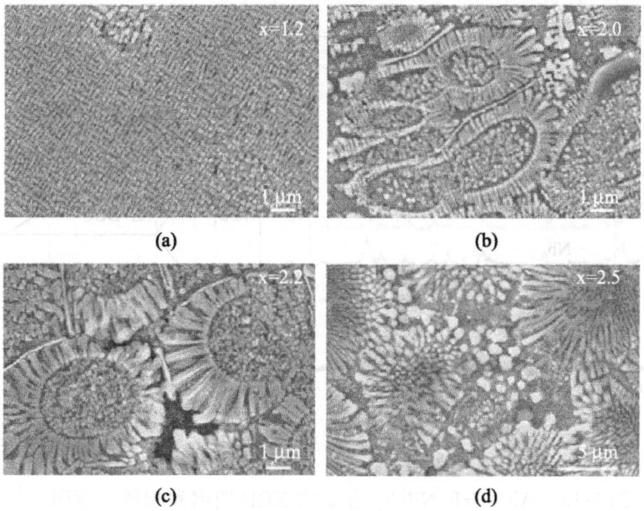


图 7-10　$Al_xCrCuFeNi_2$ 系高熵合金的显微组织照片[11]

射斑点显示，中心颗粒以及从中心辐射出的花瓣状片层均为 A2 结构。同时，结合 XRD 分析可以推断出该组织形貌的形成机理，如图 7-12 所示。在凝固过程中，B2 结构的（Ni，Fe，Cr）$_{50}$（Al，Cu）$_{50}$ 相（α 相）首先形成，各向均匀长大，因而没有形成树枝晶形貌。当先析出相长大到一定程度，液态金属达到共晶温度，A2 相与 B2 相以片层状的形式从垂直于先析出相的边界向外生长，形成辐射状的共晶花样，在凝固结束或者遇到周围其他共晶团时停止生长。在更低的温度下，方形的 A2 相从先析出 B2 相中以调幅分解的形式析出，形成富 Ni-Al 元素的 B2 相和富集 Fe-Cr 元素的 A2 相。向日葵形状的显微组织很少见到，为了得到均匀的此种组织，合金需要满足以下条件：①具有大量的先析出相的形核中心；②先析出相向各个方向均匀长大；③共晶片层沿着垂直于先析出相界面的方向长大，形成辐射状的形貌；④在较低的温度，先析出相分解为不连续的颗粒。

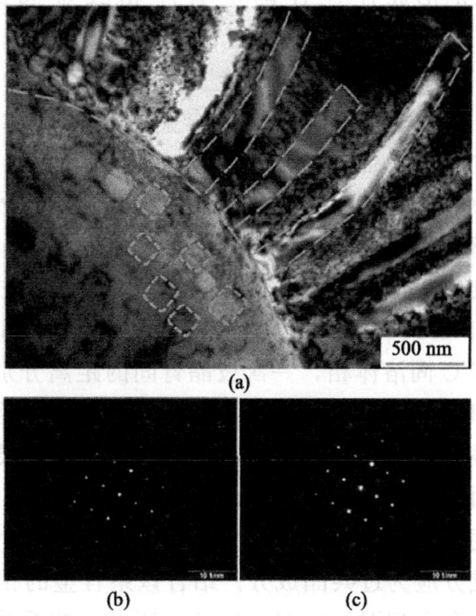


图 7-11　$Al_{2.0}CrCuFeNi_2$ 合金的透射分析图

（a）$Al_{2.0}CrCuFeNi_2$ 合金的 TEM 明场相；
（b）葵花籽状颗粒的衍射斑点；
（c）花瓣状片层的衍射斑点

此外，在含有 Nb、Mo 的合金中经常发现共晶组织，例如 $CoFeNiV_{0.5}Nb_{0.75}$、$AlCrFeNiMo_x$，且共晶组

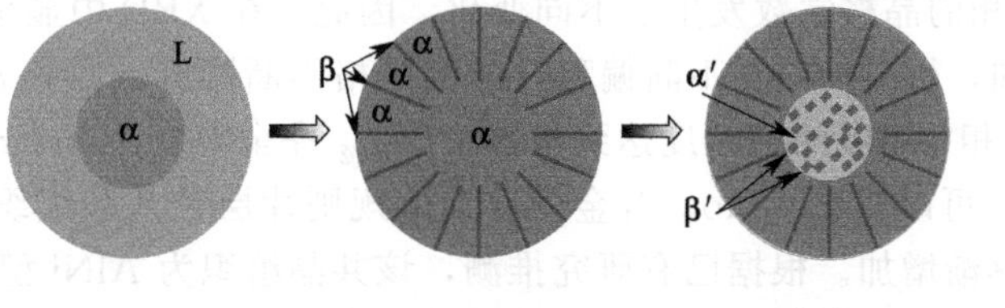


图 7-12　向日葵状组织的形成机制示意图[12]

L—液相；α—先析出的 B2 相；β—共晶片层 A2 相；α′，β′—先析出 α 相经过调幅分解得到的 B2、A2 相

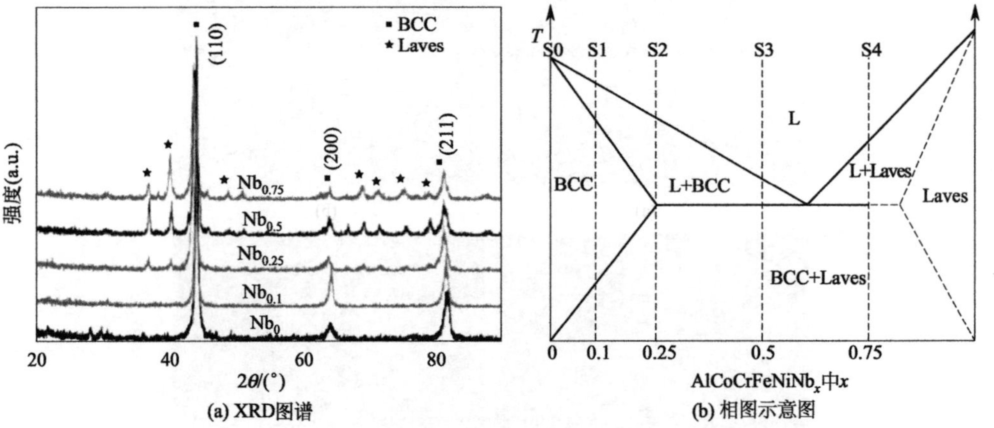


图 7-13　$AlCoCrFeNiNb_x$ 合金的 XRD 图谱和相图示意图[13]

$S_0$～$S_4$ 对应于 $x=0$、0.1、0.25、0.5、0.75

织的形成往往伴随着有序相或金属间化合物的形成。Ma 等[13] 研究了添加 Nb 对 AlCoCrFeNi 合金的组织性能的影响。由 XRD 图谱［图 7-13（a)］可知，AlCoCrFeNi 和 $AlCoCrFeNb_{0.1}Ni$ 合金为单相 BCC 结构，而 $AlCoCrFeNb_{0.25}Ni$，$AlCoCrFeNb_{0.5}Ni$ 以及 $AlCoCrFeNb_{0.75}Ni$ 三种合金由 BCC 相和（CoCr）Nb 型 Laves 相组成，此 Laves 相为密排六方结构，晶格常数 $a=0.8601$nm，$c=0.4733$nm。根据衍射图谱可知，这三种合金的主体相为 BCC 结构。图 7-14 为该系合金的背散射组织照片。$AlCoCrFeNb_{0.1}Ni$ 为典型的树枝晶形貌，其一次枝晶臂间的距离约 15～25μm。枝晶与枝晶间成分称度差别非常明显，因此，推测枝晶间形成了 Laves 相。由于其含量很少，故而在 XRD 中并未被探测到。$AlCoCrFeNb_{0.25}Ni$ 和 $AlCoCrFeNb_{0.5}Ni$ 合金的组织形貌相似，都呈现出亚共晶组织，先析出相均为树枝晶状的 BCC 固溶体相，一次枝晶臂间的距离分别为 10～15μm、5～10μm。枝晶间为 BCC 相和 Laves 相交替排列的片层状共晶组织，片层间距 λ 分别为 500nm 和 300nm。可见，Nb 的添加不仅使得枝晶尺寸不断减小，同时使得共晶片层不断细化。由于片层间距的大小与凝固过程中固液界面前沿的过冷度成反比关系［$\lambda \propto (1/\Delta T)$］，因此，推测 Nb 的添加使得固液界面前沿的过冷度降低。与这两种合金不同，$AlCoCrFeNb_{0.75}Ni$ 合金的先析出相为 Laves 相，因此，该合金成分应为过共晶成分。结合该系合金的相形成以及组织转变，绘制出了随 Nb 含量变化的伪二元合金相图，如图 7-13(b) 所示。该系共晶合金成分位于 $x=0.5$ 与 $x=0.75$ 之间，合金由液相直接凝固成 BCC 固溶体与 Laves 相。通过 EDS 成分分析，BCC 相富集 Ni、Al 元素，Laves 相富集 Nb 元素。

Dong 等[14] 研究了 $AlCrFeNiMo_x$（$x=0,0.2,0.5,0.8,1.0$）合金随 Mo 含量的变化组织与结构的演变。由图 7-15 可以看出 $Mo_{00}$，$Mo_{02}$，$Mo_{05}$ 合金为双相 BCC 结构。由于 $Mo_{00}$ 合金中 $BCC_1$ 与 $BCC_2$ 的晶格常数相差甚小，在 XRD 中只显示了一组衍射峰。当 Mo 添加到该合金中，两个 BCC 相的晶格常数发生了不同变化，因此，在 XRD 中显示为两组衍射峰；而且随着 Mo 含量的增加，衍射峰向左不断偏移，说明晶格不断膨胀，晶格常数逐渐增大。当 Mo 含量更高时，$BCC_2$ 相中 Mo 的溶解度达到极限，$BCC_2$ 完全转变为 FeCrMo-σ 相。由二次电子扫描照片（图 7-16）可以看出，$Mo_{00}$ 合金为典型的规则片层状共晶组织，并且从晶粒中心向外辐射，片层厚度逐渐增加。根据已有研究推测，该共晶组织为 AlNi 型金属间化合物与 FeCr 型固溶体的复合。与 $Mo_{00}$ 合金相比，$Mo_{02}$ 合金中共晶片层增厚，在晶界边缘 NiAl 相呈矩形或块状。通过成分分析可知，大部分 Mo 固溶于 FeCr 相中。当 Mo 含量增高时，$Mo_{05}$ 合金出

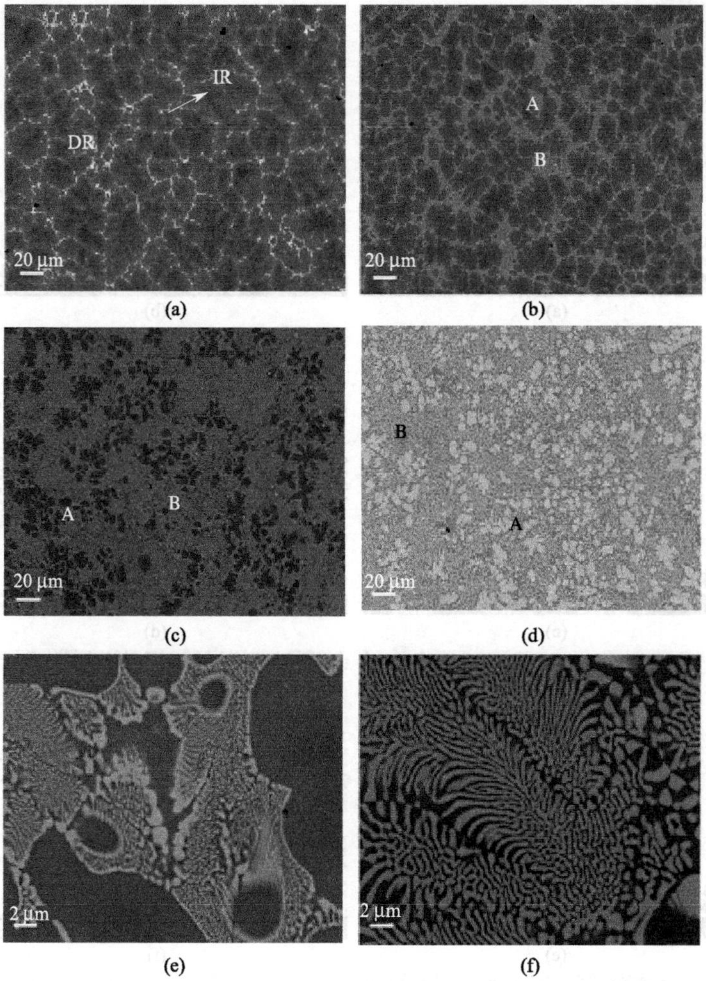


图 7-14　AlCoCrFeNb$_x$Ni 合金的背散射组织照片[13]

(a) $x$=0.1；(b) $x$=0.25；(c) $x$=0.5；(d) $x$=0.75；(e) 和 (f) 分别为 (b)、(c) 的放大图

现亚共晶组织。其先析出相为 FeCr 型固溶体相，共晶片层为 AlNi 型金属间化合物与 FeCr 型固溶体的复合。当 Mo 含量超过 $x$=0.5 时，$Mo_{08}$ 和 $Mo_{10}$ 合金呈现出过共晶组织。先析出相为 FeCrMo 型 σ 相，共晶片层为 AlNi 型金属间化合物与 FeCrMo 型 σ 相交替排列。

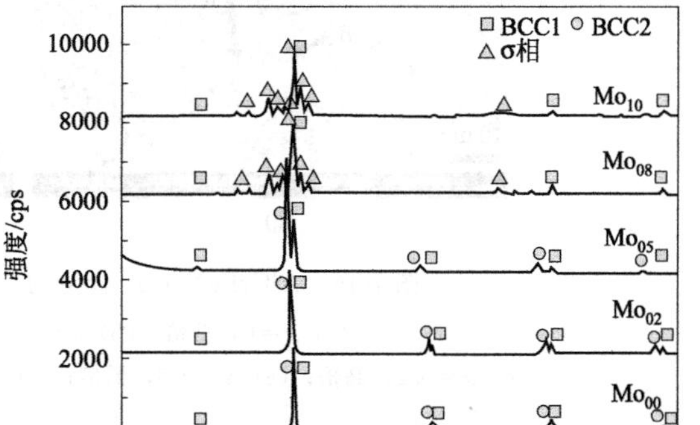


图 7-15　AlCrFeNiMo$_x$ 合金的 XRD 图谱[14]

## 7.2.5　多相其他组织

除了共晶组织，当高熵合金中含有多个相时，还呈现出不同的显微组织，如树枝晶组织、调幅分解组织等。此外，铸态下的高熵合金往往是在非平衡凝固状态下得到，其相组成处于非稳定状态。当在不同温度进行热处理时，合金的相以及显微组织会发生明显变化。

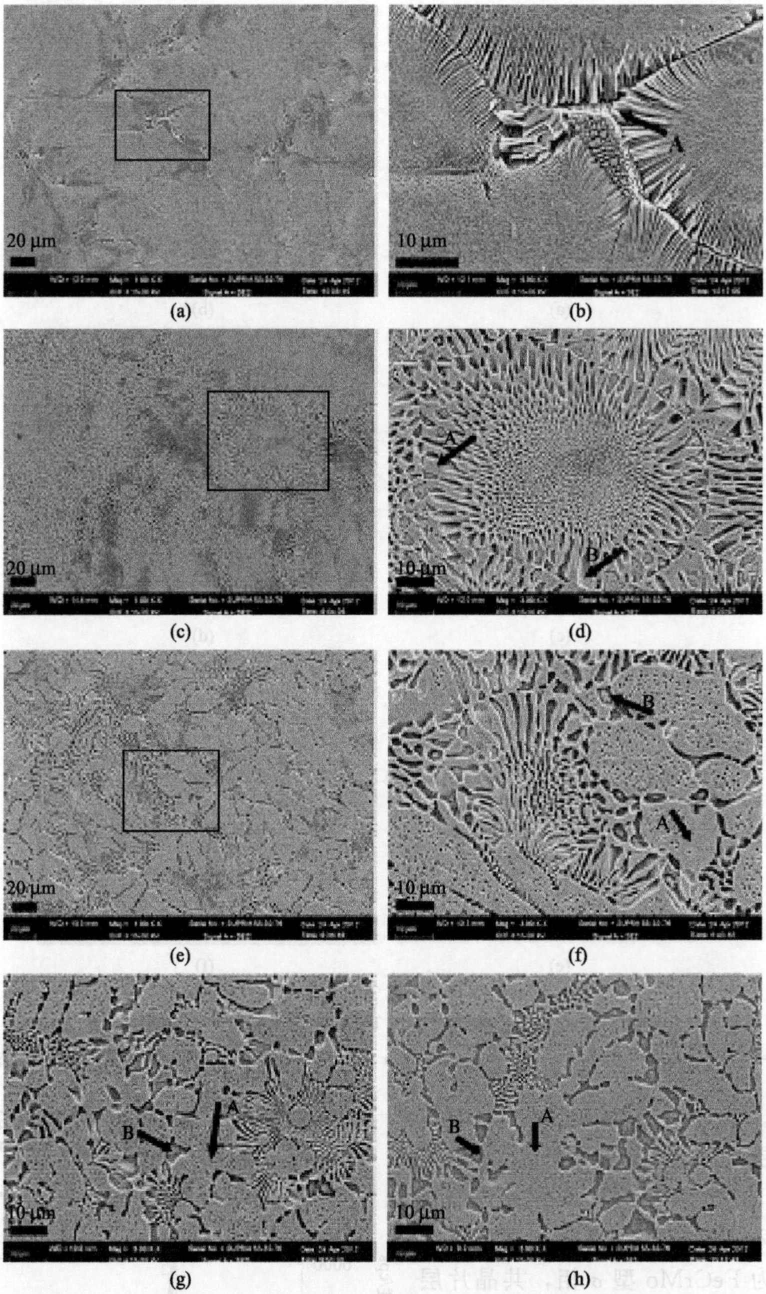


图 7-16 AlCrFeNiMo$_x$ 合金的二次电子扫描显微组织照片[14]

(a) $x=0$，低倍；(b) $x=0$，高倍；(c) $x=0.2$，低倍；

(d) $x=0.2$，高倍；(e) $x=0.5$，低倍；(f) $x=0.5$，高倍；(g) $x=0.8$；(h) $x=1.0$

图 7-17 为铸态 Al$_x$CoCrFeNi 系高熵合金的 XRD 图谱[15]。由图 7-17 可以看出，当 $0.5\leqslant x<0.9$ 时，合金为 FCC 和 BCC 双相结构，且随着 Al 含量的不断增多，BCC 相的比例不断增大；当 $0.9\leqslant x\leqslant 2.0$ 时合金为 BCC 结构。此外，当 $x\geqslant 0.7$ 时，有序 BCC 相出现，其衍射峰的强度随着 Al 含量的增多而逐渐增强。由于有序 B2 结构的衍射峰与无序 BCC 结构的衍射峰会发生重叠，因此，当 Al 含量很高时，合金可能为无序 BCC 相与有序 B2 相双相结构或者为 B2 单相结构。

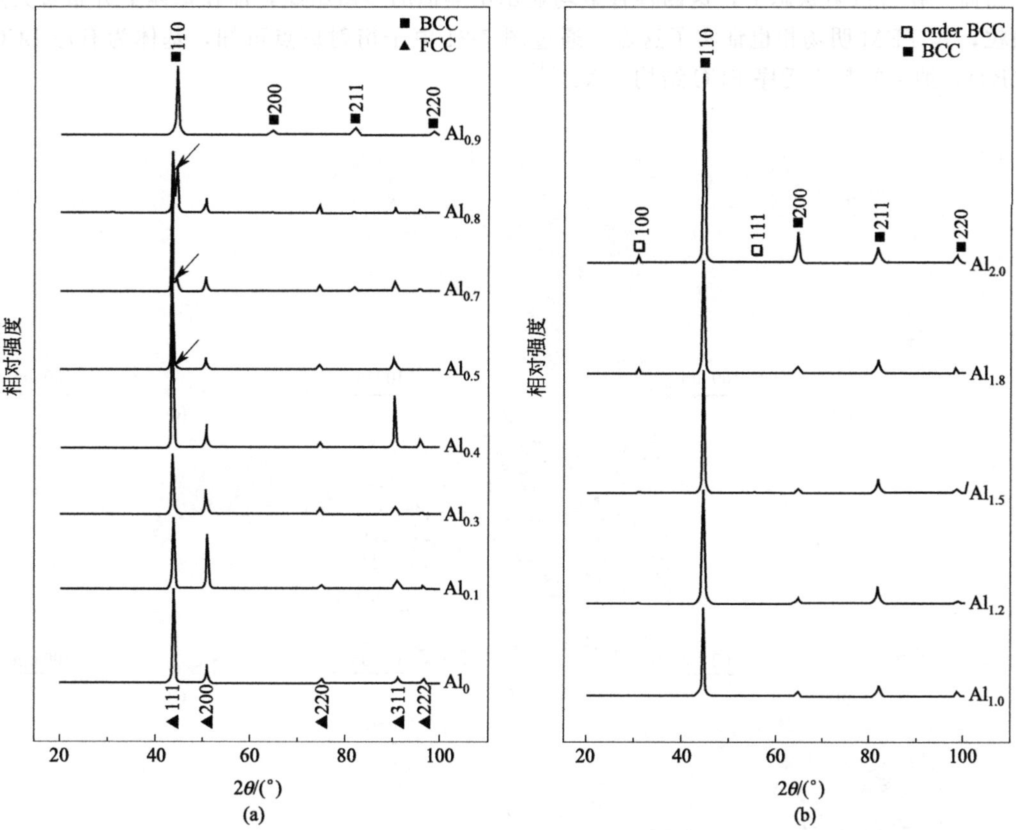


图 7-17　铸态 $Al_x$CoCrFeNi 系高熵合金的 XRD 图谱[15]

(a) $x=0\sim0.9$；(b) $x=1.0\sim2.0$

图 7-18～图 7-20 分别为铸态 $Al_x$CoCrFeNi 合金的金相和背散射显微组织照片[15]。随着 Al 含量的变化，合金由柱状胞晶向柱状枝晶、等轴枝晶、非等轴枝晶转变。单相 FCC 结构的 $Al_0$，$Al_{0.1}$ 以及 $Al_{0.3}$ 合金为柱状胞晶，合金中元素分布较均匀，并未见到明显的成分偏析。$Al_{0.4}$，$Al_{0.5}$ 以及 $Al_{0.6}$ 合金为柱状枝晶组织，通过背散射组织照片可知，$Al_{0.4}$ 合金有轻微的成分偏析；而 $Al_{0.5}$ 合金的枝晶间区域非常明显，由调幅分解后的 B2 相和 A2 相双相组织构成，这两相呈现不同的程度，交替排列。此外，在枝晶的边缘处出现了 Al、Ni 富集的灰色区域。因此推断，在凝固过程中，枝晶区首先形成，随着枝晶的生长，Al、Ni 逐渐被排斥到枝晶间区域并不断富集。由于高熵合金中 Al、Ni 扩散缓慢，从而在枝晶边缘区形成了 Al、Ni 富集的 A2 相灰色区域。随着凝固的进行，当温度达到调幅分解所需要的温度时，枝晶间发生调幅分解，从而形成 A2 和 B2 的混合组织。$Al_{0.7}$ 和 $Al_{0.8}$ 合金为等轴晶形貌，晶粒内并未出现树枝晶，说明这两种合金的凝固温度区间非常窄，没有发生元素偏析。然而在晶粒内部存在大量 Widmanstätten 片层组织，其中白色的片层为 FCC 结构，在片层边界出现的灰色相为 BCC 结构，其形成机理与 $Al_{0.5}$ 中灰色的相相同；片层区域也同 $Al_{0.5}$ 类似，形成 A2 和 B2 相交替分布的调幅分解组织。当 Al 含量继续增高时，$Al_{0.9}$ 和 $Al_{10}$ 合金虽然也呈现等轴晶组织，然而，在每个晶粒内部，树枝晶形貌清晰可见，说明凝固温度区间较宽。由其背散射图片可知，晶粒内部为周期性交替排列的双相调幅分解组织。$Al_{0.9}$ 合金的透射明场相显示，其由明暗相间的两相组成。电子衍射斑点表明比较亮的区域为有序 B2 结构，暗的区域为无序 BCC 相 (A2)。$Al_{1.2}$ 和 $Al_{1.5}$ 合金为粗化的等轴树枝晶形貌，$Al_{1.8}$ 和 $Al_{2.0}$ 为粗化的非等轴树枝晶形

貌。然而，在背散射状态下，这四种合金均显示出类似的显微组织，即在基体上分布着大量纳米颗粒，其 TEM 明场相也证实了这点。通过图 7-21 电子衍射斑点可知，基体为有序 BCC 结构（B2），纳米颗粒为无序 BCC 结构（A2）[15]。

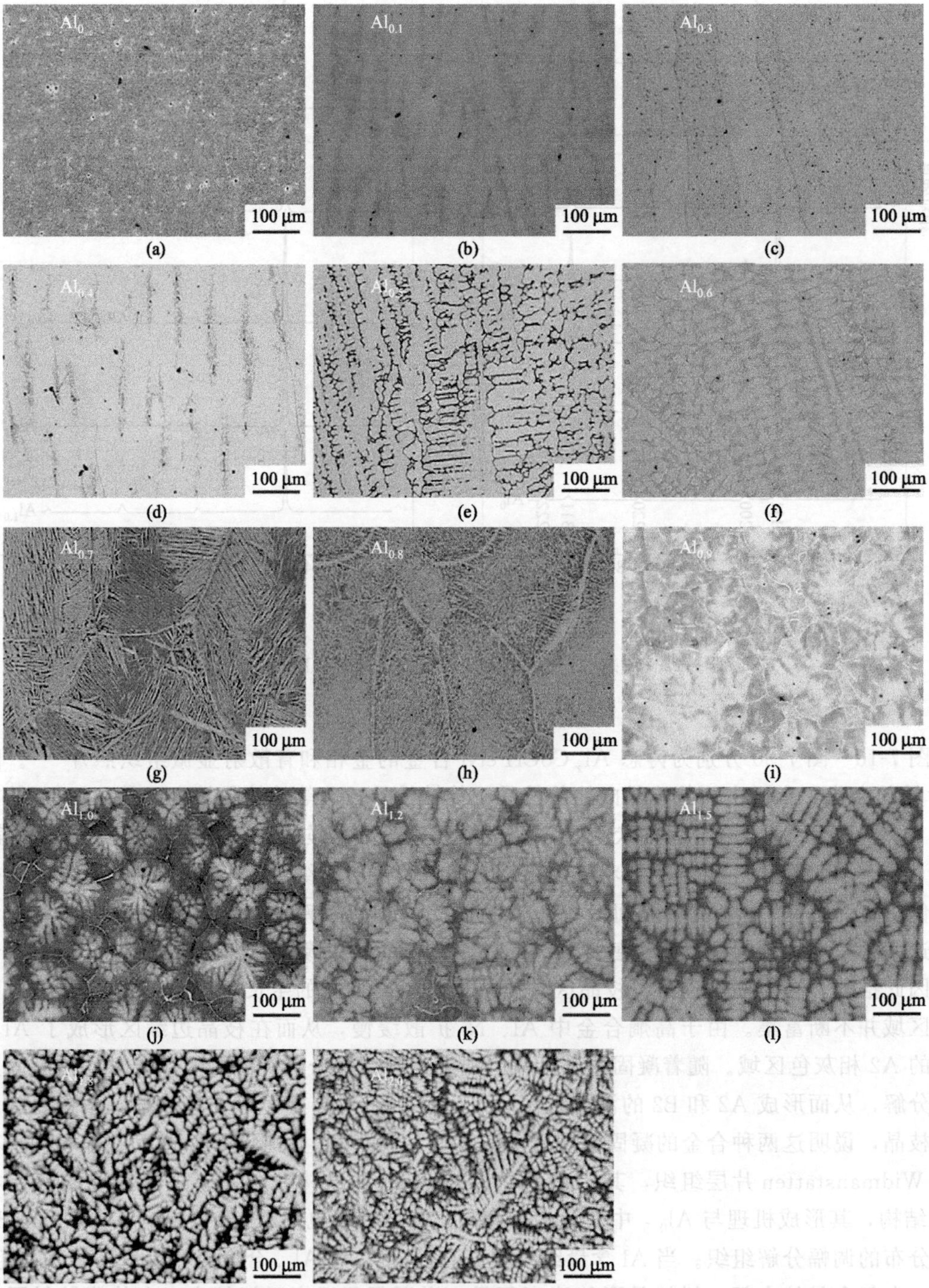

图 7-18 铸态 $Al_xCoCrFeNi$（$x$=0～2.0）合金的金相显微组织照片[15]

HCP 结构的相在高熵合金合金中很少被观察到。目前，有关 HCP 相的报道还很少。

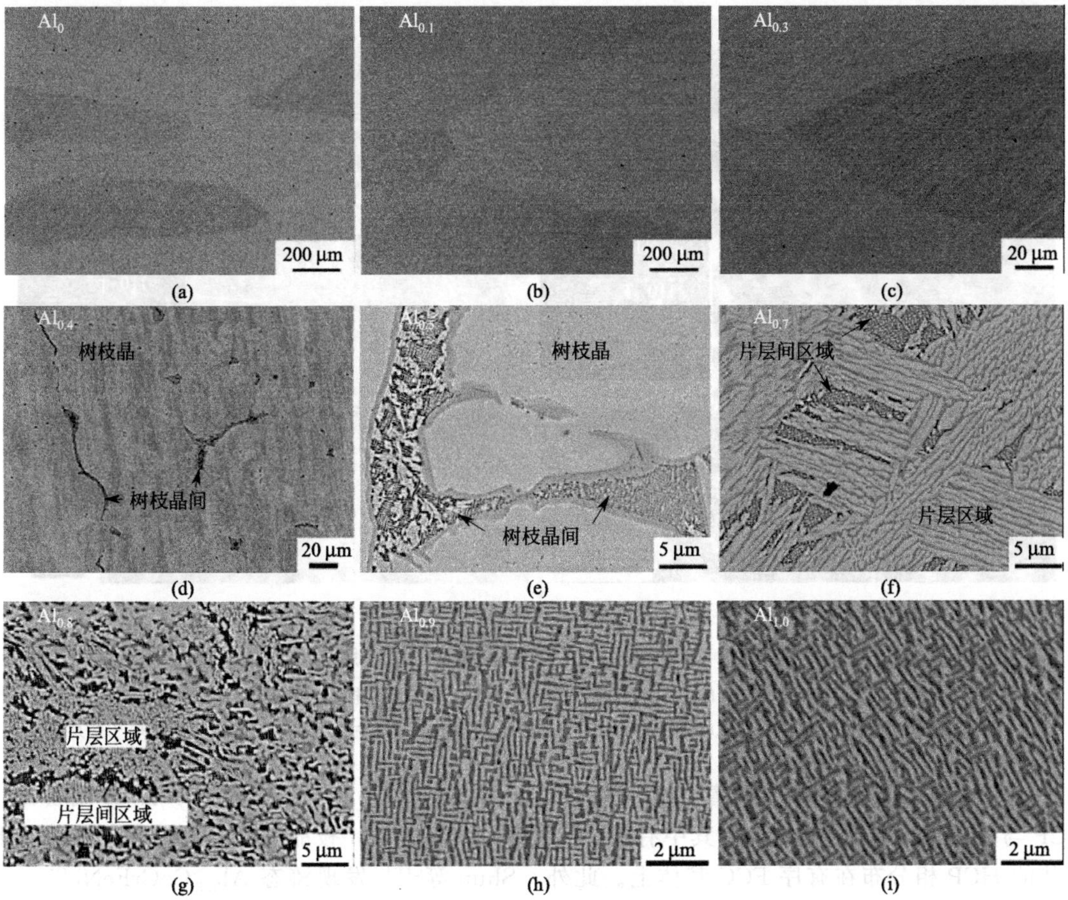


图 7-19　铸态 $Al_xCoCrFeNi$（$x=0\sim1.0$）合金的背散射显微组织照片[15]

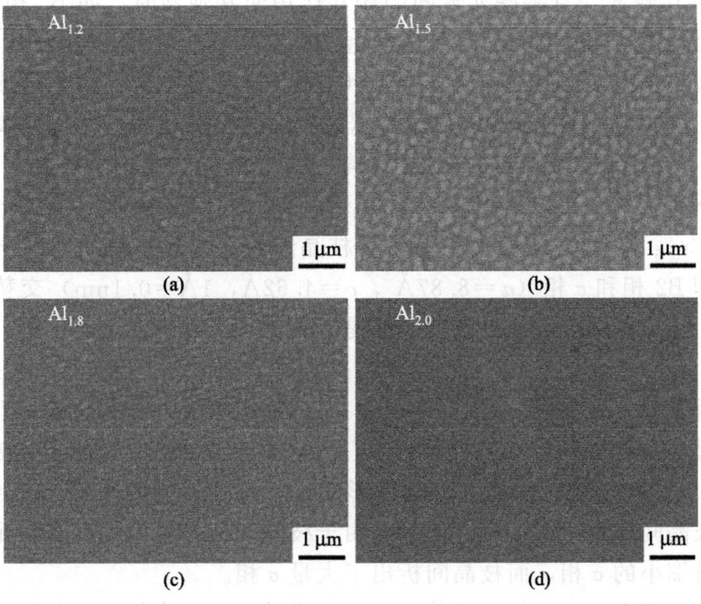


图 7-20　铸态 $Al_xCoCrFeNi$（$x=1.0\sim2.0$）合金的背散射组织照片[15]

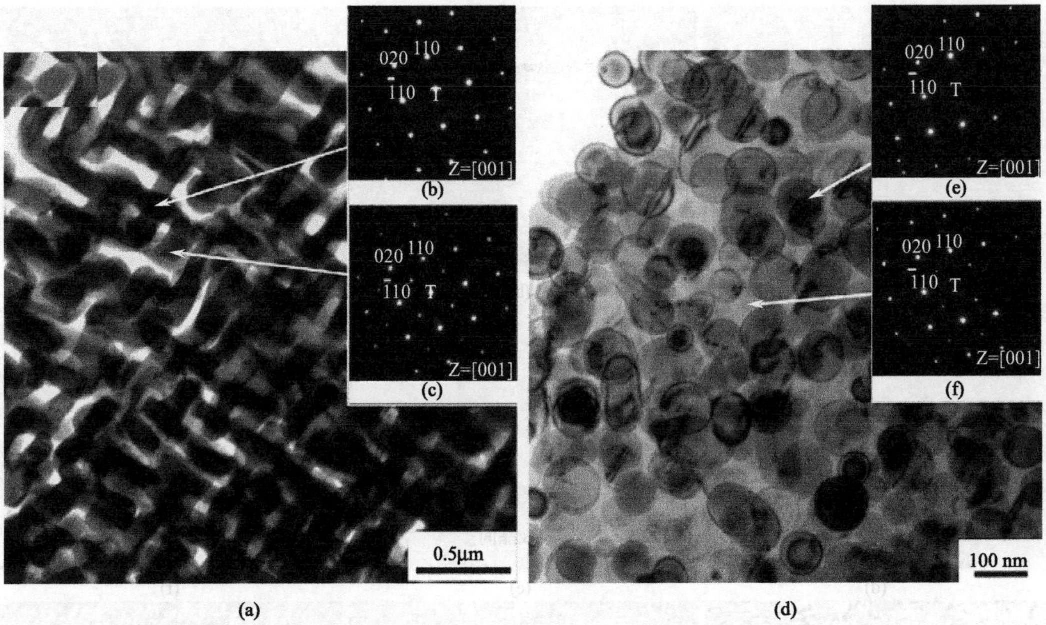


图 7-21　铸态 $Al_{0.9}CoCrFeNi$ 合金的 TEM 照片[15]

(a) 明场相；(b) 黑色区域对应的电子衍射斑点；(c) 亮的区域对应的电子衍射斑点；(d)～(f) 为铸态 $Al_{1.5}CoCrFeNi$ 合金的 TEM 照片：(d) 明场相；(e) 纳米颗粒对应的电子衍射斑点；(f) 基体对应的电子衍射斑点

HCP 结构的出现往往伴随着其他相的形成。Tsau 等[16] 在 FeCoNi 中添加 Ti 制备出了 HCP 与 FCC 双相结构的合金，其中有序 HCP 相为枝晶区域，枝晶间区域为共晶组织，即颗粒状的 HCP 相分布在有序 FCC 基体上。此外，Shun 等[17] 发现铸态 $Al_{0.3}CoCrFeNiTi_{0.1}$ 合金的枝晶间区域为 HCP 结构。

在高熵合金中，除了无序固溶体相，有序相以及金属间化合物也会经常出现，尤其是当合金中原子尺寸差异比较大，且某些元素间的相互作用非常强烈时，如 B2 相、σ 相以及 Laves 相。在传统的钢材料中，σ 相经常在含 Cr 的合金中出现，成分接近等原子比的 FeCr，呈四方结构。当高熵合金中含有 Fe 或 Co 元素，同时 Cr 或 Mo 也存在时，经常形成 σ 相。但是，此 σ 相为多种元素固溶的相，尺寸较大的原子占据其中一类晶格点阵，而尺寸较小的原子占据另外一套晶格点阵，从而形成紧密排列的晶体结构。

Hsu 等[18] 研究了 $AlCoCr_xFeMo_{0.5}Ni$ ($x=0.5,1.0,1.5,2.0$) 系高熵合金的显微组织，如图 7-22 所示。$Cr_{0.5}$ 和 $Cr_{1.0}$ 合金为典型的树枝晶形貌，枝晶与枝晶间均出现亚微米厚度的调幅分解组织，即 B2 相和 σ 相（$a=8.87$Å，$c=4.62$Å，1Å=0.1nm）交替排列。此 σ 相与二元中间相 CoCr 相似，为体心四方结构，但是其固溶了 Co、Cr、Fe、Ni、Mo 元素，而 Al 的含量相对较少。其中 Co、Fe、Ni 三种原子占据同类晶格电阵，Cr 和 Mo 占据另一类晶格点阵。通过成分分析发现，枝晶区（A 区域）是 Al、Ni 富集区，枝晶间（B 区域）为 Cr、Mo 富集区。在凝固过程中，富含 Ni、Al 元素的枝晶 B2 相首先形成，随着其不断长大，更多 Cr、Mo 被分配到剩余液相，随着凝固的进行从而形成富 Cr、Mo 的枝晶间 B2 相。在继续冷却过程中，在枝晶和枝晶间均析出了 σ 相。但是，由于枝晶和枝晶间的 Cr、Mo 元素含量不同，因此枝晶析出了少量细小的 σ 相，而枝晶间析出了大量 σ 相。

总之，高熵合金概念的提出打破了传统合金的设计理念，为新合金材料的设计提供了新的思路。高熵合金由于其独特的相结构以及显微组织，成为材料领域新的研究热点。

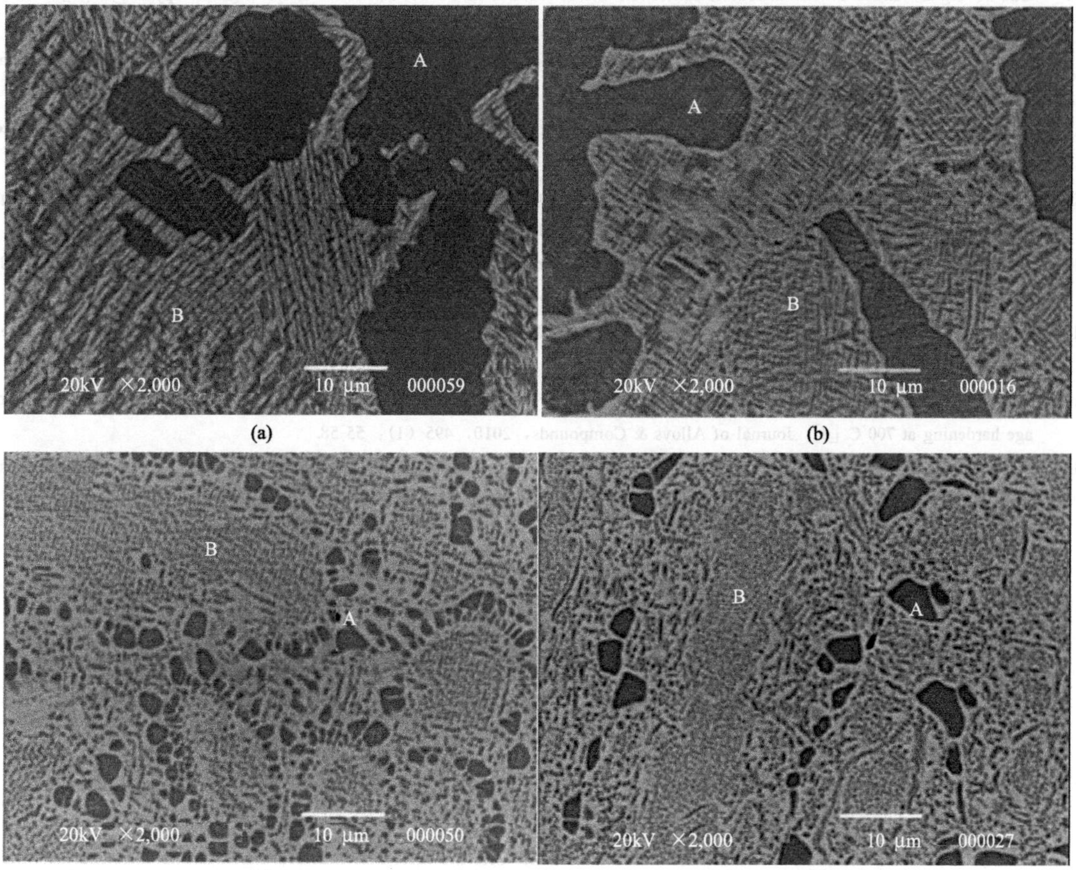


(a)　(b)　(c)　(d)

图 7-22　$AlCoCr_xFeMo_{0.5}Ni$（$x=0.5, 1.0, 1.5, 2.0$）系高熵合金的显微组织照片[18]

# 参 考 文 献


[1] Ma S G, Zhang S F, Gao M C, et al. A Successful Synthesis of the $CoCrFeNiAl_{0.3}$, Single-Crystal, High-Entropy Alloy by Bridgman Solidification [J]. Jom, 2013, 65 (12): 1751-1758.

[2] Ma S G, Zhang S F, Qiao J W, et al. Superior high tensile elongation of a single-crystal $CoCrFeNiAl_{0.3}$, high-entropy alloy by Bridgman solidification [J]. Intermetallics, 2014, 54 (6): 104-109.

[3] Otto F, Hanold N L, George E P. Microstructural evolution after thermomechanical processing in an equiatomic, single-phase CoCrFeMnNi high-entropy alloy with special focus on twin boundaries [J]. Intermetallics, 2014, 54 (18): 39-48.

[4] Liu W H, Wu Y, He J Y, et al. Grain growth and the Hall - Petch relationship in a high-entropy FeCrNiCoMn alloy [J]. Scripta Materialia, 2013, 68 (7): 526-529.

[5] Senkov O N, Wilks G B, Miracle D B, et al. Refractory high-entropy alloys [J]. Intermetallics, 2010, 18 (9): 1758-1765.

[6] Takeuchi A, Chen N, Wada T, et al. Alloy Design for High-Entropy Bulk Glassy Alloys [J]. Procedia Engineering, 2012, 36 (6): 226-234.

[7] Ding H Y, Yao K F. High entropy $Ti_{20}Zr_{20}Cu_{20}Ni_{20}Be_{20}$, bulk metallic glass [J]. Journal of Non-Crystalline Solids, 2013, 364 (1): 9-12.

[8] Zhao K, Xia X X, Bai H Y, et al. Room temperature homogeneous flow in a bulk metallic glass with low glass transition temperature [J]. Applied Physics Letters, 2011, 98 (14): 4067.

[9] Chen Y L, Tsai C W, Juan C C, et al. Amorphization of equimolar alloys with HCP elements during mechanical alloying [J]. Journal of Alloys & Compounds, 2010, 506 (1): 210-215.

[10] Lu Y, Dong Y, Guo S, et al. A Promising New Class of High-Temperature Alloys: Eutectic High-Entropy Alloys [J]. Sci Rep, 2014, 4: 6200.

[11] Guo S, Ng C, Liu C T. Anomalous solidification microstructures in Co-free $Al_xCrCuFeNi_2$, high-entropy alloys [J]. Journal of Alloys & Compounds, 2013, 557 (10): 77-81.

[12] Guo S, Ng C, Liu C T. Sunflower-like Solidification Microstructure in a Near-eutectic High-entropy Alloy [J]. Materials Research Letters, 2013, 1 (4): 228-232.

[13] Ma S G, Zhang Y. Effect of Nb addition on the microstructure and properties of $AlCoCrFeNiNb_x$ high-entropy alloy [J]. Materials Science & Engineering A, 2012, 532 (1): 480-486.

[14] Dong Y, Lu Y, Kong J, et al. Microstructure and mechanical properties of multi-component $AlCrFeNiMo_x$, high-entropy alloys [J]. Journal of Alloys & Compounds, 2013, 573 (10): 96-101.

[15] Wang W R, Wang W L, Wang S C, et al. Effects of Al addition on the microstructure and mechanical property of $Al_xCoCrFeNi$ high-entropy alloys [J]. Intermetallics, 2012, 26 (7): 44-51.

[16] Tsau C H. Phase transformation and mechanical behavior of TiFeCoNi alloy during annealing [J]. Materials Science & Engineering A, 2009, 501 (1): 81-86.

[17] Shun T T, Hung C H, Lee C F. The effects of secondary elemental Mo or Ti addition in $Al_{0.3}CoCrFeNi$ high-entropy alloy on age hardening at 700°C [J]. Journal of Alloys & Compounds, 2010, 495 (1): 55-58.

[18] Hsu C Y, Juan C C, Wang W R, et al. On the superior hot hardness and softening resistance of $AlCoCr_xFeMo_{0.5}Ni$ high-entropy alloys [J]. Materials Science & Engineering A, 2011, 528 (10): 3581-3588.

# 第 8 章 高熵合金的性能特点

多主元高熵合金特殊的组织结构赋予其优良的综合性能。其中，最典型的组织为多主元固溶体，由于固溶体中各主元的含量相当，无明显的溶剂和溶质之分，因此也被认为是一种超级固溶体，其固溶强化效应异常强烈，会显著提高合金的强度和硬度。而少量有序相的析出和纳米晶及非晶相的出现也会对合金起到进一步强化效果。此外，多主元高熵合金的缓慢扩散效应和多主元的集体效应也能显著影响合金的性能。因此，高熵合金具有一些传统合金无法比拟的优异性能，如高强度、高硬度、高耐磨、耐腐蚀性、高热阻、高电阻率、抗高温氧化、抗高温软化等。

## 8.1 力学性能

### 8.1.1 室温力学行为

多主元高熵合金最初被人们所关注，不仅是因为其形成独特的多主元固溶体结构，还因为高熵合金具有高的硬度和强度。表 8-1 为多种合金在铸态与完全退火态时的硬度[1]。通过比较不难发现，高熵合金往往具有很高的硬度，还会表现出良好的抗退火软化的性能。

**表 8-1 高熵合金与传统合金退火前后硬度的比较[1]**

| 合金 | | 硬度/HV | |
|---|---|---|---|
| | | 铸态 | 退火态 |
| 高熵合金 | CuTiVFeNiZr | 590 | 600 |
| | AlTiVFeNiZr | 800 | 790 |
| | MoTiVFeNiZr | 740 | 760 |
| | CuTiVFeNiZrCo | 630 | 620 |
| | AlTiVFeNiZrCo | 790 | 800 |
| | MoTiVFeNiZrCo | 790 | 790 |
| | CuTiVFeNiZrCoCr | 680 | 680 |
| | AlTiVFeNiZrCoCr | 780 | 890 |
| | MoTiVFeNiZrCoCr | 850 | 850 |
| 传统耐热合金 | 316 不锈钢 | 189 | 155 |
| | 17-4 PH 不锈钢 | 410 | 362 |
| | Hastelloy C① | 236 | 280 |
| | Stellite 6② | 413 | 494 |
| | Ti-6Al-4V | 412 | 341 |

① Ni-2. 15Cr-2. 5Co-13. 5Mo-4W-5. 5Fe-1Mn-0. 1Si-0. 3V-0. 1C（%，质量分数）。

② Co-29Cr-4. 5W-1. 2C（%，质量分数）。

周云军等[2] 研究 $Ti_xCoCrFeNiAl$ 系高熵合金的室温压缩性能发现，合金系中的所有合金均具有高屈服强度、高断裂强度、大塑性变形量和高的加工硬化能力，特别是 $Ti_{0.5}CoCrFeNiAl$ 合金屈服强度、断裂强度和塑性变形量分别为 2.26GPa、3.14GPa、23.3%。这些性能甚至超过了大多数高强度合金，如大块非晶合金。图 8-1 即为 $Ti_xCoCrFeNiAl$ 合金系的室温压缩真应力-应变曲线。一般认为高强度产生的原因是 Ti 元素的添加造成了合金的固溶强化，而大尺寸 Ti 原子占据晶格点阵的节点位置，使得晶格畸变能增加，并加剧了固溶强化的效果。另外，$Al_{11.1}$（TiVCrMnFeCoNiCu）$_{88.9}$ 合金的压缩断裂强度也可达到 2.431GPa。

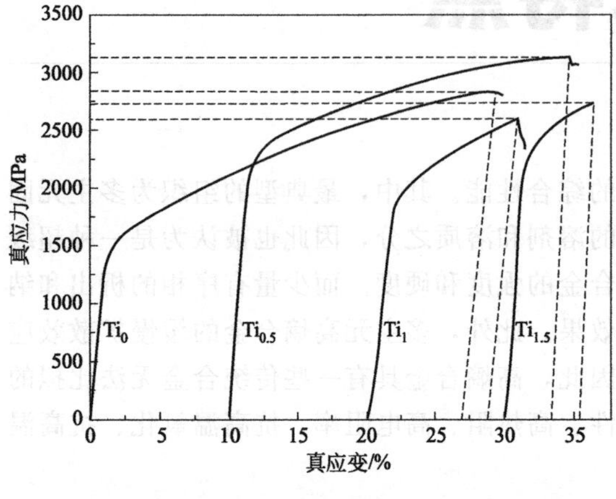


图 8-1 $Ti_xCoCrFeNiAl$（$x$=0,0.5,1,1.5）合金系的室温压缩真应力-应变曲线[2]

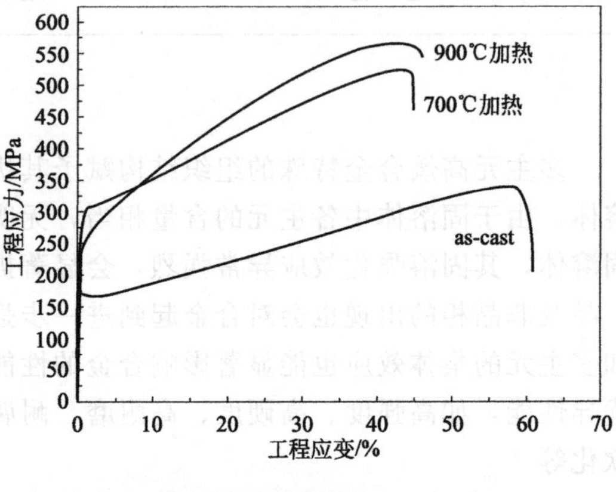


图 8-2 铸态和时效处理后 $CoCrFeNiAl_{0.3}$ 合金的室温拉伸工程应力-应变曲线[3]

目前，对多主元高熵合金的室温拉伸性能也开展了一些初步研究，但主要集中在具有 FCC 固溶体结构的合金中。例如，$CoCrFeNiCuAl_{0.5}$ 合金的杨氏模量 $E$ 以及塑性应变 $\varepsilon_P$、屈服强度 $\sigma_{0.2}$、拉伸强度 $\sigma_{max}$ 分别是 24.5GPa、19.14%、359.4MPa 和 707.7MPa。合金的屈强比为 0.51，表明合金具有良好的加工硬化能力，其性能接近于一些 TRIP 钢和 TWIP 钢。中国台湾学者的研究表明，将铸态的 $CoCrFeNiAl_{0.3}$ 合金在 700℃和 900℃温度下进行 72h 时效处理后，合金的拉伸屈服强度和断裂强度明显提高，但塑性有所下降，如图 8-2 所示[3]。

## 8.1.2 高温力学性能

传统合金如钢铁，在淬火硬化后再回火，会有明显的软化现象，即使耐高温回火的高速钢最高使用温度也不过 550℃。当使用温度超过 550℃后，就发生明显软化。而高熵合金可以在更高温度下仍然保持较高的强度和硬度。北京科技大学的张勇等[4] 研究认为 CoCrFeNiAl 高熵合金在 500℃下压缩屈服强度仍然高于 1000MPa。而 $CoCrFeNiCuAl_x$ 系列合金同样具有良好的热稳定性能，其中 $CoCrFeNiCuAl_{0.5}$ 高熵合金，高温强度甚至可以达到 800℃，并且具有良好的塑性以及很大的加工硬化能力，在高的应变速率和较低的温度区间其强度还表现出明显的正温度系数[5]。

2011 年，美国空军研究实验室的 Senkov 等[6] 研究了 $Nb_{25}Mo_{25}Ta_{25}W_{25}$ 和 $V_{20}Nb_{20}Mo_{20}Ta_{20}W_{20}$ 两种高熔点高熵合金的微观组织及力学性能。研究表明：两种合金中均只存在简单的体心立方（BCC）结构，且经过 1400℃退火 19h 之后，合金的组织结构依然稳定；而力学性能方面，虽然两种合金的室温压缩塑性有限，但随着温度的增加，合金的塑性流变增加，且超过 600℃以后合金的屈服强度变化趋于平稳，体现出良好的热稳定性，如图 8-3

所示。相比于 Ni 基高温合金，在温度超过 800℃的区间内，这两种合金具有更好的抗高温软化能力。

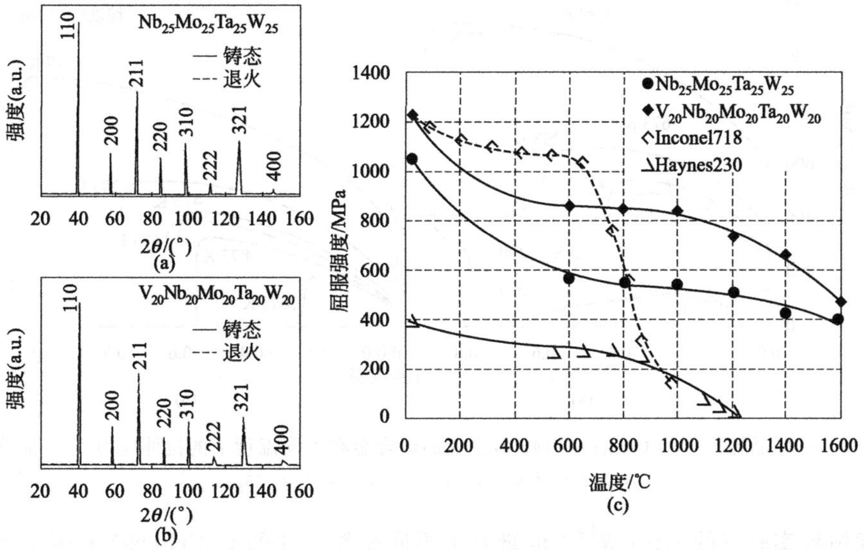


图 8-3　两种高熔点高熵合金铸态和退火态的中子衍射图谱

(a) $Nb_{25}Mo_{25}Ta_{25}W_{25}$；(b) $V_{20}Nb_{20}Mo_{20}Ta_{20}W_{20}$；(c) 合金屈服强度与温度的关系曲线

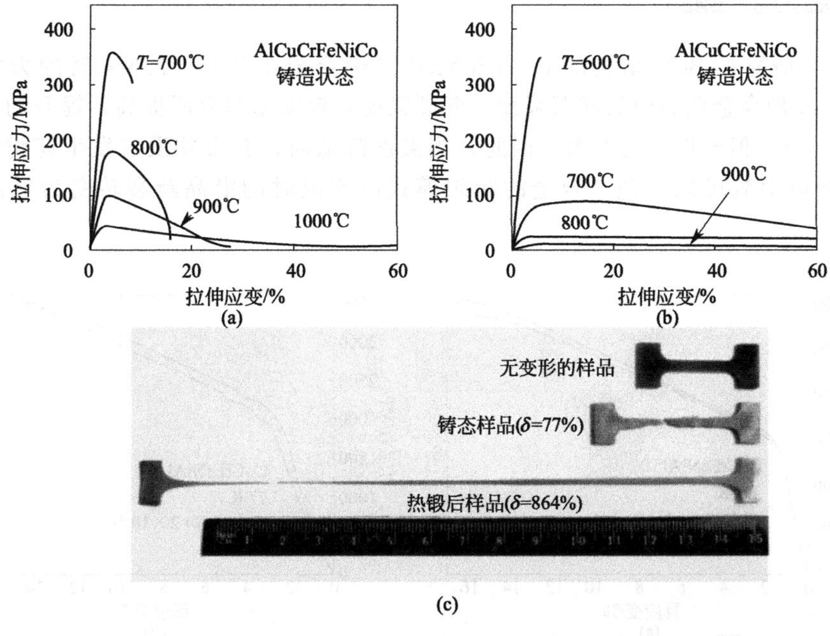


图 8-4　不同温度下 AlCrCuNiFeCo 合金的拉伸应力-应变曲线[7]

(a) 铸态样品；(b) 热锻后的样品；(c) 1000℃下经拉伸变形后合金样品形貌

俄罗斯学者 Kuznetsov 等[7] 则研究了不同温度下 AlCrCuNiFeCo 等原子比高熵合金的铸态样品和 950℃多阶段热锻样品的拉伸性能，如图 8-4 所示。研究表明：随着温度的升高，合金样品的强度降低，但是拉伸塑性明显增加。经过分析可知，铸态样品的韧脆转变温度在 700～800℃范围内，而热锻后样品的韧脆转变温度在 600～700℃范围内；而且，经热锻之后，合金在高温下的变形量更大，在 800～1000℃温度范围内，合金呈现出超塑性行为，如图 8-4(c) 所示。

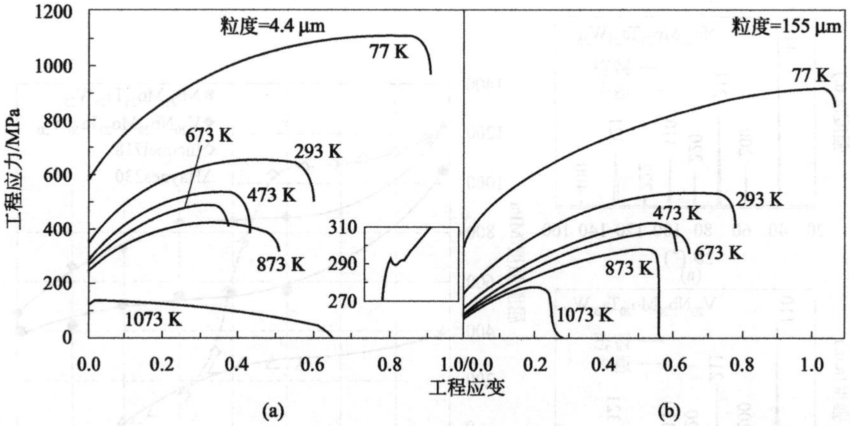


图 8-5 不同晶粒尺寸的 CoCrFeNiMn 多主元高熵合金在不同温度下的拉伸应力-应变曲线[8]

(a) 晶粒尺寸为 4.4μm；(b) 晶粒尺寸为 155μm

美国橡树岭实验室的 Otto 等[8] 也研究了不同晶粒尺寸的 CoCrFeNiMn 多主元高熵合金在不同温度下的拉伸力学性能，如图 8-5 所示，他们认为 CoCrFeNiMn 多主元高熵合金在低温下具有良好的塑性变形行为是得益于变形过程中变形孪晶的形成。

## 8.1.3 低温力学性能

乔珺威[9] 研究了 BCC 结构的 CoCrFeNiAl 高熵合金在低温（77K）时的力学性能，如图 8-6 所示，发现合金低温时的屈服强度、断裂强度均较室温时有所提高，提升的幅度分别为 29.7%和 19.9%，但塑性变化不大。因此，当温度降低时，合金并没有发生韧脆转变。通过分析合金的断口形貌可以发现，合金的断裂模式由室温时的沿晶断裂转变为低温时的穿晶断裂。

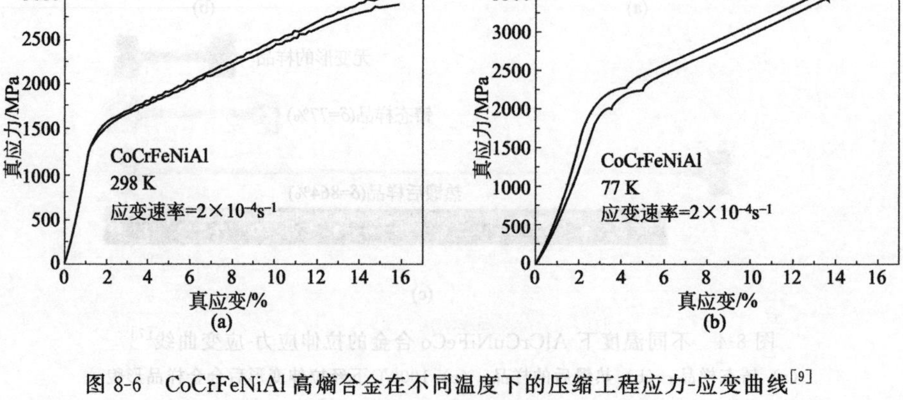


图 8-6 CoCrFeNiAl 高熵合金在不同温度下的压缩工程应力-应变曲线[9]

(a) 298K；(b) 77K

Laktionova 等[10] 则研究了 $Al_{0.5}CoCrCuFeNi$ 合金在 4.2～300K 温度范围内的压缩变形行为，如图 8-7 所示。从不同温度下合金的应力-应变曲线上也没有发现韧脆转变现象，合金在低温下依然具有大的塑性变形量（4.2K 时变形量可达 8%），并且合金的屈服强度从 300K

时的 450MPa 增加到 4.2K 时的 750MPa。当温度低于 15K 时，在合金的应力-应变曲线上还观察到了明显的锯齿流变行为。

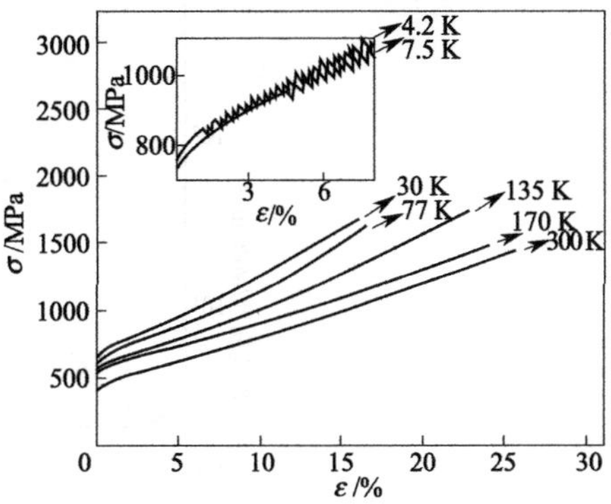


图 8-7 $Al_{0.5}CoCrCuFeNi$ 合金在 4.2～300K 温度范围内的压缩应力-应变（σ-ε）曲线[10]

## 8.1.4 疲劳性能

当材料在工业上应用时，不但要考虑材料的静态力学性能，还要考虑材料的疲劳性能。疲劳破坏是金属机件最常见的一种失效形态之一。据统计，在各种金属机件中有 80%以上的破坏属于疲劳破坏。然而，对高熵合金疲劳性能的研究还比较少。

2012 年，美国田纳西大学 Hemphill 等[11] 研究了 $Al_{0.5}CoCrCuFeNi$ 高熵合金的抗疲劳性能，如图 8-8 所示。从图中可以看出，对比其他合金，高熵合金具有较好的抗疲劳性能，合金样品在较高的应力状态下都具有较长的疲劳寿命；而且高熵合金的条件疲劳极限在 540～945MPa，并且条件疲劳极限与拉伸断裂强度的比值（UTS）在 0.402～0.703，与钢铁、Ti 合金及非晶合金的疲劳性能相当。因此，高熵合金具有潜在的应用前景。

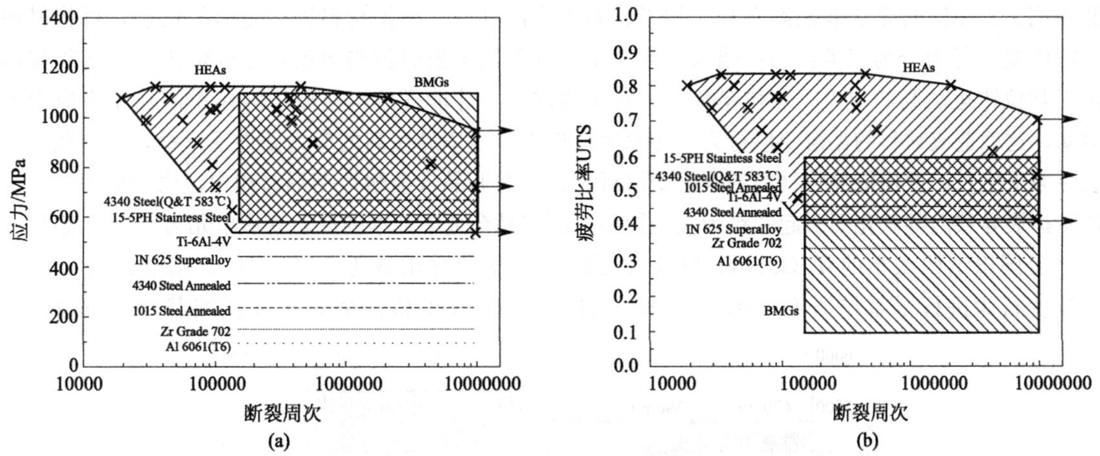


图 8-8 $Al_{0.5}CoCrCuFeNi$ 合金的疲劳曲线[11]

（a）*S-N* 曲线；（b）疲劳比率与相应断裂周次 *N* 的关系曲线

## 8.1.5 断裂韧性

根据实验研究可知，部分高熵合金在低温区间还表现出一些特殊性能。美国伯克利劳伦斯国家实验室和橡树岭国家实验室合作在 *Science* 上发表论文，报道了高熵合金在低温时的力学性能[12]，他们认为：CoCrFeMnNi 高熵合金的强度和室温拉伸塑性随温度的降低会呈现升高的趋势，直到液氮温度（77K）。这一点明显和传统的金属合金不同，一般金属合金的强度随温度降低而升高，但是塑性随温度的降低，一般却是降低的。而该论文的另一个亮点是 CoCrFeMnNi 高熵合金的断裂韧性（超过 200MPa・$m^{1/2}$）高于几乎所有的已知材料，处于目前所知材料的最高水平，而且该数值保持到液氮温区不变，如图 8-9 所示。

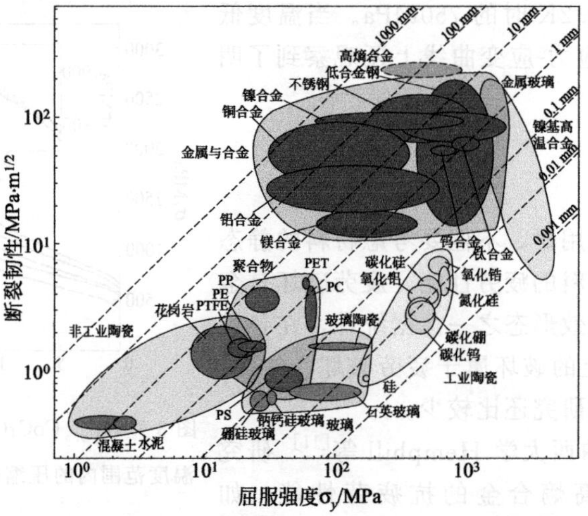


图 8-9　高熵合金与其他合金的断裂韧性和屈服强度[12]

## 8.1.6　锯齿流变行为

锯齿变形是材料在加载过程中的塑性变形阶段的应力应变曲线发生起伏变化的力学行为，在低碳钢、Al-Mg 合金、非晶态合金、纳米材料中广泛存在。根据材料锯齿变形的机理，可将材料的锯齿变形行为分为三类：①位错与溶质原子交互作用会阻碍位错运动，导致位错开动必须施加比正常位错运动高的应力，当位错移动一定距离之后，才能摆脱溶质原子的作用而在正常应力下运动，这就造成材料的锯齿变形行为；②孪生过程中，当孪晶在高的应力条件下形核，并在相对低的应力下生长，便可能导致材料的锯齿变形行为；③在非晶合金塑性变形过程中，由于剪切带的形核和扩展导致内部软化而引起的锯齿流变行为，而非晶合金中基本的剪切变形单元为剪切转变区。

美国田纳西大学的 T. G. Nieh 以及太原理工大学的乔珺威等[13,14] 对 Zr 基非晶合金的锯齿流变行为进行了系统研究。图 8-10 即为典型的 Zr 基非晶合金的室温压缩载荷-位移曲线，

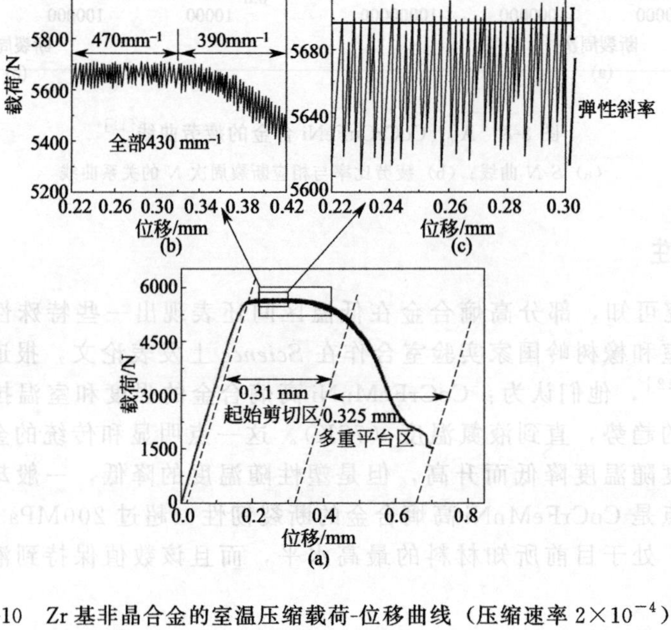


图 8-10　Zr 基非晶合金的室温压缩载荷-位移曲线（压缩速率 $2\times10^{-4}$）[13]

从中可以看到明显的锯齿变形行为。而通过大量研究可以建立数学模型和参数，运用跳跃间隔时间和波动跨度来具体量化锯齿变形。

对不同材料、不同类型的锯齿变形行为进行研究可以发现，对应不同的形变机制，材料的锯齿变形行为存在着差异；而且，材料的锯齿变形行为与材料变形的温度、加载速率以及材料的尺寸有着密不可分的关系。高熵合金由于其成分的特点，其力学行为势必不同于传统的晶态合金和近期开发的大块非晶合金。室温塑性变形对晶态合金一般是位错滑移机制，在位错滑移和增殖受到限制时，会有位错攀移和形变孪晶机制起作用。溶质原子，特别是间隙原子也常和位错相互作用，使得应力-应变曲线有锯齿跳动。这种锯齿跳动在纯非晶合金的塑形变形阶段很常见，一般认为是由于剪切转变区(STZ) 的机制产生的。目前结果表明，高熵合金的变形介于传统晶态合金和非晶合金之间，在特定条件下会有锯齿跳动。例如，在 773K 以上的温度变形时，在一些高熵合金的应力-应变曲线中就能观察到明显的锯齿变形现象。谢建新课题组对 Fe-Si 合金的力学行为研究也证实：由定向凝固的方法制备出的柱状晶 Fe-Si 合金的载荷-位移曲线上存在明显的锯齿变形现象，如图 8-11 所示[15]。

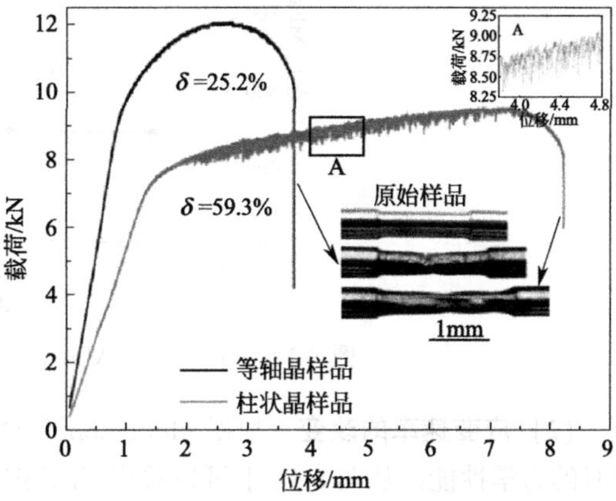


图 8-11　Fe-7.5%（质量分数）Si 合金的载荷-位移曲线（400℃，0.5mm/min）[15]

## 8.1.7　影响力学性能的因素

综上所述，多主元高熵合金在不同温度下往往具有优异的力学性能，但高熵合金的性能也存在很大的分散性。例如，FCC 结构合金的室温屈服强度通常低于 300MPa，而 BCC 结构的合金室温屈服强度远远高于这一数值，甚至可接近 2500MPa。除了合金主元的性质以及温度的影响外，以下几方面因素也能影响合金的力学性能。

**(1) 合金元素的添加**　添加的合金元素一方面会引起晶格畸变，导致固溶强化效果增加；另一方面会与合金主元作用导致合金晶体结构改变或有序相生成，从而影响合金的性能。如图 8-12 所示，通过向 CoCrFeNiAl 合金中添加 Nb，导致 Laves 相的生成，最终使得合金强度升高，塑性降低[16]。图 8-13 则呈现出 Al 含量对 $(FeCoNiCrMn)_{100-x}Al_x$ 合金拉伸性能的影响，Al 的添加导致了 BCC 固溶体的析出，因此合金强度升高，塑性降低[17]。

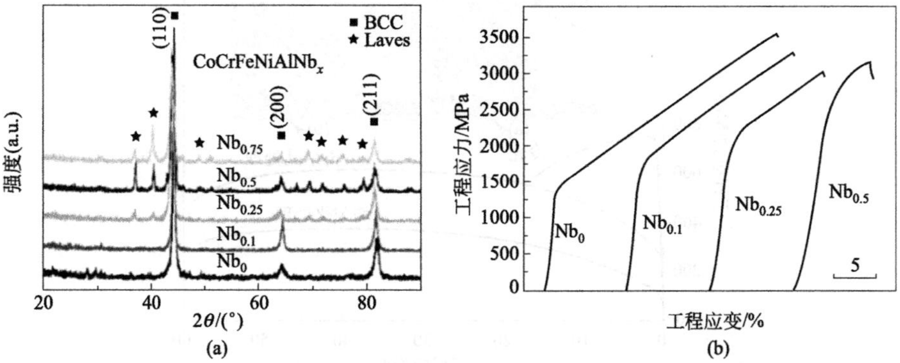


图 8-12　$CoCrFeNiAlNb_x$ 合金的 XRD 图谱（a）和室温压缩应力-应变曲线（b）[16]

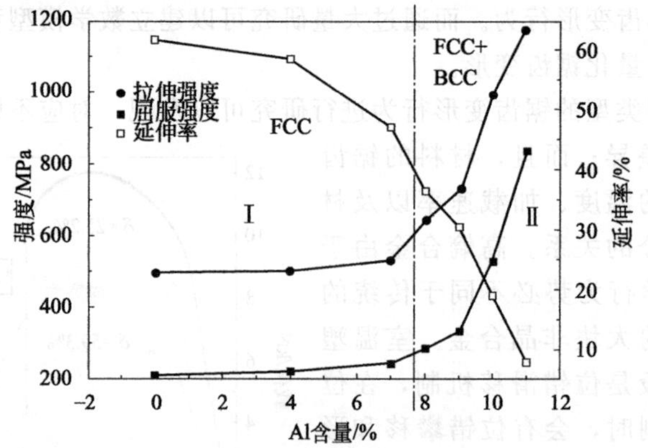


图 8-13 $(FeCoNiCrMn)_{100-x}Al_x$ 高熵合金的室温拉伸性能[17]

**(2) 应变速率的改变** 根据 Hollomon 经验公式可知，应变速率和应变量都会影响合金均匀变形时的力学性能。从图 8-14 中可以看出 CrMnFeCoNi（HE-1）和 CrFeCoNi（HE-4）合金样品的拉伸屈服强度与实验温度和应变速率的关系[18]。虽然，应变速率对合金性能的影响效果没有温度对合金性能的影响效果大，但随着应变速率的增加，不同温度下合金的强度都会有所增加。

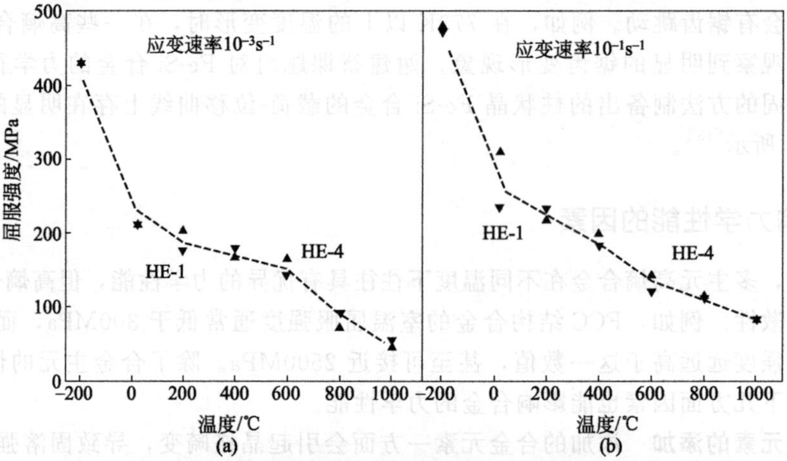


图 8-14 CrMnFeCoNi（HE-1）和 CrFeCoNi（HE-4）合金样品在不同温度不同应变速率下的拉伸屈服强度[18]

(a) 应变速率为 $10^{-3}s^{-1}$；(b) 应变速率为 $10^{-1}s^{-1}$

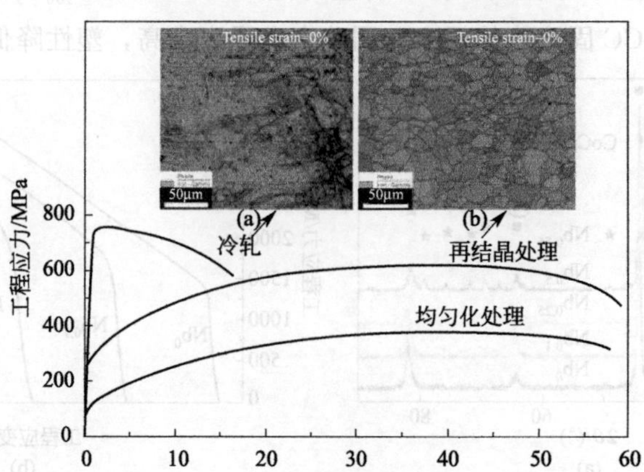


图 8-15 $Fe_{40}Mn_{27}Ni_{26}Co_5Cr_2$ 合金样品在不同状态下的室温应力-应变曲线[19]

**(3) 热处理和变形加工处理**　不同的热处理和变形加工工艺可以对高熵合金的性能产生不同程度的改善，如图 8-15 所示，经过冷轧和再结晶处理后 $Fe_{40}Mn_{27}Ni_{26}Co_5Cr_2$ 合金的强度得到明显提升[19]。另外，有研究表明，对合金样品进行热锻处理，同样也能调整合金的微观组织及宏观力学性能。

## 8.2 耐磨性能

如图 8-16 所示，$CoCrFeNiCuAl_x$（$x$=0.5,1.0,2.0）系列高熵合金的耐磨性能与处于相同硬度级别的合金钢的耐磨性能相似，但是不及 SKD61 工具钢和 SUJ2 轴承钢[5]。$CoCrFeNiCuAl_{0.5}$ 合金由于具有较大的加工硬化，因而其耐磨性要强于合金系列中的其他合金。合金的固溶体结构与主要主元的含量也影响着合金的磨损行为，随着铝含量的增加，$CoCrFeNiCuAl_x$ 高熵合金的显微结构由 FCC 向 FCC+BCC 过渡，BCC 的区域较 FCC 的区域耐磨，较高的铝含量（$x$=2.0）能提高合金的硬度，产生氧化磨损。由于产生的氧化膜有助于抵抗磨损，所以合金的抗磨损性能得到提高。研究还发现，在 $CoCrFeNiCuAl_{0.5}$ 合金中添加合金元素 B 可以明显改善合金的耐磨性，合金的抗磨损能力要优于 316 不锈钢、17-4 不锈钢、Stellite（Co 基高温合金）、SKD61 工具钢及 SUJ2 轴承钢等传统合金。而 V 元素的添加，同样也能有效提高 $CoCrFeNiCuAl_{0.5}$ 合金的耐磨性能。

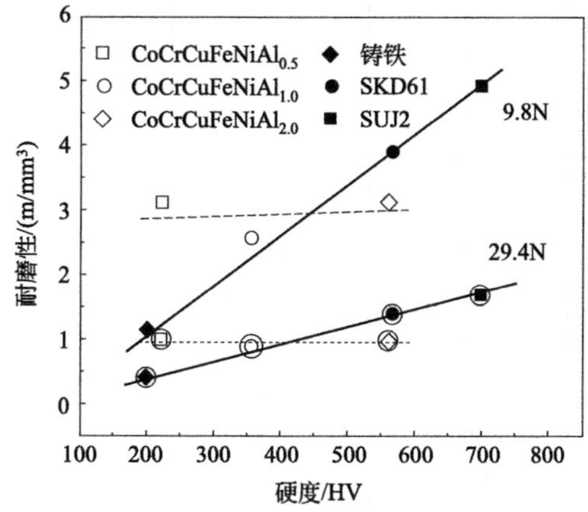


图 8-16　$CoCrFeNiCuAl_x$（$x$=0.5,1.0,2.0）系列高熵合金的耐磨性[5]

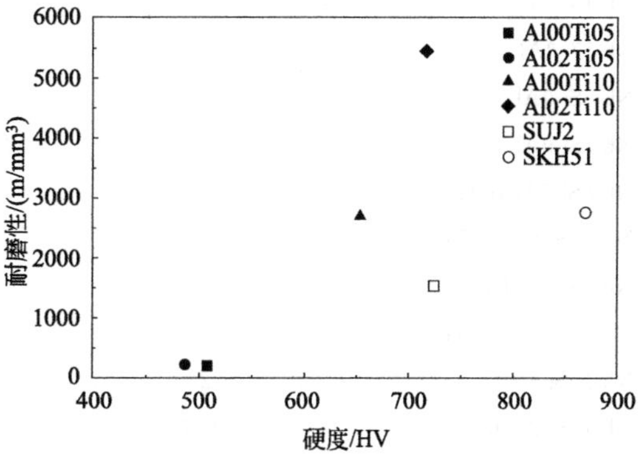


图 8-17　$Al_xCo_{1.5}CrFeNi_{1.5}Ti_y$ 与传统的耐磨钢的耐磨性能比较[20]

中国台湾学者 Chuang 等[20] 研究了 $Al_xCo_{1.5}CrFeNi_{1.5}Ti_y$ 系列高熵合金的耐磨性能，结果发现：$Co_{1.5}CrFeNi_{1.5}Ti$ 和 $Al_{0.2}Co_{1.5}CrFeNi_{1.5}Ti$ 合金具有优良的耐磨性能，尽管合金的硬度与耐磨钢 SUJ2 和 SKH51 相当，但其耐磨性至少是传统耐磨钢 SUJ2 和 SKH51 的两倍，如图 8-17 所示。合金优良的抗氧化性能和抗高温软化性能也被认为是导致高耐磨性能的主要原因。

## 8.3 抗氧化性能

从图 8-18 可以看出，TiCoCrFeNiAlSi 高熵合金喷涂层的抗氧化能力与常见的具有高抗氧化能力的 Ni-22Cr-10Al-1Y 高温合金相当[21]。相对而言，高熵合金硬而且耐磨，综合表现要强于后者。

Senkov 等[22] 对 $NbCrMo_{0.5}Ta_{0.5}TiZr$ 合金在 1273K 温度下的抗氧化性能进行了研究，结果表明：相较于普通的商业 Nb 合金，$NbCrMo_{0.5}Ta_{0.5}TiZr$ 合金具有较好的抗高温氧化性能，其详细的实验结果如表 8-2 所示。

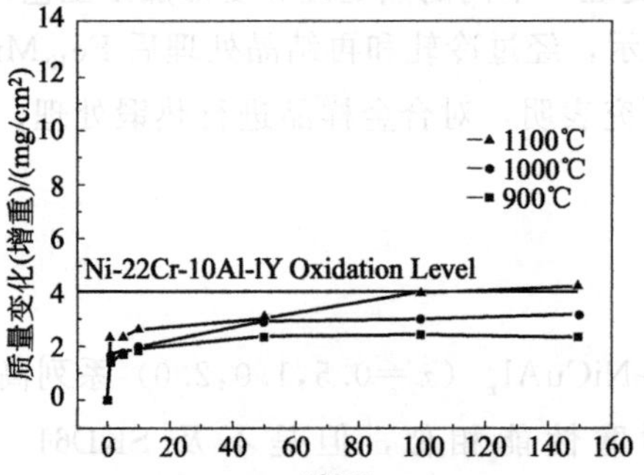


图 8-18 TiCoCrFeNiAlSi 高熵合金喷涂层的抗氧化性能[21]

**表 8-2 $NbCrMo_{0.5}Ta_{0.5}TiZr$ 合金与 Nb 合金在 1273K 恒温氧化不同时间后单位表面积质量的增量[22]**

单位：$mg/cm^2$

| 合金名称＼时间 | 1h | 2h | 4h | 24h | 100h |
|---|---|---|---|---|---|
| Nb | 159 | 300 | — | — | — |
| Nb-10Si | 37 | — | — | — | — |
| Nb-10.1Si | 45 | 90 | 170 | — | — |
| Nb-17.3Al | 23 | 43 | 65 | — | — |
| Nb-5Si-9Al | 90 | 160 | 275 | — | — |
| Nb-7Si-9Al | 69 | 145 | 275 | — | — |
| Nb-8Si-9Al-10Ti | — | — | — | 182 | 338 |
| Nb-10Si-9Al-10Ti | — | — | — | 95 | 291 |
| Nb-6Si-11Al-15Ti | — | — | — | 51 | 167 |
| Nb-8Si-11Al-15Ti | — | — | — | 51 | 153 |
| Nb-19Si-5Mo | 26 | 53 | 106 | — | — |
| Nb-18Si-26Mo | 9.7 | 13.8 | 19.5 | 45 | — |
| Nb-13Si-4Mo | 48 | 105 | 166 | — | — |
| Nb-12Si-15Mo | 1.3 | 1.4 | 4.0 | 15 | — |
| $NbCrMo_{0.5}Ta_{0.5}TiZr$ | 10 | 15 | 22 | 50 | 119 |

# 8.4 抗腐蚀性能

一般在高浓度硫酸、盐酸、硝酸等腐蚀溶液环境中，高熵合金往往具有优异的耐腐蚀性，特别是含有 Cu、Ti、Cr、Ni 或 Co 的高熵合金，某些高熵合金甚至比传统的不锈钢还耐腐蚀。对 $CoCrFeNiCu_x$ 高熵合金系的抗腐蚀性能研究表明，CoCrFeNi 合金具有良好的抗点蚀性能，与 304 不锈钢相仿[23]。而对比 $Al_{0.5}CoCrCuFeNi$ 合金与 304 不锈钢在 0.5mol/L $H_2SO_4$ 溶液中的极化曲线可以发现，高熵合金的腐蚀电位更高，因此抗腐蚀性能也更好，如图 8-19 所示[24]。

图 8-20 对比了高熵合金与其他合金在 3.5%（质量分数）NaCl 溶液中的腐蚀速率[25]。显然，高熵合金的腐蚀速率与不锈钢和 Al 合金相当，不及部分 Ni 合金，明显低于低碳钢和低合金钢。

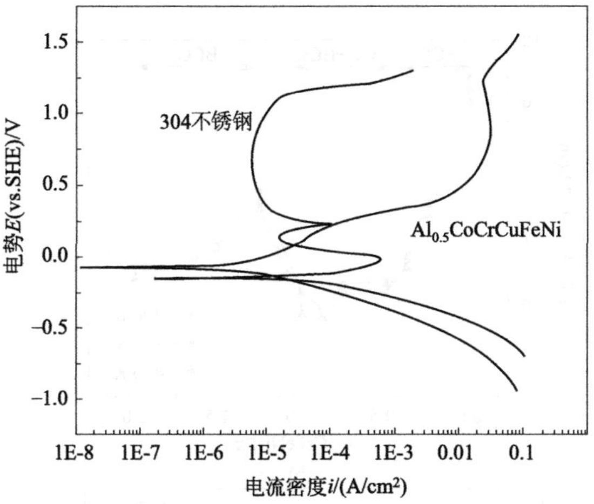


图 8-19　$Al_{0.5}CoCrCuFeNi$ 合金与 304 不锈钢在 0.5mol/L $H_2SO_4$ 溶液中的极化曲线[24]

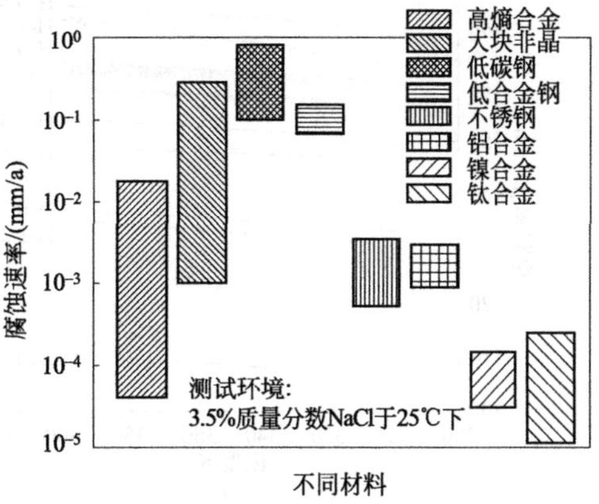


图 8-20　高熵合金与其他合金在 3.5%（质量分数）NaCl 溶液中的腐蚀速率[25]

# 8.5　物理性能

## 8.5.1　电学性能

### 8.5.1.1　高熵合金的导电性

图 8-21(a) 和 (b) 分别为 $CoCrFeNiAl_x$ 合金系在不同温度区间内的相关物理性能[26]。可以看出，高熵合金的电阻率较高，仅次于大块非晶合金且随温度的升高而增加，并与温度成线性关系。在 0～300K 的温度范围内，合金的电阻率主要受电子对、磁效应和声子的共同影响；在 300～400K 的温度范围内，合金的电阻率仅受声子的影响。合金在 BCC 和 FCC 固溶体双相区的电阻率小于其在单相区的电阻率。图 8-21(c) 则表明合金的热导率同样与合金的结构有明显关系。合金的热膨胀系数随着 Al 含量增加而减少，如图 8-21 (d) 所示，热膨胀系数可能与原子间的结合键有关。

图 8-22 为 $NbTiTaVAlLa_x$ 合金及两种典型的高熵合金［CoCrFeNiAl（BCC 结构）和 CoCrFeNiCu（FCC 结构）］的低温电阻率与温度的关系图，温度最低降至 1.6K[27]。从图中可以看到，在实验的测量范围内，并没有观察到预测的超导转变现象，但多主元合金的电阻率明显高于单质金属。对于 $NbTiTaVAlLa_x$ 合金，在高温区间（＞175K），合金的电阻率随温度降低而降低；而在相同温度下，随着 La 含量的增加，合金的电阻率增大，其原因为富 La 相在树枝晶间析出会增加合金内的界面积并通过弹性交互作用使得 BCC 固溶产生局部的应畸变，从而阻碍电子在合金中的传导，进而使得合金的电阻率升高。在低温区间（＜175K），$La_0$ 和 $La_{0.1}$ 合金的电阻率会在某一温度（$T_{min}$）出现最小值。当温度继续降低时，合金的电阻率又会显著上升，这一现象类似于在很多非晶合金中观察到的 Kondo 现象。而 $La_{0.2}$ 合金中并没有发现该现象。对于 CoCrFeNiAl 和 CoCrFeNiCu 合金，随温度降低，其电阻率的变化趋势则相反，BCC 结构的 CoCrFeNiAl 合金的电阻率随温度降低持续降低；FCC 的 CoCrFeNiCu 合金的低温电阻率则随温度的降低而升高。

### 8.5.1.2　高熵合金的超导现象

某些金属、合金和化合物，在温度降到某一特定温度 $T_c$ 时，它们的电阻率突然减小到无法测量的现象叫做超导现象。导体由正常态转变为超导态的温度称为这种物体的转变温度（或

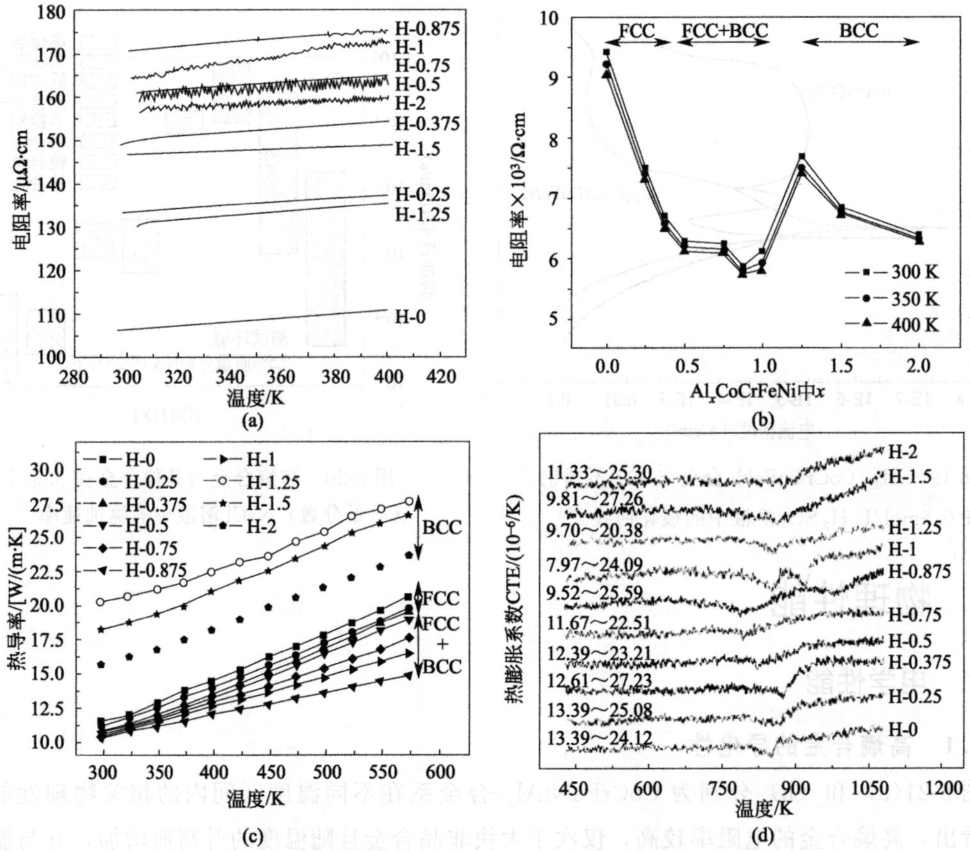


图 8-21 高熵合金的各项性能[26]

(a) CoCrFeNiAl$_x$ 合金电阻率与温度的关系；(b) Al 含量对电阻率的影响；

(c) 温度对热导率的影响；(d) 合金的热膨胀系数

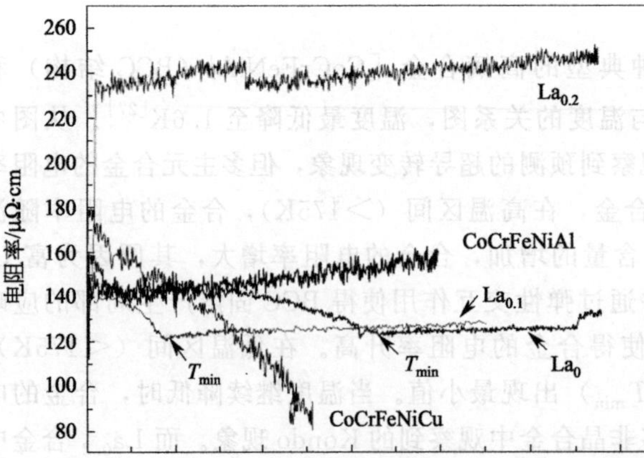


图 8-22 NbTiTaVAlLa$_x$ ($x$=0,0.1,0.2) 合金、CoCrFeNiAl 合金及 CoCrFeNiCu 合金的低温电阻率与温度的关系图[27]

临界温度）$T_c$。目前具有最高的 $T_c$ 的是 Hg-Ba-Cu-O，$T_c$ 为 135K，高压下为 165K。

值得注意的是，单质的 Nb、Ti、Ta、V、Al 均是超导转变温度（$T_c$）较高的金属；并且根据第 3 章中对高熵合金中相形成规律的分析可知，以 Nb、Ti、Ta、V、Al 等元素为主要组元的高熵合金容易形成简单的多主元固溶体相结构。另外，已知在高熵合金中具有明显的“鸡尾酒”效应，即组成高熵合金的各元素相互作用，体现出主元的集体性能，并产生出额外效果。因此，验证高熵合金在超导性方面是否也会体现出“鸡尾酒”效应，从而得到具有优异超导特性的材料，吸引了人们的注意。

德国的 Koželj 等[28] 以 Nb、Ta、La、Ti、V 等为合金元素（各元素的超导转变临界温度见表 8-3)，制备了 BCC 固溶体结构的 $Ta_{34}Nb_{33}Hf_8Zr_{14}Ti_{11}$ 高熵合金，并研究了其在不同磁场作用下的电阻率随温度的变化规律。由图 8-23 可知，$Ta_{34}Nb_{33}Hf_8Zr_{14}Ti_{11}$ 高熵合金的确存在超导行为，在零磁场下超导临界转变温度为 7.3K。

**表 8-3　Nb、La、V、Ta、Ti、Al 元素的超导转变临界温度**[28]

| 元素 | Nb | Ti | V | Ta | Al | La |
|---|---|---|---|---|---|---|
| 临界温度 $T_c$/K | 9.46 | 0.39 | 5.38 | 4.47 | 1.20 | 7.00 |

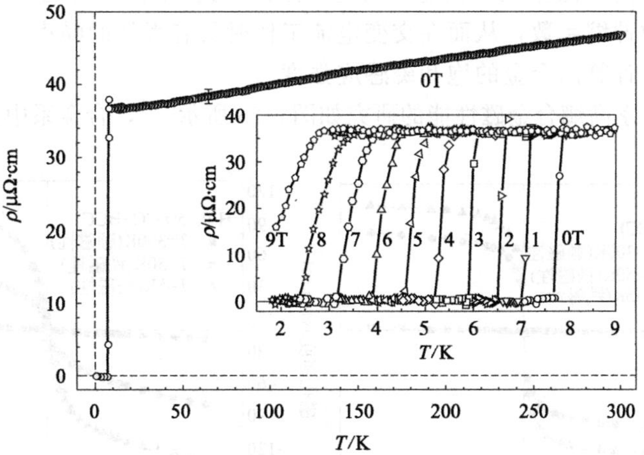


图 8-23　不同磁场作用下 $Ta_{34}Nb_{33}Hf_8Zr_{14}Ti_{11}$ 高熵合金的电阻率随温度的变化规律[28]

## 8.5.2　磁学性能

表 8-4 为三种高熵合金溅射薄膜的磁学及电学特性[21]，它们具有各向异性的软磁性能以及高的电阻率，在高频通信方面具有很大的应用潜力。

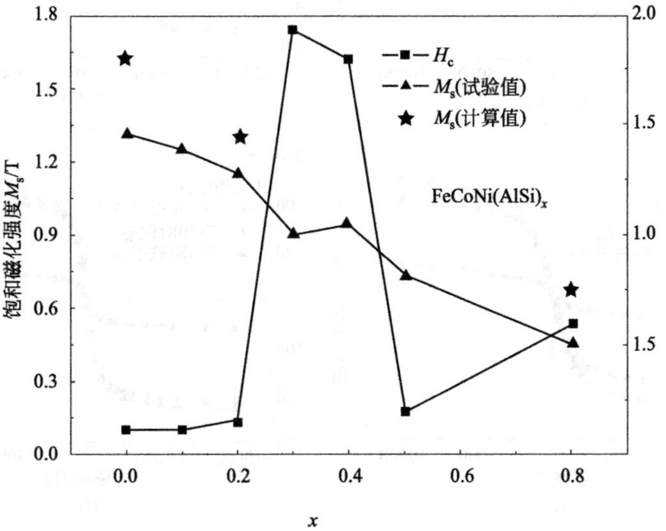


图 8-24　FeCoNi(AlSi)$_x$ ($x$=0,0.1,0.2,0.3,0.4,0.5,0.8) 高熵合金的饱和磁化强度和矫顽力与 Al、Si 含量的关系[29]

**表 8-4 三种高熵合金溅射薄膜的磁学及电学性质**

| 高熵合金薄膜 | 功率/W | 退火规范 | $B_s(4\pi SM_s)$/T | $H_k$/Oe | $H_c$/Oe | $\rho/\mu\Omega\cdot cm$ |
|---|---|---|---|---|---|---|
| FeCoNiAlB | 40 | 300℃,1h | 1.3 | 25 | 5 | 420 |
| FeCoNiAlCrSi | 40 | 300℃,1h | 0.9 | 20 | 5 | 830 |
| FeCoNiAlCrSi | 53 | 300℃,1h | 1.3 | 20 | 1.7 | 290 |

注：1Oe=79.5775A/m。

Zhang 等[29] 还设计了 FeCoFeNi(AlSi)$_x$ 高熵合金[24]，通过调节 Al、Si 合金元素，开发出了具有高电阻率、高室温塑性和高饱和磁感应强度的新型高熵磁性材料，如图 8-24 所示。该材料具有低的磁致伸缩系数，从而在交变电流工作时具有很低的噪声，同时采用第一性原理计算机模拟方法可以计算出合金的饱和磁感应强度。

对 CoCrFeNiAl$_x$ 系高熵合金磁性能的研究如图 8-25 所示[30]，合金系中具有单一的 BCC 结构

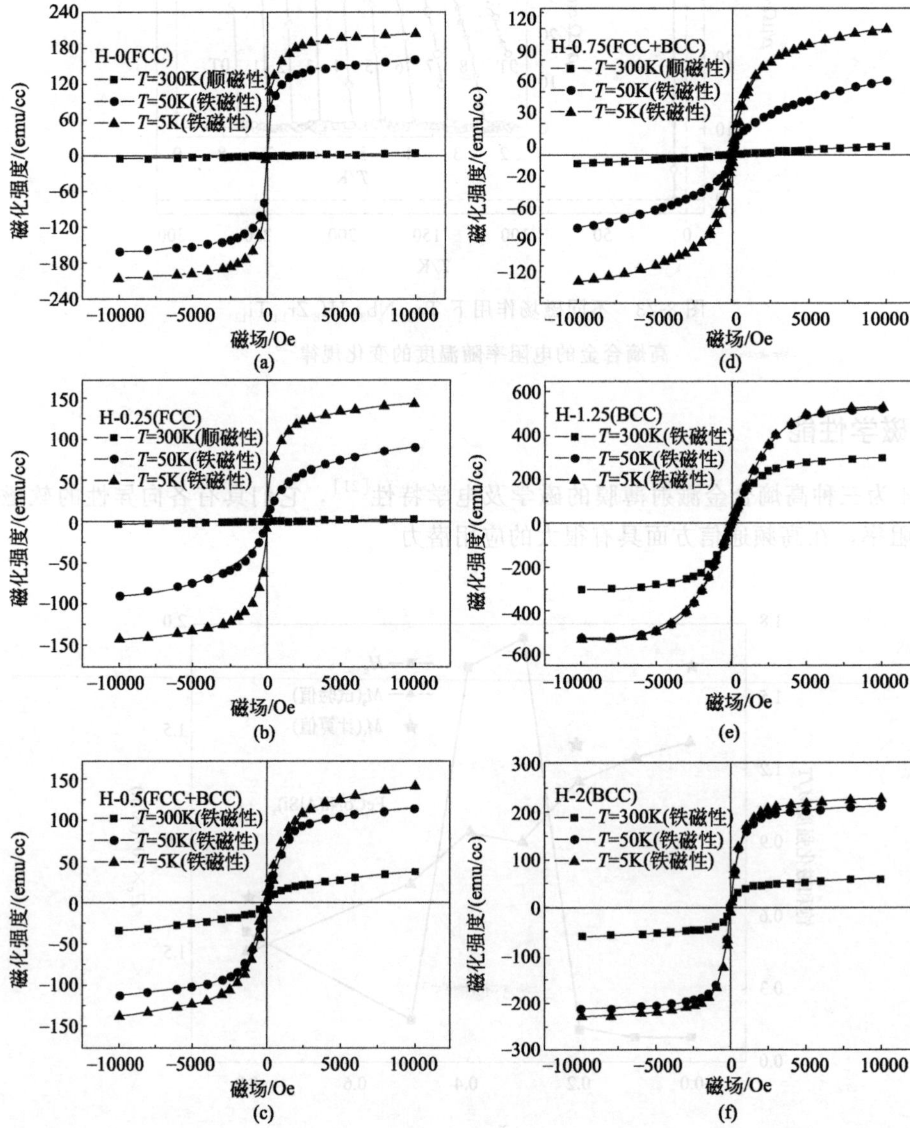


图 8-25 在 5K、50K、300K 时 CoCrFeNiAl$_x$ 合金的磁化强度与磁场强度的关系图（1A/m=0.001emu/cc）[30]

(a) $x=0$；(b) $x=0.25$；(c) $x=0.5$；(d) $x=0.75$；(e) $x=1.25$；(f) $x=2$

的合金在低温时有高的磁化强度。当温度为 300K 时，合金 $CoCrFeNiAl_{0.5}$、$CoCrFeNiAl_{1.25}$ 和 $CoCrFeNiAl_2$ 表现出铁磁性；合金 CoCrFeNi、$CoCrFeNiAl_{0.25}$ 和 $CoCrFeNiAl_{0.75}$ 表现出顺磁性。当温度降低时，所有合金都表现出铁磁性。研究还发现，Al 和 AlNi 富集相的存在会使得合金的铁磁性减弱。

## 8.6 抗辐照性能

高熵合金具有众多优异性能，尤其是具有优良的高温稳定性和缓慢扩散效应，使得高熵合金可作为一种潜在的先进核反应堆的结构材料。现有研究表明，高熵合金不仅在高温下具有很高的相稳定性，在辐照条件下，也具有很高的相稳定性。

其中，日本大阪大学的 Egami 和 Nagase 教授[31] 对高熵合金在抗辐照方面进行了研究，对两种不同体系的高熵合金 Zr-Hf-Nb 三元体心结构高熵合金和 CoCrCuFeNi 五元面心结构高熵合金还进行了原位电子辐照，试验结果表明体心立方结构的 Zr-Hf-Nb 三元合金在 298K、电子辐照剂量为 10dpa❶ 左右的条件下，相结构依然是体心立方，只不过晶格常数值有所减小；而通过磁控溅射的方法在 NaCl 晶体上制备出的不同厚度的面心立方结构的 CoCrCuFeNi

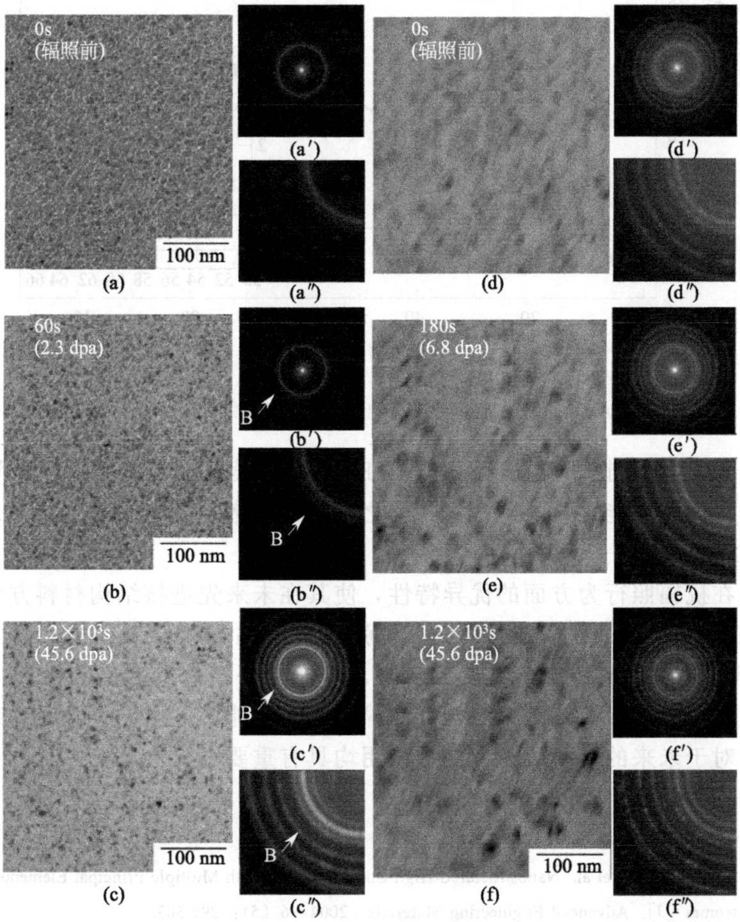


图 8-26 CoCrCuFeNi 多主元合金在不同温度和不同辐照剂量下的原位透射电镜图片[31]

(a)～(c) 298K；(d)～(f) 773K

❶ dpa 为每个原子的平均移位次数（displacement per atom），是材料辐照剂量和辐照损伤的度量单位。

高熵合金薄膜，无论是在高温（500℃）辐照，还是常温辐照，其主相仍然是面心立方结构的多主元固溶体；与热处理过程相比，在辐照环境下，没有发生晶粒粗化现象，其辐照环境下的原子扩散机制与热处理的扩散机制不同。图 8-26 为厚度为 100nm 的 CoCrCuFeNi 多主元合金在 298K、773K 时不同辐照剂量下的透射电镜图片，其明场区（BF）较为模糊，主要是因为其在高温条件下，有热流出现。因此，多主元高熵合金在抗辐照行为方面，具有一定优势。

北京科技大学的张勇教授课题组[32] 对 $Al_x$ CoCrFeNi 高熵合金的抗辐照性能进行了研究，研究结果显示：在 Au 离子辐照剂量超过 50dpa 之后，高熵合金依然具有较高的相结构稳定性，而且在相同的辐照剂量下，与其他常用抗辐照材料相比，例如 M316 不锈钢，具有相对较低的体积肿胀率，如图 8-27 所示。

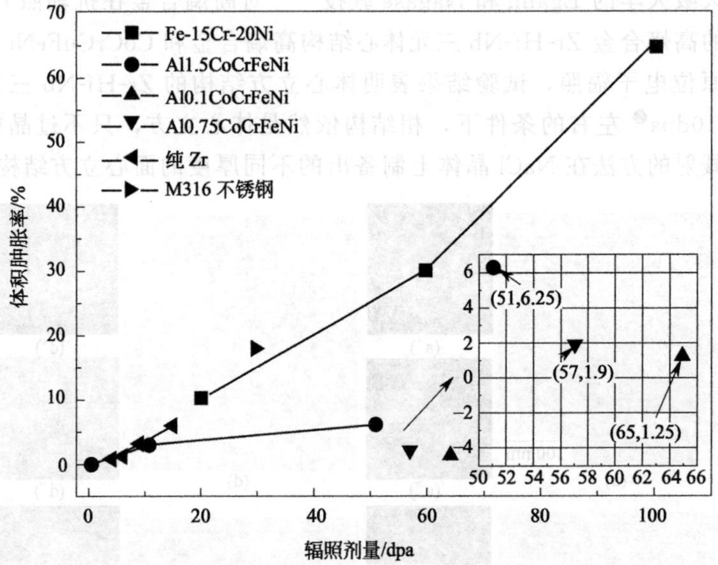


图 8-27 $Al_x$ CoCrFeNi 高熵合金与其他材料的辐照后体积肿胀率的对比图[32]

另外，Chang 等[33] 制备的 Si/HEAN1/HEA/Cu 薄膜也表明，高熵合金薄膜具有较高的防扩散阻碍能力，该薄膜能有效阻碍 Si 和 Cu 之间的互扩散，即便在 900℃退火处理后，薄膜的电阻率仍没有明显变化。

多主元合金在抗辐照行为方面的优异特性，使其在未来先进核结构材料方面的应用成为了可能。随着未来先进核反应技术的发展，特别是超水临界堆（supercritical water reactor，SCWR），事故容错燃料（accident tolerant fuel，ATF）等概念的提出和设计，使得核结构材料的服役环境更加苛刻。因此，对目前具有优异抗辐照性能的多主元合金展开系统的抗辐照机理及性能研究，对于未来的科学研究和技术应用均具有重要意义。

## 参 考 文 献


[1] Yeh J W，Chen S K，Lin S J，et al. Nanostructured High-Entropy Alloys with Multiple Principal Elements：Novel Alloy Design Concepts and Outcomes [J]. Advanced Engineering Materials，2004，6 (5)：299-303.

[2] Zhou Y，Zhang Y，Wang Y，et al. Solid solution alloys of $Ti_x$ CoCrFeNiAl with excellent room-temperature mechanical properties [J]. Applied physics letters，2007，90 (18)：253.

[3] Shun T T，Du Y C. Age hardening of the $Al_{0.3}CoCrFeNiC_{0.1}$ high entropy alloy [J]. Journal of Alloys & Compounds，2009，478 (1—2)：269-272.

[4] Dean S W，Zhang Y，Chen G L，et al. Phase Change and Mechanical Behaviors of $Ti_x CoCrFeNiCu_{1-y} Al_y$ High Entropy Alloys

[J]. Journal of Astm International, 2010, 7 (5) .
[5] Tong C J, Chen Y L, Yeh J W. Mechanical performance of the $Al_x$CoCrCuFeNi high-entropy alloy system with multiprincipal elements [J]. Metallurgical and Materials Transactions A, 2005, 36 (5): 1263-1271.
[6] Senkov O N, Wilks G B, Scott J M, et al. Mechanical properties of $Nb_{25}Mo_{25}Ta_{25}W_{25}$ and $V_{20}Nb_{20}Mo_{20}Ta_{20}W_{20}$ refractory high entropy alloys [J]. Intermetallics, 2011, 19 (5): 698-706.
[7] Kuznetsov A V, Shaysultanov D G, Stepanov N D, et al. Tensile properties of an AlCrCuNiFeCo high-entropy alloy in as-cast and wrought conditions [J]. Materials Science & Engineering A, 2012, 533 (1): 107-118.
[8] Otto F, Dlouhý A, Somsen C, et al. The influences of temperature and microstructure on the tensile properties of a CoCrFeMnNi high-entropy alloy [J]. Acta Materialia, 2013, 61 (15): 5743-5755.
[9] Qiao J W, Ma S, Huang E, et al. Microstructural characteristics and mechanical behaviors of AlCoCrFeNi high-entropy alloys at ambient and cryogenic temperatures [C]. Materials Science Forum, F, 2011.
[10] Laktionova M A, Tabchnikova E D, Tang Z, et al. Mechanical properties of the high-entropy alloy $Ag_{0.5}$CoCrCuFeNi at temperatures of 4. 2-300 K [J]. Low Temperature Physics, 2013, 39 (7): 630-632.
[11] Hemphill M A, Yuan T, Wang G Y, et al. Fatigue behavior of $Al_{0.5}$CoCrCuFeNi high entropy alloys [J]. Acta Materialia, 2012, 60 (16): 5723 - 5734.
[12] Gludovatz B, Hohenwarter A, Catoor D, et al. A fracture-resistant high-entropy alloy for cryogenic applications [J]. Science, 2014, 345 (6201): 1153-1158.
[13] Song S X, Bei H, Wadsworth J, et al. Flow serration in a Zr-based bulk metallic glass in compression at low strain rates [J]. Intermetallics, 2008, 16 (6): 813-818.
[14] Qiao J W, Zhang Y, Liaw P K. Serrated flow kinetics in a Zr-based bulk metallic glass [J]. Intermetallics, 2010, 18 (11): 2057-2064.
[15] Xie J, Fu H, Zhang Z, et al. Deformation twinning feature and its effects on significant enhancement of tensile ductility in columnar-grained Fe-6. 5wt. % Si alloy at intermediate temperatures [J]. Intermetallics, 2012, 23 (23): 20-26.
[16] Ma S G, Zhang Y. Effect of Nb addition on the microstructure and properties of CoCrFeNiAl high-entropy alloy [J]. Materials Science and Engineering: A, 2012, 532 (1): 480-486.
[17] He J, Liu W, Wang H, et al. Effects of Al addition on structural evolution and tensile properties of the FeCoNiCrMn high-entropy alloy system [J]. Acta Materialia, 2014, 62: 105-113.
[18] Gali A, George E P. Tensile properties of high- and medium-entropy alloys [J]. Intermetallics, 2013, 39 (4): 74-78.
[19] Yao M, Pradeep K, Tasan C, et al. A novel, single phase, non-equiatomic FeMnNiCoCr high-entropy alloy with exceptional phase stability and tensile ductility [J]. Scripta Materialia, 2014, 72: 5-8.
[20] Chuang M H, Tsai M H, Wang W R, et al. Microstructure and wear behavior of $Al_xCo_{1.5}CrFeNi_{1.5}Ti_y$ high-entropy alloys [J]. Acta Materialia, 2011, 59 (16): 6308-6317.
[21] 叶均蔚，陈瑞凯，林树均．高熵合金的发展概况 [J]．工业材料杂志，2005，224：71-79.
[22] Senkov O N, Senkova S V, Dimiduk D M, et al. Oxidation behavior of a refractory $NbCrMo_{0.5}Ta_{0.5}TiZr$ alloy [J]. Journal of Materials Science, 2012, 47 (18): 6522-6534.
[23] Hsu Y J, Chiang W C, Wu J K. Corrosion behavior of $FeCoNiCrCu_x$ high-entropy alloys in 3. 5% sodium chloride solution [J]. Materials Chemistry & Physics, 2005, 92 (1): 112-117.
[24] Lee C P, Chen Y Y, Hsu C Y, et al. The Effect of Boron on the Corrosion Resistance of the High Entropy Alloys $Al_{0.5}CoCrCuFeNiB_x$ [J]. Journal of the Electrochemical Society, 2007, 154 (8): C424-C430.
[25] Tang Z, Huang L, He W, et al. Alloying and Processing Effects on the Aqueous Corrosion Behavior of High-Entropy Alloys [J]. Entropy, 2014, 16 (2): 895-911.
[26] Chou H P, Chang Y S, Chen S K, et al. Microstructure, thermophysical and electrical properties in $Al_x$CoCrFeNi ($0\leqslant x\leqslant 2$) high-entropy alloys [J]. Materials Science and Engineering: B, 2009, 163 (3): 184-189.
[27] Yang X, Zhang Y. Cryogenic Resistivities of $NbTiAlVTaLa_x$, CoCrFeNiCu and CoCrFeNiAl High Entropy Alloys [C]. Advanced Materials and Processing 2010.
[28] Koželj P, Vrtnik S, Jelen A, et al. Discovery of a superconducting high-entropy alloy [J]. Physical Review Letters, 2014, 113 (10): 107001.
[29] Zhang Y, Zuo T, Cheng Y, et al. High-entropy alloys with high saturation magnetization, electrical resistivity, and malleability [J]. Sci Rep, 2013, 3: 1455.
[30] Kao Y F, Chen S K, Chen T J, et al. Electrical, magnetic, and Hall properties of $Al_x$CoCrFeNi high-entropy alloys [J].

Journal of Alloys and Compounds，2011，509（5）：1607-1614.

[31] Nagase T，Rack P D，Noh J H，et al. In-situ TEM observation of structural changes in nano-crystalline CoCrCuFeNi multicomponent high-entropy alloy（HEA）under fast electron irradiation by high voltage electron microscopy（HVEM）[J]. Intermetallics，2015，59（0）：32-42.

[32] Xia S Q，Yang X，Yang T F，et al. Irradiation Resistance in $Al_x$CoCrFeNi High Entropy Alloys [J]. JOM，2015，67（10）：2340-2344.

[33] Chang S Y，Chen D S. Ultrathin（AlCrTaTiZr）$N_x$/AlCrTaTiZr Bilayer Structures with High Diffusion Resistance for Cu Interconnects [J]. Journal of the Electrochemical Society，2010，157（6）：G154-G159.

# 第9章 高熵合金的相形成规律

多主元高熵合金的独特相组成和微观组织对合金的性能有着至关重要的影响，直接关系到高熵合金的开发及应用。而在高熵合金的凝固过程中，合金最终的微观结构与其合金成分和凝固条件有着密切关系。本章将对高熵合金微观结构特征进行描述，并着重分析其相稳定性和相形成规律。

## 9.1 多主元合金的相平衡条件

一般，对于成分固定的合金而言，随温度和压力的变化，合金的组成相会发生改变，即相变。了解合金中不同相之间的转变，有助于预测材料性能。而相平衡热力学条件可以反映出合金相平衡的变化。

组成一个合金体系的基本单元（单质或化合物）称为该合金体系的主元。合金体系中具有相同物理和化学性质、且与其他部分以界面分开的均匀部分称为相。当合金体系具有 $n$ 个独立的主元，则称这一体系为 $n$ 元合金体系。

对一个 $n$ 元合金体系，假设主元1为 $n_1$ 摩尔，主元2为 $n_2$ 摩尔……，并且各主元无质量的变化会导致体系性质的改变。则体系吉布斯自由能 $G$ 是温度 $T$ 和压力 $p$，以及各主元物质量 $n_1$、$n_2$…的函数，即

$$G=G(T,p,n_1,n_2\cdots) \tag{9-1}$$

对式(9-1) 微分可得

$$dG=-SdT+Vdp+\sum\mu_i dn_i \tag{9-2}$$

式中，$\sum\mu_i dn_i$ 为主元物质的量变化引起的体系能量变化；$\mu_i$ 为主元 $i$ 的化学势，表征体系中主元 $i$ 传输的驱动力。

如果合金体系中各主元的化学势相等，则没有物质的传输，合金体系就处于平衡状态。假设合金体系中存在 α、β…多个相，则每个相的自由能微分式为：

$$dG^{\alpha}=-S^{\alpha}dT+V^{\alpha}dp+\sum\mu_i^{\alpha}dn_i \tag{9-3}$$

$$dG^{\beta}=-S^{\beta}dT+V^{\beta}dp+\sum\mu_i^{\beta}dn_i \tag{9-4}$$

而合金体系的自由能变化为：

$$dG=dG^{\alpha}+dG^{\beta}+\cdots \tag{9-5}$$

对于两相（α和β）共存合金体系，当有极少量的主元2从α相向β相转移，且压力和温度一定时，体系的自由能变化为：

$$dG=dG^{\alpha}+dG^{\beta}=\mu_2^{\alpha}dn_2^{\alpha}+\mu_2^{\beta}dn_2^{\beta}=(\mu_2^{\beta}-\mu_2^{\alpha})dn_2^{\beta} \tag{9-6}$$

由相平衡时，$dG=0$ 可知，两相平衡的条件为：

$$\mu_2^{\beta}=\mu_2^{\alpha} \tag{9-7}$$

推广到多主元体系可知，多主元多相体系的相平衡条件为：

$$\begin{aligned}&\mu_1^{\alpha}=\mu_1^{\beta}=\mu_1^{\chi}\cdots\\&\mu_2^{\alpha}=\mu_2^{\beta}=\mu_2^{\chi}\cdots\\&\cdots\\&\mu_n^{\alpha}=\mu_n^{\beta}=\mu_n^{\chi}\cdots\end{aligned} \tag{9-8}$$

多主元合金体系处于平衡状态时，各主元在各相中的化学势相等。

因此，在平衡条件下，多主元合金体系中的相数会受到一定限制，相应的吉布斯相律为：

$$F=C-P+2 \tag{9-9}$$

式中，$F$ 为合金体系的自由度；$C$ 为合金体系的主元数；$P$ 为相数。

对于多主元高熵合金，压力在通常条件下对合金体系的平衡影响极小，可以认为是常量。所以相律可表达为：

$$F=C-P+1 \tag{9-10}$$

可以看出，由于 $F\geqslant 0$，高熵合金的平衡相数 $P\leqslant C+1$。对于五元高熵合金而言，其相数不超过 6。但在实际制备的多主元高熵合金中，体系中往往只存在单一的多主元固溶体相，其相数远远低于合金体系的最大平衡相数，且高熵合金通常表现出优异的相稳定性。因此，可以认为高熵合金的特征多主元固溶体相组成为稳定的非热力学平衡相结构。

# 9.2 多主元高熵合金的微观结构特征

## 9.2.1 高熵合金的相结构

虽然多主元高熵合金在凝固后能够形成相对简单的相，所生成的相数也远远小于吉布斯相律预测的平衡相数。但是，影响高熵合金组织形成的热力学因素和动力学因素比较多，除了简单的固溶体外，有序的金属间化合物、纳米级析出物和晶非态相等也会在合金中生成。因而，本节从以下几个方面分别描述高熵合金的组成相。

### 9.2.1.1 简单的固溶体相

随机互溶的固溶体是多主元高熵合金典型的组织，目前发现的固溶体结构一般为面心立方（FCC）或体心立方（BCC）结构。一般将固溶体的形成主要归因于合金的高混合熵。高混合熵可以增进主元间的相溶性，并抑制金属间化合物的生成。多主元固溶体中无基体主元，所有原子按统计平均的概率随机分布在晶格点阵的节点位置。五元等原子比合金中不同结构固溶体的晶体结构示意如图 9-1 所示。图 9-2 则为 Cu-Ni-Al-Co-Cr-Fe-Si 合金系的 XRD 图谱[1]。可以发现，随着主要组元数的增加，合金系中主要生成简单 FCC 结构或 FCC 与 BCC 混合结构的固溶体。

中国台湾学者 Yeh 等[2] 对 CoCrFeNiCu、$CoCrFeNiCuAl_{0.5}$、$CoCrNiCu_{0.5}Al$、TiCoCrFeNiCuAlV 等多种高熵合金的微观组织进行了研究，发现在铸态和快速凝固状态下，这些合金均呈现出简单的 BCC 或 FCC 固溶体结构，并且由于铜元素的存在，在树枝晶和枝晶间部分均存在明显的成分偏析。而对 $Al_xCoCrFeNi$ 高熵合金系的研究发现[3]：当 $x<0.5$ 时，合金由单一 FCC 固溶体构成；当 $x>0.875$ 时，合金主要生成 BCC 固溶体；当合金的铝含量介于前两者之间时，则生成 FCC 和 BCC 固溶体的混合结构。张勇、刘源等[4,5] 对 $Ti_xCoCrFeNiCu_{1-y}Al_y$、$AlTiFeNiCuCr_x$ 等多个高熵合金系的微观结构进行了细致研究，结果表明：这些合金系主要由简单的 FCC 和 BCC 固溶体组织组成，合金组织形貌主要呈现典型的树枝晶形貌。另外，有研究证明：以高熔点金属元素为主要组元的高熵合金在凝固过程中倾向于生成 BCC 结构的固溶体[6,7]。

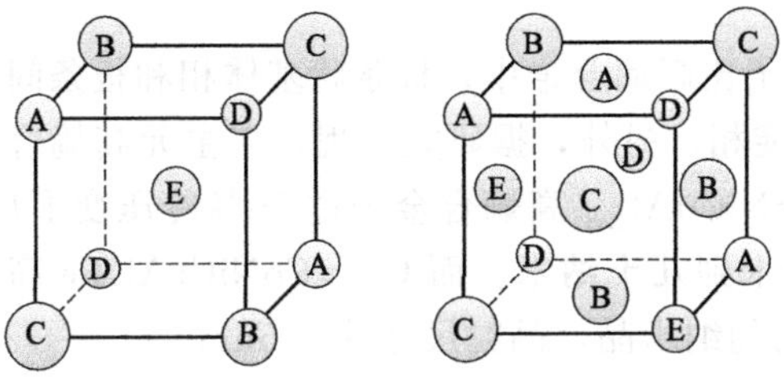


(a) BCC:五主元　　(b) FCC:五主元

图 9-1　五元等原子比合金中 BCC（a）和 FCC（b）固溶体的晶体结构示意图

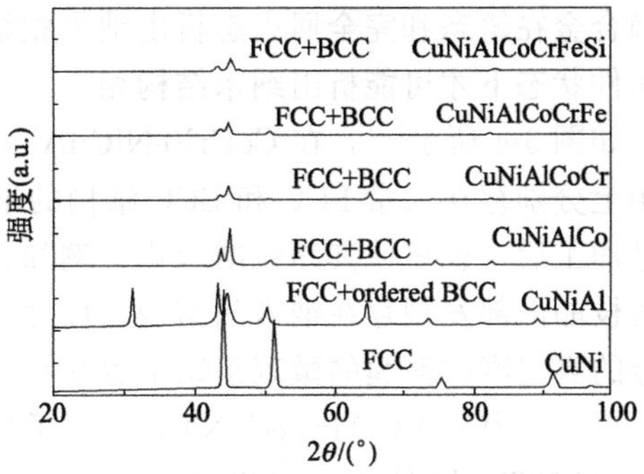


图 9-2　随着主要组元数的增加 Cu-Ni-Al-Co-Cr-Fe-Si 合金系的 XRD 图谱[1]

### 9.2.1.2　中间相及其他复杂组织

如上所述，高熵合金的高熵效应有利于抑制有序金属间化合物的生成和相分离的发生，促进固溶体相的生成，但是影响高熵合金相形成的其他因素还有很多，目前的研究表明合金的混合焓、原子尺寸差、价电子浓度等因素都能影响相形成。而由一些化学相容性较差的合金元素构成的高熵合金往往会形成中间相或复杂的多相共存结构。

例如，中国台湾学者 Lin 等通过原位反应的方法，在中碳钢的表面制备了 NiCrAlCoCu 和 NiCrAlCoMo 两种等原子比合金涂层，并对两种涂层的微观结构进行了研究，发现 NiCrAlCoCu 合金涂层的微观结构仅为简单的 BCC 和 FCC 固溶体相，而 NiCrAlCoMo 合金涂层中则包含有 $AlFe_{0.23}Ni_{0.77}$、$Co_6Mo_6C_2$、$Fe_{63}Mo_{37}$ 等多种复杂的中间相，如图 9-3 所示[8]。这种现象的产生被认为是由合金主元间化学结合力的大小所决定。而向 Co-Cr-Fe-Ni 合金系中添加 Al 元素也被认为会导致有序相的析出。

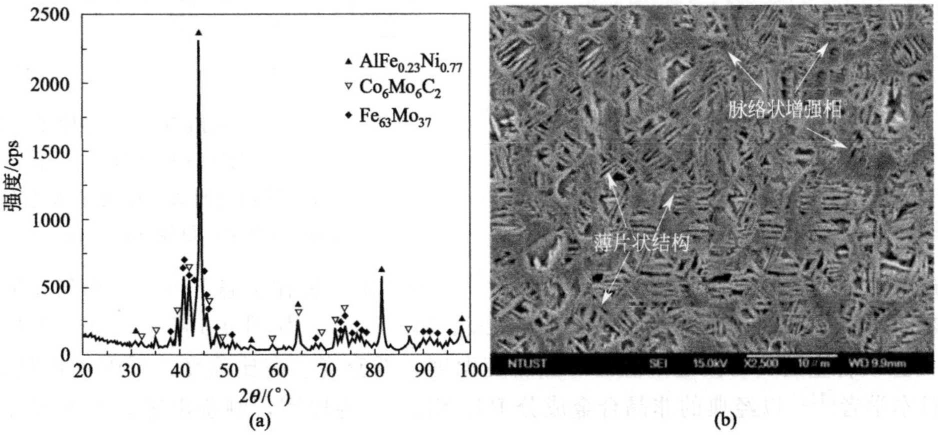


图 9-3　NiCrAlCoMo 合金涂层的 XRD 图谱（a）和 SEM 图像（b）[8]

另外，对 $AlCoCrCuNiTiY_x$ 和 $Ti_xCoCrFeNiAl$ 合金的相组成进行研究发现，当 Y、Ti 元素在合金中的含量达到一定时，会促使中间相及其他复杂组织的形成，而且随着 Y、Ti 含量的增加，中间相及其他复杂组织的含量也随之增加。另有研究表明：Mo、B、Zr 等元素在 Co-Cr-Fe-Ni-Cu-Al 系合金中添加后会与其他主元相结合，从而促进有序化合物的生成。总之，合金化元素之间的原子尺寸差异越大，结合力越强，在高熵合金中越容易形成有序相。

### 9.2.1.3　纳米晶和非晶相

高熵合金中强烈的晶格畸变效应和缓慢扩散效应会阻碍晶粒的形核和长大，使某些体系的高熵合金在铸态和完全回火态析出纳米相结构甚至非晶态结构，而传统合金只有在特殊的热处理条件状态下才可能析出纳米结构相。

如图 9-4 所示[2]，在 CoCrFeNiCuAl 六元等原子比高熵合金中，板条状基体相和板条间基体相上分别存在大量 FCC 和 BCC 结构的纳米级沉淀相。另外，据研究发现，多主元高熵合金经过加工后，也可使其晶粒纳米化。例如，$CoCrFeNiCuAl_{0.5}$ 高熵合金经过 50%冷压变形后，在树枝晶内部发现存在纳米晶结构，尺寸约为几纳米到几十纳米。而 $Cu_{0.5}CoNiCrAl_2Fe$ 高熵合金的真空溅射薄膜的微观组织中也存在 FCC 结构的纳米晶，晶粒尺寸约为 5nm。

图 9-5 为 TiVCrMnFeCoNiCu 等原子比高熵合金的 HRTEM 和相应的选区反快速傅里叶变换（IFFT）图像[9]。可以看到在合金基体上弥散分布着的纳米相颗粒，而无序基体、宽的衍射晕环（内嵌 FFT 图）和 IFFT 图像［图 9-5(c)］则证实了该合金中的基体为非晶相。

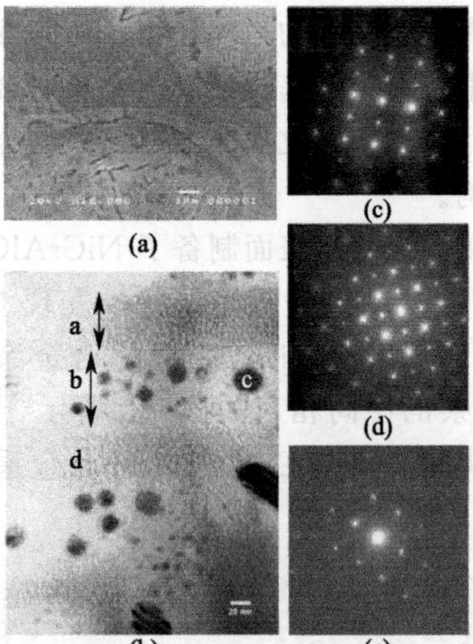


图 9-4　铸态的 CoCrFeNiCuAl 高熵合金的微观结构[2]

(a) SEM 图像；(b) TEM 图像；(c)～(e) 分别为 (b) 图中 a、b、c 区域对应的 SAD 图像

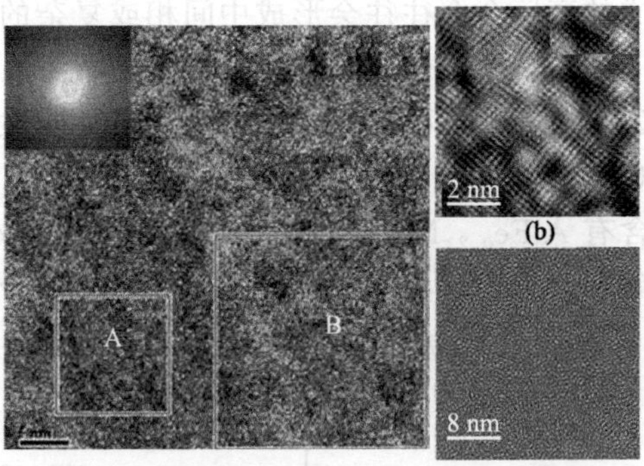


图 9-5　TiVCrMnFeCoNiCu 等原子比高熵合金的 HRTEM 图像 (a) 和 A、B 区域相应的选区反快速傅里叶变换（IFFT）图像 (b)、(c)[9]

最近，中国科学院物理所的汪卫华课题组[10] 开发出一种在室温下可显著均匀变形而不产生剪切带的高熵非晶合金 $Zn_{20}Ca_{20}Sr_{20}Yb_{20}(Li_{0.55}Mg_{0.45})_{20}$，如图 9-6 所示，其临界尺寸大于 3mm，而且该合金还具有接近室温的非晶转变温度、低密度、高比强度、低弹性模量等性能。随后，日本学者[11] 以经典的非晶合金成分 $Pd_{40}Ni_{40}P_{20}$ 为原型，制备出等原子比五元高熵大块非晶合金 $Pd_{20}Pt_{20}Cu_{20}Ni_{20}P_{20}$，其临界尺寸达到 10mm。清华大学的姚可夫课题组[12] 也以传统的 Zr 基非晶合金为原型，制备出等原子比的多主元高熵非晶合金。其中，TiZrCuNiBe 合金的临界尺寸为 1.5mm，压缩强度高达 2315MPa；而 TiZrHfCuNiBe 合金的非晶临界尺寸可达到 20mm，如图 9-7 所示。

## 9.2.2　高熵合金的组织

一般而言，多主元合金的相组成对合金的凝固条件并不敏感，但微观组织与合金的凝固条件却有着直接关系。对于以多主元固溶体相为主的高熵合金而言，经由感应熔炼或电弧熔炼后所得到的样品通常呈现出典型的铸造树枝晶和枝晶间组织形貌，如图 9-8 所示[13]。合金成分

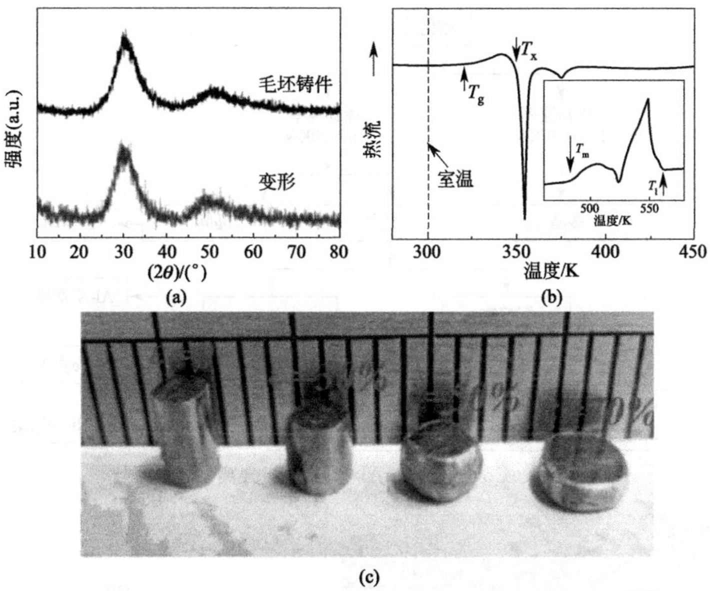


图 9-6　$Zn_{20}Ca_{20}Sr_{20}Yb_{20}(Li_{0.55}Mg_{0.45})_{20}$ 合金的相关研究[10]

(a) XRD 图谱；(b) DSC 曲线；(c) 变形后合金样品的形貌

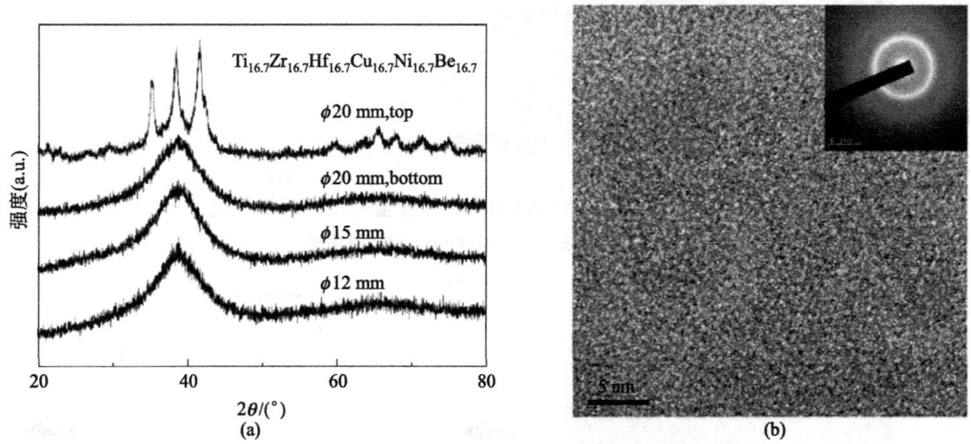


图 9-7　TiZrHfCuNiBe 合金的 XRD 图谱和 TEM 图片[12]

和凝固条件不同，树枝晶的形貌和分布也不相同。实验表明：对于含 Cu 的高熵合金，Cu 元素倾向于在枝晶间聚集，使得合金发生成分偏析，从而引起合金内部相分离。Singh 等应用聚焦离子束技术（FIB）和 3D 原子探针（3DAP）对 CoCrFeNiCuAl 高熵合金的组织和成分分布进行了检测，从而细致分析了合金中明显的成分起伏和相分离现象，如图 9-9 所示[14]，并用二元体系的混合焓对原因进行了解释。而 Tong 等[13] 也从动力学角度分析了 $CoCrFeNiCuAl_x$ 合金在凝固过程中析纳米结构的过程。有时，合金中的相分离甚至会造成类似于共晶或包晶组织的出现。

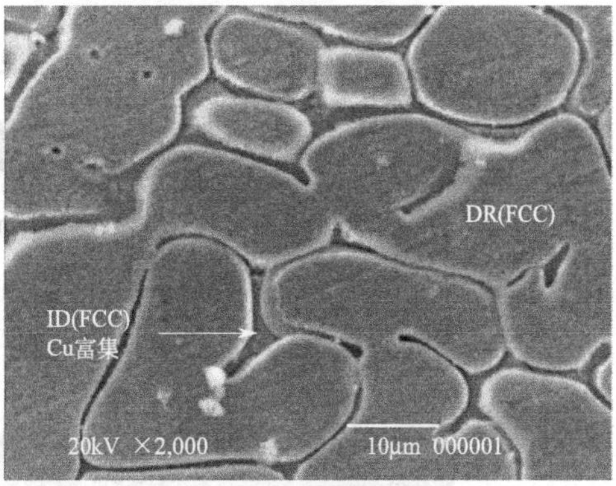


图 9-8　CoCrFeNiCu 合金的 SEM 微观组织图片[13]

DR—树枝晶；ID—枝晶间

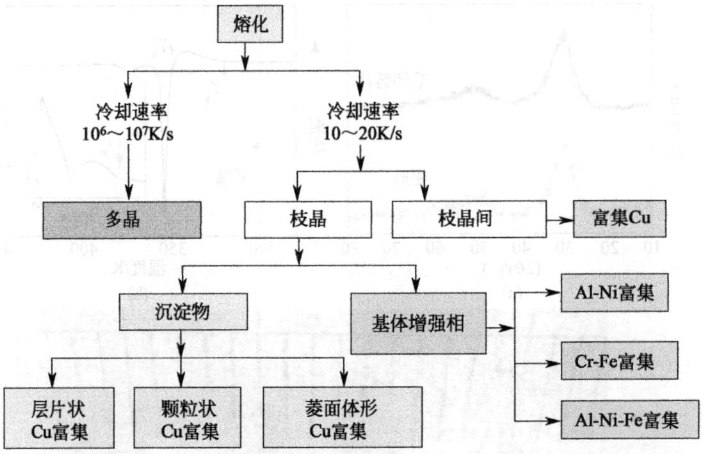


图 9-9 CoCrFeNiCuAl 合金中相分离的示意图[14]

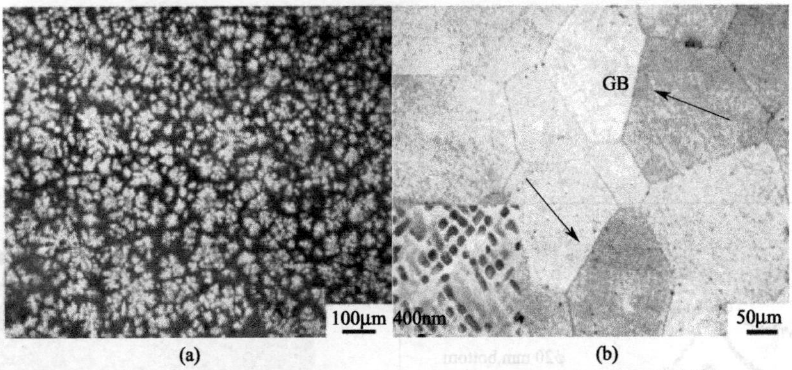


图 9-10 不同方法制备出 CoCrFeNiAl 合金的微观组织形貌[15]

（a）铜模铸造；（b）Bridgman 定向凝固法

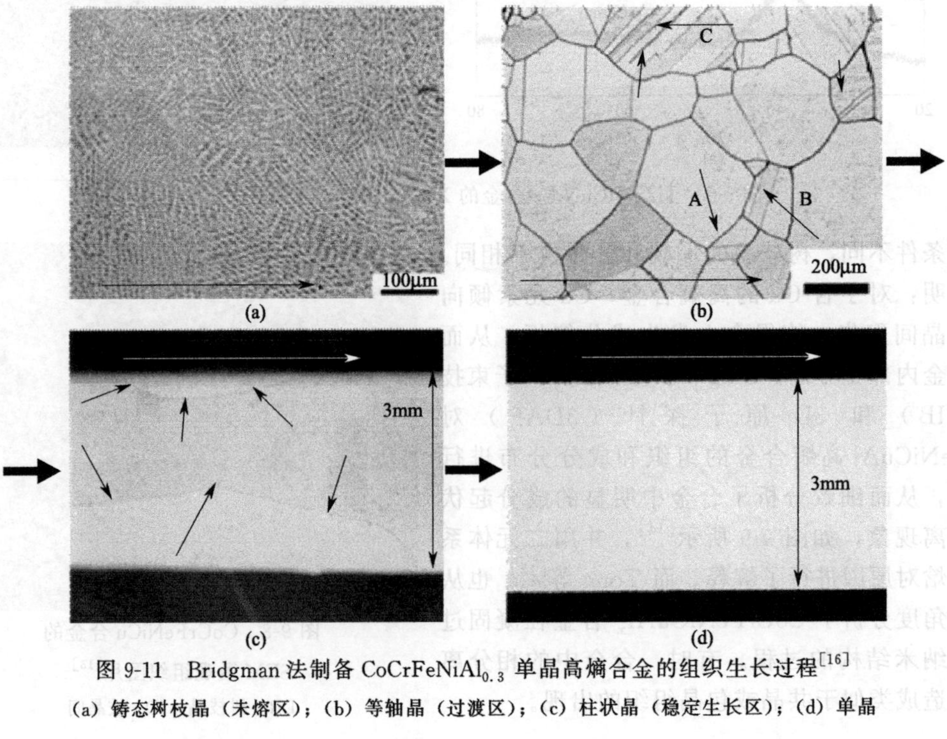


图 9-11 Bridgman 法制备 $CoCrFeNiAl_{0.3}$ 单晶高熵合金的组织生长过程[16]

（a）铸态树枝晶（未熔区）；（b）等轴晶（过渡区）；（c）柱状晶（稳定生长区）；（d）单晶

此外，通过控制高熵合金凝固过程中的晶体的生长速率和生长方向可以明显调整合金的微观组织。例如，Ma 等利用 Bridgman 定向凝固的方法，通过改变抽拉速率和次数，使得高熵合金的微观组织由树枝晶转变为等轴晶，甚至是单晶，如图 9-10 和图 9-11 所示[15,16]。

# 9.3　影响多主元高熵合金相稳定性的因素

由以上分析可知，多种因素都能影响多主元高熵合金的相稳定性。在多主元高熵合金中由于高熵稳定的固溶体相的生成，使得高熵合金具备很多优良性能。但是，现有的实验表明，并非所有的多主元合金都倾向于生成单一的简单结构的固溶体相。在很多合金中，除了固溶体相生成，还伴随有金属间化合物相、纳米相以及非晶相等析出。不同相的出现对高熵合金的综合性能都会产生影响；而且通过比较发现，不同结构的固溶体相所体现出的性能也有差异。相对而言，BCC 结构的固溶体相具有较高强度和较低塑性；而 FCC 结构固溶体相具有较低的强度和较高的塑性。因此，对多主元高熵合金的相稳定性及相形成规律的研究有利于指导高熵合金的成分设计，并能为高熵合金的性能控制提供帮助。

由高熵合金的组织结构与合金性能的关系可知，通常在设计高熵合金成分时，希望制备得到的合金微观组织为单一的多主元固溶体组织或者是以多主元固溶体相为主的组织。因此，在本节中主要讨论影响固溶体稳定性的因素，并从中分析这些因素对合金中各相形成的作用效果及规律。

对于高熵合金，Yeh 等[2] 认为高的混合熵（$\Delta S_{mix}$）是促使多主元固溶体形成的主要因素。然而，随着对高熵合金研究的深入，人们逐渐认识到，仅凭借高熵效应还不足以完全控制固溶体的形成，其他因素同样也可以影响多主元合金中固溶体的稳定性。

利用固溶体的准化学方法计算二元合金的自由能时可以发现，混合焓（$\Delta H_{mix}$）也可以明显影响固溶体的形成。物理冶金学家 Hume-Rothery 曾研究了二元合金体系中元素的原子尺寸、晶体结构、价电子浓度、电负性对置换式固溶体固溶度的影响及影响规律，提出了以下经验规则（Hume-Rothery 准则）：①如果形成合金元素原子半径之差超过 15%，则固溶度极为有限；②如果合金主元的电负性相差很大，则固溶度极小，合金中易形成稳定的中间相；③两个给定元素的相互固溶度与它们各自的原子价有关，且高价元素在低价元素中的固溶度大于低价元素在高价元素中的固溶度（相对价效应）；④如果高价溶质原子添加到低价溶剂原子（某些一价金属元素）中形成固溶体，溶质原子价越高，最大固溶度越小（原子价效应）；⑤合金元素具有相同的晶体结构是形成无限（或连续）固溶体的必要条件。其中，只有①和②两条是普遍规则，其余 3 条都限于特定情况。从中不难发现，合金元素的原子尺寸、晶体结构、价电子浓度、电负性均可以显著影响二元合金体系固溶体的固溶度。但这些因素对多主元高熵合金体系中固溶体稳定性的影响效果还需要进一步分析。因此，本文将这些因素扩展到多主元合金体系中，并将其分别用以下参数表征：$\Delta S_{mix}$（混合熵）、$\Delta H_{mix}$（混合焓）、$\delta$（原子半径差）、$\Delta\chi$（Pauling 电负性差）以及 VEC（价电子浓度）。而各参数的定义以及相应因素对多主元合金相稳定性的影响效果在之后叙述。

## 9.3.1　混合熵

在本书中，为了简化计算合金固溶体的热力学参数，规则熔体模型被采用。因此，计算固溶体的混合熵时，使用构型熵近似表示混合熵，而忽略了其他因素产生的熵，即只考虑主元不同排列方式产生的混合熵。根据 Boltzmann 假设，$n$ 元合金中固溶体的混合熵可由式(9-11)表达：

$$\Delta S_{\mathrm{mix}}=R\ln n \tag{9-11}$$

式中，$R$ 表示气体常数；$n$ 表示元素种类的数目。从式中可以看出，多主元高熵合金与传统合金相比具有更高的混合熵。

在多主元合金体系中，$\Delta S_{\mathrm{mix}}$ 永远为正值，相比而言，多主元合金具有较高的混合熵。高的 $\Delta S_{\mathrm{mix}}$ 会增加合金体系的混乱程度，显著降低合金的自由能，从而导致不同合金元素混乱地分布在晶体的点阵位置，抑制有序相及相分离的产生，最终促进固溶体相的生成；而且温度越高，混合熵的作用就越明显。因此，从热力学的角度考虑，$T\Delta S_{\mathrm{mix}}$ 的值可以用来表征多主元合金中固溶体相形成的动力。

## 9.3.2 混合焓

同样，根据规则熔体模型，只考虑合金中最近邻原子间的键能，则 $n$ 元合金中固溶体的混合焓 $\Delta H_{\mathrm{mix}}$ 可用以下公式表达为：

$$\Delta H_{\mathrm{mix}}=\sum_{i=1,i\neq j}^{n}4\Delta H_{ij}^{\mathrm{mix}}c_i c_j \tag{9-12}$$

式中，$\Delta H_{ij}^{\mathrm{mix}}$ 是由第 $i$ 个主元和第 $j$ 个主元组成的二元液态合金在规则溶体中的混合焓，其数值则是基于二元液态合金的 Miedema 宏观模型计算而来的；$c_i$ 或 $c_j$ 是第 $i$ 个主元或第 $j$ 个主元的原子含量。

对合金而言，混合焓可以为正，也可以为负。当多主元合金的 $\Delta H_{\mathrm{mix}}>0$ 时，会使合金的不同液相之间产生溶解间隙，降低合金的固溶度，从而使得合金中出现相分离或成分偏析。混合焓越正，这种效应就越显著。此时，$\Delta H_{\mathrm{mix}}$ 表现为合金主元之间的排斥力；当多主元合金的 $\Delta H_{\mathrm{mix}}<0$ 时，合金元素之间的结合力较强，容易促使金属间化合物的产生；同样，混合焓越负，这种效应就越显著。因此，$\Delta H_{\mathrm{mix}}$ 表现为合金主元之间的亲和力。这种现象在二元合金体系中已经得到验证。此外，根据 Inoue 提出的设计大块非晶合金的经验三原则，负的混合焓还容易促使非晶态结构的产生。因此，无论混合焓为正还是为负，其都会导致多主元固溶体的形成受到限制；只有当混合焓的数值接近于 0 时，不同合金元素才会倾向于无序地分布在晶体的晶格中，使得无序固溶体稳定存在。在此，假设正的混合焓与负的混合焓对于固溶体相的稳定性具有相同效果，则混合焓的绝对值（$|\Delta H_{\mathrm{mix}}|$）可以用来表征多主元合金中固溶体形成的阻力。

## 9.3.3 原子尺寸

除了热力学因素外，拓扑学因素，即合金元素的原子尺寸差（原子尺寸错配度），同样会影响多主元合金的固溶体相的稳定性。大的原子尺寸差，一方面会增加合金中的晶格畸变程度，导致晶体的应变能增大，从而使得合金的内能升高，不利于固溶体相的稳定；另一方面会造成主元之间的缓慢扩散，使得相转变速率降低和主元偏聚，甚至会导致非晶相和纳米晶在合金中局部析出。只有当合金的元素尺寸相似时，各合金元素原子才能相互取代，形成无序的高熵固溶体相。为了综合描述 $n$ 元合金中的固溶体主元的原子尺寸差参数 $\delta$（综合原子半径差）由以下公式表达：

$$\delta=\sqrt{\sum_{i=1}^{n}c_i(1-r_i/\bar{r})^2} \tag{9-13}$$

$$\bar{r}=\sum_{i=1}^{n}c_i r_i \tag{9-14}$$

式中，$\bar{r}$ 是合金元素原子的平均半径；$r_i$ 是第 $i$ 个元素原子的半径。

### 9.3.4 电负性差

合金元素的电负性表示这个元素的电子在异类原子的集合体中或分子中能够吸引电子为自身所有的一种能力。合金元素之间的电负性差越大，元素间具有高电正性的元素越容易失去核外电子，而具有高电负性的元素越容易得到电子，从而导致金属间化合物的形成。因此，合金元素间的电负性差小则有利于形成多主元固溶体。而 $n$ 元合金的电负性差 $\Delta\chi$ 可以表征如下：

$$\Delta\chi=\sqrt{\sum_{i=1}^{n}c_i(\chi_i-\bar{\chi})^2} \tag{9-15}$$

$$\bar{\chi}=\sum_{i=1}^{n}c_i\chi_i \tag{9-16}$$

式中，$\bar{\chi}$ 为合金元素的平均 Pauling 电负性；$\chi_i$ 为合金中第 $i$ 个元素的 Pauling 电负性。

### 9.3.5 价电子浓度

合金的价电子浓度对固溶体稳定性的影响效果主要表现为 Hume-Rothery 准则中的原子价效应和相对价效应。当主元间的原子价接近时，主元的固溶度越大，合金中固溶体相对稳定；当价电子浓度发生变化或超过某一极限，主元之间的结合键便会发生紊乱，使得固溶体的稳定性下降，并有利于金属间化合物的形成。事实上，价电子浓度被证实可以控制金属间化合物的稳定性，尤其是电子价化合物。对于多主元高熵合金，合金的 VEC 被定义如下：

$$\text{VEC}=\sum_{i=1}^{n}c_i(\text{VEC})_i \tag{9-17}$$

式中，$(\text{VEC})_i$ 为合金中第 $i$ 个主元的价电子浓度。

通过分析以上因素对多主元合金中固溶体稳定性的影响效果以及不同因素之间的相互作用关系，可以进一步研究合金中固溶体的相形成规律。

### 9.3.6 其他因素

另外，关于动力学因素对高熵合金相形成规律和相转变规律影响的研究还处在起始阶段，仅有的研究认为，高熵合金的相组成与非晶合金相比受冷却速率的影响小，但是提高冷却速率仍然可以简化高熵合金的组织结构。周云军等[17] 还研究了晶格畸变导致多主元固溶体合金相的转变机理，对从合金钢球模型的原子级别应变进行分析，认为在 $\text{CoCrFeNiCu}_{1-x}\text{Al}_x$ 合金系中由于大尺寸铝原子的加入可以引起晶格畸变，而合金组织由单一的 FCC 固溶体结构转变为 FCC 固溶体结构和 BCC 固溶体结构共存，最终转变为单一的 BCC 固溶体结构是因为合金相转变为致密度低的结构可以有效松弛晶格畸变。

## 9.4 多主元高熵合金的相形成规律

虽然高熵合金具有优异的性能和广阔的应用前景，但是对高熵合金相形成机理及性能影响因素等方面至今仍缺乏完整的理论体系，从而大大限制了高熵合金的发展。造成这种情况的主要原因体现在以下两个方面。一方面，迄今有关高熵合金的理论研究和实验结果都非常少，人们对其合金化过程的机理以及其中涉及的科学问题还不甚了解，而经典金属学主要是基于一种或两种主要组元的合金体系来进行研究的，很少涉及多主元合金体系。另一方面，高熵合金的主元众多，且各主元的含量较高，对合金的组织及性能影响明显，因此很难用传统的方法来分析，这便增加了高熵合金理论研究的难度。人们还需要在现有合金理论基础上，应用其他方法进行探索。

通过对现有高熵合金体系的研究，目前人们对高熵合金微观结构的稳定性已经有了一些初步了解。北京科技大学的张勇、周云军等[18] 认为，多主元高熵合金中各主元的地位对等，它们通过协同作用从而决定了合金独特的微观组织和性能，即高熵合金中集体效应明显，因而在考虑高熵合金的相形成影响因素时，要充分考虑所有主元的综合影响。

## 9.4.1 多主元固溶体形成准则

### 9.4.1.1 $\Delta H_{mix}$-$\delta$ 准则

在物理冶金学中，有一项关于主元之间合金化以后物相选择的重要理论依据称为 Hume-Rothery 准则，阐述了原子尺寸、晶体结构、价电子浓度、电负性对元素之间形成固溶体的影响及其规律。

北京科技大学张勇等[18] 将 Hume-Rothery 准则推广到高熵合金领域，根据此准则将影响高熵合金固溶体相形成的因素归结为原子半径差、主元间的化学相容性（混合焓）和混合熵等参数，并通过统计、计算和分析已发表的高熵合金及其他五元以上多主元合金的原子半径差、混合焓和混合熵，绘制出了原子半径差与混合熵关系图，如图 9-12 所示。从中可以发现，固溶体相形成的范围为：原子半径差小于 6.5%；混合焓在 −15～5kJ/mol 之间；混合熵在 12～17.5J/(K·mol) 之间，即图中的 S 和 S′区域。大块非晶合金存在的区域则为图中的 $B_1$ 和 $B_2$ 区，而形成金属间化合物的合金成分则分布在图中的剩余区域。

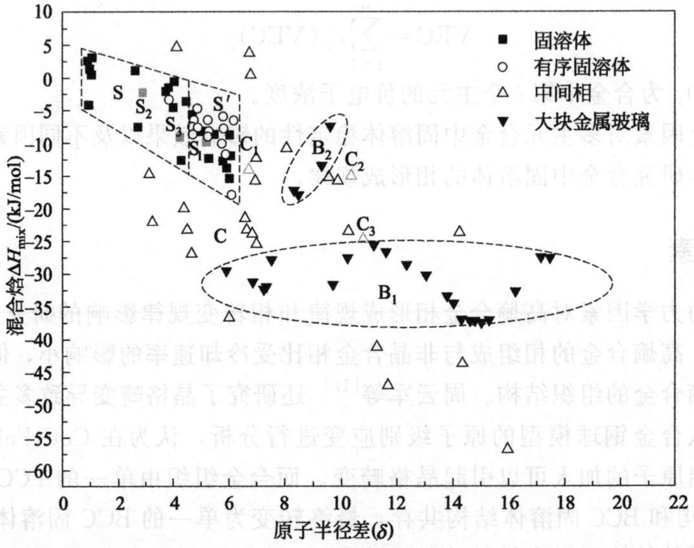


图 9-12 铸态多主元合金原子半径差（$\delta$）与混合焓（$\Delta H_{mix}$）的关系图[18]

另外，高熵合金的混合焓也被证实可以明显影响高熵合金的相稳定性，如图 9-13 所示[19]。当合金的混合焓在一定范围内（$-11.6\text{kJ/mol}<\Delta H_{mix}<3.2\text{kJ/mol}$）时，相对于非晶相和金属间化合物，多主元的固溶体相更容易形成。

### 9.4.1.2 VEC 判据

香港理工大学的 Guo 等[20] 研究了价电子浓度（VEC）与高熵合金中 FCC 和 BCC 固溶体稳定性的关系，认为当价电子浓度 VEC≥8.6 时，FCC 固溶体相较稳定；当价电子浓度

VEC＜6.87 时，BCC 固溶体相较稳定，如图 9-14 所示。但合金的价电子浓度仅能判断固溶体高熵合金中何种结构的固溶体更容易形成，不能作为高熵合金相形成的判据。

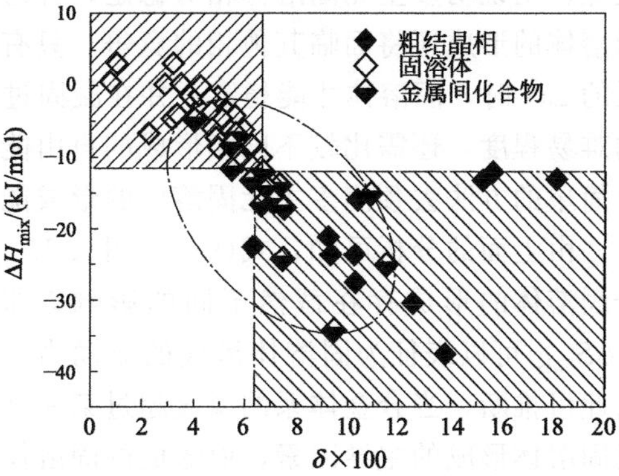


图 9-13　多主元高熵合金的 $\Delta H_{mix}$ 和 $\delta$ 的关系图[19]

### 9.4.1.3　$\Omega$ 判据

经过分析可以发现，现有的多主元高熵合金的相形成规律都存在缺陷，对于固溶体相形成的 $\Delta H_{mix}$-$\delta$ 判据，虽然考虑了原子错配度对固溶体应变能的影响以及 $\Delta H_{mix}$ 对固溶体热力学稳定性的影响，但显然忽略了 $\Delta S_{mix}$ 对固溶体热力学稳定性的影响，这会限制判据的使用范围。例如，分析典型的 BCC 结构的电子化合物 FeAl 相的相稳定性。由式(9-12) 和式(9-13) 可计算出 FeAl 相的 $\Delta H_{mix}$ 和 $\delta$，分别为－11kJ/mol 和 3.93％；而根据 $\Delta H_{mix}$-$\delta$ 判据可知，FeAl 合金会形成稳定的固溶体相，这显然与实际情况相违背。而对于 VEC 判据，该判据显然不能预测固溶体的形成，只能在合金制备后分析固溶体的结构，因此两个判据对合金的成分设计帮助有限。于是，需要在现有基础之上，进一步分析固溶体的相形成规律。

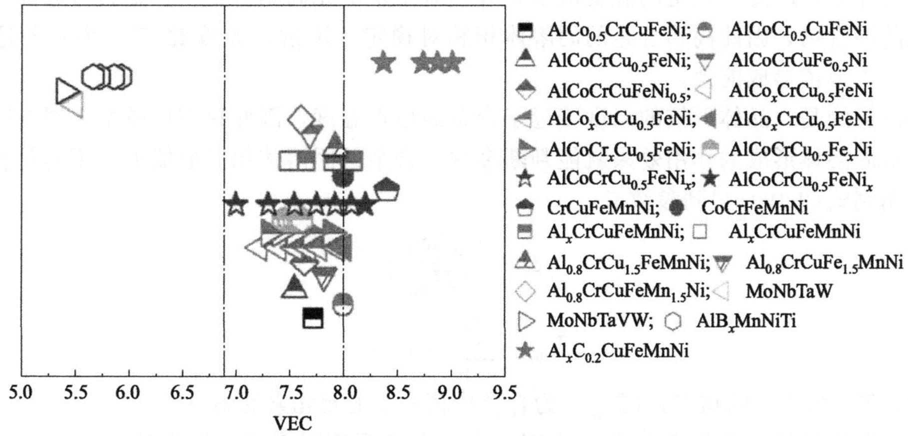


图 9-14　不同高熵合金系列的价电子浓度（VEC）的分布图[20]

为了研究多主元合金中固溶体的相形成规律，我们应首先从热力学的角度考虑合金体系中形成固溶体时的自由能变化。合金的凝固过程须在过冷状态下完成，即合金的固态和液态之间的自由能变化 $\Delta G(=G_s-G_l)$，必须达到一定的值，凝固才可能发生。然而，对于多主元合金而言，合金体系的自由能变化很难定量分析。为了简化计算，一方面根据 Takeuchi 和 Inoue 的假设[21]，可以近似地认为成分一定的合金体系的自由能变化（$\Delta G$）与其液态下的混合自由能变化（$\Delta G_{mix}$）成线性比例关系；另一方面，将合金体系视为规则熔体，采用准化学方法计算相应热力学参数。因此，合金体系中固溶体形成的 $\Delta G_{mix}$ 可由下式表达：

$$\Delta G_{mix}=\Delta H_{mix}-T\Delta S_{mix} \tag{9-18}$$

式中，$T$ 为热力学温度；$\Delta H_{mix}$ 为混合焓；$\Delta S_{mix}$ 为混合熵。

将式(9-11) 和式(9-12) 代入到式(9-18) 中可以很容易计算出固溶体的自由能变化，并且合金体系中固溶体形成的自由能变化只是合金成分和温度的函数。如果合金体系的自由能变化较低，则说明多主元固溶体相对稳定，容易在凝固的过程中形核长大。然而，在凝固过程中，固溶体的形成还将面临其他相的竞争。只有在所有可能形成的合金相中，多主元固溶体具有最低的 $\Delta G$ 时，固溶体才能稳定，并在凝固过程中生成。因此，为了判断合金体系形成固溶体相的难易程度，还需比较不同相形成的自由能变化，这显然会增加判断的复杂性。所以，需要一个简单的方法去预测多主元固溶体的形成能力。

由上面的分析可知，式(9-18) 中 $\Delta H_{\text{mix}}$ 和 $T\Delta S_{\text{mix}}$ 项都能影响固溶体的自由能，并且对于固溶体的形成存在截然不同的影响效果。其中，$\Delta H_{\text{mix}}$ 可以认为是固溶体形成的阻力；$T\Delta S_{\text{mix}}$ 可以表征为固溶体形成的驱动力，而且随着温度的升高，$T\Delta S_{\text{mix}}$ 的作用效果增强。由此可推断，当合金体系的温度超过某一极限时，熵的作用就会超过焓的作用，成为影响多主元固溶体形成的主导因素，而形成的固溶体也将保持热力学上的稳定性。因此，将 $T\Delta S_{\text{mix}}$ 和 $\Delta H_{\text{mix}}$ 的影响效果结合起来就能描述多主元合金中固溶体相的稳定性。于是，一个新的参数 $\Omega$ ($T$) 被提出，其具体表达式如下：

$$\Omega(T)=\frac{T\Delta S_{\text{mix}}}{|\Delta H_{\text{mix}}|} \tag{9-19}$$

式中，$T$ 为热力学温度，K。当合金的成分确定时，$\Omega(T)$ 是温度的函数，可以表示多主元无序固溶体在温度为 $T$ 时的热力学稳定性。即只有当 $\Omega(T)>1$ 时，固溶体才相对稳定；而 $\Omega(T)<1$ 时，合金主元会发生有序化或局部偏聚，不利于固溶体的稳定存在。显然，合金中熵的作用越显著，固溶体稳定的温度范围越大。对于多主元高熵合金，合金具有较高的混合熵和相对低的混合焓，因此高熵合金的固溶体相相对稳定。不过，参数 $\Omega$($T$) 仍然不适合判断不同合金的固溶体形成能力。

值得注意的是，晶体形核的温度接近于合金的熔点温度，因此只需比较熔点温度时混合熵和混合焓对固溶体形成的作用效果就能判断多主元合金的固溶体相形成能力。于是将合金的熔化温度应用到式(9-19) 得到参数 $\Omega$：

$$\Omega=\frac{T_{\text{m}}\Delta S_{\text{mix}}}{|\Delta H_{\text{mix}}|} \tag{9-20}$$

$$T_{\text{m}}=\sum_{i=1}^{n}c_i(T_{\text{m}})_i \tag{9-21}$$

式中，$T_{\text{m}}$ 为合金的熔点；$(T_{\text{m}})_i$ 为合金中第 $i$ 个主元元素的熔点。

由以上分析可知，参数 $\Omega$ 的数值为正，表示合金凝固时多主元固溶体的形成能力，而且 $\Omega=1$ 可以认为是多主元固溶体形成的临界值，即在固溶体形成过程中，熵的作用等于焓的作用。如果 $\Omega>1$，则在合金凝固时，混合熵对固溶体形成的作用超过了混合焓的作用，合金易于形成固溶体；如果 $\Omega<1$，则混合熵的作用弱于混合焓的作用，混合焓在固溶体的形成的作用中占主导地位，于是固溶体的形核会受到抑制，金属间化合物或相分离将优先形成。因此，$\Omega>1$ 可作为多主元高熵合金的固溶体形成判据。

不过，以上分析和计算都是基于规则熔体模型进行简化处理得到的。而在实际情况下，合金中多主元固溶体的形成过程相对复杂，需考虑因素也较多。例如，需要考虑由温度引起的振动熵以及凝固过程中的凝固焓等。因此，理论计算出的 $\Omega$ 数值会与实际情况发生偏差，而由此得到的固溶体形成判据也需根据实验结果进行修正。主元的尺寸因素同样对固溶体的形成起至关重要的作用，而且大的 $\Omega$ 值和小的 $\delta$ 值有利于固溶体相的形成。通过对已报道的高熵合金的相组成与合金的参数 $\Omega$ 和 $\delta$ 之间的关系进行分析可知，参数 $\Omega$ 和 $\delta$ 对多主元合金中高熵稳定的固溶体形成相起着至关重要的作用。多主元合金中高熵稳定的固溶体相的形成判据，为 $\Omega\geqslant1.1$，$\delta\leqslant6.6\%$。此判据可以在合金制备之前预测固溶体的形成，因此可为多主元高熵合金的成分设计及性能优化提供指导，并在一定程度上避免合金制备的盲目性和偶然性，减少原材料的无端浪费。

表 9-1 为已报道的多主元高熵合金的相组成以及相应参数 $\delta$、$\Delta H_{mix}$、$\Delta S_{mix}$、$T_m$ 和 $\Omega$。各参数数值的计算公式参见式(9-11)～式(9-20)。由于冷却速率和热处理工艺可以影响高熵合金最终的相组成，因此，为了排除动力学因素对于合金相形成的影响，表中所列合金的相组成均为经电弧熔炼后所得到的相应铸态合金的相结构。为了便于比较，一些典型的多主元非晶合金的参数 $\delta$、$\Delta H_{mix}$、$\Delta S_{mix}$、$T_m$ 和 $\Omega$ 也已完成计算，列入表 9-2 中。

**表 9-1 已报道的典型多主元高熵合金的微观结构以及计算所得到的相应参数**

| 合金 | 结构 | $\delta$/% | $\Delta H_{mix}$ /(kJ/mol) | $\Delta S_{mix}$/[J/(K·mol)] | $T_m$ /K | $\Omega$ | VEC | $\Delta\chi$ | $T_c$ /K | $\Delta T$ /K |
|---|---|---|---|---|---|---|---|---|---|---|
| CoCrFeNiAl | BCC | 3.25 | −12.32 | 13.38 | 1675 | 1.82 | 7.2 | 0.120 | 1086 | 589 |
| CoCrFeNiCu | FCC | 1.07 | 3.2 | 13.38 | 1760 | 7.36 | 8.8 | 0.090 | 4181 | −2421 |
| $CoCrFeNiCuAl_{0.3}$ | FCC | 3.15 | 1.56 | 14.43 | 1713 | 13.85 | 8.47 | 0.100 | 9250 | −7537 |
| $CoCrFeNiCuAl_{0.5}$ | FCC | 3.82 | −1.52 | 14.7 | 1685 | 16.29 | 8.27 | 0.110 | 9671 | −7986 |
| $CoCrFeNiCuAl_{0.8}$ | BCC+FCC | 4.49 | −3.61 | 14.87 | 1646 | 6.78 | 8 | 0.120 | 4119 | −2473 |
| CoCrFeNiCuAl | BCC+FCC | 4.82 | −4.78 | 14.9 | 1622 | 3.06 | 7.83 | 0.120 | 3117 | −1495 |
| $CoCrFeNiCuAl_{1.3}$ | BCC+FCC | 3.19 | −6.24 | 14.85 | 1589 | 3.78 | 7.6 | 0.120 | 2380 | −790 |
| $CoCrFeNiCuAl_{1.5}$ | BCC+FCC | 3.38 | −7.04 | 14.78 | 1569 | 3.3 | 7.46 | 0.120 | 2099 | −530 |
| $CoCrFeNiCuAl_{1.8}$ | BCC+FCC | 3.54 | −8.08 | 14.65 | 1541 | 2.79 | 7.26 | 0.130 | 1813 | −272 |
| $CoCrFeNiCuAl_{2}$ | BCC+FCC | 3.71 | −8.65 | 14.53 | 1524 | 2.56 | 7.14 | 0.130 | 1680 | −156 |
| $CoCrFeNiCuAl_{2.3}$ | BCC | 3.84 | −9.38 | 14.35 | 1500 | 2.29 | 6.97 | 0.130 | 1530 | −30 |
| $CoCrFeNiCuAl_{2.5}$ | BCC | 3.91 | −9.78 | 14.21 | 1485 | 2.15 | 6.87 | 0.130 | 1453 | 32 |
| $CoCrFeNiCuAl_{2.8}$ | BCC | 3.99 | −10.28 | 14.01 | 1463 | 1.99 | 6.63 | 0.130 | 1363 | 100 |
| $CoCrFeNiCuAl_{3}$ | BCC | 6.09 | −10.56 | 13.86 | 1450 | 1.9 | 6.625 | 0.130 | 1313 | 138 |
| CoCrFeNiCuAlSi | BCC+FCC | 4.51 | −18.86 | 16.18 | 1632 | 1.4 | 7.29 | 0.120 | 858 | 774 |
| MnCrFeNiCuAl | BCC | 4.73 | −3.11 | 14.9 | 1581 | 4.62 | 7.5 | 0.170 | 2916 | −1335 |
| CoCrFeNiMnGe | BCC+FCC | 3.25 | −13.17 | 14.9 | 1696 | 1.67 | 7.3 | 0.156 | 982 | 713 |
| CoCrFeNiMn | FCC | 0.92 | −4.16 | 13.38 | 1792 | 3.77 | 8 | 0.140 | 3216 | −1424 |
| CoCrFeNiMnCu | FCC | 0.99 | 1.44 | 14.9 | 1720 | 17.8 | 8.5 | 0.136 | 10347 | −8627 |
| $CoCrNiCu_{0.5}Al$ | BCC | 3.74 | −10.17 | 13.15 | 1610 | 2.08 | 7.44 | 0.130 | 1293 | 317 |
| TiCoCrFeNiCuAlV | BCC+FCC | 3.87 | −13.94 | 17.29 | 1735 | 2.15 | 7 | 0.140 | 1240 | 495 |
| $CoCrFeNiCu_{0.5}$ | FCC | 1.06 | 0.49 | 13.15 | 1805 | 48.44 | 8.56 | 0.090 | 26837 | −25032 |
| CoCrNiCuAl | BCC+FCC | 3.19 | −6.56 | 13.38 | 1585 | 3.23 | 7.8 | 0.130 | 2040 | −455 |
| CoCuNiAl | BCC+FCC | 3.77 | −8 | 11.52 | 1447 | 2.08 | 8.25 | 0.124 | 1440 | 7 |
| CuNiAl | BCC+FCC | 6.2 | −8.44 | 9.13 | 1340 | 1.45 | 8 | 0.140 | 1082 | 258 |
| CuNi | FCC | 1.63 | 4 | 3.76 | 1543 | 2.22 | 10.5 | 0.005 | 1440 | 103 |
| $TiCr_{0.5}FeNiCuAl$ | BCC+FCC | 6.45 | −13.4 | 14.7 | 1641 | 1.56 | 7.09 | 0.150 | 955 | 686 |
| TiCrFeNiCuAl | BCC+FCC | 6.29 | −13.67 | 14.9 | 1682 | 1.83 | 7 | 0.145 | 1090 | 592 |
| $TiCr_{1.5}FeNiCuAl$ | BCC+FCC | 6.14 | −12.26 | 14.78 | 1716 | 2.08 | 6.92 | 0.140 | 1206 | 511 |
| $TiCr_{2}FeNiCuAl$ | BCC+FCC | 3.99 | −11.1 | 14.53 | 1746 | 2.29 | 6.857 | 0.140 | 1309 | 437 |
| $TiCr_{3}FeNiCuAl$ | BCC+FCC | 3.72 | −9.31 | 13.86 | 1794 | 2.67 | 6.75 | 0.130 | 1489 | 306 |
| $Co_{0.5}CrFeNiCuAl$ | BCC+FCC | 4.91 | −4.5 | 14.7 | 1609 | 3.26 | 7.73 | 0.120 | 3267 | −1658 |
| $CoCr_{0.5}FeNiCuAl$ | BCC+FCC | 3.02 | −3.02 | 14.7 | 1573 | 4.61 | 8 | 0.120 | 2928 | −1355 |
| $CoCrFe_{0.5}NiCuAl$ | BCC+FCC | 5 | −3.55 | 14.7 | 1605 | 4.25 | 7.82 | 0.120 | 2649 | −1044 |
| $CoCrFeNi_{0.5}CuAl$ | BCC+FCC | 4.91 | −3.9 | 14.7 | 1613 | 6.08 | 7.64 | 0.120 | 3769 | −2157 |
| $CoCrFeNiCu_{0.5}Al$ | BCC | 3.02 | −7.93 | 14.7 | 1646 | 3.05 | 7.55 | 0.120 | 1854 | −207 |
| $Ti_{0.5}CoCrFeNiCu$ | FCC | 4.46 | −3.7 | 14.7 | 1777 | 7.05 | 8.36 | 0.122 | 3973 | −2196 |
| $Ti_{0.5}CoCrFeNiAl$ | $BCC_1+BCC_2$ | 6.11 | −17.92 | 14.7 | 1700 | 1.39 | 6.9 | 0.130 | 820 | 879 |

续表

| 合金 | 结构 | $\delta/\%$ | $\Delta H_{mix}$ /(kJ/mol) | $\Delta S_{mix}$/[J/(K·mol)] | $T_m$ /K | $\Omega$ | VEC | $\Delta\chi$ | $T_c$ /K | $\Delta T$ /K |
|---|---|---|---|---|---|---|---|---|---|---|
| TiCoCrFeNiAl | $BCC_1+BCC_2$ | 6.58 | −21.56 | 14.9 | 1720 | 1.19 | 6.67 | 0.140 | 691 | 1029 |
| $Al_{11.1}(TiCoCrFeNiCuVMn)_{88.9}$ | BCC+FCC | 3.75 | −12.74 | 18.27 | 1711 | 2.45 | 7 | 0.146 | 1434 | 277 |
| $Al_{20}(TiCoCrFeNiCuVMn)_{80}$ | BCC | 6.01 | −13.44 | 17.99 | 1634 | 1.91 | 6.6 | 0.140 | 1165 | 468 |
| TiCoCrFeNiCuAl | $BCC_1+BCC_2+$FCC | 6.23 | −13.8 | 16.18 | 1669 | 1.95 | 7.3 | 0.140 | 1172 | 496 |
| CoCrFeNiCuAlV | BCC+FCC | 4.69 | −7.76 | 16.18 | 1705 | 3.56 | 7.4 | 0.125 | 2085 | −380 |
| $Ti_{0.5}Co_{1.5}CrFeNiAl$ | BCC+FCC | 6.02 | −17.17 | 14.54 | 1706 | 1.45 | 7.08 | 0.130 | 847 | 859 |
| $Ti_{0.5}Co_2CrFeNiAl$ | BCC+FCC | 3.91 | −16.43 | 14.23 | 1711 | 1.49 | 7.23 | 0.130 | 866 | 844 |
| $Ti_{0.5}Co_3CrFeNiAl$ | BCC+FCC | 3.69 | −14.93 | 13.49 | 1718 | 1.55 | 7.467 | 0.127 | 904 | 815 |
| $Ti_{0.5}CoCrFeNiCu_{0.75}Al_{0.25}$ | FCC | 3.03 | −7.28 | 13.55 | 1758 | 3.76 | 8.000 | 0.127 | 2136 | −378 |
| $Ti_{0.5}CoCeFeNiCu_{0.5}Al_{0.5}$ | BCC+FCC | 3.25 | −10.84 | 13.75 | 1738 | 2.52 | 8 | 0.130 | 1453 | 285 |
| $Ti_{0.5}CoCrFeNiCu_{0.25}Al_{0.75}$ | $BCC_1+BCC_2$ | 3.83 | −13.26 | 13.55 | 1719 | 1.75 | 7.27 | 0.130 | 1019 | 700 |
| $CoCrFeNiCu_{0.25}Al$ | BCC | 3.13 | −9.94 | 14.34 | 1660 | 2.39 | 7.38 | 0.120 | 1443 | 217 |
| CoFeNiCuV | FCC | 2.63 | −1.78 | 14.9 | 1834 | 13.35 | 8.6 | 0.100 | 8371 | −6537 |
| $CoCrFeNiCu_{0.75}Al_{0.25}$ | FCC | 3 | −0.71 | 14.32 | 1739 | 33.07 | 8.4 | 0.100 | 20169 | −18430 |
| $CoCrFeNiCu_{0.5}Al_{0.5}$ | FCC | 4 | −4.6 | 14.54 | 1718 | 3.43 | 8 | 0.110 | 3161 | −1443 |
| $CoCrFeNiCu_{0.25}Al_{0.75}$ | BCC+FCC | 4.71 | −8.47 | 14.32 | 1696 | 2.87 | 7.6 | 0.117 | 1691 | 6 |
| $Ti_{0.5}CoCrFeNiCu_{0.25}Al$ | $BCC_1+BCC_2$ | 6.01 | −13.5 | 13.54 | 1685 | 1.68 | 7.09 | 0.130 | 1003 | 682 |
| $Ti_{0.5}CoCrFeNiCu_{0.5}Al$ | $BCC_1+BCC_2$ | 3.9 | −13.42 | 13.86 | 1671 | 1.97 | 7.25 | 0.130 | 1182 | 489 |
| CoCrFeNi | FCC | 1.06 | −3.75 | 11.53 | 1861 | 3.71 | 8.25 | 0.097 | 3075 | −1214 |
| $CoCrFeNiAl_{0.25}$ | FCC | 3.25 | −6.75 | 12.71 | 1806 | 3.4 | 7.94 | 0.106 | 1883 | −77 |
| $CoCrFeNiAl_{0.375}$ | FCC | 3.8 | −7.99 | 12.97 | 1781 | 2.89 | 7.8 | 0.110 | 1623 | 158 |
| $CoCrFeNiAl_{0.5}$ | BCC+FCC | 4.22 | −9.09 | 13.15 | 1758 | 2.55 | 7.67 | 0.113 | 1447 | 311 |
| $CoCrFeNiAl_{0.75}$ | BCC+FCC | 4.83 | −10.9 | 13.33 | 1714 | 2.09 | 7.42 | 0.117 | 1223 | 491 |
| $CoCrFeNiAl_{0.875}$ | BCC+FCC | 3.06 | −11.66 | 13.37 | 1694 | 1.95 | 7.31 | 0.119 | 1147 | 547 |
| $CoCrFeNiAl_{1.25}$ | BCC | 3.55 | −13.42 | 13.34 | 1640 | 1.62 | 7 | 0.120 | 994 | 646 |
| $CoCrFeNiAl_{1.5}$ | BCC | 3.77 | −14.28 | 13.25 | 1608 | 1.5 | 6.82 | 0.120 | 928 | 680 |
| $CoCrFeNiAl_2$ | BCC | 6.04 | −13.44 | 12.98 | 1552 | 1.3 | 6.5 | 0.127 | 841 | 711 |
| $CoCrFeNiAl_{2.5}$ | BCC | 6.19 | −16.09 | 12.63 | 1504 | 1.17 | 6.23 | 0.127 | 785 | 719 |
| $CoCrFeNiAl_3$ | BCC | 6.26 | −16.41 | 12.26 | 1463 | 1.1 | 6 | 0.127 | 747 | 716 |
| $MnCrFe_{1.5}Ni_{0.5}Al_{0.3}$ | BCC | 3.32 | −3.51 | 12.31 | 1747 | 3.9 | 7.186 | 0.130 | 2234 | −487 |
| $MnCrFe_{1.5}Ni_{0.5}Al_{0.5}$ | BCC | 4.03 | −6.77 | 12.67 | 1711 | 3.2 | 7 | 0.130 | 1871 | −160 |
| MoCrFeNiCu | FCC | 2.92 | 4.64 | 13.38 | 1985 | 3.72 | 8.2 | 0.160 | 2884 | −899 |
| $Ti_{0.5}Co_{1.5}CrFeNi_{1.5}$ | FCC | 4.6 | −10.74 | 12.86 | 1848 | 2.22 | 8.09 | 0.120 | 1197 | 651 |
| $Ti_{0.5}Co_{1.5}CrFeNi_{1.5}Mo_{0.1}$ | FCC | 4.72 | −10.64 | 13.38 | 1867 | 2.35 | 8.05 | 0.130 | 1258 | 609 |
| $CoCrFeNiCuAl_{0.5}V_{0.2}$ | FCC | 3.87 | −2.5 | 13.44 | 1703 | 10.52 | 8.16 | 0.110 | 6176 | −4473 |
| $CoCrFeNiCuAl_{0.5}V_{0.4}$ | BCC+FCC | 3.8 | −3.34 | 13.76 | 1720 | 8.12 | 8.05 | 0.115 | 4719 | −2999 |
| $CoCrFeNiCuAl_{0.5}V_{1.2}$ | BCC+FCC | 3.99 | −3.73 | 13.98 | 1777 | 4.96 | 7.69 | 0.120 | 2789 | −1011 |
| $CoCrFeNiCuAl_{0.5}V_{1.4}$ | BCC+FCC | 4.00 | −6.14 | 13.91 | 1790 | 4.64 | 7.61 | 0.120 | 2591 | −801 |
| $CoCrFeNiCuAl_{0.5}V_{1.6}$ | BCC+FCC | 4.00 | −6.5 | 13.82 | 1801 | 4.38 | 7.535 | 0.120 | 2434 | −632 |
| $CoCrFeNiCuAl_{0.5}V_{1.8}$ | BCC+FCC | 4.00 | −6.81 | 13.72 | 1812 | 4.19 | 7.465 | 0.120 | 2308 | −496 |
| $CoCrFeNiCuAl_{0.5}V_2$ | BCC+FCC | 3.99 | −7.08 | 13.6 | 1823 | 4.01 | 7.4 | 0.120 | 2203 | −381 |
| MnCrFeNiCu | BCC+FCC | 0.92 | 2.72 | 13.38 | 1710 | 8.41 | 8.4 | 0.140 | 4919 | −3209 |
| $Mn_2CrFeNi_2Cu$ | FCC | 0.99 | 0.44 | 12.98 | 1713 | 50.53 | 8.43 | 0.150 | 29500 | −27787 |
| $MnCr_2Fe_2NiCu$ | BCC+FCC | 0.84 | 2.61 | 12.89 | 1785 | 8.82 | 8 | 0.130 | 4939 | −3154 |
| $Mn_2Cr_2Fe_2Ni_2Cu$ | FCC | 0.91 | 0.1 | 13.14 | 1749 | 229.83 | 8.11 | 0.140 | 131400 | −129651 |
| $Mn_2CrFe_2NiCu_2$ | BCC+FCC | 0.83 | 4.69 | 12.97 | 1655 | 4.58 | 8.5 | 0.145 | 2765 | −1111 |
| $MnCrFe_2Ni_2Cu_2$ | FCC | 0.95 | 3.88 | 12.97 | 1681 | 3.61 | 8.875 | 0.126 | 3343 | −1662 |
| $Mn_2Cr_2FeNi_2Cu_2$ | BCC+FCC | 0.97 | 2.37 | 13.14 | 1697 | 9.4 | 8.44 | 0.150 | 5544 | −3847 |

续表

| 合金 | 结构 | $\delta$/% | $\Delta H_{mix}$ /(kJ/mol) | $\Delta S_{mix}$/[J/(K·mol)] | $T_m$ /K | $\Omega$ | VEC | $\Delta\chi$ | $T_c$ /K | $\Delta T$ /K |
|---|---|---|---|---|---|---|---|---|---|---|
| $MnCr_2Fe_2Ni_2Cu_2$ | BCC＋FCC | 0.94 | 3.56 | 13.14 | 1729 | 6.38 | 8.555 | 0.130 | 3691 | −1962 |
| WNbMoTa | BCC | 2.27 | −6.49 | 11.5 | 3178 | 3.62 | 3.50 | 0.360 | 1772 | 1406 |
| WNbMoTaV | BCC | 3.18 | −4.54 | 13.33 | 2950 | 8.67 | 3.4 | 0.340 | 2936 | 14 |
| $Ti_{0.3}CoCrFeNi$ | FCC＋HCP | 4.06 | −8.89 | 12.83 | 1866 | 2.69 | 8.6 | 0.120 | 1443 | 423 |
| $Ti_{0.1}CoCrFeNiAl_{0.3}$ | FCC | 4.06 | −8.93 | 13.47 | 1799 | 2.72 | 7.795 | 0.110 | 1508 | 291 |
| TiCoNiCuAlZn | BCC | 6.43 | −17.89 | 14.9 | 1680 | 1.39 | 8.17 | 0.150 | 833 | 847 |
| $CoCrFeNiMo_{0.3}$ | FCC | 2.92 | −4.15 | 12.83 | 1933 | 3.97 | 8.08 | 0.130 | 3092 | −1159 |
| $CoCrFeNiAl_{0.3}Mo_{0.1}$ | FCC | 3.74 | −7.26 | 13.44 | 1821 | 3.37 | 7.84 | 0.120 | 1851 | −30 |
| $CoCrFeNiCuAlMo_{0.2}$ | BCC＋FCC | 4.95 | −4.47 | 13.6 | 1633 | 3.7 | 7.77 | 0.130 | 3490 | −1857 |
| $Ti_{0.8}CoCrFeNiCu$ | FCC＋Laves相 | 3.26 | −6.75 | 14.89 | 1786 | 3.95 | 8.14 | 0.130 | 2206 | −420 |
| TiCoCrFeNiCu | FCC＋Laves相 | 3.65 | −8.44 | 14.9 | 1791 | 3.17 | 8 | 0.140 | 1765 | 26 |
| $Ti_{1.5}CoCrFeNiAl$ | BCC1＋BCC2＋Laves相 | 6.93 | −23.91 | 14.78 | 1738 | 1.08 | 6.46 | 0.150 | 618 | 1119 |
| CoCrFeNiCuAlMn | BCC＋FCC＋未知相 | 4.57 | −3.63 | 16.18 | 1608 | 4.61 | 7.71 | 0.140 | 2874 | −1266 |
| CrFeNiCuZr | BCC＋化合物 | 9.91 | −14.4 | 13.38 | 1832 | 1.7 | 7.8 | 0.220 | 929 | 902 |
| $Ti_{0.5}Co_{1.5}CrFeNi_{1.5}Mo_{0.5}$ | FCC＋σ相 | 3.09 | −10.25 | 14.17 | 1935 | 2.67 | 7.92 | 0.150 | 1382 | 553 |
| $Ti_{0.5}Co_{1.5}CrFeNi_{1.5}Mo_{0.8}$ | FCC＋σ相 | 3.28 | −9.96 | 14.21 | 1981 | 2.83 | 8.3 | 0.160 | 1427 | 554 |
| TiCoCrNiCuAl | BCC＋Cu＋Cr | 6.5 | −16.67 | 14.58 | 1645 | 1.43 | 7.17 | 0.150 | 875 | 770 |
| $CoCrFeNiCuAl_{0.5}V_{0.6}$ | BCC＋FCC＋σ相 | 3.94 | −4.07 | 13.92 | 1736 | 6.79 | 7.95 | 0.120 | 3912 | −2176 |
| $CoCrFeNiCuAl_{0.5}V_{0.8}$ | BCC＋FCC＋σ相 | 3.97 | −4.71 | 16 | 1751 | 3.95 | 7.86 | 0.120 | 3397 | −1646 |
| $CoCrFeNiCuAl_{0.5}V$ | BCC＋FCC＋σ相 | 3.98 | −3.25 | 16.01 | 1764 | 3.38 | 7.77 | 0.120 | 3050 | −1285 |
| $CoCrFeNiCuAl_{0.5}B_{0.2}$ | FCC＋硼化物 | 3.77 | −4 | 13.44 | 1709 | 6.6 | 8.1 | 0.115 | 3860 | −2151 |
| $CoCrFeNiCuAl_{0.5}B_{0.6}$ | FCC＋硼化物 | 8.07 | −8.01 | 13.92 | 1752 | 3.48 | 7.75 | 0.127 | 1988 | −236 |
| $CoCrFeNiCuAl_{0.5}B$ | FCC＋有序FCC＋硼化物 | 9.52 | −11.03 | 16.01 | 1790 | 2.6 | 7.46 | 0.130 | 1451 | 338 |
| TiCoCrFeNiCuVMn | FCC＋BCC＋σ相＋未知相 | 3.19 | −8.13 | 17.29 | 1809 | 3.85 | 7.5 | 0.150 | 2127 | −318 |
| $Al_{40}(TiCoCrFeNiCuVMn)_{60}$ | BCC＋$Al_3Ti$＋未知相 | 6.09 | −18.29 | 13.97 | 1459 | 1.27 | 3.7 | 0.130 | 873 | 585 |
| $CoCrFe_{0.6}NiAlMo_{0.5}$ | BCC＋σ相 | 3.61 | −12.32 | 14.61 | 1784 | 2.12 | 7.02 | 0.165 | 1186 | 598 |
| $CoCrFeNiAlMo_{0.5}$ | BCC＋σ相 | 3.47 | −11.44 | 14.7 | 1786 | 2.29 | 7.09 | 0.159 | 1285 | 501 |
| $CoCrFe_{1.5}NiAlMo_{0.5}$ | BCC＋σ相 | 3.3 | −10.5 | 14.53 | 1788 | 2.47 | 7.13 | 0.152 | 1384 | 404 |
| $CoCrFe_2NiAlMo_{0.5}$ | BCC＋σ相 | 3.15 | −9.7 | 14.23 | 1790 | 2.63 | 7.23 | 0.146 | 1467 | 323 |
| $Co_{0.5}CrFeNiAlMo_{0.5}$ | BCC＋σ相 | 3.54 | −11.72 | 14.53 | 1788 | 2.22 | 6.9 | 0.165 | 1240 | 548 |
| $Co_{1.5}CrFeNiAlMo_{0.5}$ | BCC＋σ相 | 3.39 | −11.08 | 14.53 | 1785 | 2.34 | 7.25 | 0.153 | 1311 | 473 |
| $Co_2CrFeNiAlMo_{0.5}$ | BCC＋FCC＋σ相 | 3.29 | −10.7 | 14.23 | 1784 | 2.37 | 7.38 | 0.150 | 1330 | 454 |
| TiCoCrNiCuAl | BCC＋Cu＋Cr | 6.5 | −16.67 | 14.9 | 1947 | 1.73 | 7.17 | 0.150 | 894 | 1053 |
| CoCrNiCuAlAu | FCC＋AuCu | 6.14 | −6.45 | 14.9 | 1543 | 3.57 | 8.3 | 0.300 | 2310 | −767 |
| $CoCrFeNiCuAlMo_{0.4}$ | BCC＋α相 | 3.05 | −4.2 | 13.91 | 1702 | 6.45 | 7.72 | 0.146 | 3788 | −2086 |
| $CoCrFeNiCuAlMo_{0.6}$ | BCC＋α相 | 3.13 | −3.95 | 16.08 | 1738 | 7.07 | 7.67 | 0.150 | 4071 | −2333 |
| $CoCrFeNiCuAlMo_{0.8}$ | BCC＋α相 | 3.2 | −3.72 | 16.16 | 1772 | 7.69 | 7.62 | 0.160 | 4344 | −2572 |
| CoCrFeNiCuAlMo | BCC＋α相 | 3.25 | −3.51 | 16.18 | 1804 | 8.32 | 7.57 | 0.170 | 4610 | −2806 |
| ZrHfTiCuFe | 化合物 | 9.84 | −13.84 | 13.38 | 1949 | 1.64 | 6.2 | 0.250 | 845 | 1105 |
| ZrHfTiCuCo | 化合物 | 10.21 | −23.52 | 13.38 | 1941 | 1.11 | 6.4 | 0.260 | 569 | 1372 |
| AlCrMoSiTi | 有序BCC＋$Mo_5Si_3$ | 4.91 | −34.08 | 13.38 | 1919 | 0.75 | 4.6 | 0.230 | 393 | 1526 |
| $Ti_2CoCrFeNiCu$ | 化合物 | 6.69 | −14.04 | 14.53 | 1813 | 1.87 | 7.43 | 0.150 | 1035 | 778 |
| AlTiVYZr | 化合物 | 10.35 | −14.88 | 13.38 | 1802 | 1.62 | 3.8 | 0.160 | 899 | 903 |

续表

| 合金 | 结构 | $\delta$/% | $\Delta H_{mix}$ /(kJ/mol) | $\Delta S_{mix}$/[J/(K·mol)] | $T_m$ /K | $\Omega$ | VEC | $\Delta\chi$ | $T_c$ /K | $\Delta T$ /K |
|---|---|---|---|---|---|---|---|---|---|---|
| ZrTiVCuNiBe | 化合物 | 11.09 | −24.89 | 14.9 | 1821 | 1.09 | 6 | 0.200 | 599 | 1222 |
| $TiCoCrNiCuAlY_{0.5}$ | $Cu_2Y+AlNi_2Ti+Cu+Cr$ | 7.53 | −18.32 | 16 | 1935 | 1.68 | 6.846 | 0.200 | 873 | 1062 |
| $TiCoCrNiCuAlY_{0.8}$ | $Cu_2Y+AlNi_2Ti+Cu+Cr$ | 12.73 | −19 | 16.16 | 1929 | 1.64 | 6.676 | 0.220 | 851 | 1079 |
| TiCoCrNiCuAlY | $Cu_2Y+AlNi_2Ti+Cu+Cr$+未知相 | 13.45 | −19.37 | 16.18 | 1926 | 1.62 | 6.57 | 0.230 | 835 | 1090 |

**表 9-2 已报道典型非晶合金的化学成分以及计算所得的相应的参数**

| 合金 | $\delta$ /% | $\Delta H_{mix}$ /(kJ/mol) | $\Delta S_{mix}$ /[J/(K·mol)] | $T_m$ /K | $\Omega$ | $\Delta\chi$ | VEC |
|---|---|---|---|---|---|---|---|
| $Zr_{57}Ti_5Al_{10}Cu_{20}Ni_8$ | 9.69 | −31.50 | 10.18 | 1813 | 0.59 | 0.25 | 3.78 |
| $Zr_{38.5}Ti_{16.5}Cu_{13.25}Ni_{9.75}Be_{20}$ | 13.36 | −33.20 | 12.47 | 1828 | 0.69 | 0.22 | 3.25 |
| $Zr_{39.88}Ti_{13.12}Cu_{13.77}Ni_{9.98}Be_{21.25}$ | 13.59 | −34.27 | 12.34 | 1834 | 0.66 | 0.22 | 3.14 |
| $Zr_{42.63}Ti_{12.37}Cu_{11.25}Ni_{10}Be_{23.75}$ | 14.05 | −36.90 | 11.97 | 1844 | 0.60 | 0.22 | 4.91 |
| $Zr_{41.2}Ti_{13.8}Cu_{12.5}Ni_{10}Be_{22.5}$ | 13.82 | −36.72 | 12.18 | 1839 | 0.61 | 0.22 | 3.03 |
| $Zr_{44}Ti_{11}Cu_{10}Ni_{10}Be_{25}$ | 14.27 | −37.07 | 11.73 | 1849 | 0.59 | 0.215 | 4.80 |
| $Zr_{43.38}Ti_{9.62}Cu_{8.75}Ni_{10}Be_{26.25}$ | 14.49 | −37.23 | 11.46 | 1845 | 0.57 | 0.21 | 4.69 |
| $Zr_{46.75}Ti_{8.25}Cu_{7.5}Ni_{10}Be_{27.5}$ | 14.70 | −37.03 | 11.16 | 1849 | 0.56 | 0.21 | 4.58 |
| $La_{55}Al_{25}Ni_5Cu_{10}Co_5$ | 16.19 | −32.31 | 10.02 | 1201 | 0.37 | 0.33 | 4.45 |
| $Nd_{60}Al_{15}Ni_{10}Cu_{10}Fe_5$ | 17.11 | −27.37 | 9.99 | 1313 | 0.48 | 0.33 | 4.75 |
| $Nd_{61}Al_{11}Ni_8Co_5Cu_{15}$ | 17.46 | −27.43 | 9.82 | 1307 | 0.47 | 0.34 | 3.06 |
| $Cu_{47}Ti_{33}Zr_{11}Si_1Ni_8$ | 8.46 | −17.56 | 10.07 | 1670 | 0.96 | 0.214 | 7.77 |
| $Cu_{47}Ti_{33}Zr_{11}Si_1Ni_6Sn_2$ | 8.36 | −17.02 | 10.45 | 1645 | 1.01 | 0.215 | 7.71 |
| $Fe_{61}B_{15}Mo_7Zr_8Co_7Y_2$ | 13.20 | −30.13 | 10.30 | 1992 | 0.68 | 0.20 | 6.76 |
| $Fe_{61}B_{15}Mo_7Zr_8Co_6Y_2Al_1$ | 13.24 | −30.30 | 10.54 | 1984 | 0.69 | 0.21 | 6.70 |
| $Fe_{61}B_{15}Mo_7Zr_8Co_5Y_2Cr_2$ | 13.20 | −29.97 | 10.65 | 2000 | 0.71 | 0.34 | 6.70 |
| $Au_{49}Ag_{3.5}Pd_{2.3}Cu_{26.9}Si_{16.3}$ | 3.30 | −29.39 | 10.35 | 1378 | 0.49 | 0.3 | 4.94 |
| $Dy_{46}Al_{24}Co_{18}Fe_2Y_{10}$ | 13.71 | −33.26 | 10.95 | 1534 | 0.50 | 0.27 | 4.18 |
| $Ti_{40}Zr_{25}Ni_3Cu_{12}Be_{20}$ | 12.03 | −23.88 | 11.60 | 2010 | 0.90 | 0.18 | 4.62 |
| $Ti_{40}Zr_{25}Cu_9Ni_8Be_{18}$ | 12.31 | −28.26 | 11.98 | 1852 | 0.79 | 0.18 | 4.75 |
| $Ti_{45}Cu_{25}Ni_{15}Sn_3Be_7Zr_5$ | 9.08 | −21.22 | 11.90 | 1705 | 0.96 | 0.20 | 6.51 |
| $Ti_{50}Ni_{24}Cu_{20}B_1Si_2Sn_3$ | 7.89 | −27.87 | 10.31 | 1732 | 0.64 | 0.19 | 6.75 |
| $Ti_{50}Zr_{15}Cu_9Ni_8Be_{18}$ | 11.64 | −26.37 | 11.30 | 1834 | 0.79 | 0.17 | 4.75 |
| $Ti_{55}Zr_{10}Cu_9Ni_8Be_{18}$ | 11.18 | −23.43 | 10.70 | 1825 | 0.77 | 0.16 | 4.75 |
| $Ti_{53}Cu_{15}Ni_{18.5}Al_7Hf_3Si_3B_{0.5}$ | 7.28 | −32.23 | 11.28 | 1758 | 0.62 | 0.18 | 6.09 |
| $Ti_{53}Cu_{15}Ni_{18.5}Al_7Sc_3Si_3B_{0.5}$ | 7.54 | −31.75 | 11.28 | 1697 | 0.60 | 0.18 | 6.06 |
| $Ti_{53}Cu_{15}Ni_{18.5}Al_7Ta_3Si_3B_{0.5}$ | 6.96 | −31.28 | 11.28 | 1781 | 0.64 | 0.18 | 6.12 |
| $Ti_{53}Cu_{15}Ni_{18.5}Al_7Nb_3Si_3B_{0.5}$ | 6.96 | −31.22 | 11.28 | 1765 | 0.64 | 0.17 | 6.12 |
| ZrHfTiCuNi | 10.21 | −27.36 | 13.38 | 1933 | 0.95 | 0.26 | 6.60 |
| $Mg_{65}Cu_{20}Zn_5Y_{10}$ | 12.70 | −3.98 | 8.16 | 1086 | 1.48 | 0.25 | 4.40 |
| $Mg_{65}Cu_{15}Ag_5Pd_5Y_{10}$ | 9.27 | −13.24 | 9.10 | 1075 | 0.74 | 0.30 | 4.30 |
| $Mg_{65}Cu_{15}Ag_5Pd_5Gd_{10}$ | 9.27 | −13.24 | 9.10 | 1053 | 0.72 | 0.32 | 4.30 |
| $Mg_{65}Cu_{7.5}Ni_{7.5}Zn_5Ag_5Y_{10}$ | 9.53 | −7.35 | 9.96 | 1107 | 1.50 | 0.25 | 4.33 |

图 9-15 为表 9-1 和表 9-2 中所列多主元合金的各种参数和 $\delta$ 之间的关系图[22]。从图中可以很清晰地区分出具有不同相组成的合金的分布区域。由参数 $\Delta H_{mix}$、$\Omega$、$\Delta\chi$、VEC 和 $\delta$ 之间关系构成的半经验相形成规律可以大致判断多主元高熵合金中多主元固溶体和金属间化合物的形成成分范围。

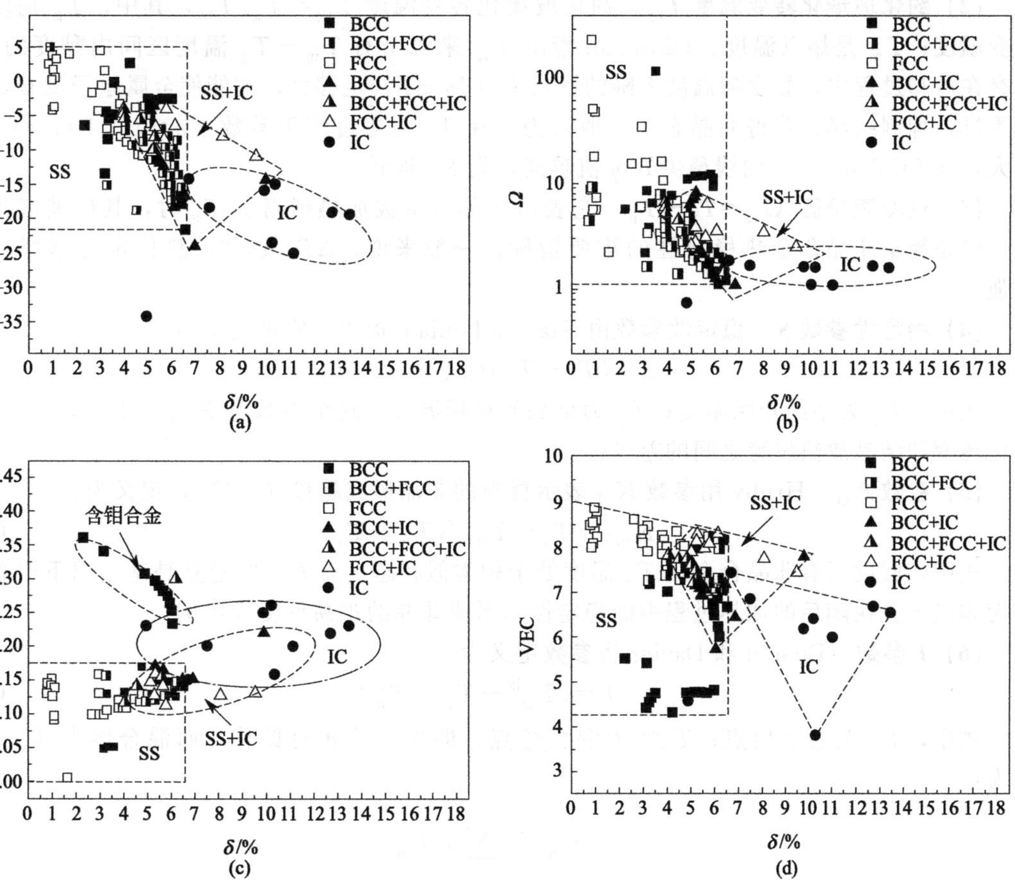


图 9-15　多主元合金的参数 $\Delta H_{mix}$(a)、$\Omega$ (b)、$\Delta\chi$ (c)、VEC (d) 和 $\delta$ 的关系图[22]

"S" 代表只生成多主元固溶体合金的分布区域；"S+I" 代表主要相组成为固溶体和金属间化合物混合物的合金的分布区域；"I" 代表只生成金属间化合物的合金的分布区域；"B" 代表具有较大非晶形成能力的合金的分布区域

## 9.4.2 非晶形成能力判据

块体非晶态合金通常是至少由三个主元组成的多主元合金。这些主元大都具有较大的原子尺寸差（大于 12%）和负的混合焓。块状非晶通常具有较宽的过冷液相区，而在过冷液相区内，其液态结构性能基本不变，但黏滞性已接近固态。合金非晶形成能力和其热稳定性通常用以下模型[11～16] 来描述：

**(1) 临界冷却速率 $R_c$** 临界冷却速率 $R_c$ 是公认的表征形成能力（GFA）最重要的参数，合金的非晶形成能力越强，那么其获得非晶态所需的 $R_c$ 就越小。它被定义为刚好避开 CCT 或 TTT 曲线鼻尖时的冷却速率：

$$R_c=(T_m-T_n)/t_n \tag{9-22}$$

式中，$T_m$ 为熔点；$T_n$ 和 $t_n$ 分别为鼻尖处所对应的温度与时间。由于 $T_n$ 和 $t_n$ 均难以直接得到，所以用上式精确计算 $R_c$ 有困难。近来，Fontenea 和 Bouaggad[21] 定义了公式：

$$\ln R=\ln R_c-b/(T_L-T_{XC})^2 \tag{9-23}$$

式中，$R$ 是实际冷却速率；$b$ 是常数；$T_L$ 是熔化结束温度；$T_{XC}$ 是凝固开始温度。利用不同冷却速率下 $T_{XC}$ 的变化来估算 $R_c$。

**(2) 约化玻璃化转变温度 $T_{rg}$** 约化玻璃化转变温度 $T_{rg}=T_g/T_m$，其中，$T_g$ 是玻璃化转变温度；$T_m$ 是熔点温度。Uhlmann 指出 $T_{rg}$ 来源于对 $T_m-T_g$ 温度区间内黏度的要求。只有在冷却过程中，黏度随温度下降的增长率（$d\eta/dT$）足够大，才能使金属原子没有足够时间重排，抑制结晶，获得非晶态。一般认为，在 $T_g$ 时黏度等于常数（$\eta\approx10^{13}$P）；而且 $T_{rg}$ 越大，在 CCT 或 TTT 曲线鼻尖处 $\eta$ 值越高，则 $R_c$ 越低。

**(3) 过冷液相区 $\Delta T_x=T_x-T_g$** 它表示非晶合金被加热到高于 $T_g$ 时，其反玻璃化的趋势，也是衡量非晶合金热稳定性的重要指标。一般来说，$\Delta T_x$ 越大，热稳定性越好，GFA 越强。

**(4) 稳定性参数 $S$** 稳定性参数由 Saad 和 Poulain 提出，它被定义为：

$$S=(T_p-T_x)(T_x-T_g)/T_g \tag{9-24}$$

式中，$T_x$ 为结晶开始温度；$T_p$ 为结晶放热峰温度。这个参数考虑到了 $T_x$ 和 $T_p$ 以及玻璃化转变和结晶放热位置之间的差异。

**(5) 参数 $K_{gl}$** Hruby 用参数 $K_{gl}$ 表示材料的非晶形成趋势（GFT），定义为：

$$K_{gl}=(T_x-T_g)/(T_m-T_x) \tag{9-25}$$

式中，假设所有非晶合金在 $T_g$ 温度处于相类似状态，而 $K_{gl}$ 的建立是基于以下概念，即认为非晶合金在随后的加热过程中的稳定性与形成非晶的难易程度成比例。

**(6) $J$ 参数** Donold 和 Davies 将参数定义为：

$$J=(T_m^{mix}-T_m)/T_m^{mix} \tag{9-26}$$

式中，$T_m$ 为合金熔点；$T_m^{mix}$ 为混合熔点，即熔点的相对偏移。而混合熔点 $T_m^{mix}$ 可表示为：

$$T_m^{mix}=\sum_i^n n_i T_m^i \tag{9-27}$$

式中，$n_i$ 和 $T_m^i$ 分别是 $n$ 元合金系中第 $i$ 元的物质的量和熔点。结果发现大多数非晶合金，如 Fe-Ni 基非晶合金的 $J\geqslant0.2$。

**(7) $\gamma$ 参数** 玻璃的形成是亚稳过冷合金熔体与相应晶态产物相互竞争的过程。在冷却过程中，如果液相是稳定的，晶态相就不易析出，过冷的合金熔体就容易实现玻璃化转变，晶化 C 曲线移向低温方向。在升温过程中，如果玻璃是稳定的，那么晶化温度 $T$ 的取值就高，晶化 C 曲线时间轴的位置将会靠右。综合考虑两方面因素可得：

$$\text{GFA}\propto T_x\left[\frac{1}{2(T_g+T_l)}\right]\propto\frac{T_x}{T_g+T_l} \tag{9-28}$$

## 参 考 文 献


[1] Yeh J W, Chang S Y, Hong Y D, et al. Anomalous decrease in X-ray diffraction intensities of Cu-Ni-Al-Co-Cr-Fe-Si alloy systems with multi-principal elements [J]. Materials Chemistry and Physics, 2007, 103 (1): 41-46.

[2] Yeh J W, Chen S K, Lin S J, et al. Nanostructured High-Entropy Alloys with Multiple Principal Elements: Novel Alloy Design Concepts and Outcomes [J]. Advanced Engineering Materials, 2004, 6 (5): 299-303.

[3] Chou H P, Chang Y S, Chen S K, et al. Microstructure, thermophysical and electrical properties in $Al_x$CoCrFeNi ($0\leqslant x\leqslant2$) high-entropy alloys [J]. Materials Science and Engineering: B, 2009, 163 (3): 184-189.

[4] Zhou Y, Zhang Y, Wang Y, et al. Solid solution alloys of AlCoCrFeNi$Ti_x$ with excellent room-temperature mechanical properties [J]. Applied physics letters, 2007, 90 (18): 1904.

[5] 陈敏，刘源，李言祥，et al. 多主元高熵合金 AlTiFeNiCu$Cr_x$ 微观结构和力学性能 [J]. 金属学报，2007，43 (10): 1020-1024.

[6] Senkov O N, Woodward C F. Microstructure and properties of a refractory NbCr$Mo_{0.5}Ta_{0.5}$TiZr alloy [J]. Materials Science & Engineering A, 2011, 529 (1): 311-320.

[7] Zhang Y, Yang X, Liaw P. Alloy design and properties optimization of high-entropy alloys [J]. JOM, 2012, 64 (7): 830-838.

[8] Lin Y C, Cho Y H. Elucidating the microstructural and tribological characteristics of NiCrAlCoCu and NiCrAlCoMo multicomponent alloy clad layers synthesized in situ [J]. Surface & Coatings Technology, 2009, 203 (12): 1694-1701.

[9] Zhou Y J, Zhang Y, Wang Y L, et al. Microstructure and compressive properties of multicomponent $Al_x$ ( $TiVCrMnFeCoNiCu)_{100-x}$ high-entropy alloys [J]. Materials Science & Engineering A, 2007, 454-455 (16): 260-265.

[10] Zhao K, Xia X X, Bai H Y, et al. Room temperature homogeneous flow in a bulk metallic glass with low glass transition temperature [J]. Applied physics letters, 2011, 98 (14): 141913.

[11] Takeuchi A, Chen N, Wada T, et al. $Pd_{20}Pt_{20}Cu_{20}Ni_{20}P_{20}$ high-entropy alloy as a bulk metallic glass in the centimeter [J]. Intermetallics, 2011, 19 (10): 1546-1554.

[12] Ding H Y, Yao K F. High entropy $Ti_{20}Zr_{20}Cu_{20}Ni_{20}Be_{20}$ bulk metallic glass [J]. Journal of Non-Crystalline Solids, 2013, 364: 9-12.

[13] Tong C J, Chen Y L, Yeh J W, et al. Microstructure characterization of $Al_x$CoCrCuFeNi high-entropy alloy system with multiprincipal elements [J]. Metallurgical and Materials Transactions A, 2005, 36 (4): 881-893.

[14] Singh S, Wanderka N, Murty B S, et al. Decomposition in multi-component AlCoCrCuFeNi high-entropy alloy [J]. Acta Materialia, 2011, 59 (1): 182-190.

[15] Zhang Y, Ma S G, Qiao J W. Morphology Transition from Dendrites to Equiaxed Grains for AlCoCrFeNi High-Entropy Alloys by Copper Mold Casting and Bridgman Solidification [J]. Metallurgical and Materials Transactions A, 2012, 43 (8): 2625-2630.

[16] Ma S G, Zhang S F, Gao M C, et al. A Successful Synthesis of the $CoCrFeNiAl_{0.3}$ Single-Crystal, High-Entropy Alloy by Bridgman Solidification [J]. JOM, 2013, 65 (12): 1751-1758.

[17] Zhou Y J, Zhang Y, Wang F J, et al. Phase transformation induced by lattice distortion in multiprincipal component $CoCrFeNiCu_xAl_{1-x}$ solid-solution alloys [J]. Applied Physics Letters, 2008, 92 (24): 214917.

[18] Zhang Y, Zhou Y J, Lin J P, et al. Solid-Solution Phase Formation Rules for Multi-component Alloys [J]. Advanced Engineering Materials, 2008, 10 (6): 534-538.

[19] Guo S, Hu Q, Ng C, et al. More than entropy in high-entropy alloys: Forming solid solutions or amorphous phase [J]. Intermetallics, 2013, 41 (10): 96-103.

[20] Guo S, Ng C, Lu J, et al. Effect of valence electron concentration on stability of fcc or bcc phase in high entropy alloys [J]. Journal of Applied Physics, 2011, 109 (10): 213.

[21] Takeuchi A, Inoue A. Quantitative evaluation of critical cooling rate for metallic glasses [J]. Materials Science & Engineering A, 2001, 304-306 (1): 446-451.

[22] Yang X, Chen S Y, Cotton J D, et al. Phase Stability of Low-Density, Multiprincipal Component Alloys Containing Aluminum, Magnesium, and Lithium [J]. Jom, 2014, 66 (10): 2009-2020.

# 第10章

# 高熵合金的抗辐照性能

## 10.1 引言

高熵合金又称为多主元合金，由于主元数的增多，高熵合金具有一些传统合金无法比拟的优异性能，如高强度、高硬度、高耐磨耐腐蚀性能、高阻热、高电阻等。除此之外，随着对高熵合金性能研究的不断深入，大量研究工作表明，高熵合金由于熵的作用，使其具有缓慢扩散效应。由于各主元原子彼此之间的协同扩散效应，以及阻碍原子运动的晶格畸变，都会限制高熵合金中原子的有效扩散速率；较高的原子级别应力的存在，使得高熵合金具有自修复机制。由于结构的特殊性，商熵合金具有优异的抗辐照性能，目前已经成为核结构材料领域的研究热点。国内对关于高熵合金的抗辐照研究，主要参见于北京科技大学的张勇教授课题组，张教授具有丰富的核结构材料的专业背景，对高熵合金的结构特点进行了深入研究，并率先在国内开展了高熵合金抗辐照性能及机理方面的研究。

目前，有关高熵合金的抗辐照研究，还无法进行堆内试验，仍是用离子辐照进行模拟。高能离子与材料原子发生相互作用，在材料内造成晶格损伤，形成各种各样的缺陷，包括点缺陷、位错环和孔洞等；同时还有一部分能量将以热量形式散失掉，从而使局部达到很高温度，称之为“热峰”。这些缺陷，再加上“热峰”，将使材料的组织（如辐照肿胀、辐照析出与相变等）和性能（如辐照生长、辐照硬化与脆化等）发生很大变化，因此，通过离子辐照来模拟堆内环境，是目前研究新型抗辐照材料采用的方法。当前高熵合金的抗辐照性能及机理的研究，主要是针对离子辐照效应的研究。在离子辐照情况下高熵合金的研究内容主要包括三方面。①离子辐照对高熵合金微观结构的影响。在微观结构变化方面，辐照一般会导致材料中晶体缺陷密度提高，如空位和间隙原子、位错和位错环，导致组织和相稳定性变差，导致偏析和局部有序化；研究在不同辐照剂量和不同温度条件下，高熵合金的微观结构演变。②材料经高能离子辐照后，韧脆转变温度向高温方向移动，导致辐照脆化，使材料使用性能变差，研究离子辐照对高熵合金性能的影响，包括离子辐照条件下，高熵合金体积肿胀率的测定。③针对高熵合金的辐照行为，揭示高熵合金的抗辐照机理。

## 10.2 高熵合金抗辐照性能研究初衷

随着人类对能源需求量的不断增大，我国能源存在“人均资源占有量偏低”和“能源结构不合理”等问题。煤、石油、天然气等化石能源储量有限，而水力、太阳能、风能、潮汐和地热等能源受地域、环境和气候制约，很难成为主要能源的替代品。核能作为一种清洁、经济、可靠的能源，已成为继水电、火电后的世界第三大能源，其未来的发展空间将更大。在这个核科技高度发展的时代，核电已成为世界能源的一个组成部分。核能技术的发展，也将在世界范围内，引发越来越多的关注。截至 2015 年，全球范围内近 435 座商用核反应堆提供了全球大约 11%的电力，中国在建核电机组数量居全球第一。核能技术在全球范围内的发展，势必能带来世界范围内的“核电蓝”。

核能中核裂变能的产生装置有两类：热中子反应堆；快中子增殖堆。其中热中子反应堆自 20 世纪 50 年代起就有了大规模工业开发应用，其中子辐照引起的移位损伤及其演化过程，导致复杂的微观结构和微观化学的演化，包括空位和间隙原子缺陷团的扩散聚集，位错结构的改变，非平衡溶质原子偏聚，辐照引起的增强相沉淀，空洞的萌生和长大等。辐照移位损伤与 H、He 等嬗变气体产物之间有复杂的交互作用，特别是 He 在钢中不溶解，会以气泡形式析出，形成 He 泡，成为空洞和晶界蠕变微孔萌生的位点，导致脆化。此外，因为辐照，快堆核结构材料，如核燃料包壳管（如图 10-1 所示），在中子辐照环境下，其微观结构的不断演化使材料的主要性能恶化，包括：硬化和软化；断裂韧性的大幅降低；均匀拉伸延展性几乎全部丧失；亚临界开裂速率加快；对温度不敏感的辐照蠕变、孔洞肿胀；以及蠕变断裂寿命和延展性的大幅降低等。因此，快堆核结构材料成为需要能够长期在高辐照、热机械交变载荷和化学反应环境同时存在的极端条件下工作的材料，除满足高温（500～1000℃）强度和高温良好的综合力学性能等要求外，特别需要有优异的抗辐照性能。深入了解辐照损伤过程和相关机理，对选择和发展新型抗辐照材料和延长其使用寿命具有重要意义。

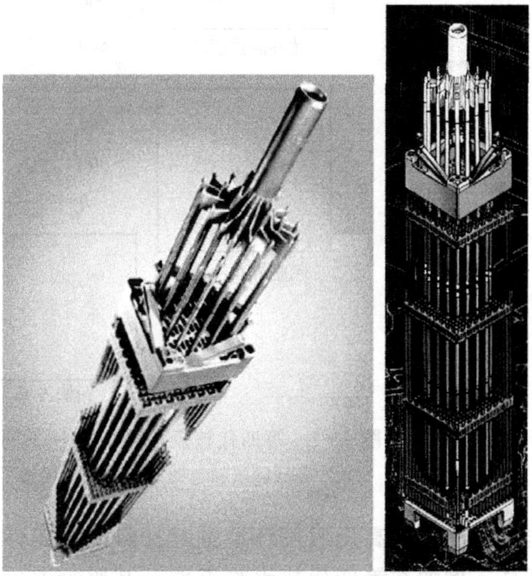

图 10-1 压水堆中核燃料包壳组件

随着未来对核能安全性以及经济性等方面要求的提高，人们正在积极开发第四代核反应堆技术，特别是随着超水临界堆（supercritical water reactor，SCWR）、事故容错燃料（accident tolerant fuel，ATF）等概念的提出和设计，使得第四代核反应堆技术其创新性理念更加强调高效、经济和更安全，并且能使铀资源得到更加充分地利用和产生更少的放射性核废料。

这些创新性的理念使得第四代核反应堆的工作温度更高、辐射剂量更大并且传热介质的腐蚀性更强，如图 10-2 所示[1]。所有这些要求都使得第四代反应堆对其核心结构材料的要求更加严格与苛刻。在世界范围内，各国科学家正在开展大量的研究工作，设计并制造满足新一代反应堆要求的核心结构材料。

核结构材料的辐照损伤程度一般用 dpa（displacement per atom）来衡量。对于一些第二代和第三代的裂变堆，在一年内其核心区域的辐照剂量将会超过 1dpa，即平均每个原子都从其原始晶格位置移位一次。1 dpa 的辐照损伤，就能够使得材料内部的结构发生很大变化，包括非晶化、扩展缺陷的形成和相变等，这些都将影响材料机械性质和使用寿命。对于第四代核反应堆，其核心结构材料所受到的辐照剂量远远高于第三代核反应堆（图 10-2），由此带来的材料性质退化将更加严重。

在核反应堆的运行过程中，堆芯核结构材料经受高通量的质子、中子以及逃逸粒子轰击，产生高浓度的点缺陷，即间隙原子和空位。点缺陷的逐步积聚，形成位错环、空洞、堆垛层错四面体等缺陷簇，进而引发材料的肿胀、硬化、非晶化和脆化，并最终导致材料失效。另外，

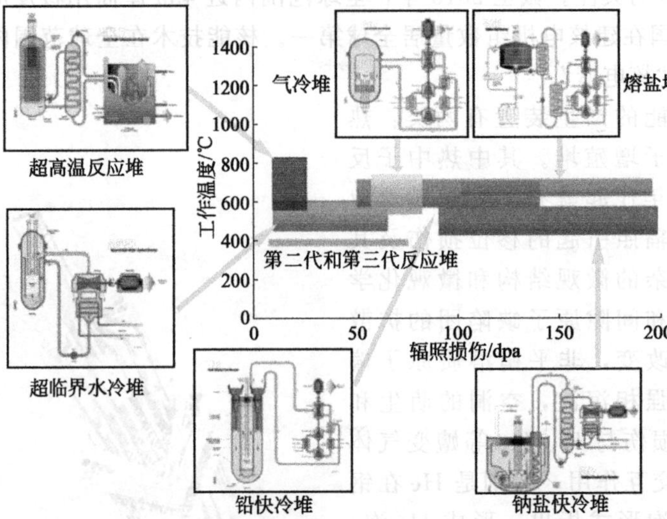


图 10-2 第四代核反应堆的六种不同冷却系统工作温度和相应的辐照剂量[1]
不同深浅颜色的长方形尺寸代表了不同反应堆的温度和辐照剂量的范围

堆芯的高温、高压服役环境也对材料的稳定性提出了苛刻要求。未来核结构材料的服役温度将更高，例如在第四代超水临界堆，其服役温度超过 500℃，压力超过 25MPa。另外，未来核结构材料的辐照剂量更大，最大可达到 200dpa 左右。因此，在超水临界堆堆芯的高温高压超临界水及中子辐照等恶劣的工况条件下，反应堆堆芯中的结构材料，特别是燃料元件包壳材料的选材和研究开发是一项具有挑战性的工作，设计并制备新型的抗辐照材料，来满足未来核结构材料的性能要求，一直是科学家们研究的重点。目前核结构材料中的核燃料包壳管，依旧采用的是锆合金。国际上开发并得到广泛应用的锆合金主要有三大系列，即 Zr-Sn 系合金（如 Zr-2，Zr-4 合金）、Zr-Nb 系合金（法国的 $M_5$，俄罗斯的 $E_{110}$ 合金）和 Zr-Sn-Nb 系（美国 Zirlo 合金），但是锆合金在高温高压的核环境条件下，Zr 易与水发生反应，生成 $H_2$，具有爆炸危险，并伴随着 β-Zr 相的生成，严重影响着核结构材料的安全性，显然锆合金已经不能用于超临界核反应堆的燃料包壳材料。新型高温相结构稳定材料——高熵合金，正在进入核材料领域，丰富了未来核燃料包壳材料的开发及应用。

# 10.3 高熵合金的抗辐照性能

## 10.3.1 堆外离子辐照是高熵合金抗辐照性能研究的重要课题

材料在核反应堆内直接实验时费用昂贵，而且只有经历长时间放射性衰减后方能进行性能检测，整个常规中子辐照研究周期很长，长达六七年之久；而用离子轰击模拟中子辐照，时间短，并且没有放射性问题。堆外离子轰击模拟中子辐照是研究高熵合金辐照性能的重要手段。堆外重离子轰击模拟中子辐照研究高熵合金的抗辐照性能是当前国际上的前沿课题。

### 10.3.1.1 离子辐照试验装置概述

用堆外离子轰击来模拟核反应堆内的中子辐照，是研究核结构材料抗辐照性能的重要手段。因为当载能离子通过材料时，通过弹性碰撞（即核能损，$S_n$）和非弹性碰撞（即电子能损，$S_e$）损失其能量。因此，在离子辐照中，具有不同能量的不同离子可用来模拟由不同能量沉积过程引起的辐照损伤。低能的中性元素，如惰性气体和金等，由于单个离子的高损伤效率，往往被作为入射离子来研究弹性碰撞的效应，而且由于具有很高的电子能损，快速重离子往往用来模拟电子激发在核材料中的效应。此外，一些裂变碎片的化学效应往往通过大剂量注入相同的离子来进行研究，如 He、Cs、I、Sr 等。在离子辐照过程中，不同能量沉积过程和沉积离子的化学效应总是同时存在，其协同效应使辐照引起的损伤演化得更复杂并且也影响了离子辐照模拟反应堆辐照的可靠性。尤其是对于低能和中能范围的重离子辐照，其往往用来模拟反应堆中中子辐照引起的移位损伤。具备多个离子束的加速器装置也被积极开发，例如，法国具有 2MV、2.5MV 和 3MV 的三种能力级别的静电加速器装置，如图 10-3 所示。这三种不同能量的静电加速器能够产生具有不同能量和不同种类的载能离子，由于载能离子的能量具有单值化特点，一些具体的辐照损伤参数，如轰击损伤的深度和轰击损伤的效率，都可以通过 TRIM 程序模拟计算出来。

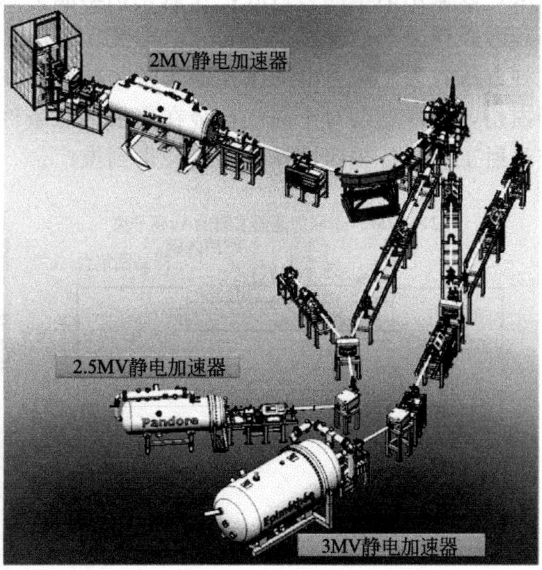


图 10-3 法国 2MV、2.5MV 和 3MV 型静电加速器装置示意图

另外，随着其他一些辅助设备的发展，科研工作者在辐照设备的腔体中，增加了一些温控设备，方便模拟堆内宽温度范围的辐照，温度范围在液氮温度－196～800℃。此外，还有一些方便原位观察设备的置入等。离子辐照设备真空腔体实物图及示意如图 10-4 所示。

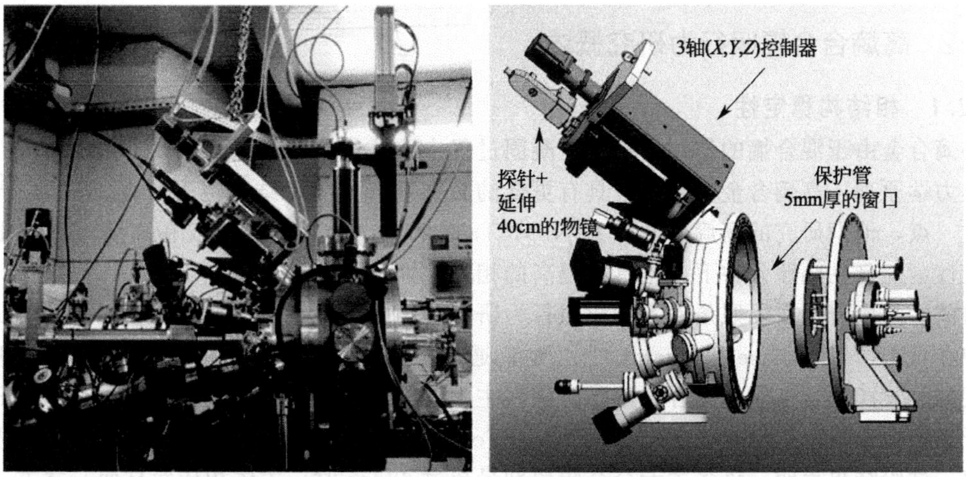


图 10-4 离子辐照设备真空腔体实物图及示意

## 10.3.1.2 高熵合金的离子辐照实验

在离子辐照过程中，为了直接通过透射电镜观察到高熵合金在辐照前后的微观结构演变，我们通过部分遮挡的方法，直接用 $\phi$3mm 的透射试样黏结在辐照样品试验台上，其示意图及实物图如图 10-5 所示。

此外，张勇教授课题组也正在尝试用磁控溅射的方法，包括多靶材溅射以及单靶材溅射的方法，以氯化钠单晶为衬底，在氯化钠单晶上磁控溅射高熵合金薄膜，随后把氯化钠溶解掉，得到薄膜样品，做辐照试验和 TEM 相结构分析。高熵合金薄膜剥离技术示意如图 10-6 所示。这种方法省去了透射电镜试样的制备，减少了在双喷以及后期离子减薄方法对于辐照试样的离子损伤，使得后期对于高熵合金在离子辐照条件下的微观结构变化了解更为准确。这种采用磁控溅射工艺制备辐照试样的工艺会得到推广。

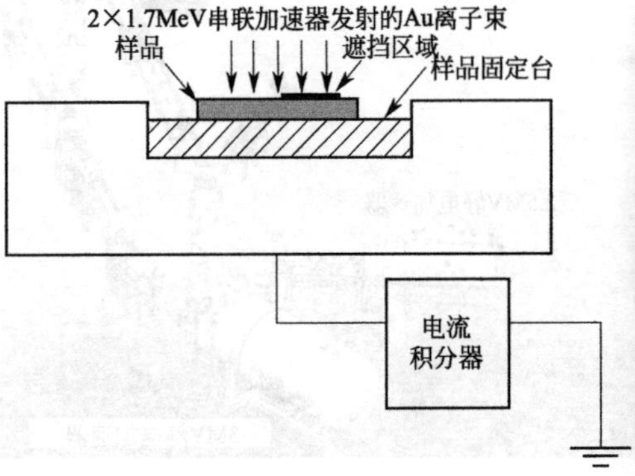

(a)

(b)

图 10-5 高熵合金离子辐照示意图及实物图

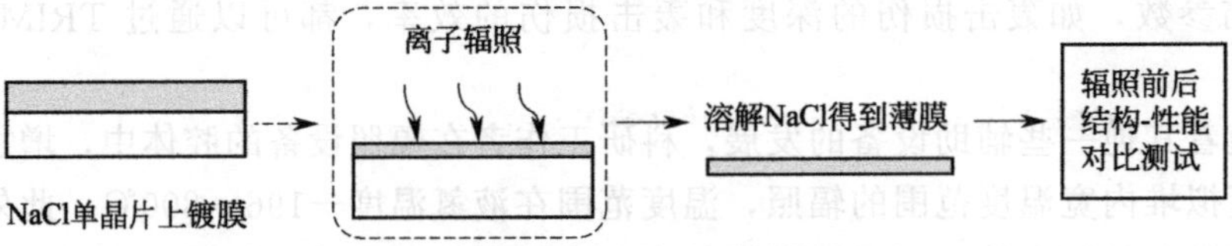


图 10-6 高熵合金薄膜剥离技术示意

## 10.3.2 高熵合金辐照行为研究概述

### 10.3.2.1 相结构稳定性

高熵合金由于混合熵的作用，使其在凝固过程中往往趋向于形成具有简单结构的合金相。按照热力学原理，高熵合金在高温下具有更低的吉布斯自由能，结构更为稳定。Senkov[2] 证实了这一点，他们研究的高熵合金体系 NbMoTaW 和 NbMoTaWV 不仅在高温下具有很高的相稳定性，而且在辐照条件下，也具有很高的相稳定性。

目前，高熵合金在辐照条件下的辐照行为研究，国内可查阅的资料较少。国外主要研究成果集中在日本学者 Nagase 和 Egami[3,4]，他们通过磁控溅射的方法，在 NaCl 晶体上，镀出不同厚度的 CoCrCuFeNi 多主元合金薄膜，该多主元合金为面心立方固溶体结构。在 298K，不同电子辐照剂量下，对厚度为 100nm CoCrCuFeNi 多主元合金薄膜的相结构进行原位透射电镜观察。试验结果表明，该多主元合金辐照剂量超过 68dpa 时，主体相依然是面心立方。当温度升高到 773K，辐照剂量超过 45dpa 时，主体相仍然是面心立方。与热处理过程相比，辐照环境下，没有发生晶粒粗化现象，且辐照环境下的原子扩散机制与热处理的扩散机制不同。为此，他们认为多主元高熵合金在抗辐照行为方面，具有一定优势。图 8-26 为厚度为 100nm CoCrCuFeNi 多主元高熵合金在 298K、773K 时不同辐照剂量下的透射电镜图片，其明场区 (BF) 较为模糊，主要是因为在高温条件下，有热流出现。此外，另一种不同晶体结构的多主元合金 Zr-Hf-Nb（体心立方固溶体结构）在 298K，电子辐照剂量为 10dpa 左右时，相结构依然是体心立方，辐照前后晶格常数值有所变化[5]。

通过与其他材料在辐照条件下进行相稳定性对比，可以发现一些非晶材料（如 Zr 基大块非晶）辐照前后结构会发生变化，经短时间电子辐照之后，会出现晶化，表明其在辐照环境下的不稳定性。此外，纳米晶 Cu 基合金（如 CuW 合金）在辐照后，也会出现一些尺寸更小的纳米颗粒析出物。国外研究实验表明，高熵合金在辐照条件下，具有较高的相结构稳定性。但是，Nagase 和 Egami 的研究多为原位电子辐照。北京科技大学张勇课题组[6] 研究了三种不同相结构组成的 $Al_xCoCrFeNi$（$x$ 为摩尔比，$x=0.1$，0.75，1.5）系多主元高熵合金，随着摩尔比的增加，该多主元合金相结构依次为面心立方、面心+体心立方、体心立方，这样可以获得在辐照条件下，不同相结构的辐照行为特性。实验结果表明，$Al_{1.5}CoCrFeNi$ 辐照前后，基体相和析出相没有发生显著互溶。选区电子衍射（SAD）进一步表明，辐照前后，合金的相结构没有发生变化，如图 10-7 所示，表现出较高相稳定性。

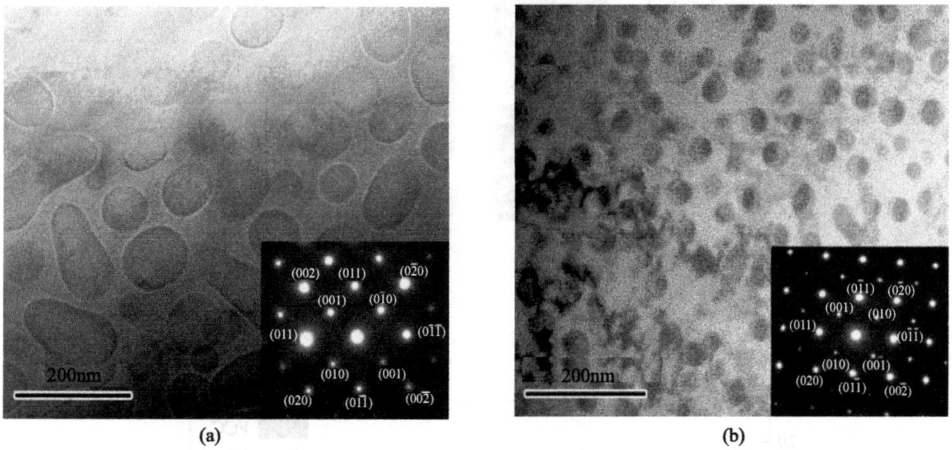


图 10-7　$Al_{1.5}CoCrFeNi$ 多主元合金辐照前后的透射电镜图片[7,8]

（a）辐照前；（b）3MeV Au 离子、$1\times10^{16}cm^{-2}$ 辐照后

此外，对 $Al_xCoCrFeNi$ 高熵合金在 Au 离子辐照条件下，其相组成结构中的有序相 B2 的抗辐照能力与无序相的抗辐照能力也进行了对比[9]，如图 10-8、图 10-9 所示。实验结果表明，在 $Al_xCoCrFeNi$ 系高熵合金中，如以缺陷密度和尺寸作为抗辐照能力大小的衡量标准，无序相的抗辐照能力高于有序相的抗辐照能力。高熵合金在热处理状态下，一般会有有序相的析出，在热处理条件下析出相的抗辐照能力与基体的抗辐照能力也将成为后期关于高熵合金抗辐照行为研究的重要课题。

#### 10.3.2.2　体积肿胀率

材料在重离子辐照条件下，离位损伤会导致肿胀。具体来说，肿胀是由于体内均匀产生的空位和间隙原子流向位错等处的量不平衡所致，位错吸收间隙原子比空位多，过剩的空位聚成微孔洞，造成体积胀大而密度降低。在 Au 离子辐照条件下，对 $Al_xCoCrFeNi$（$x$ 为摩尔比，$x=0.1$，0.75，1.5）系高熵合金的体积肿胀率也进行了测量，得到不同相结构合金体积肿胀率的变化规律。由于在辐照条件下，对抛光后的块体样品进行了部分遮挡，在离子辐照条件下，会引起遮挡与未遮挡区高度的变化，即辐照与未辐照的高度差，高度的变化进而能够引起 AFM 图像颜色的改变。辐照与未辐照边界的 AFM 图像如图 10-10 所示，箭头所指的位置为辐照与未辐照的边界。图 10-10(a) 对应于 $Al_{0.1}CoCrFeNi$ 多主元高熵合金，其在经过辐照后，在辐照与未辐照的边界未发现明显的高度差，这暗示着此类高熵合金的体积肿胀率很小。图

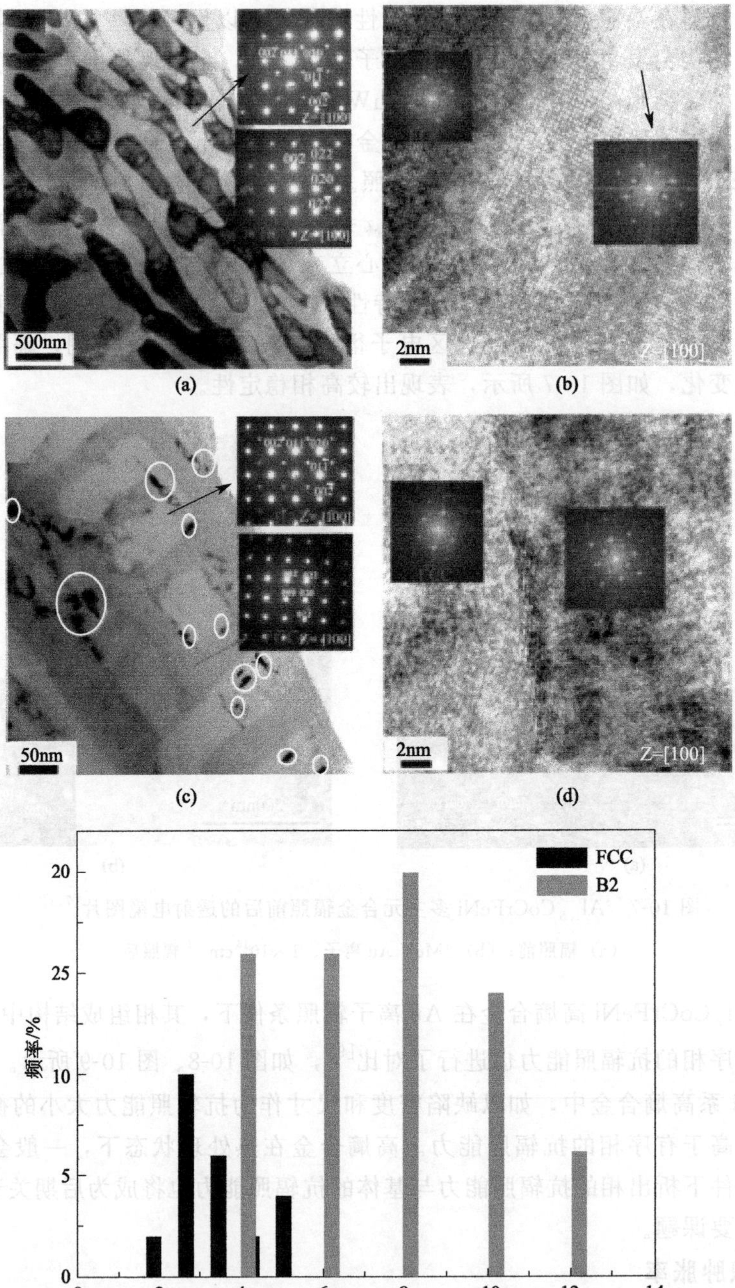


图 10-8　$Al_{0.75}CoCrFeNi$ 高熵合金相结构中的无序相 FCC 与有序相 B2 在离子辐照条件下的缺陷密度及尺寸对比图[9]

10-10(b)、(c) 分别显示 $Al_{0.75}CoCrFeNi$ 和 $Al_{1.5}CoCrFeNi$ 高熵合金在辐照与未辐照边界的 AFM 图像。此外，为了定量表征该类多主元高熵合金在辐照前后，因为体积肿胀所导致的高度差，可以画出若干条穿过边界的直线，以此来测量边界两边高度差的平均值，具体数值如图 10-11 所示。

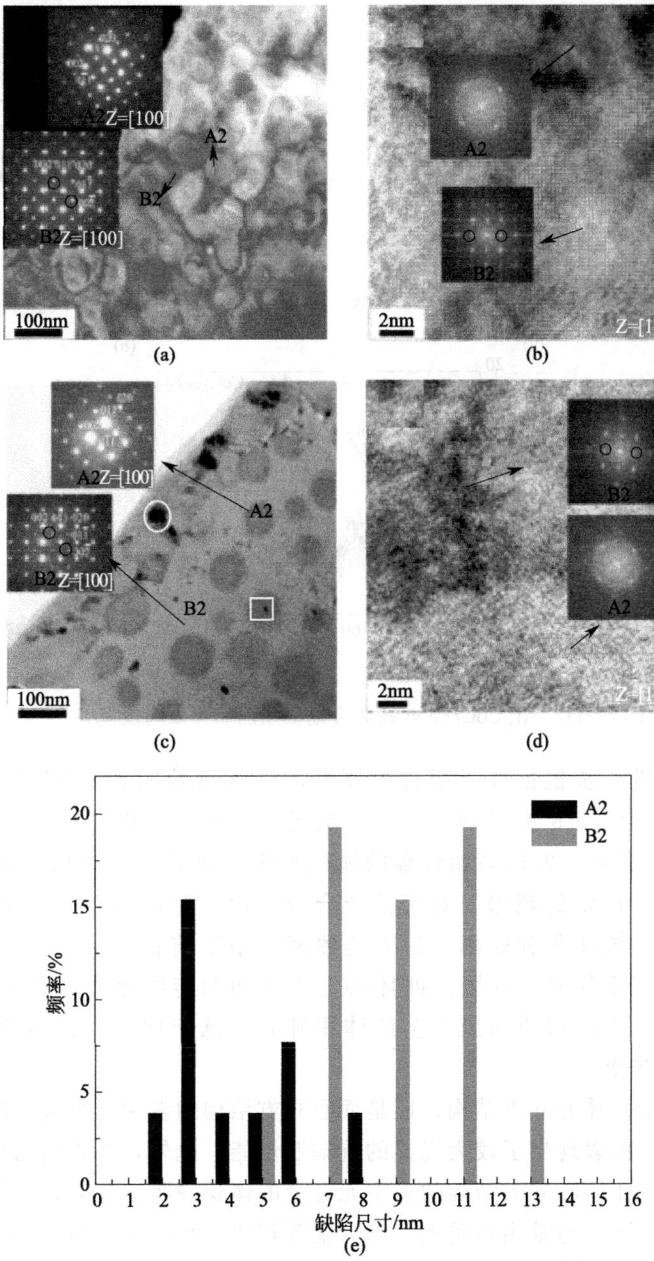


图 10-9　$Al_{1.5}CoCrFeNi$ 高熵合金相结构中的无序相 A2 与有序相 B2 在离子辐照条件下的缺陷密度及尺寸对比图[9]

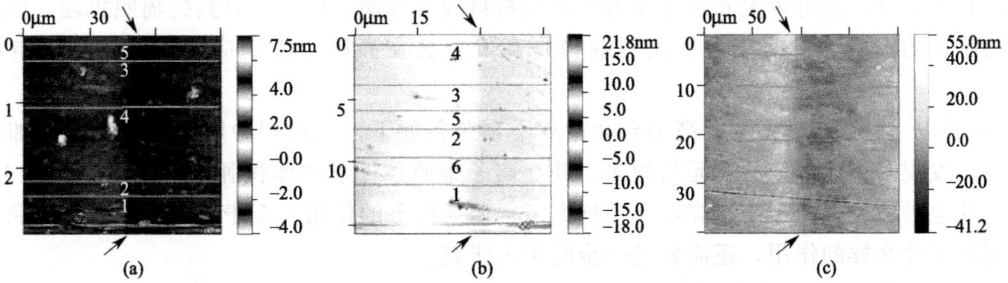


图 10-10　高熵合金样品在辐照与未辐照边界的 AFM 照片（3MeV Au 离子、$1\times10^{16}cm^{-2}$）

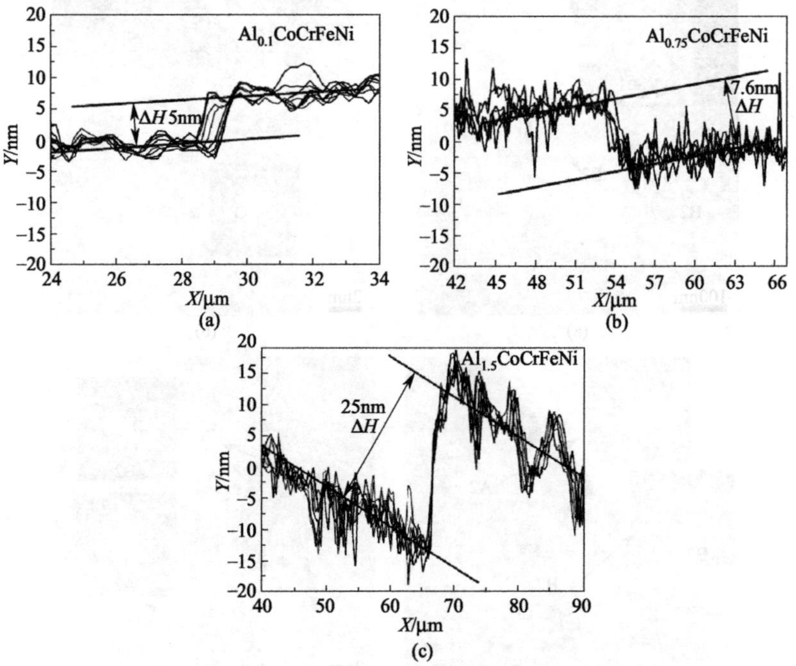


图 10-11 $Al_x$CoCrFeNi 高熵合金辐照前后界面高度差[7,8]

有了高度差后，进一步根据离子穿透的深度，对 $Al_x$CoCrFeNi 高熵合金的体积肿胀率进行了计算，并与常用的 316 不锈钢、高铬镍奥氏体不锈钢，以及纯锆进行了体积肿胀率的对比[8]，如图 8-27 所示。发现高熵合金的体积肿胀率远低于其他几种金属或合金，而且表现出与传统材料较为反常的现象。对于传统合金来说，对比面心立方结构的奥氏体，以及体心立方结构铁素体的体积肿胀率，后者的致密度小于前者，且辐照产生的间隙原子择优吸收能力较弱，所以不易发生肿胀。即体心立方结构的传统合金体积肿胀率低于面心立方结构的合金，面心立方结构的高熵合金的体积肿胀率低于体心立方结构的高熵合金，由此引起了较大的科研热潮。

实验结果表明无论是体心立方结构，还是面心立方结构的多主元合金，在目前的电子辐照或者离子辐照环境下，都表现出了较为优异的抗辐照性能。此外，在相同的辐照环境下，面心立方结构的多主元合金比体心立方结构的多主元合金的体积肿胀率要低，这是一个较为反常的现象。在相同辐照条件下，与常用不锈钢、锆合金等相比，高熵合金的体积肿胀率较低。总的来说，高熵合金由于其组成和结构的特殊性，可作为一种新型的合金设计思路，特别是由于位型熵的作用，使高熵合金具有优越的抗辐照损伤特性，如辐照条件下优异的相结构稳定性以及低的体积肿胀率，使得多主元合金作为核结构材料成为可能。但是，对其抗辐照机理，仍然没有较为统一的定论，目前较为主流的解释是高熵合金在高原子级别应力条件下具有自修复机制。

Jin 等[10] 研究了多主元的高熵合金在离子辐照条件下，其体积肿胀率随主元数增加的变化规律，发现多主元合金的主元数越多，其在离子辐照条件下的体积肿胀率越低，如图 10-12 所示。这也进一步揭示了熵在高熵合金抗离子辐照条件下的作用。至于熵究竟在离子辐照条件下，起到了什么样的作用，还需要进一步的深入研究。

#### 10.3.2.3 辐照条件下的自修复机制

高熵合金，无论是在高温、辐照或者二者兼有环境下，都表现出了优异的相稳定性，这与其结构的特殊性密不可分。研究认为在辐照环境下，多主元合金有着较强的“自修复”能力，这是其拥有较高抗辐照性能的关键。为此，Egami[11] 等通过计算机模拟指出：①多主元合金由于各原子尺寸的差异，存在一定的原子级别应力，在粒子辐照条件下，原子级别应力促进合金的局部非晶化；同时，粒子辐照也会积聚大量热能，这些热能足以使得多主元合金局部熔化和再结晶，整个过程能够使得多主元合金具有较低的位错密度、较高的抗辐照性能。②原子级别体积应变接近于 0.1 的多主元合金具有很好的“自修复”能力。以下对其“自修复”机制进行简单概述。

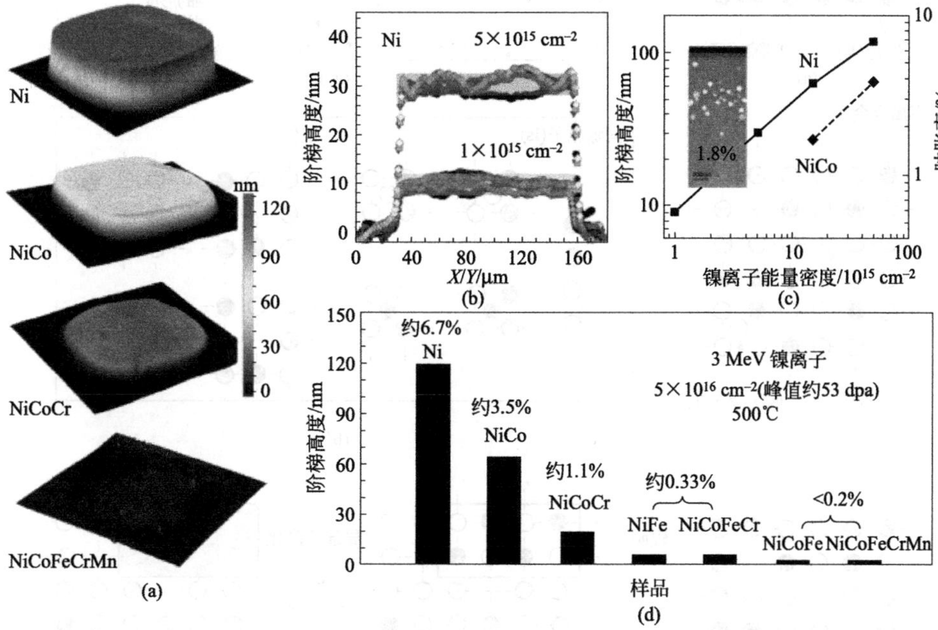


图 10-12 高熵合金随着主元数的增加体积肿胀率对比示意图[10]

在受到来自粒子（中子、电子或者离子）辐照之后，合金内部会产生一定的点缺陷，以空位和间隙原子为主。这些空位和间隙原子，在单一主元金属中，往往能够聚集成环或者空洞，从而破坏合金原有的结构，造成辐照损伤。空位和间隙原子的交互作用，或者自身的交互作用，能够加速原子的扩散，使单一主元金属容易在辐照环境下失效。但对于多主元合金，由于晶格畸变程度高，空位和间隙原子很难在多主元合金中形成，且空位和间隙原子也很难迁移形成环或者空洞，这就使得多主元合金具有较高的原子级别应力。在辐照时，由于原子级别应力的存在，使得多主元合金通过非晶化、再晶化，完成整个“自修复”过程，使得多主元合金拥有较高的抗辐照性能，如图 10-13 所示[4]。这种晶化和非晶化相互转化的现象，也在 Zr 基和 Fe 基非晶合金以及金属间化合物中被发现。

总的来说，高熵合金在辐照条件下的“自修复”机制，只是目前对多主元合金抗辐照性能的一种解释，至于辐照机理的进一步揭示，还需要很多细致和系统的工作，通过后期对多主元合金的抗辐照机理进行深入研究，以便设计出更好的抗辐照材料。

#### 10.3.2.4 辐照条件下的锯齿流变行为

锯齿流变是在应力-应变曲线上表现出跳跃性的一种变化现象。最早的锯齿变形伴随着噪声的发出，在金属锡变形时可以听到“锡鸣”声，有“锡鸣”声发生是孪晶变形机制，没有“锡鸣”声发生是位错变形机制。近年来，在对极低温度或高速加载条件下或高温变形时的纯金属、单晶/多晶合金、非晶材料、高熵合金、纳米材料以及粒状材料进行研究的过程中，发

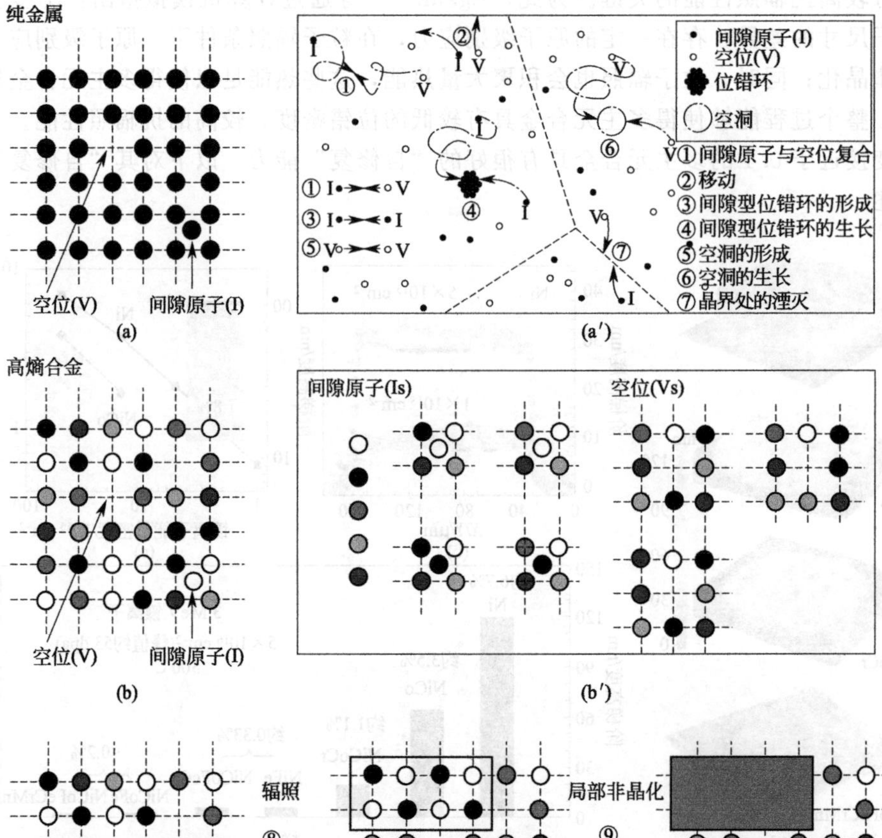

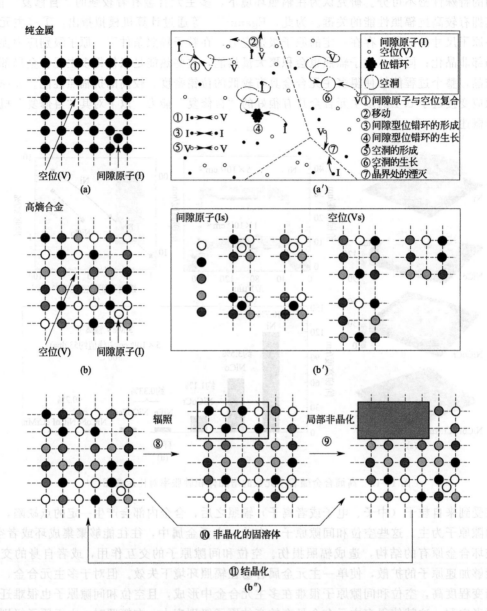


图 10-13 单一主元金属辐照损伤形成和多主元合金自修复过程示意[4]

现了特有的锯齿流变行为。这种锯齿状的变化，只有在变形结构单元发生变化时才能够出现。对于锯齿流变行为的研究，有助于解释材料的变形机制。目前，主要基于位错动力学（位错和溶质原子交互作用，包括间隙溶质原子和代位溶质原子，具体包括柯氏气团、史氏气团、铃木气团），剪切带形成动力学 STZ，孪晶变形机制 TWIP 相变变形机制 TRIP 和绝热剪切的热效应等。目前发现，材料在辐照条件下，也出现了较为明显的锯齿流变行为现象。在辐照环境下，对单晶铜进行压缩试验原位观察时，在其压缩应力-应变曲线上会发现较为明显的锯齿流变行为，如图 10-14 所示[12]。这一现象的出现，对进一步解释锯齿流变产生的原因具有一定的揭示作用。因为在辐照环境下，材料内部由于原子的迁移，会出现很多点缺陷，整个锯齿流变性为的产生，与特定条件下运行的位错密不可分。

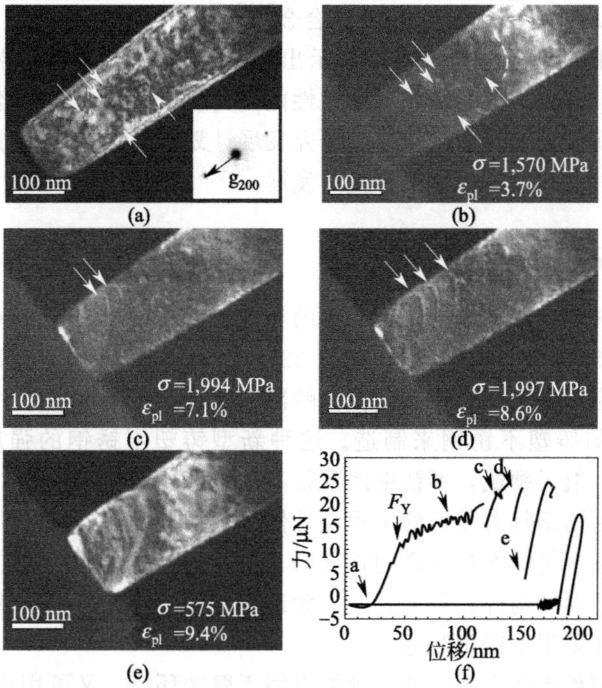


图 10-14　基于原位观察的纳米尺度单晶铜辐照环境下的锯齿流变现象[12]

# 10.4　传统核结构材料

在超常规环境下工作运行的系统，不论是航天器还是反应堆，选择合适的结构材料，对于系统的稳定、安全运转具有十分重要的意义。在辐照环境下，所涉及的结构材料有很多，以下只介绍重要的材料。

## 10.4.1　锆及锆合金

锆是一种具有光泽延性的难熔金属，不同温度下呈现不同结构：室温下为密排六方（HCP）结构（α），高温时变为体心立方（BCC）结构（β），并一直保持此结构到熔融态，HCP 到 BCC 转变温度为 862℃。纯锆金属属于塑性很高、强度较低的金属，合金化可以大大改善它的强度性能，使其具有足够高的高温强度；而且锆及锆合金具有很好的耐腐蚀性能、加工性能，最主要的是其热中子吸收截面小，使得锆合金成为核反应堆中用于核燃料元件包壳的一种重要的结构材料。核燃料元件在反应堆中工作时，往往会受到中子辐照、高温高压水的腐蚀和冲刷。腐蚀、氢脆、蠕变、疲劳及辐照损伤等是导致锆合金包壳发生失效的主要原因，其中锆合金包壳材料的耐腐蚀性能是影响燃料元件使用寿命的主要因素。为了提高核电的经济性，需要进一步加深核燃料的燃耗，延长换料周期，这就对反应堆包壳材料锆合金的性能，特别是耐腐蚀性能提出了更高要求。

合金化是开发高性能锆合金的有效途径。在现有锆合金的成分基础上，优化不同配比的合金成分或者添加其他种类的合金元素是开发高性能锆合金的两种基本思路。从 20 世纪 50 年代开始，Zr-4（Zr-1. 5Sn-0. 2Fe-0. 1Cr，质量分数，下同）合金开始用于压水堆中第一代包壳材料；在其之后的几十年发展中，在此基础上通过添加 Nb 发展了 ZIRLO（Zr-1Sn-1Nb-0. 1F）和 E635（Zr-1. 2Sn-1Nb-0. 4Fe）合金，以及我国自主研发的 N18（Zr-1Sn-0. 35Nb-0. 3Fe-0. 1Cr）和 N36（Zr-1Sn-1Nb-0. 3Fe）合金[13]。韩国学者在 Zr-1Nb 的成分基础上通过添加少量的 Cu 发展了 HANA-6（Zr-1Nb-0.05Cu）合金[14]。

在这些新型合金中，一些材料的特点显示出在星际环境下的应用潜力，如 Zr-Ti 系列合金，可以设计出高强、高塑、保持良好抗腐蚀性能且密度较低的合金。轻量化一直是航天器研究的关键，因此现在我国通过设立重点基础研究发展计划开发 Zr-Ti 系列合金在星际空间环境下的模拟研究，以进一步加快我国航天事业的发展。

### 10.4.2 不锈钢及高镍合金

由于反应堆的特殊性，鉴于奥氏体不锈钢的特点，它被广泛用于所有类型运行核反应堆的主要结构材料，如 AISI 304、AISI 316、AISI 321（1Cr18Ni9Ti）等。目前研究发现不锈钢在聚变系统中有潜在的应用价值，最近美国橡树岭国家实验室提出 ITER 中所使用的包层屏蔽模块可以使用一种新型的铸塑不锈钢来制造。这种新型铸塑不锈钢的强度要比其他不锈钢高 50%～70%。在航空、航天领域，不锈钢因其很高的强度-质量比而得到广泛应用。

当然除此之外，不锈钢具有很好的工程设计优势，如抗腐蚀、抗磨损、抗疲劳、使用温度范围较宽（高温、低温下仍能保持很高的强度）、成本低等。在航空、航天器件上，不锈钢主要应用在以下方面：高温结构件、压力容器、管道及配件、机械系统以及固定件。当然还有很多辅助系统如风洞也多采用不锈钢制造。

高镍合金多数为纯奥氏体组织，通常既可以用于腐蚀环境，又可用于高温环境等；前者又称为耐腐蚀合金，后者又称为耐热合金（目前主要被用来制造核反应堆第一回路系统的设备、构件等）。但这种合金存在应力腐蚀现象，需要进一步优化或者采用其他材料替代。

## 10.5 未来高熵合金抗辐照材料展望

高熵合金由于结构的特殊性，使其在抗辐照材料领域大有作为，但是出于未来科学研究的要求，需要按照目前其他新型抗辐照材料的设计思路去进一步优化高熵合金的抗辐照性能。以纳米孪晶材料和 SiC 两种新型材料为例，根据这两种新型抗辐照材料，可从中窥探出未来提高高熵合金抗辐照性能的思路。

纳米晶体材料的晶界结构、晶粒结构及结构稳定性三方面是目前微观结构的重点研究内容。纳米晶体材料的晶界结构与普通多晶体中的界面结构不同，表现出近程无序、长程也无序的高度无序状态，具有很大的过剩体积（约 30%）和过剩能，呈现出类似气体结构的所谓“类气态结构”，其晶粒结构与完整晶格也有很大差异。另外，其具有很好的热稳定性，温度可高达 1000K 以上。关于纳米晶体材料的微观结构，尤其在抗辐照行为方面，近年来已有了较多研究，以下分别对纳米孪晶材料及 SiC 材料的抗辐照行为进行概述。

### 10.5.1 纳米孪晶材料

纳米孪晶材料是指具有纳米尺度的孪晶结构材料，晶粒尺寸在几个到几百个纳米之间，单个晶粒内部存在高密度的纳米尺度孪晶。孪晶界作为一种特殊的内界面结构，可以有效地阻碍位错的运动，从而使材料获得较高强度；同时，在一定应力条件下，位错又可以穿过孪晶界并与孪晶界发生复杂反应，提高材料的塑性变形能力。纳米孪晶结构材料既表现出高强度、良好的塑性等力学性能，又表现出优异的导电性、良好的耐磨性、抗腐蚀等物理、化学性能。纳米孪晶结构材料的力学、电学等物理性能成为材料领域的研究热点。近期，Li 等[15] 在面心立方 Ag 中引入大量纳米孪晶，并对其进行室温原位辐照实验，发现孪晶界可以有效破坏堆垛层错四面体（SFT）。在这里，有必要介绍一下堆垛层错四面体（SFT）。SFT 是面心立方金属中较常见的空位型缺陷，其四个面均为（111）面，面与面之间形成 1/6<110>柯垂尔位错锁，不能移动，因此非常稳定。SFT 在高温退火中都很难被消除，只能与间隙原子、位错或其他缺陷反应才有可能垮塌。具有纳米孪晶结构的纳米 Ag 材料，在 $Kr^{2+}$ 重离子辐照条件下，辐照通量为 $2\times10^{14}cm^{-2}$。由于辐照，该材料内部也会产生很多点缺陷，并且这些点缺陷，会聚集成簇。在面心立方 Ag 中，大量的空位点缺陷会形成堆垛层错四面体（SFT）。图 10-15 是原位观察下纳米孪晶 Ag 点缺陷簇的迁移示意，由此图可看出，点缺陷簇有迁移到孪晶界处的趋势。

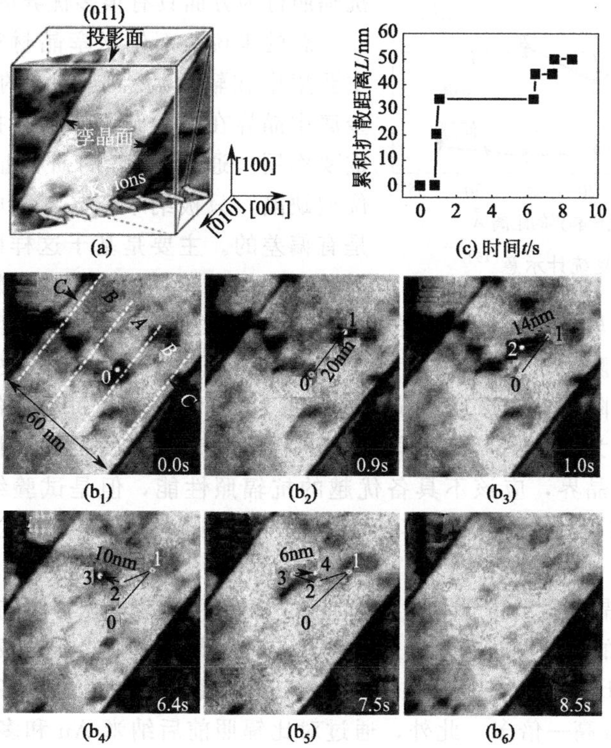


图 10-15　原位观察下纳米孪晶 Ag 点缺陷簇的迁移示意[15]

通过进一步对位错的运动进行原位观察，孪晶界中的不全位错可以与 SFT 进行反应并使其分解，完成自修复过程，如图 10-16 所示。另外，Bai[16] 等通过计算模拟研究发现，晶界

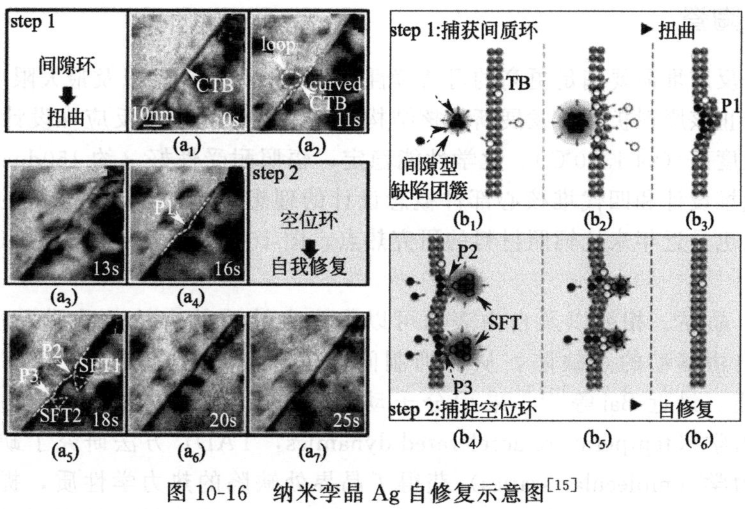


图 10-16　纳米孪晶 Ag 自修复示意图[15]

上吸附的间隙原子又可以以较低能量重新释放到晶体内，与晶界周围的空位复合，从而达到自愈合，其辐照过程自修复统计示意如图 10-17 所示。

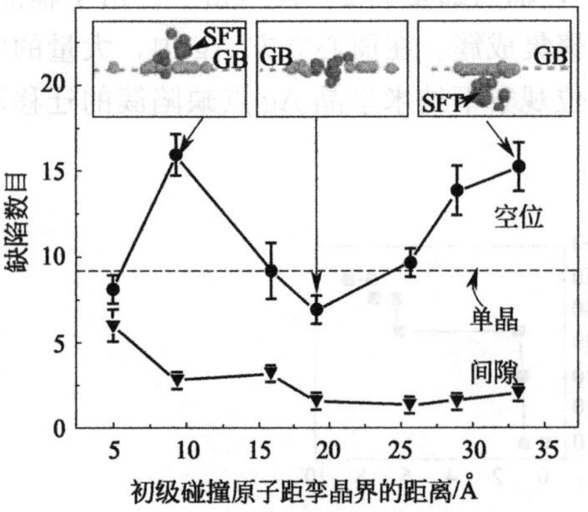


图 10-17 自修复统计示意[16]

在辐照环境下的，面心立方金属中，一般都会产生空洞，具有纳米孪晶结构的 Cu 晶体材料与粗晶结构的 Cu，其辐照前后的空洞原位观察如图 10-18 所示。这也进一步说明具有纳米孪晶结构的金属在抗辐照行为方面具有很多优异的性能。

总的来说，对纳米孪晶材料抗辐照行为的研究主要集中在辐照后点缺陷簇的“湮灭”，其得益于金属中晶界在消除缺陷、提高抗辐照性能方面起的重要作用。通过对 Li 的研究证实了这种特殊的空位型缺陷，只被纳米孪晶界吸收，这与之前的理解是有偏差的。主要是基于这样的事实，因为我们知道纳米晶体材料，其优异的抗辐照性能主要是依赖于高密度的大角晶界与辐照缺陷的耦合作用。高密度的大角度晶界，可以成为由辐照所导致点缺陷（空位和间隙原子）的有效“陷阱”，对由辐照所产生的点缺陷进行“湮灭”，大角晶界的能量较高（附近存在或压或拉的应力场），更倾向于通过吸收缺陷向更低的能量态演变。因此，一般认为大角晶界比小角晶界更利于提升材料的抗辐照性能；而共格孪晶界作为一种特殊的低能晶界，应该不具备优越的抗辐照性能，但是试验结果与以往固有知识存在偏差。由此可以得出这样的基本认识：孪晶界可以显著提高面心立方金属的抗辐照性能。

此外，由于纳米晶体材料中含有大量内界面，因而可能表现出许多与常规多晶体不同的物理、化学性能。最初的性能测试表明，利用惰性气体冷凝及原位冷压合成的纳米晶体材料，其性能与普通多晶体相比有很大差异。如纳米晶体 Pb 的比热容较粗晶体高约 50%；纳米 Cu 的热膨胀系数比粗晶 Cu 高一倍多。此外，通过对比辐照前后纳米 Au 和多晶 Au 电阻率的变化情况得知，室温下纳米 Au 的电阻率明显低于多晶 Au。这一试验表明，纳米晶 Au 中高密度晶界可以作为“陷阱”吸收和消除辐照产生的点缺陷，进而间接表明，相对于多晶 Au，室温下纳米晶 Au 表现出更好的抗辐照损伤性能。

## 10.5.2 SiC 陶瓷

新一代先进反应堆需要满足更高的可持续性、安全性和可靠性以及最大限度地减少核废料的产生和有效防止核废料扩散，发展新型核结构材料就能够为先进反应堆设计提供保障。SiC 陶瓷具有使用温度高（约 1300℃）、化学性能稳定、辐照耐受性好（约 150dpa）等优异性能，是满足先进三代堆设计和四代堆核心部件概念设计的理想材料，为此而开展的对（SiC 陶瓷）抗辐照行为研究也是近年来抗辐照材料的研究热点，图 10-19 为气冷堆中的 SiC/SiC 包壳管及其组件。

一般来说，晶界、相界以及自由表面可以作为点缺陷的有效“陷阱”，通过吸收并消除辐照引起的自由移动的点缺陷，从而抑制间隙原子和空位的积聚，可有效提高材料的抗辐照损伤性能。最近 Bai 等[16] 采用分子动力学（MD）方法模拟了缺陷的产生过程，用温度加速动力学（temperature accelerated dynamics，TAD）方法研究了缺陷的演化过程并通过分子静力学（molecular statics）获得了晶界处缺陷的热力学性质，提出了“间隙原子的加载-释放效应”。通过对演化过程的模拟，指出由于间隙原子被晶界更多吸收，相当于间隙原子“加载”于晶界上，因此形成含间隙原子的晶界。研究发现，晶界上间隙原子的存在使空位在晶界附近的形成能大为降低，因此空位可以以较低的能量“跳跃”到晶界，与间隙原子复合。晶界周围空位的存在，使晶界释放间隙原子的能力大为增强，这样晶界可以作为间隙原子的“源”释放出间隙原子与周围的空位复合，从而达到自修复效果，这样从原子尺度上很好解释了纳米材料抗辐照损伤性能增强的原因，对实验研究具有重大的指导意义。

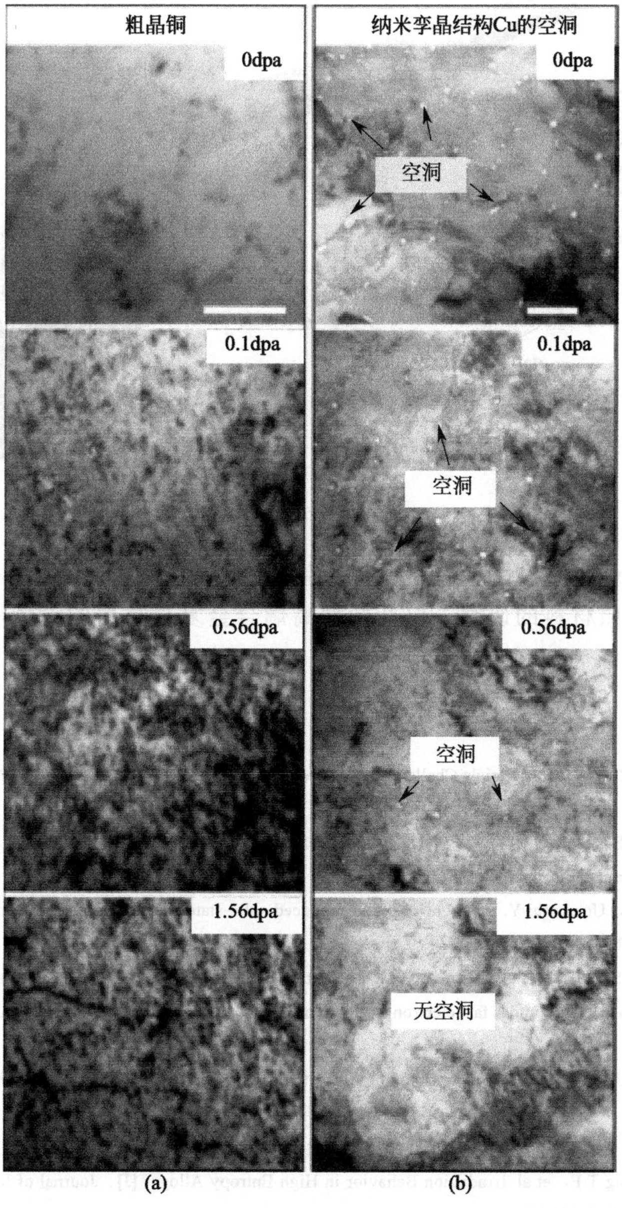


图 10-18 粗晶与纳米孪晶 Cu 辐照前后的空洞原位观察图[17]

### 10.5.3 新型高熵合金复合材料展望

大量研究工作表明，高熵合金层错能较低，易形成孪晶。根据新型纳米孪晶材料，如纳米孪晶 Ag 以及纳米孪晶 Cu 中孪晶界对抗辐照性能的作用机制，未来可以以纳米孪晶作为高熵合金的形成单元，或者称为基因，以此来设计新型高熵合金抗辐照材料。另外，面心立方结构的高熵合金在抗辐照性能方面较为优异，但力学性能相对不够，为此可以用 SiC 陶瓷增强面心立方高熵合金，将其作为新型高熵合金复合材料，在优化其力学性能的同时，进一步提高其抗辐照性能。

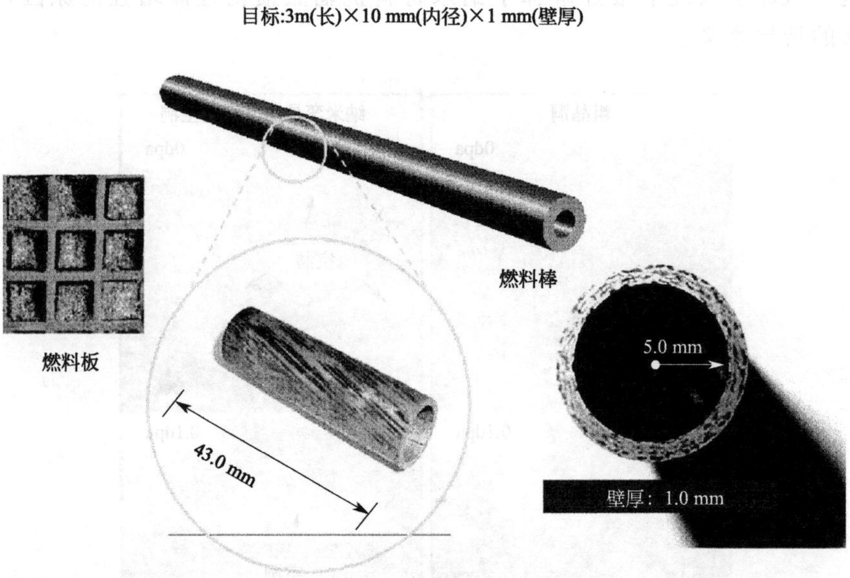


图 10-19　气冷堆中 SiC/SiC 包壳管

但是，不得不承认辐照损伤是一个复杂、综合的过程，即使最简单但也可能包含无限的不确定性，因此对抗辐照材料的研究，包括新型高熵合金复合材料的设计等，都还有很长的路要走。

## 参 考 文 献


[1] Guerin Y，Was G S，Zinkle S J. Materials Challenges for Advanced Nuclear Energy Systems [J]. Mrs Bulletin，2009，34（1）：10-14.

[2] Senkov O N，Wilks G B，Scott J M，et al. Mechanical properties of $Nb_{25}Mo_{25}Ta_{25}W_{25}$ and $V_{20}Nb_{20}Mo_{20}Ta_{20}W_{20}$ refractory high entropy alloys [J]. Intermetallics，2011，19（5）：698-706.

[3] Nagase T，Takizawa K，Umakoshi Y. Electron-irradiation-induced solid-state amorphization in supersaturated Ni-Zr solid solutions [J]. Intermetallics，2011，19（4）：511-517.

[4] Nagase T，Rack P D，Noh J H，et al. In-situ，TEM observation of structural changes in nano-crystalline CoCrCuFeNi multicomponent high-entropy alloy（HEA）under fast electron irradiation by high voltage electron microscopy（HVEM）[J]. Intermetallics，2015，59：32-42.

[5] Gaganidze E，Aktaa J. Assessment of neutron irradiation effects on RAFM steels [J]. Fusion Engineering & Design，2013，88（3）：118-128.

[6] 张勇，夏松钦，刘石，等. 一种高韧性抗辐照多基元合金及制备方法：CN104630596A [P]. 2015-5-20.

[7] Xia S Q，Wang Z，Yang T F，et al. Irradiation Behavior in High Entropy Alloys [J]. Journal of Iron and Steel Research（International），2015，22（10）：879-884.

[8] Xia S Q，Yang X，Yang T F，et al. Irradiation Resistance in $Al_x$CoCrFeNi High Entropy Alloys [J]. JOM：The Journal of The Minerals，Metals & Materials Society，2015，67（10）：2340-2344.

[9] Xia S，Gao M C，Yang T，et al. Phase stability and microstructures of high entropy alloys ion irradiated to high doses [J]. Journal of Nuclear Materials，2016，480：100-108.

[10] Jin K，Lu C，Wang L M，et al. Effects of compositional complexity on the ion-irradiation induced swelling and hardening in Ni-containing equiatomic alloys [J]. Scripta Materialia，2016，119：65-70.

[11] Egami T, Guo W, Rack P D, et al. Irradiation Resistance of Multicomponent Alloys [J]. Metallurgical & Materials Transactions A, 2014, 45 (1): 180-183.

[12] Kiener D, Hosemann P, Maloy S A, et al. In situ nano-compression testing of irradiated copper [J]. Nature Materials, 2011, 10 (8): 608-13.

[13] 赵文金．核工业用高性能锆合金的研究 [J]．中国材料进展，2004，23 (5)：15-20.

[14] Park J Y, Choi B K, Yoo S J, et al. Corrosion behavior and oxide properties of Zr-1. 1 wt% Nb-0. 05 wt% Cu alloy [J]. Journal of Nuclear Materials, 2006, 359 (1): 59-68.

[15] Li J, Yu K Y, Chen Y, et al. In situ study of defect migration kinetics and self-healing of twin boundaries in heavy ion irradiated nanotwinned metals. [J]. Nano Letters, 2015, 15 (5): 2922-2927.

[16] Bai X M, Voter A F, Hoagland R G, et al. Efficient annealing of radiation damage near grain boundaries via interstitial emission. [J]. Science, 2010, 327 (5973): 1631-1634.

[17] Chen Y, Yu K Y, Liu Y, et al. Damage-tolerant nanotwinned metals with nanovoids under radiation environments [J]. Nature Communications, 2015, 6: 7036.

# 第 11 章
# 高熵合金的应用前景

材料的发展一方面取决于其具有的重要科学研究意义，另一方面取决于其独特的工程应用价值。对于材料的选择，总是希望能够通过成分设计和工艺优化来寻求达到最优性能，同时能够降低生产成本。高熵合金的发展被认为是最近几十年来合金化理论的三大突破之一（另外两项分别是大块金属玻璃和橡胶金属）。多主元高熵合金的设计思路不同于传统合金，通过适当调节主元的种类和含量可以开发出大量具有特殊性能的合金体系，而且可以采用传统的熔炼、锻造、轧制、粉末冶金、喷涂及磁控溅射法等来制成块材、板材、涂层或薄膜，最重要的是高熵合金往往具有优良的综合力学性能、物理性能和化学性能。因此，综合考虑高熵合金的实用性、可加工性以及环保性，高熵合金作为结构材料和功能材料具有广阔的应用前景。已有研究表明，高熵合金在耐热和耐磨涂层、模具内衬、磁性材料、硬质合金和高温合金等方面均有潜在用途。本章将就目前高熵合金的应用研究以及未来的发展趋势进行详细论述。

## 11.1 高熵合金应用研究

### 11.1.1 高性能高熵合金涂层

表面涂层是改善材料性能，提高材料使用持久性，抵制材料表面被过早破坏的良好方法。对于切削刀具，若在其表面涂覆具有良好力学性能和热稳定性的涂层可以使得刀具在恶劣的工作环境下使用，并能延长其使用寿命。对于模具材料，在其内部涂覆具有高硬度、低摩擦系数、良好附着力、高的抗氧化性能以及耐磨性能的涂层往往非常重要。本节按照高熵合金涂层的不同作用将其分为高温防护涂层、高温扩散阻挡涂层、高速切削刀具涂层、模具内衬涂层进行详述。

#### 11.1.1.1 高温防护涂层

高温防护涂层是为高温下使用的金属材料提供有效抗氧化腐蚀防护的涂层材料，其已广泛应用于航空航天、能源、石油化工等领域。其中，具有代表性的应用是在飞机、舰船和地面发电所用的各种燃气涡轮发动机上。在高温条件下使用的合金材料必须具备两方面性能要求，即优异的高温力学性能和抗高温腐蚀性能。但实际上对于同一种合金，这两个方面的性能之间有时是矛盾的，不可能同时达到最优。要解决二者之间的矛盾，仅仅靠改进高温合金基体材料的工艺性能是不能满足要求的。因此，必须通过耐热涂层在合金表面沉积合金涂层的方法加以解决。这样既可以保持合金具有足够的高温强度而其表面又具有优异的耐高温腐蚀性能。高温防护涂层一般应用于温度高于 550℃ 的氧化腐蚀环境中。对耐热涂层的选择一般包括以下几点：①具有足够高的熔点。涂层材料的熔点越高，高温化学稳定性越好，在高温下不会发生分解或相变。②具有好的热疲劳性。在冷、热交替的热疲劳条件下，涂层与基体材料的热膨胀系数、热导率等物理参数应有合理匹配，如果相差很大则容易出现涂层剥落。③对于抗高温氧化，应含有与氧亲和力大的合金元素，这类元素包括 Cr、Al、Si、Ti、Yi 等，它们与氧具有很强的亲和力，生成的氧化物非常致密，化学稳定性好且所生成的氧化物体积大于金属原子的体积，因而能有效地将金属包覆起来，阻止进一步氧化。由于高熵合金具有迟滞扩散效应，其具有良好的高温化学稳定性，抗高温软化；同时，高熵合金中含有大量 Al、Cr 等元素，能够抵抗高温氧化，因此其在耐热涂层方面表现出良好的应用前景。

Huang 等[1] 采用激光熔覆法在 6 mm 厚的 Ti-6Al-4V 合金表面沉积 TiVCrAlSi 薄膜，考虑到元素蒸发，元素配比采用质量比为 Ti：V：Cr：Al：Si＝6：13.9：11.5：11：8。激光熔覆后的涂层由 BCC 结构的固溶体和（Ti，V)$_5$Si$_3$ 化合物组成。在 800℃热处理 24h 后，该涂层为 BCC 结构的固溶体以及具有（Ti，V)$_5$Si$_3$、Al$_8$(V，Cr)$_5$ 化合物组成，其组织形貌如图 11-1(a) 所示。图 11-1(b) 为关于等原子比的 TiVCrAlSi 计算相图。可以看出，在缓慢冷却的条件下，该合金的平衡相为（Ti，V)$_5$Si$_3$、Al$_8$(V，Cr)$_5$ 以及 BCC 相。这与热处理后的合金相非常一致，说明经过简单热处理后，该合金具有良好的相稳定性。为了研究其高温抗氧化性能，对该合金以及基体材料进行了 800℃等温氧化实验，其氧化后的组织形貌以及氧化增重如图 11-2 所示。在相同时间内，基体材料 Ti-6Al-4V 合金的质量增加明显高于 TiVCrAlSi 涂层。当时间为 50h 时，Ti-6Al-4V 合金的增重相当于 TiVCrAlSi 合金增重的 5 倍，TiVCrAlSi 表现出了良好的优势。此时，Ti-6Al-4V 合金表面的氧化产物由大量 $TiO_2$ 和少量 $Al_2O_3$ 组成，并未发现 $V_2O_5$。由于 $TiO_2$ 很脆且和表面的结合力差，Ti 和 O 很容易通过疏松的 $TiO_2$ 氧化层扩散进而结合，导致合金的氧化速率加快，从而形成很厚的氧化层。同时，由于在高温下氧化物生长与基体表面结合存在应力，在氧化层内部可以看到很多裂纹。所有这些因素均导致 Ti-6Al-4V 基体的抗氧化能力很差。而 TiVCrAlSi 氧化物层由 $Al_2O_3$、$Cr_2O_3$、$TiO_2$、$SiO_2$ 以及少量 $V_2O_5$ 组成，且氧化物层的厚度较薄。由于 Si 原子存在于 $TiO_2$ 晶格中的间隙位置，这使得氧空位浓度降低，从而降低氧原子扩散。此外，Si 可以使氧化物层的应力得以松弛，而且细小的 $SiO_2$ 颗粒弥散分布于 $TiO_2$ 氧化层中阻碍 $TiO_2$ 的长大，所有这些因素导致致密氧化层的形成，提高合金的抗高温氧化性能。

由此可见，设计与基体成分、结构接近且同时含有与氧亲和力大的合金元素 Cr、Al、Si、Ti、Yi 等的抗高温氧化涂层，能够有效地对基体进行防护，减缓基体的氧化腐蚀速率。

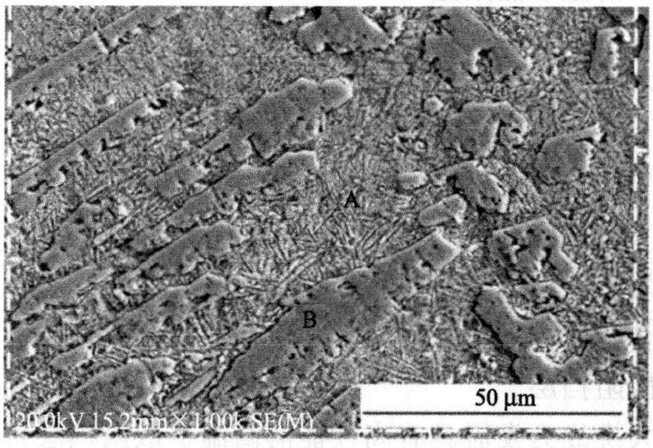


(a)

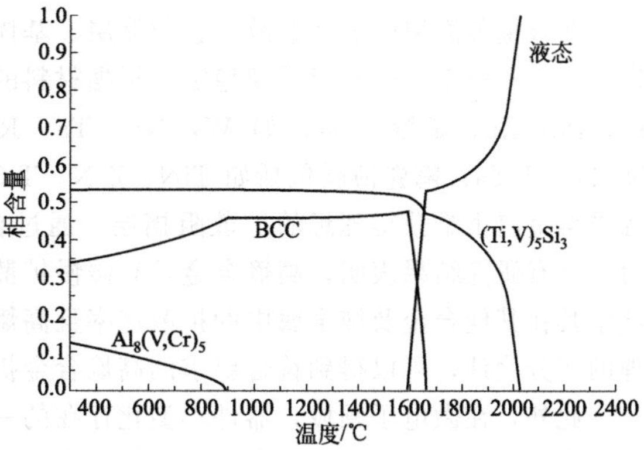


(b)

图 11-1　在 800℃热处理 24h 后 TiVCrAlSi 涂层的组织形貌 (a) 和使用 pandat 软件计算的等原子比 TiVCrAlSi 合金的相图 (b)[1]

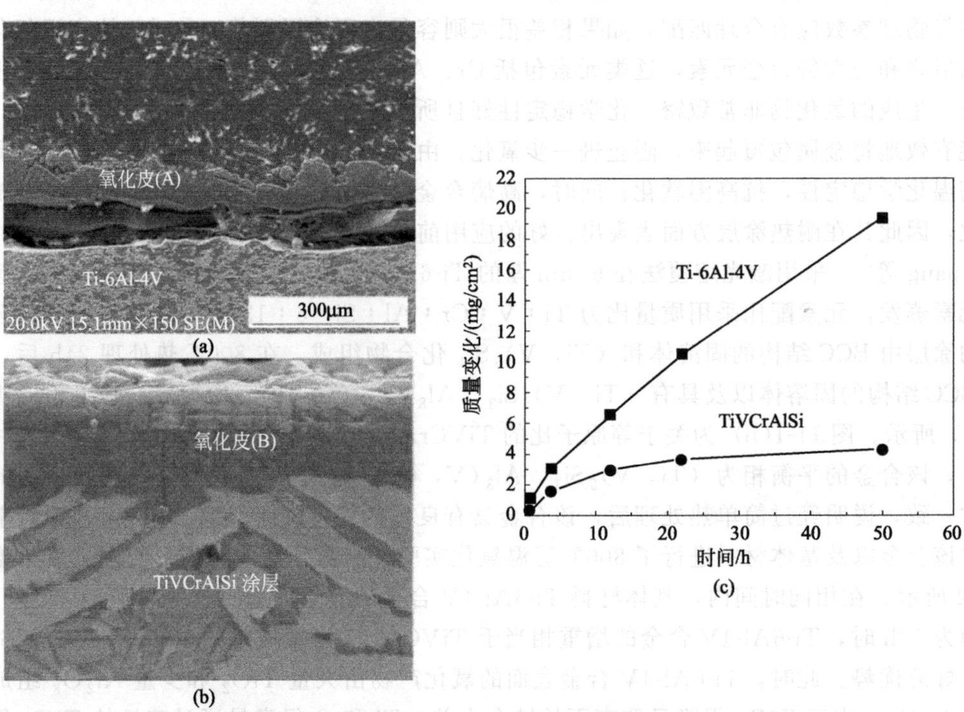


图 11-2 在 800℃等温氧化 50h 后二次电子扫描图片[1]

(a) Ti-6Al-4V；(b) TiVCrAlSi；(c) Ti-6Al-4V 和 TiVCrAlSi 合金的氧化增重随时间的变化曲线

### 11.1.1.2 高温扩散阻挡层

对于高温下使用的部件，如航空发动机和各类燃气轮机的最热端部件以及涡轮部分的工作叶片导向热片、涡轮盘、燃烧室等高温部件，应经常使用 Ni 基高温合金制造。基于不同的应用要求，可以在 Ni 基高温合金的表面添加各种防护涂层。但在长时间的高温服役过程中，基体元素向外扩散会导致涂层性能发生退化。为了抑制基体元素向外扩散，在防护层和基体之间添加一层扩散阻挡层是一种有效的途径。扩散阻挡层既要抑制高温涂层与基体间的界面反应，又要充当缓解界面应力的过渡层，以期达到相平衡间热力学共容性和共存性的目的。一般扩散阻挡层材料必须满足以下要求：①扩散系数低。在高温下能阻止 Al、Cr、Ti、Mo、W、Ni 等元素在合金与涂层间的互扩散。②与涂层、基体有很好的匹配性，在使用过程中不导致涂层开裂，界面不稳定。③高温下相稳定。根据材料的不同属性，可以将扩散阻挡层分为贵金属，如 Pt，Pd，Ru；难熔金属，如 W，Nb，Ta，Re；金属间化合物，如 $Ni_3$（Al，Nb，Cr），$Ni_3Hf$，IrTa；陶瓷薄膜包括如 TiN，ZrN，TiC 和 Aa-Cr-O-N 等几种。由于单一的贵金属或者难熔金属很难获得理想的扩散阻挡层，通过合金化或形成化合物能够提高其阻碍扩散的能力。已有研究结果表明，高熵合金具有缓慢扩散效应，合金元素在高熵合金中的扩散速率明显低于其在其他合金及纯金属中的扩散速率且高熵合金具有良好的高温相稳定性。因此，通过合理的成分设计，可以得到符合要求的高熵合金扩散阻挡层。

此外，在微电子领域，器件小型化存在的一大挑战为发展具有高性能的高温扩散阻挡层材料。当 Cu 与 Si 结合时，二者间的金属扩散阻挡层经常在 550～650℃发生失效，而陶瓷扩散阻挡层经常在 700～800℃失效。其中，金属扩散阻挡层失效的原因为：①阻挡层中的晶界成为 Cu 扩散的通道；②金属扩散阻挡层与 Si 发生反应，当扩散阻挡层为非晶态时，可以避免通过晶界发生的 Cu 扩散。但是，许多非晶合金在 550～650℃间会发生晶化反应，这种结构的不稳定性无法有效地阻止 Cu 发生扩散。即使使用高熔点的 W、Ta、Mo 等元素来阻止扩散，这些元素在 550～650℃时也会与 Si 发生反应。因此，寻找具有非晶结构，同时在 550～650℃不发生晶化反应，也不与 Cu 和 Si 发生反应的阻挡层尤其重要。基于以上几点，Tsai 等[2] 设计出了两种高熵合金阻挡层。第一种为 100nm 厚的 AlMoNbSiTaTiVZr 阻挡层，与 Cu 和 Si 形成三明治结构，在 700℃下保持 30min，不与 Cu、Si 发生扩散。第二种为 20nm 厚的 NbSiTa-TiZr 阻挡层，在 800℃下保持 30min，不与 Cu、Si 发生互扩散和化学反应。这些优异性能可以与陶瓷扩散阻挡层相比，主要由于合金在高温时的相结构以及良好的化学稳定性。在此基础上，Tsai 等设计出 70nm 厚的 $(AlMoNbSiTaTiVZr)_{50}N_{50}$ 氮化物扩散阻挡层，该阻挡层可以在 850℃下保持 30min，不与 Cu、Si 发生互扩散和化学反应。其非晶结构在经历一定的热处理后仍保持不变。因此，研究高熵合金以及高熵合金氮化物扩散阻挡层具有重要意义。

#### 11.1.1.3 高速切削刀具涂层

高速切削刀具不仅要有优良的耐磨和抗冲击性能，还应当具备极高的红硬性、化学稳定性以及良好的断屑效果，以适应较大的金属切削范围。由于使用了红硬性好、耐磨性高的涂层材料以及复合涂层技术，涂层硬质合金刀具的切削范围大、寿命长，性能大大优于非涂层刀具，成为理想的高速切削刀具材料。目前常用的涂层材料有 TiC、TiN、TiAlN、Ti(C，Ni) 等系列，虽然这几类涂层材料硬度高，耐磨性和高温稳定性好且具有一定的红硬性，但是涂层的韧性与硬质合金基体相差很多，导致涂层残留内应力大，与基体的结合强度低，不适宜加工高温合金（主要指镍基或钴基合金）、钛合金、非金属及颗粒增强复合材料，也不适宜粗加工有夹砂、硬皮的锻铸件，在高速加工过程中常会出现涂层脱落、磨粒磨损和微崩刃等失效情况。因此，提高涂层硬质合金刀具的综合性能，合理设计涂层及基体结构以适应高速切削、硬切削和干切削技术成为制造业发展的关键问题。由于高熵合金具有高硬度、耐磨性能、良好的高温稳定性及抗高温软化性能，因此突破传统涂层材料思路，选用包含多种主要元素的高熵合金及其氮化物作为涂层材料，并优化涂层及基体结构可使涂层硬质合金刀具的综合性能得到更大提高。

太原工业大学张爱荣等[3] 利用激光熔覆技术制备了 $AlCrCoFeNiMoTi_{0.74}Si_{0.25}$ 高熵合金涂层刀具，研究了激光快速凝固和经过 1000℃退火处理的 $AlCrCoFeNiMoTi_{0.74}Si_{0.25}$ 高熵合金涂层的微观组织和硬度、摩擦磨损性能，并比较了普通高速钢及高熵合金涂层刀具的切削加工性能。结果表明：激光熔覆制备的 $AlCrCoFeNiMoTi_{0.74}Si_{0.25}$ 高熵合金涂层的主要相结构为 BCC 相，涂层具有较好的高温稳定性。激光熔覆的高熵合金涂层刀具表面硬度高，摩擦因数小，断屑效果好，被加工材料表面光洁度高。

由此可知，高熵合金用于刀具涂层表面质量好，硬度、耐磨性能高，使刀具的切削加工性能得到明显改善，有利于提高被加工材料的表面质量，可用于对材料表面质量要求较高的零件加工。

#### 11.1.1.4 模具内衬涂层材料

模具是在外力作用下使坯料成为有特定形状和尺寸制件的工具，广泛用于冲裁、模锻、冷镦、挤压、粉末冶金件压制、压力铸造，以及工程塑料、橡胶、陶瓷等制品的压塑或注塑的成形加工。模具是精密工具，形状复杂，承受坯料的胀力，对结构强度、刚度、表面硬度、表面粗糙度和加工精度都有较高要求。国内模具产业发展迅速，然而模具的使用寿命还比较低，仅相当于国外的 1/5～1/3，由于模具表面质量造成的损失，每年高达十几亿人民币。模具表面质量对模具的使用寿命有很大影响，为了降低模具的损耗，得到高质量的成型部件，往往在模具工作表面喷涂涂层材料。该涂层需具有良好的耐磨性、耐高温性，以及与基体材料具有良好的结合力而不易脱落；同时，表面粗糙度要小，从而保证生产出的产品具有良好的表面质量以及易脱模性。图 11-3 为制备集成电路板的 SKD61 模具钢表面硬 Cr 涂层与 AlCoCrCuFeNiTi

高熵合金涂层的对比图[4]。可以看出，高熵合金涂层的表面光洁度更好，这样制备出的产品容易从模具中脱离，降低了工序的复杂性且保证产品的表面质量。高的耐磨性是降低模具磨损，提高模具寿命的必要条件。在某些情况下，产品在模具中成型时，模具需施加很大的力，模具与产品间会产生很大热量，因此需要模具表面具有高的热硬度。因此，在模具工作表面涂覆一层高耐磨性、高热硬度的涂层尤为重要。研究表明[5]，$Co_{1.5}CrFeNi_{1.5}Ti$ 和 $Al_{0.2}Co_{1.5}CrFeNi_{1.5}Ti$ 高熵合金的耐磨性能比传统耐磨材料，如 SUJ2 和 SKH51 高两倍多。这主要是由于该合金系具有良好的抗氧化以及抗高温软化能力。

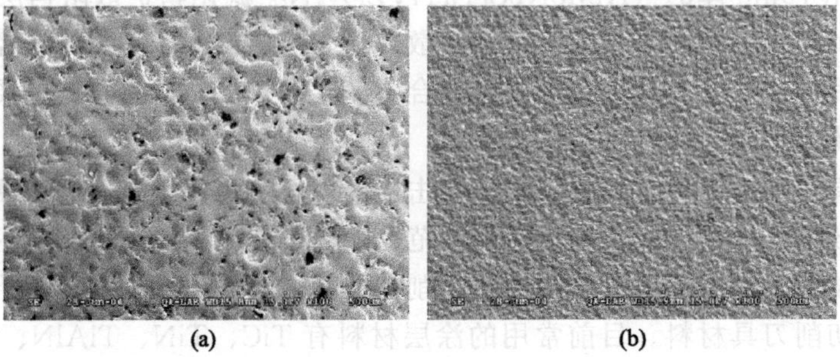

图 11-3　SKD61 模具表面商业化的硬 Cr 涂层与 AlCoCrCuFeNiTi 高熵合金涂层的表面形貌对比图[4]

## 11.1.2　高温高熵合金

传统高温合金是指以铁、镍、钴为基，能在 600℃以上的高温及一定应力作用下长期工作的一类金属材料，并具有较高的高温强度，良好的抗氧化和抗腐蚀性能，良好的疲劳性能、断裂韧性等综合性能。镍基合金是高温合金中应用最广、高温强度最高的一类合金之一，在 650～1000℃范围内具有较高的强度和良好的抗氧化性、抗燃气腐蚀能力。其主要原因如下：一是镍基合金中可以溶解较多的合金元素，且能保持较好的稳定性；二是可以形成共格有序的 $A_3B$ 型金属间化合物 $\gamma'$-[Ni(Al,Ti)] 相作为强化相，使合金得到有效的强化，获得比铁基高温合金和钴基高温合金更高的高温强度；三是含铬的镍基合金具有比铁基高温合金更好的抗氧化和抗燃气腐蚀能力。为了不断改善镍基高温合金的性能以满足越来越苛刻的工作环境，常常进行合金成分的调整。为了改善镍基合金的蠕变性能可在原有合金成分中添加 Re 和 Ru。但是，这两种元素的添加使得合金价格以及密度均上升，通过添加难熔合金元素来改善镍基合金的高温性能似乎达到了其极限水平，因此开发新型高温合金具有重要的意义。高熵合金具有显著的四大效应（见第 3 章 3.5 节），其热稳定性好，可以通过成分设计在一定范围内满足高温使用要求，可成为非常有潜力的新型高温合金。对于高熵合金高温性能的研究越来越多，以下就高温高熵合金的应用研究可分为两类进行阐述。

### 11.1.2.1　高熵超合金

该类合金概念的提出是基于高熵合金的定义，由于其组织形貌类似于传统超合金，因此称为高熵超合金，现以 $Co_{1.5}CrFeNi_{1.5}Ti_{0.5}$ 合金为例进行说明[4]。该合金在铸态下为简单的 FCC 固溶体结构，经过固溶处理并在 1023K、时效处理 50h 后，在 FCC 基体上析出了 $L1_2$ 结构的 $\gamma'$第二相（图 11-4）。与 IN718 合金相比，从室温到 1273K 该合金具有更高的硬度，且高温耐磨性良好（图 11-5）。此外，该材料具有很高的高温强度以及抗氧化性能，其已经被用于高温拉伸试验中的连接棒或者夹具，耐高温 1000℃，硬度仍能保持在 250HV。图 11-6 为该合金采用熔模铸造出的轴承，该轴承可以在苛刻环境条件下使用，如用于地下油井系统中的电泵部件。

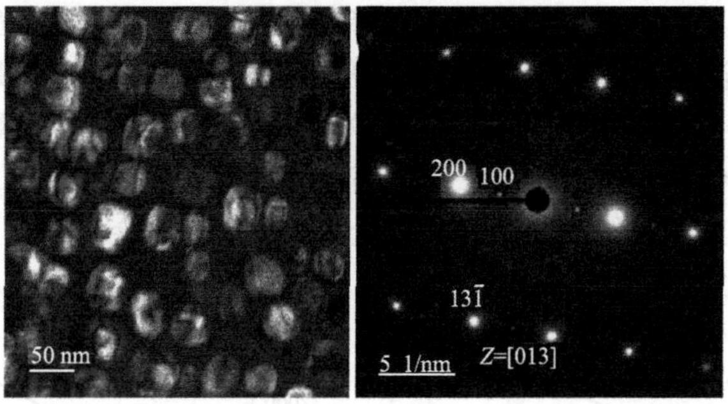


图 11-4　$Co_{1.5}CrFeNi_{1.5}Ti_{0.5}$ 合金经过 1423K 固溶处理 6h，并在 1023K、时效处理 50h 后的 TEM 图像[4]

(a) TEM 暗场像，在 γ 基体上均匀分布着 γ′第二相；(b) γ′第二相的电子显示斑点，该相为 $L1_2$ 结构

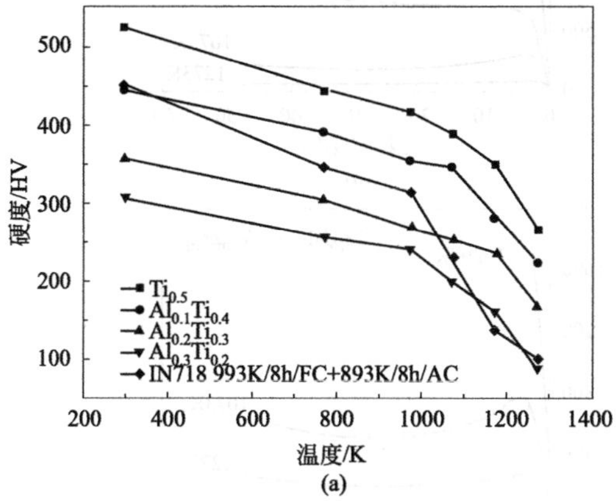


图 11-5　$Al_xCo_{1.5}CrFeNi_{1.5}Ti_{0.5-x}$ 合金的高温硬度[4]

图 11-6　通过熔模铸造的 $Co_{1.5}CrFeNi_{1.5}Ti_{0.5}$ 高熵合金轴承，轴承外径是 56mm，内径是 38mm[4]

### 11.1.2.2　难熔高熵合金

所谓难熔高熵合金，即组成该类合金的主要主元为熔点高于 1650℃的金属元素，包括 Ti。最早报道的两种难熔高熵合金为 $Nb_{25}Mo_{25}Ta_{25}W_{25}$ 和 $V_{20}Nb_{20}Mo_{20}Ta_{20}W_{20}$ 合金[6]。这两种合金具有单一的 BCC 无序固溶体结构且加工硬化能力明显，在温度高达 1400℃时，仍能保持结构稳定性。在温度达到 1600℃时，两种合金的屈服强度仍可保持 405MPa 和 477MPa。综合对比这两种合金与传统镍基高温合金的屈服强度随温度的变化，可以发现，在温度高于 800℃时，$Nb_{25}Mo_{25}Ta_{25}W_{25}$ 和 $V_{20}Nb_{20}Mo_{20}Ta_{20}W_{20}$ 合金的屈服强度明显高于镍基 Inconel 718 和 Haynes 230 合金，且屈服强度随温度的变化更加缓慢。为了改善合金的室温塑性，Senkov 等[7] 又设计出了 HfNbTaTiZr 合金。虽然该合金的屈服强度稍低，但是室温压缩塑性超过 50%，这与常见的 BCC 或 B2 结构的高熵合金所表现出的室温脆性完全不同。该合金在高温下呈现出的高强度以及良好的室温塑性使其成为非常有潜力的高温合金，也为设计出具有良好室温塑性的难熔高熵合金提供了指导思路。

对于航空中使用的高温合金，如果在满足性能要求的情况下，合金密度降低，这样就会减少能量损耗。基于此点，Senkov 等[8] 设计了 NbTiVZr、$NbTiV_2Zr$、CrNbTiZr 和 CrNbTiVZr 四种高熵合金，其密度分别为 6.52g/cm$^3$、6.34g/cm$^3$、6.67g/cm$^3$ 和 6.57g/cm$^3$。其中，NbTiVZr 合金由 BCC 基体以及晶界处分布的少量微米级大小的颗粒组成；$NbTiV_2Zr$ 合金由三种不同的 BCC 相组成；而 CrNbTiZr 和 CrNbTiVZr 由 BCC 相和有序 Laves 相组成。NbTiVZr 和 $NbTiV_2Zr$ 合金在 298～1273K 进行压缩时均表现出良好的塑性，且室温下具有明显的加工硬化，屈服强度可分别达到 1105MPa 和 918MPa（图 11-7）。虽然含 Cr 的 CrNbTiZr 和 CrNbTiVZr 两种合金的室温塑性很差，呈现出解理断裂的特征，但是其高温强度明显高于 NbTiVZr 和 $NbTiV_2Zr$ 合金，且比强度也远远高于大部分高温合金（图 11-8）。其中，CrNbTiVZr 合金具有最优的性能，其密度低、强度高、熔点高，是潜在的高温合金。因此，可以通过成分设计以及调控合金的组织形貌来降低合金密度，提高合金室温性能以及高温强度，从而使得该合金兼具良好的室温与高温性能。

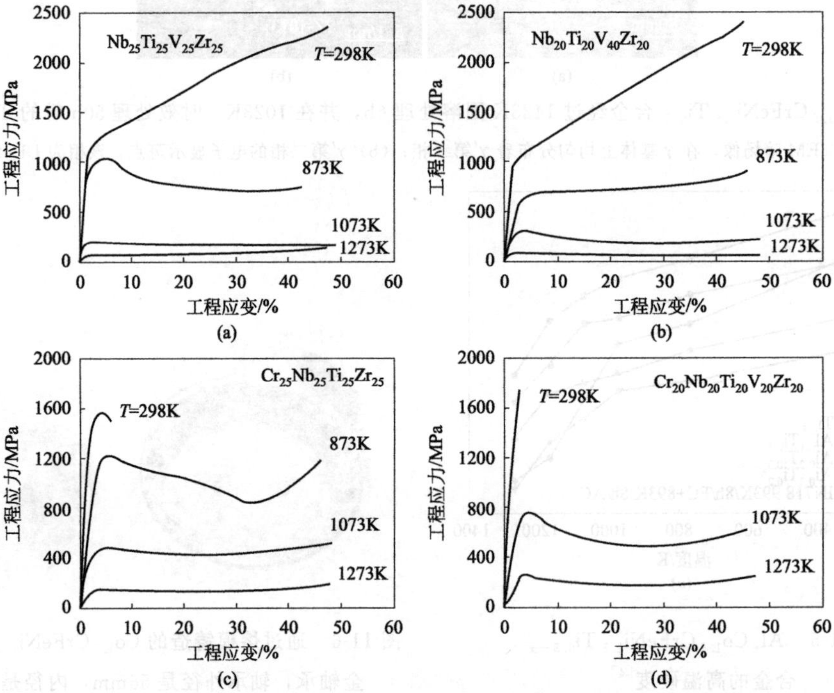

图 11-7　NbTiVZr，$NbTiV_2Zr$，CrNbTiZr 和 CrNbTiVZr 四种高熵合金在不同温度下的压缩工程应力-应变曲线[8]

## 11.1.3 焊料或焊丝

在材料使用过程中，往往需要其兼具两种材料的性能优势，因此需要采用焊接技术将两种材料焊接在一起。然而，由于不同材料性能各异，例如线膨胀系数差异大，焊接接头往往存在较大的残余应力，容易产生焊接裂纹，二者的焊接性较差；或者不同材料的化学性能存在较大差异，焊缝容易形成大量硬脆的金属间化合物，导致焊接接头强度降低等。因此，寻找合适的焊料或焊丝显得尤为重要。在硬质合金与钢的焊接中，传统的铜基钎料强度及耐腐蚀性与基体合金差异较大，焊接结构在使用过程中常常会因焊缝的强度降低或过度腐蚀而发生接头失效，影响焊件的使用寿命。

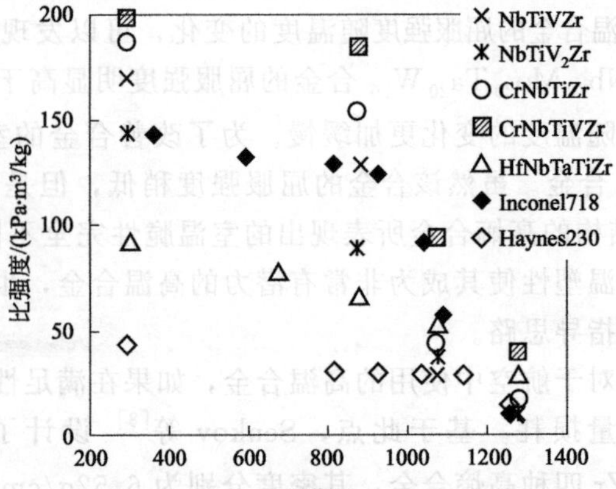

图 11-8　NbTiVZr、$NbTiV_2Zr$、CrNbTiZr 和 CrNbTiVZr 四种高熵合金与其他合金的比强度随温度变化的对比图[8]

翟和徐等[9] 设计出了一种高熵合金钎料，用于焊接硬质合金与钢。该焊接接头具有高的强度，良好的韧性、耐腐蚀性能，延展性以及与基体良好的结合性能。该高熵合金钎料采用单辊快速凝固装置制备，合金成分为 10%～15%Ti，18%～25%Cu，12%～18%Ni，10%～15%Zr，15%～20%Fe，10%～15%Cr，0.5%～2.5%Sn 和 0.01%～2%的微量添加元素 Bi、Ga 或 In。选择该合金系的原因包括以下几点：①考虑钎料对硬质合金与钢的润湿性，选取 Fe、Cu、Ni、Cr 四种主元，以获得具有良好塑性和韧性的单相 FCC 固溶体结构的基体；②为了获得纯净、均匀的钎料合金，添加 Zr 元素；③提高合金的活性，添加 Ti；④通过添加 Sn、Ga、In 等元素，调节钎料的熔点，改善钎料的活性，细化晶粒，以提高焊接接头的性能。采用该方法制备出的非晶态高熵合金钎料对 25Cr3MoA 和 YG6 进行焊接后，其焊接接头抗拉剪强度在 190～210MPa。与此类似，翟等[10] 制备了由 Ti-Al-Fe-Cu-Ni-Co 多主元合金组成的高熵合金钎料用于解决 Al 和 Cu 间的焊接问题。因此，综合考虑母材的性能，选择合适的高熵合金体系作为焊料，可以焊接出性能良好的焊接接头。

## 11.2 高熵合金的发展趋势

目前，虽然高熵合金的研究还处于初级阶段，然而高熵合金所展现出的优良性能使其可能成为非常有前景的应用材料。高熵合金的未来发展涉及结构材料、功能材料以及能源与环保材料等不同领域。以下就高熵合金在抗辐照材料、选择性吸收涂层、低温结构材料、热电材料以及超导材料等方面的发展趋势进行简单陈述。

### 11.2.1 抗辐照材料

相较于传统水电及火电，核电具有清洁、高效、较安全和经济等特点，因此，核能的开发和应用在全世界范围内得到了广泛关注。然而，在核裂变的过程中存在大量辐射，具有很大危害性，因此，对核反应堆结构材料的性能要求十分严格。尤其是对于核燃料包壳材料而言，其工作条件最为苛刻，不仅要面临高温、高压和强烈的中子辐照，同时还要承受腐蚀、冲刷、振动以及氢脆等威胁。目前最常用的包壳材料为锆合金、镍合金以及不锈钢材料。而随着对核能的可持续性、安全性以及经济性等方面要求的提高，特别是随着第四代核电系统的提出及设计，对包壳材料面对的要求更加严格与苛刻，即其工作温度更高、辐射剂量更大并且传热介质的腐蚀性更强。传统的核结构材料已经很难满足先进反应堆的设计和发展要求，因此，需要开发具有更好的高温稳定性和抗辐照性能的结构材料来进行代替。高熵合金具有众多优异性能，尤其是优良的高温稳定性能和缓慢扩散效应，使得高熵合金在核反应堆结构材料方面展现出了应用前景。

Egami 等[11] 研究了具有纳米晶 BCC 结构的 $Zr_{21}Hf_{46}Nb_{33}$ 合金溅射薄膜在 2MeV 的电子束辐照下的反应。在温度为 298K（25℃），剂量为 10 dpa 以及温度为 103K（－170℃），剂量为 50 dpa 的高能电子束辐照下，该合金仍能保持晶体结构不发生变化。当剂量更高时，合金会分解为多相。对于很多晶态材料而言，在很低剂量的电子束辐照下就会发生辐照损伤。通常，0.1～0.5 dpa 剂量的辐照就会使合金发生非晶化或者形成金属间化合物。大块非晶材料在 1～5 dpa 的辐照下则发生晶化。相比之下，Zr-Hf-Nb 系合金所能承受的电子辐照剂量更大，从而表现出了良好的抗辐照性能。而这种良好的抗辐照性能源于高熵合金中不同原子混合引起的非常高的原子级别应力。粒子辐照固体材料时，会引起材料内部原子位移和热跳跃。这种原子层的高应力会使高熵合金在受到粒子辐照时发生非晶化，随后出现局部热熔和再结晶，即在辐照时，该材料具有自愈性。这个过程使得高熵合金相较传统合金有更少的缺陷，从而成为非常有潜力的新型核材料。此外，通过对 Zr-Hf-Nb 系合金进行模拟计算推测，当高熵合金中原子体积应变接近 0.1 时，合金具有很好的自愈能力和抗辐照性能。

为了证明高熵合金在辐照条件下也具有很高的相稳定性，Nagase 等[12] 首次采用 TEM

原位观察的方法研究了具有 FCC 结构的纳米晶 CoCrCuFeNi 合金在高压电子显微镜的快速电子束辐照下所发生的相结构变化。实验证明，在 298K、60dpa 剂量的辐照下，以及 773K、40 dpa 的辐照下，该合金的相结构并未发生明显变化，其主体相仍为 FCC 结构，只有少量 BCC 相形成，辐照并未使得晶粒发生粗化。因此，该合金在辐照下表现出了良好的相稳定性。

此外，Xia 和 Zhang 等[13] 研究了 $Al_xCoCrFeNi$（$x=0.1$，0.75，1.5）合金在流量为 $1\times10^{14}\sim1\times10^{16}\ cm^{-2}$，能量为 3MeV 的 Au 离子辐照时的反应。在室温 298K，三种合金在 50 dpa 时均表现出了良好的结构稳定性。与传统的核材料相比，在相同剂量的辐照下，该合金系由辐照引起的体积肿胀明显较小，且 FCC 固溶体结构的 $Al_{0.1}CoCrFeNi$ 合金的体积肿胀小于 BCC+B2 双相结构的 $Al_{1.5}CoCrFeNi$ 合金的体积肿胀。这与传统合金中发现的 BCC 结构材料的体积肿胀小的现象相反。

综上所述，多主元合金在抗辐照行为方面的优异特性，使其在未来先进核结构材料方面的应用成为可能。未来先进核反应技术的发展，特别是随着超水临界堆（supercritical water reactor，SCWR）、事故容错燃料（accident tolerant fuel，ATF）等概念的提出和设计，使得核结构材料的服役环境更加苛刻。因此，对目前具有优异抗辐照性能的多主元合金展开系统的抗辐照机理及性能研究，对于未来科学研究和技术应用均具有重要的意义。如果某种高熵合金可以兼具优异的高温强度、韧性和良好的抗氧化能力，以及较低的中子吸收能力，其在核材料方面将具有良好的应用前景。

### 11.2.2 选择性吸收涂层

随着能源短缺和环境污染问题的日益加剧，扩大太阳能应用领域的工作势在必行。太阳能是一类清洁的可再生能源，光热转化是直接利用太阳能的一种有效形式。太阳能光谱选择性吸收涂层是直接将太阳光光能进行转换的媒介，提高太阳能的转化效率一直是太阳能热利用的重点。根据卡诺循环理论可知，温差越大，转化效率越高。为了提高光热转化效率，要求涂层在更高温度下使用，然而长时间高温（>500℃）下，涂层间原子扩散或发生化学反应会导致结合力下降甚至剥落，光学性能急剧下降。高温热稳定性和良好的光学性能一直是制约太阳能光谱选择吸收涂层发展的关键因素。因此，开发高温稳定的高性能太阳能，选择吸收涂层就显得颇为重要。太阳能选择吸收涂层要遵循的基本原则如下：①形成非晶态或纳米晶颗粒，以减少涂层间的互扩散通道，起到一定的扩散阻挡效果；②具有良好的热稳定性。多主元合金及其氮/氧金属陶瓷材料由于其特有的组分比、结构和高的混合熵，使其具有结构简单化、纳米析出物、非晶结构、纳米晶粒等组织特征和具有高强度、高硬度、高耐磨性、耐腐蚀性、耐回火软化、缓慢扩散等性能特点。通过设计太阳能选择吸收多主元材料涂层的结构和膜系，开发适合多主元材料和真空磁控溅射工艺，使其在太阳能光热转化领域存在潜在的应用价值。

目前张勇课题组[14] 开发了一种高性能光热转化多主元合金氮化物薄膜的制备方法，即采用粉末冶金法制备多主元合金靶材；其次，采用真空磁控溅射镀膜工艺，充入工作气体 Ar 和反应气体 $N_2$，通过改变工作气压和溅射时间来获得均匀的不同厚度的多主元合金氮化物薄膜。多主元合金靶材组成成分为 Al、Si 及过渡金属元素 Nb、Ti、Ni、Zr、Mo、Hf、Ta、W，按等摩尔比至少由四种金属元素组成。其中，Nb、Ti、W、Zr 等过渡金属元素的添加可以提高薄膜的耐高温、耐蚀性、扩散阻挡效果及光谱选择吸收程度，Al、Si 的添加可以提高薄膜的抗氧化性能。该课题组采用真空磁控溅射镀膜工艺已制备出 $NbTiAlSiN_x$ 和 $NbTiAlSiWN_x$ 薄膜。此类薄膜均为非晶态，表面及截面非常光滑平整。$NbTiAlSiN_x$ 表面粗糙度 9～20.5nm，$NbTiAlSiWN_x$ 表面更精细，表面粗糙度不超过 2nm，在 700℃保温 24h 仍然没有发生相结构的变化，保持较高的热稳定性。$NbTiAlSiN_x$ 双层吸收层氮化物薄膜对太阳能的最大吸收率达

84%[15]。此外，该薄膜还有较高的硬度和模量，与基体具有良好的结合力。因此，借鉴成熟的太阳能选择吸收涂层的实际经验，根据不同涂层的形成机理、涂层结构和薄膜光学性能，通过合理的成分设计可以制备出具有良好的热稳定性、力学性能以及扩散阻挡效应以适合太阳能选择吸收的高熵合金氮/氧金属陶瓷涂层。

### 11.2.3　低温结构材料

所谓低温材料，是指在室温以下到绝对零度较大范围内使用的材料。在低温服役时，传统金属或合金材料往往会随着温度降低出现强度增高而塑性、韧性降低的现象。这种冷脆断裂与常温下的脆性断裂相似：断裂前无明显塑性变形，突然发生，断口齐平，裂纹起源于材料组织中的缺陷或者应力集中处并迅速扩张。这种冷脆性与材料的晶格类型有关。体心立方和密排六方结构的材料属于冷脆性材料，低温脆性主要发生在结构钢中，如铁素体、珠光体以及马氏体钢。而面心立方的金属是非冷脆材料，在低温下，其强度增高，韧性和塑性不变或稍有增高。

2014 年，Gludovatz 等[16] 研究了 CoCrFeMnNi 高熵合金的低温力学性能。他们发现，经过轧制并完全再结晶的 CoCrFeMnNi 合金，在 77K 得到的拉伸屈服强度和断裂强度分别为 759MPa 和 1280MPa，相较于室温的力学性能，分别提高了 85%和 70%。更重要的是，其塑性得到了明显提高，其断裂应变在 77K 时大于 70%，比室温提高了 25%，且加工硬化指数高达 0.4。该合金在室温和低温条件下，其断裂韧性均大于 $200MPa \cdot m^{1/2}$，可与低温下经常使用的 304 不锈钢、316 奥氏体不锈钢、镍基钢的性能相媲美。然而，这几种钢的断裂韧性会随着温度的降低而降低，而 CoCrFeMnNi 合金的断裂韧性并未随温度的降低发生太大变化。图 8-9 总结了 CoCrFeMnNi 合金与一些纯金属元素、合金、块体非晶以及陶瓷材料的断裂韧性与屈服强度。可以看出，该合金具有优异的抵抗破坏能力，作为低温结构材料具有很好的优势。因此，设计出具有 FCC 结构的高熵合金是低温结构材料发展的另一方向。

此外，Qiao 等[17] 研究了具有 A2 和 B2 双相结构的铸态 AlCoCrFeNi 合金的低温压缩性能，在 77K 下其屈服强度和断裂强度比 298K 时分别提高了 29.7%、19.9%。然而，低温下合金的压缩断裂应变没有发生太多变化。与传统 BCC 结构的合金在低温下出现韧脆转变不同，该合金表现出了良好的低温使用优势。然而，目前对于 BCC 结构的高熵合金低温力学性能研究甚少，需要更多的实验以验证该类合金的低温变形机制，为设计低温高熵合金提供理论依据。

### 11.2.4　热电材料

热电材料又称为温差电材料，是一类具有热效应和电效应相互转换作用的新型功能材料，利用热电材料这种性质，可直接将热能与电能进行相互转化。目前各国科学家都在致力于寻求高效、无污染的新的能量转化利用方式，以达到合理有效利用工农业余热及废热、汽车废气、地热、太阳能以及海洋温差能等能量的目的。于是，从 20 世纪 90 年代以来，能源转换材料（热电材料）的研究成为材料科学的研究热点。传统热电材料根据其工作温度可以分为三个系列：①低温型热电材料。碲化铋及其合金，一般在 300℃以下使用。②中温型热电材料。碲化铅及其合金，一般在 500～700℃使用。③高温型热电材料。锗硅合金，使用温度高达 1000℃以上。对于中低温使用的热电材料，往往含有毒性元素或昂贵的稀土元素，而高温使用的 p 型热电材料往往性能不稳定。n 型 half-Heusler 合金的热电优值并不太高，因此寻找性能稳定的高温热电材料成为了研究热点。材料的热电效率可用热电优值 ZT 来评估。为了使材料具有较高的热电优值，必须具有高的塞贝克系数、高的电导率以及低的热导率。因此，通过提高合金中的缺陷数量，增加合金结构的无序和复杂性，使声子在原子尺度范围内散射增加，从而使热导率降低成为提高合金热电优值的有效途径。高熵合金由于其高混合熵的作用使合金内部无序度增加，其形成的固溶体往往为无序固溶体，且每个原子均可看成为溶质原子，合金内部晶格畸变严重，这都将增大声子的散射。此外，高熵合金形往往形成高度对称的晶体结构，如FCC、BCC或HCP，这使其能得到与费米能级非常接近的能带，从而有可能获得高的塞贝克系数。与此同时，高熵合金还具有良好的高温稳定性，这些均使高熵合金有望成为新型热电材料，尤其是成为高温热电材料。

Shafeie等[18]首先研究了$Al_xCoCrFeNi$($0 \leqslant x \leqslant 3.0$)合金的热电性能。研究发现，随着Al的添加，$Al_xCoCrFeNi$($0.0 \leqslant x \leqslant 3.0$)合金的塞贝克系数的绝对值可由1μV/K($x=0$)增加到23μV/K($x=3.0$)，其热导率可由15W/(m·K)($x=0$)降低到12～13W/(m·K)($x=2.25$和$x=3.0$)左右；然而，其电导率则由0.85MS/m($x=0$)降低到0.36 MS/m($x=3.0$)。$Al_{2.25}CoCrFeNi$和$Al_{2.5}CoCrFeNi$合金在505℃时的ZT优值为0.015。通过总结可知，调节合金的价电子浓度可以改善合金的热电性能；随着价电子浓度的降低，合金的电导率以及热导率也降低。通过增加合金显微组织的复杂性以及降低价电子浓度，很有可能使合金总的热导率或晶格热导率降低，从而获得好的热电性能。

## 11.2.5 超导材料

超导材料是指在某一温度下，电阻为零的导体。超导体不仅具有零电阻的特性，而且具有完全抗磁性。超导电性不仅出现在周期表中的许多金属元素（约为28种）中，也出现在一些合金（铌锆合金）、化合物（$Nb_3Sn$），甚至出现在有些半导体和氧化物陶瓷（镧-钡-铜-氧化物）中。利用材料的超导电性可制作磁体，应用于电机、高能粒子加速器、磁悬浮运输、受控热核反应、储能等；可制作电力电缆，用于大容量输电（功率可达10000MV·A）；可制作通信电缆和天线，其性能优于常规材料。利用材料的完全抗磁性可制作无摩擦陀螺仪和轴承等。超导体一般具有三个临界参数：临界转变温度$T_c$、临界磁场强度$H_c$、临界电流密度$J_c$。当超导体同时处于三个临界条件内时，才显示出超导性。在通常情况下，金属或合金超导体的工作温度都非常低，一般在77K以下，因此寻找更高温度下使用的超导体成为科研工作者的研究热点。高熵合金作为一类新材料，其超导性能有待继续探索和研究。

Chen等[19]从2011年开始研究铸态以及均匀化处理后的NbTaTiZr、GeNbTaTiZr、HfNbTaTiZr、NbSiTaTiVZr、GeNbSiTaTiZr以及GeNbTaTiVZr高熵合金的超导性能。研究发现，高熵合金中存在着超导现象，其临界温度要高于用混合原则预测的值。此外，$Nb_{45\sim64}Zr_{18\sim30}Ti_{8\sim20}Hf_{1\sim6}Ta_{5\sim8}Ge_{1\sim5}V_5$系列合金的$T_c$值最大可以达到10.59K，临界磁场上限为4.38～9.2T，临界磁场下限为400～7000 Oe，电流密度在$1\times10^4\sim1.5\times10^6A/m^2$变化。

与此同时，Koželj等[20]研究了BCC固溶体结构的$Ta_{34}Nb_{33}Hf_8Zr_{14}Ti_{11}$合金的超导性能。$Ta_{34}Nb_{33}Hf_8Zr_{14}Ti_{11}$合金为第二类超导体，其临界转变温度$T_c$约为7.3K，临界磁场的上限$\mu_0H_{c_2}$约8.2T，临界磁场的下限$\mu_0H_{c_1}$约32mT，其能隙$2\Delta$约为2.2meV。该合金的超导物理本质上接近BSC理论。虽然，其晶格常数满足Vagard混合原则，合金元素随机混乱占据晶格点阵，但是其电学性能并不满足混合原则，混合熵对低温合金物理性能的影响并不严重，其电子结构决定了合金的物理性能。

高熵合金的超导性能还处于初始研究阶段，高熵合金性能稳定，便于加工，若能设计出具有高临界温度、高临界磁场上限以及大临界电流密度的高熵超导合金材料，将具有良好的应用前景。

## 11.2.6 大磁熵材料

根据标准热力学，在温度为$T$、系统体积为$V$、磁场为$H$、系统压力为$p$时的吉布斯自

由能差 $dG=Vdp-SdT-MdH$，结合麦克斯韦关系式可知：

$$\Delta S(T,H,p)=S(T,H,p)-S(T,H=0,p)=\int_0^H\left(\frac{\partial M}{\partial T}\right)_{H,p}dH \tag{11-1}$$

在温度和压力固定的情况下，上述方程给出了变化磁场下磁熵变的计算公式。根据实际测量统计的 $M$-$H$ 数据，通常采用如下数学计算方法进行磁熵变计算：

$$\Delta S_M=\sum_i \frac{M_{i+1}-M_i}{T_{i+1}-T_i}\Delta H_i \tag{11-2}$$

在材料的磁转变温度附近，外界磁场的变化能够引起材料的原子排列或者电子熵变化，从而使材料生产熵变，引起温度变化，产生吸放热现象。对于大磁熵变材料来说，发生大磁熵变的温度通常在其居里温度附近。制冷正是利用这时候产生的吸放热现象进行热量转移，实现制冷。由上述公式可知，磁熵变与变化磁场大小密切相关。

大磁熵变用于室温磁制冷材料开发时，还需要满足如下几个特点，如在室温范围内的居里温度、反复磁化保持大磁熵变特点、良好的导热性、较小的磁滞和热滞效应、适合永磁体磁场驱动的大磁熵变、较大的绝热温变和较宽的大磁熵变温度区间和力学稳定性等。

**(1) 纯金属 Gd 及 Gd 系合金**　稀土纯金属 Gd 属于二级相变材料，其居里温度为 293K，在 0～5T 变化磁场下的最大磁熵变为 10J/(kg・K)。作为大功率室温磁制冷应用金属 Gd 及其固溶体的磁热效应还不够大，不能满足实际制冷的需要。作为发现较早的室温大磁熵变材料，稀土金属 Gd 的磁热效应和室温磁制冷能力被研究得最为广泛，通常被用于其他大磁熵变材料的参比材料。Pecharsky 和 Gschneidner 于 1997 年发现了具有大磁热效应一级相变系的 $Gd_5Si_2Ge_2$ 材料。这类材料中的熵变主要由磁有序熵变和晶格熵变组成，分析了一级磁性相变体系中磁有序熵变和晶格熵变对总熵变的贡献，发现大的熵变来源于被晶格贡献抵消后的磁有序熵变。该材料的居里温度为 278K，在 0～5T 磁场下的最大磁熵变为 18J/(kg・K)，而且通过调控成分和微添加其他合金元素，可以实现 $Gd_5(Si, Ge)_4$ 系材料的居里温度调控。由于原料纯度对材料性能影响巨大，需要采用高纯原料进行合成，制备条件苛刻，成本十分高昂。虽然采用商业级 Gd 进行长时间高温真空熔炼净化 O 和 C 等杂质可以制备出 $Gd_5(Si, Ge)_4$ 材料，但仍无法解决材料制备的成本问题。该材料只可在实验室范围内进行研究，无法满足室温磁制冷应用。

**(2) $Fe_2P$ 型合金**　Tegus 等于 2002 年发现了具有 $Fe_2P$ 型晶体结构的 Mn-Fe-P-As 系大磁熵变材料。$MnFeP_{1-x}As_x$（$0.15\leqslant x\leqslant 0.66$）合金具有一级相变特征，其距离温度范围在室温和室温以上范围内可调。$MnFeP_{0.45}As_{0.55}$ 合金在 0～5T 变化磁场下的最大磁熵变达 18J/(kg・K)。引入间隙原子 B 能够调控 Mn-Fe-P-As 合金的居里温度，适当提高材料的最大磁熵变，如图 11-9 所示。微量的间隙原子 B 几乎没有对 Mn-Fe-P-As 合金的磁热滞产生影响，在 0～5T 的变化磁场下，不同 B 掺杂的 Mn-Fe-P-As 合金的热滞为 1～2K[21]。微量 B 添加没有改变 Mn-Fe-P-As 的一级相变特征，因此也无法消除该材料的磁热滞效应，因为磁热滞是一级相变材料的本质特性。

Mn-Fe-P-As 系合金的原料相对便宜，具有很大的应用开发价值，但由于含有剧毒元素 As，其实际使用受到很大限制。人们在此基础上开发出同样具有大磁热效应的 Mn-Fe-P-(Si, Ge) 材料，完全摆脱了剧毒元素 As 的影响。另外，Si 或 Ge 的引入仍无法消除该材料的磁热滞效应，并且增大了这种材料的热滞初始效应，如表 11-1 所示[22]。

**表 11-1　几种材料的初始居里温度 $T_v$、居里温度 $T_c$、热滞居里温度 $T_h$ 和热滞 $\Delta T$[22]**

| 组分 | $T_v$/K | $T_c$/K | $T_h$/K | $\Delta T$/K① |
|---|---|---|---|---|
| $MnFeP_{0.5}As_{0.2}Si_{0.3}$ | 233 | 263 | 283 | 20 |

续表

| 组分 | $T_v$/K | $T_c$/K | $T_h$/K | $\Delta T$/K |
|---|---|---|---|---|
| $Mn_{1.1}Fe_{0.9}P_{0.52}As_{0.4}$ | 262 | 273 | 277 | 4 |
| $Mn_{1.1}Fe_{0.9}P_{0.84}Ge_{0.1}$ | 168 | 212 | 226 | 14 |
| $MnFeP_{0.56}Si_{0.44}$ | 123 | 188 | 225 | 37 |
| $Gd_5Si_{1.7}Ge_{2.3}$ | — | 260 | 265 | 5.0 |
| $La_{0.8}Ce_{0.2}Fe_{11.4}Si_{1.6}$ | — | 184 | 186.5 | 2.5 |

① $\Delta T = T_b - T_c$。

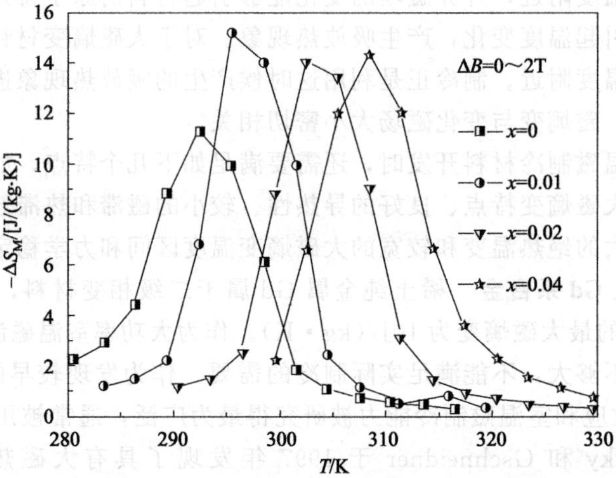


图 11-9 $Mn_{0.95}Fe_{1.05}P_{0.5}As_{0.5}B_x$ 合金在 0~2T 磁场下的磁熵变随温度变化曲线[21]

引入小原子的 B 元素能够降低甚至消除 Mn-Fe-P-Si 合金的热滞效应，同时 B 的加入还能提高该材料在变化磁场下的力学稳定性，十分有利于磁制冷工作介质的开发。微量 B 元素的加入减弱了晶格不连续性，从而导致力学性能改善。虽然 B 的引入减弱了材料的一级相变特征，消除了剧毒元素 As，使得 Mn-Fe-P-(Si, Ge) 材料成为非常具有开发价值的室温磁制冷候选材料。该类材料的合成通常采用球磨法制备成粉末，再通过粉末冶金法制备成形。表 11-2 给出了一些 Mn-Fe-P-Si-B 合金的磁热性能数据[23]。

**表 11-2 Mn-Fe-P-Si-B 合金磁热性能参数[23]**

{其中 $T_c$、$\delta T_{hyst}$(K)、$dT_{tr}/dB$(K/T)和 $|\Delta S_{max}|$[J/(kg·K)]，分别为 0~1T 变化磁场下的居里温度、热滞、单位磁场绝热温变和最大磁熵变}

| $Mn_zFe_{1.95-z}P_{1-y-x}Si_yB_x$ | | | $T_c$/K | $\delta T_{hyst}$/K | $dT_{tr}/dB$/(K/T) | $\|\Delta S_{max}\|$/[J/(kg·K)] |
|---|---|---|---|---|---|---|
| z | y | x | | | | |
| 1 | 0.33 | 0.075 | 282 | 1.8 | 4.4(2) | 9.8 |
| 1 | 0.33 | 0.070 | 279 | 2.8 | 4.2(2) | 11.5 |
| 1 | 0.33 | 0.065 | 274 | 3.1 | 4.1(2) | 12.5 |
| 1 | 0.33 | 0.060 | 267 | 3.7 | 3.6(1) | 19 |
| 1 | 0.33 | 0 | 215 | 76 | 1.9(4) | — |
| 1 | 0.45 | 0 | 288 | 25 | 2.1(2) | 10 |

铜模铸造法也可以用于制备铸态 Mn-Fe-P-Si-B 合金并通过热处理获得较好磁热性能。采用初始原料 FeP、FeB 和其他单质元素进行电弧合金化后吹铸进铜模制备合金棒材，$Mn_{1.15}Fe_{0.85}P_{0.52}Si_{0.45}B_{0.03}$ 经热处理优化后，形成 $Fe_2P$ 相并存在少量 $Mn_3Fe_2Si_3$ 相，材料的居里温度可达 251K，在 0~2T 变化磁场下的最大磁熵变达 19.8J/(kg·K)，热滞为 10.5K。

**(3) La (Fe, Si)$_{13}$ 系合金** $NaZn_{13}$ 型 LaFe 基化合物中存在的一级磁性相变基本上是伴随着巡游电子转变引起的晶格体积的突变，而在 Gd-Si-Ge 化合物中的一级磁性相变是伴随着晶格在正交结构与单斜结构间的突变。

由于正形成焓的原因，$LaFe_{13}$ 相在室温无法存在，只能通过引入第三元素才能在合金中形成稳定相。1968 年，通过 Si 或 Al 部分取代 Fe 开发出了 $LaFe_{13-x}M_x$ 系合金，获得了稳定存在的 $NaZn_{13}$ 型立方结构相。图 11-10 给出了 Si 取代 Fe 对 $LaFe_{13-x}Si_x$ 合金晶格常数和居里温度影响的曲线[24]。单纯的 Si 取代 Fe 可以使居里温度提高，并接近室温温度范围，但 Si 含量的增加也严重降低材料的磁热性能，使材料由一级相变材料逐渐变为二级相变材料，从而导致最大磁熵变急剧降低，图 11-11 是不同含量的 Si 取代 Fe 后对 $LaFe_{13-x}Si_x$ 合金最大磁熵变的影响曲线[24]。

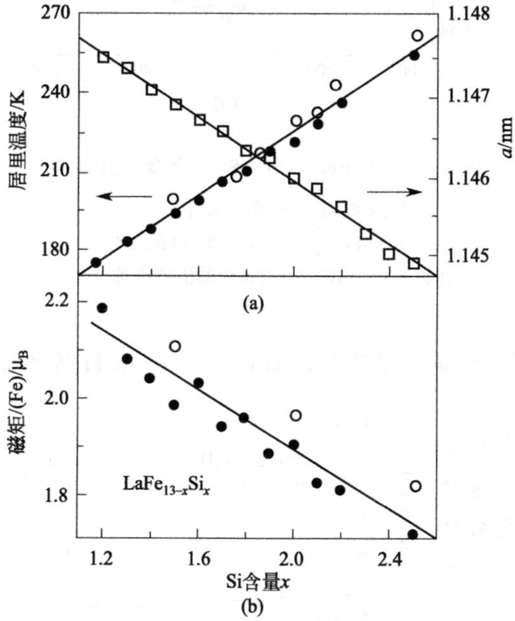


图 11-10　$LaFe_{13-x}Si_x$ 中 Si 含量变化对合金居里温度和晶格常数的影响

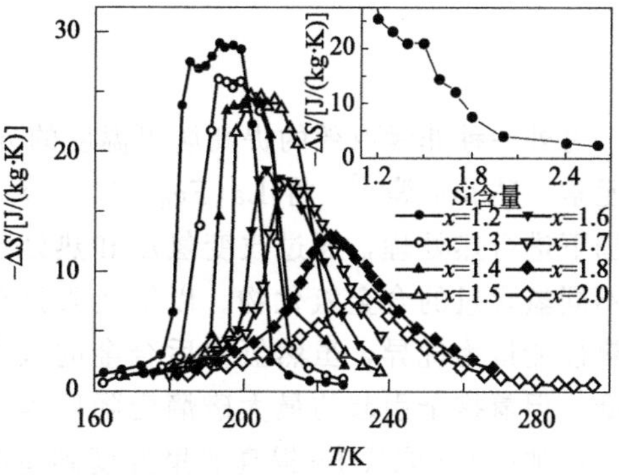


图 11-11　$LaFe_{13-x}Si_x$ 中 Si 含量变化对 0～5T 变化磁场下材料磁熵变的影响[24]

$LaFe_{13-x}Si_x$ 合金因其原材料价格低廉，而受到应用研发人员的广泛关注；然而具有巨磁热效应的 $LaFe_{13-x}Si_x$（$1.2\leqslant x\leqslant 1.6$）合金居里温度在 180～200K，不适合用于室温大磁热材料。为了使 $LaFe_{13-x}Si_x$ 系合金实用化，需要在保持 $LaFe_{13-x}Si_x$ 合金大磁热效应的前提下，调高居里温度到室温附近。

由于 La 和 Fe 元素之间正的形成热，$LaFe_{13}$ 不存在，而 $LaCo_{13}$ 存在，Co 的添加可使 $LaFe_{13-x}Si_x$ 中的 Si 含量进一步降低；同时提高居里温度，通过制备出掺 Co 的具有低 Si 含量的化合物 $LaFe_{11.2}Co_{0.7}Si_{1.1}$，发现其在室温附近具有异常巨大的磁卡效应。$LaFe_{11.2}Co_{0.7}Si_{1.1}$ 合金磁熵变的峰值位于居里温度 $T_c=274K$ 处，在 0～5T 外磁场下达到约 20.3J/(kg・K)，约为相同温区下金属 Gd 的 2 倍。Co 取代 Fe 还可以使 $LaFe_{13-x}Si_x$ 合金的热滞降低，0～5T 磁场下的热滞降低到 1K 左右，但并未消除。

图 11-12 为根据 XRD 图谱计算得到的晶格参数对温度的依赖关系[25]，可见居里温度处晶格的巨大负膨胀，$T_c$ 附近铁磁态的晶格参数比顺磁态高约 4.39%。图 11-13 同时展示了 $LaFe_{11.2}Co_{0.7}Si_{1.1}$ 和 Gd 的相对体积变化 $|\Delta V/V|$ 对温度的依赖关系[25]，我们发现 $T_c$ 附近 $LaFe_{11.2}Co_{0.7}Si_{1.1}$ 的体积变化（$|\Delta V/V|$ 约为 1.3 %）超过 Gd 的 1.5 倍。$LaFe_{11.2}Co_{0.7}Si_{1.1}$ 合金

中强烈的磁弹性耦合，导致晶格在居里温度处出现巨大负膨胀，这是其巨大磁熵变的来源。

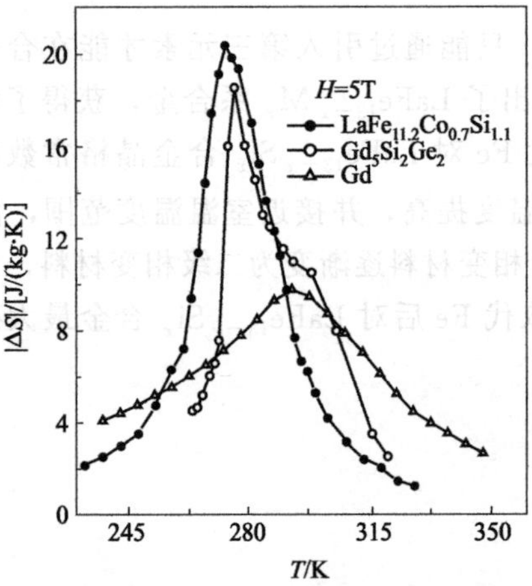


图 11-12　$LaFe_{11.2}Co_{0.7}Si_{1.1}$，Gd 和 $Gd_5Si_2Ge_2$ 在 5T 外磁场下的磁熵变温度曲线[25]

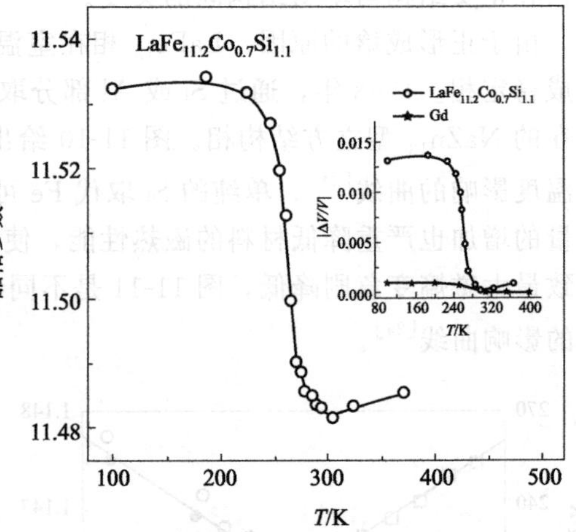


图 11-13　$LaFe_{11.2}Co_{0.7}Si_{1.1}$ 合金的晶格参数对温度的依赖关系[25]

插图为 $LaFe_{11.2}Co_{0.7}Si_{1.1}$ 和 Gd 的相对体积变化 $|\Delta V/V|$ 对温度的依赖关系，1Å=0.1nm

另外一种非常有效的提高居里温度的方法是引入间隙原子掺杂，如 C、N、B 和 H 等小原子元素。Fujita 等[26] 将 $La(Fe_{0.88}Si_{0.12})_{13}$ 合金在氢气氛围下进行热处理，通过改变氢压和热处理时间可制备出不同氢含量的合金氢化物。以氢元素掺杂表现的综合磁热性能最为优异，虽然氢化后合金的最大磁熵变略有降低，但氢掺杂引起的最大磁熵变降低程度要远小于 Si 含量增加或 Co 取代 Fe 提高居里温度到室温范围附近所带来的磁热性能降低程度。研究表明，氢化处理可提高 $LaFe_{13-x}Si_x$ 合金的居里温度，同时使合金仍保持原有的大磁热效应和巡游电子转变特征，且合金的居里温度随氢含量增加而升高，并呈现线性变化关系，如图 11-14、图 11-15 所示。

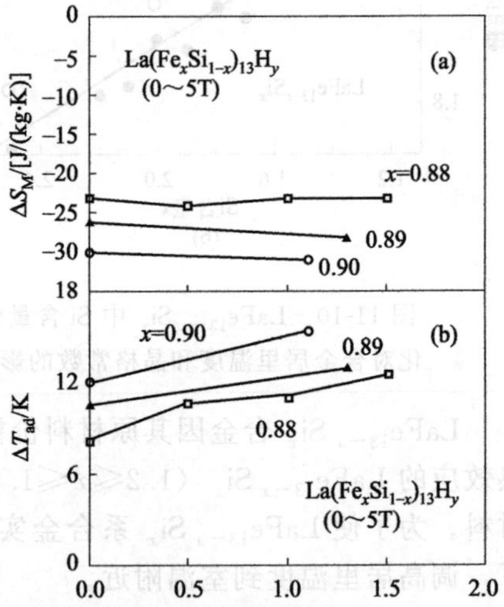


图 11-14　氢掺杂的 $La(Fe_xSi_{1-x})_{13}H_y$ ($x=0.88$，0.89 和 0.90) 等温磁熵变和绝热温变随氢含量的变化关系[26]

**(4) 稀土取代**　对于 $La(Fe, Si)_{13}$ 系合金来说，相似稀土元素的取代能够对合金的磁热性能产生重要影响，尤其是元素周期表中镧系与 La 相邻近的 Ce、Pr 和 Nd 等元素能够增强材料的磁热性能。随着相似稀土取代元素含量的增加，合金中巡游电子转变引起的磁转变、潜热变也变得更大。由于原子半径更小的 Ce 和 Pr 等元素取代 La 能够改变 $La(Fe, Si)_{13}$ 系合金的磁矩，且 3d 电子带结构变化增强了铁磁稳定性。Ce 比 Pr 取代对磁热性能影响更为明显，能更有效地降低合金的居里温度，提高合金的磁熵变和绝热温变[27]。图 11-16 为不同含量的 Ce、Pr 和 Nd 取代 La 时，$La(Fe, Si)_{13}$ 系合金的热磁曲线关系。图 11-17 为不同含量的 Ce、Pr 和 Nd 取代 La 时，居里温度随取代稀土元素含量和单胞体积之间的变化关系。

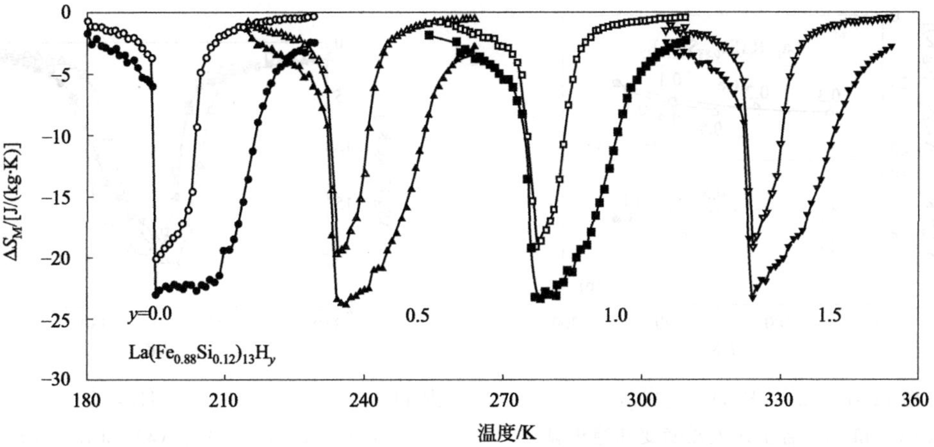


图 11-15 $La(Fe_{0.88}Si_{0.12})_{13}H_y$ 合金在 0～2T 和 0～5T 磁场下不同含量氢掺杂的等温磁熵变曲线[26]

图 11-18 为不同含量 Ce 和 Pr 取代 La 时，最大磁熵变和绝热温变与居里温度之间的关系[28]。

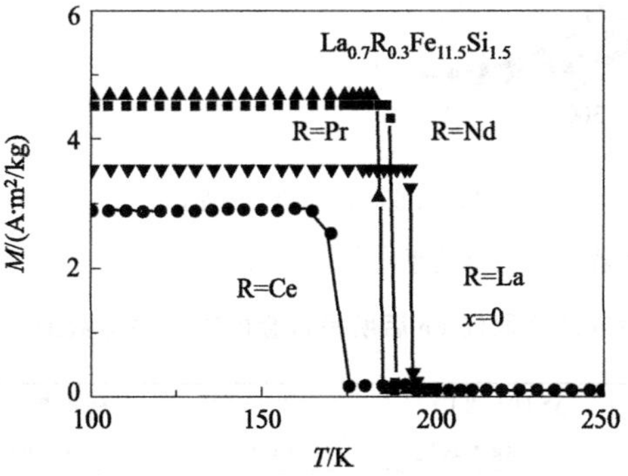


图 11-16 $La_{0.7}R_{0.3}Fe_{11.5}Si_{1.5}$ 和未被稀土取代的 $LaFe_{11.5}Si_{1.5}$ 合金的热磁曲线[27]

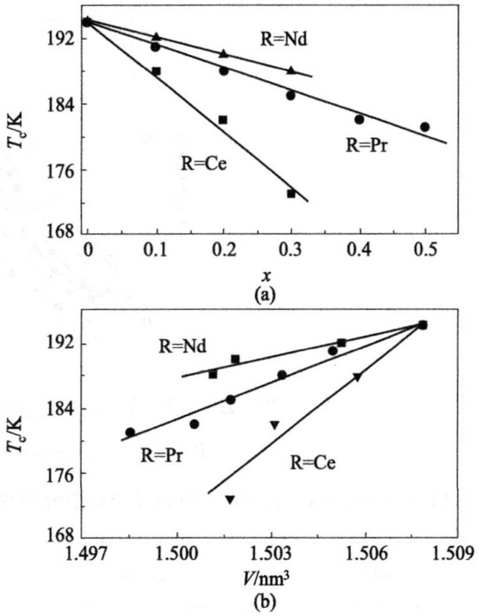


图 11-17 $La_{1-x}R_xFe_{11.5}Si_{1.5}$（R＝Ce、Pr 和 Nd）合金居里温度随稀土含量和单胞体积的变化关系[27]

由于稀土取代导致合金的居里温度进一步降低，显然无法更加满足室温磁制冷的需求，需要提高其居里温度以发挥其使用价值。稀土取代后的合金经间隙原子 H 掺杂同样能够使居里温度提高到室温，并且保持合金的大磁热效应。图 11-19 给出了不同稀土元素取代后合金氢化物磁熵变随温度的变化关系[28]。

就提高稀土元素取代的 $La(Fe, Si)_{13}$ 系合金来说，虽然稀土取代引起合金的晶格收缩从而导致合金的居里温度降低，但该类合金中通过 Co 取代 Fe 依然能够使合金的居里温度达到室温范围，且合金依然具有较大的磁热效应。如图 11-20 所示[29]，在 0～5T 和 0～2T 的变化磁场下，$La_{1-x}Pr_xFe_{10.7}Co_{0.8}Si_{1.5}$ （$x\leqslant 0.5$）合金的最大磁熵变分别可达 13.5～14.6J/(kg·K) 和 7.0～8.1J/(kg·K)。与 Pr 元素紧邻的稀土元素 Nd 部分取代 La，也对 $La(Fe, Si)_{13}$ 系合金的磁热性能具有相似的影响规律。表 11-3 给出一些 $La(Fe, Si)_{13}$ 系合金 Nd 部分取代 La 以及 Co 部分取代 Fe 后所得合金的磁热性能数据[24]。

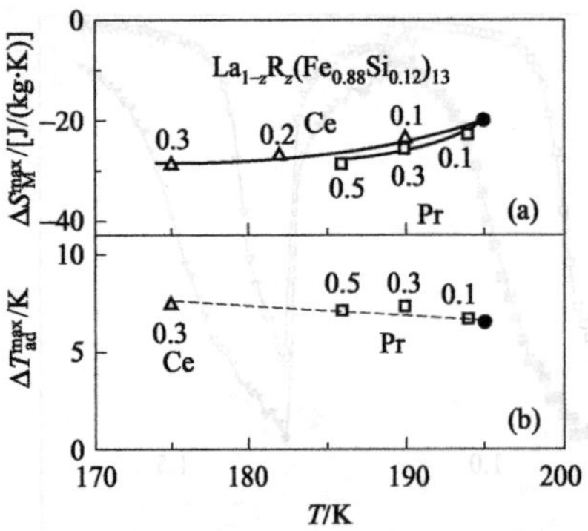


图 11-18 $La_{1-z}R_z(Fe_{0.88}Si_{0.12})_{13}$ (R=Ce 和 Pr) 合金最大磁熵变和绝热温变随居里温度的变化关系[28]

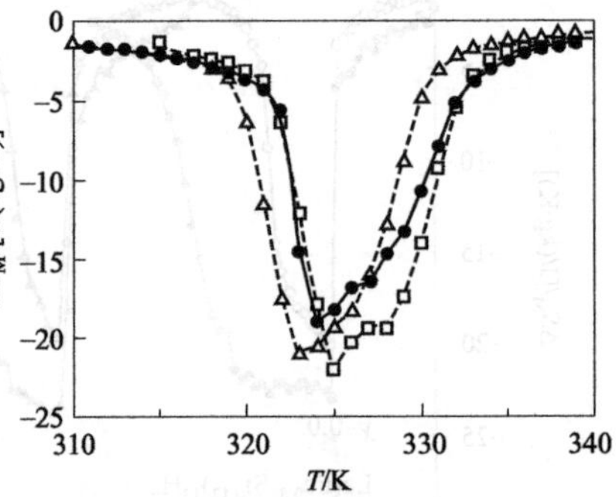


图 11-19 $La(Fe_{0.88}Si_{0.12})_{13}H_{1.5}$ (•)、$La_{0.7}Ce_{0.3}(Fe_{0.88}Si_{0.12})_{13}H_{1.7}$ (▲) 和 $La_{0.5}Pr_{0.5}(Fe_{0.88}Si_{0.12})_{0.13}H_{1.6}$ (□) 合金在 0～2T 磁场下磁熵变随温度的变化关系[28]

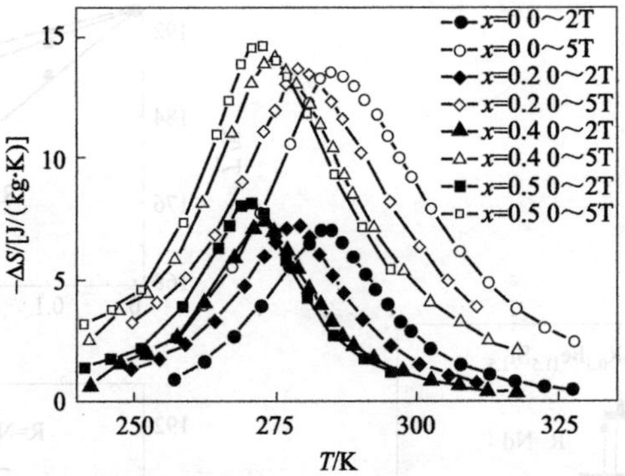


图 11-20 $La_{1-x}Pr_xFe_{10.7}Co_{0.8}Si_{1.5}$ ($x$=0, 0.2, 0.4, 0.5) 合金在 0～2T 和 0～5T 变化磁场下磁熵变随温度的变化关系[29]

**表 11-3 一些 La(Fe, Si)$_{13}$ 系合金 Nd 部分取代 La 以及 Co 部分取代 Fe 后所得合金的磁热性能数据[24]**

| 组分 | $A$/Å | $T_c$/K | $\Delta S$(0～2T) /[J/(kg·K)] | $\Delta S$(0～5T) /[J/(kg·K)] | 磁滞损耗 /(J/kg) |
|---|---|---|---|---|---|
| $LaFe_{11.5}Si_{1.5}$ | 11.4686 | 194 | 20.9 | 23.7 | 21.2 |
| $LaFe_{11.2}Si_{1.8}$ | 11.4635 | 216 | 7.8 | 13.7 | No |
| $La_{0.7}Nd_{0.3}Fe_{11.5}Si_{1.5}$ | 11.4502 | 188 | 29.3 | 32.0 | 78.1 |
| $La_{0.7}Nd_{0.3}Fe_{11.2}Si_{1.8}$ | 11.4426 | 207 | 10.5 | 15.2 | 3.5 |
| $La_{0.7}Nd_{0.3}Fe_{10.7}Co_{0.8}Si_{1.5}$ | 11.4533 | 280 | 7.9 | 15.0 | — |

注：1Å=0.1nm。

在 La(Fe, Si)$_{13}$ 系合金中对小原子元素 B、C 和 N 进行掺杂，也能够在一定程度上提高合金的居里温度，但如果掺杂不适当将会导致合金的磁热性能随居里温度提高而明显减弱（表 11-4）[30]，并使合金磁性由一级相变转变为二级相变，所以单纯通过 C、N 和 B 元素微量掺杂方式也无法获得具有应用价值的室温居里温度大磁热效应材料。微量 B 掺杂能够保持 La(Fe, Si)$_{13}$ 系合金的大磁热效应，并适当提高居里温度，同时伴随大的磁热滞效应。在 $La(Fe_{0.9}Si_{0.1})_{13}B_x$ 合金中当 B 掺杂量达到 0.5 以后，合金的磁热效应快速降低。另外，用 0.4～0.5 的 B 元素部分取代 Fe 元素时，弱化了合金的一级相变特征，提高合金的居里温度，而且基本保持合金大磁熵变特性，并使得 La(Fe, Si)$_{13}$ 系合金的磁热滞降低到接近零。需要指出的是，更高含量的 B 掺杂有助于合金中

$NaZn_{13}$ 型立方磁热主相的形成，如 $LaFe_{11.5}Si_{1.5}B_x$ 合金中 B 含量达到 0.5 时，铸态合金中磁热主相含量超过 50%，随着 B 含量增加，磁热主相含量越高。图 11-21 给出 $LaFe_{11.5}Si_{1.5}B_x$ 合金铸态微观组织的 SEM 照片。在追求大磁热性能的前提下，微量 B 的合金化无法使材料的居里温度提高到室温范围，但是 B 微合金化却在材料实用化方面发挥重要作用，这是因为在 $La(Fe, Si)_{13}$ 系合金引入 B 的主要作用是可以缩短退火时间，更加有利于采用部分取代的 $La(Fe, Si)_{13}$ 系合金室温磁制冷的低成本制备。

**表 11-4　$La(Fe_{0.9}Si_{0.1})_{13}B_x$ 合金在 0～1.6T 变化磁场下的最大磁熵变和居里温度数值**[30]

| $x$ | $\Delta S_M$,Max/[J/(kg·K)] | $T_c$/K |
|---|---|---|
| 0 | 19.2 | 199 |
| 0.03 | 19.3 | 197 |
| 0.06 | 20.1 | 194 |
| 0.1 | 17.0 | 196 |
| 0.2 | 19.0 | 199 |
| 0.3 | 18.7 | 201 |
| 0.5 | 9.86 | 207 |

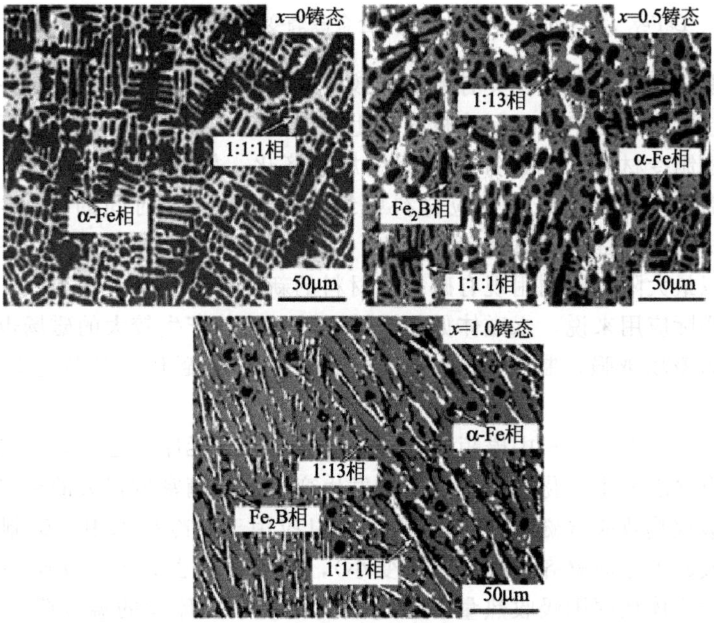


图 11-21　$LaFe_{11.5}Si_{1.5}B_x$（$x$=0，0.5 和 1）合金的铸态微观组织 SEM 照片[31]

掺杂 C 的 $LaFe_{11.6}Si_{1.4}C_x$ 合金中 $x$ 从 0 增加到 0.6 导致明显的晶格膨胀，使得居里温度从 195K 提高到 250K，在 0～5T 的变化磁场下，最大磁熵变从 24.8J/(kg·K) 降低到 12.1J/(kg·K)，该数值仍明显高于 Gd 的磁熵变数值。磁熵变的减弱随 C 含量的增加呈非线性关系。当 C 含量超过 0.2 时，合金开始由一级相变材料转变为二级相变材料，最大磁熵变数值快速降低，热滞也几乎消除，如图 11-22 所示[32]。由于 C 掺杂大大提高吸氢材料的化学稳定性，为少量 C 和 H 复合掺杂以制备性能稳定的室温磁制冷材料提供了可能。在此成分基础之上，借助颗粒尺寸的优化，还能获得零磁滞的室温大磁热效应材料。虽然 Co 部分取代 Fe 得到了具有室温大磁热效应的 $LaFe_{11.2}Co_{0.7}Si_{1.1}$ 合金，其磁热滞效应依然存在。通过提高 Si 含量以及适量 Co 取代 Fe，再通过少量 C 的复合添加也能够获得接近零热滞的室温大磁熵材料。因此，采用 C 掺杂在保持材料大磁热效应的基础上，还有助于消除材料的磁热滞效应。微量C掺杂是开发实用型 $La(Fe, Si)_{13}$ 系室温磁制冷材料非常重要的手段之一。掺杂N对 $La(Fe, Si)_{13}$ 系合金磁热性能影响更为明显。采用 $LaFe_{11.7}Si_{1.3}N_y$ 合金掺杂1.3的N时，晶格常数的增加使居里温度从190K增加到230K，在0～5T的变化磁场下，最大磁熵变数值从28J/(kg・K)迅速降低到3.5J/(kg・K)。

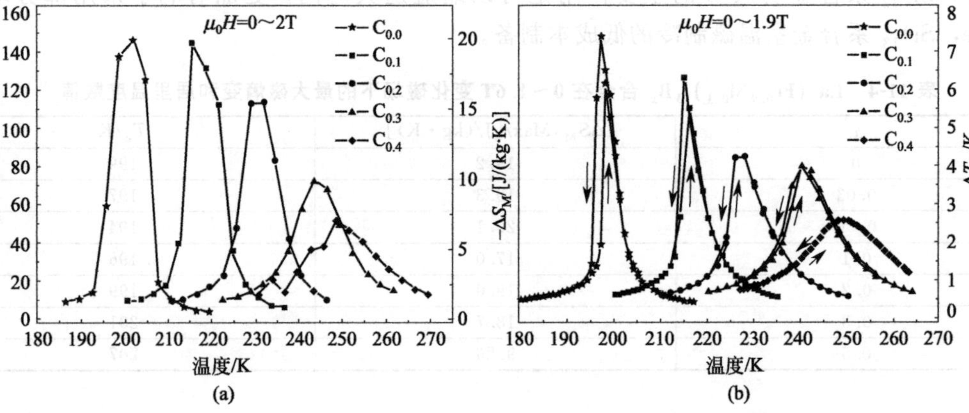


图11-22 $LaFe_{11.6}Si_{1.4}C_x$（$x=0～0.4$）合金磁熵变和绝热温变随温度的变化关系[32]

**(5) 存在问题** 除了需要寻找具有大磁卡效应的磁制冷材料之外，还有一些其他问题有待解决，这些问题包括：如何扩大磁制冷材料的生产规模，使日生产量达到几百千克；如何使片状或其他形状的磁制冷材料的制造加工过程更加经济化；如何改良传热、液体流动等工艺过程；磁滞后与热滞后问题；巨磁卡效应材料中绝热温度 $T_{ad}$ 随时间的变化问题；腐蚀问题；如何解决磁制冷材料中有毒物质对环境的危害（尤其是巨磁卡效应材料中含有的P和As）问题；如何设计可以最大限度地利用现有磁制冷材料的新的热动力学过程等。

对消费者的实际应用来说，永磁体如何设计、放置才能产生较大的磁场也是一个非常重要的研究领域。因为磁场越强，制冷机效率就越高。另外，永磁体的造价也是需要考虑的一个因素。

众所周知，磁熵是磁性材料中磁矩排列有序度的度量：无序度越大，磁熵就越高。当磁性材料的磁矩排列有序度发生变化时，其磁熵也发生变化。磁熵密度很大的磁性材料的磁熵变化将伴随着明显的吸放热效应（磁热效应），因此可以应用于制冷技术中。磁制冷首先是给磁体加磁场，使磁矩按磁场方向整齐排列（磁熵变小），然后再撤去磁场，使磁矩的方向变得紊乱（磁熵变大）。这时磁体从周围吸收热量，通过热交换使周围环境的温度降低，达到制冷的目的。与传统气体压缩制冷相比，磁制冷技术有其独特的优点，如噪声小、体积小、重量轻、易维护、高效节能、无环境污染和破坏等。因此，磁制冷技术被专家认为是高科技绿色制冷技术。磁制冷材料是磁制冷机的核心部分，因此选择合适的磁制冷材料显得尤为重要。为了达到高效率，要求磁制冷材料产生的磁熵变化要大，晶格的热振动要小，热传导率要高以及具有高的电阻率。目前，低温下（$T<20K$）使用的磁制冷工质多为顺磁材料，而高温下（$T>20K$）使用的为铁磁体，主要以重稀土金属及其化合物为研究对象。开发高性能低价格的磁制冷材料对室温磁制冷技术的发展起着非常重要的作用。高熵合金成分范围广，性能多样，因此探究高熵合金的磁热性能具有重要意义。

Huo等[33]研究了直径为1mm的棒状 $Gd_{20}Tb_{20}Dy_{20}Al_{20}M_{20}$（M=Fe，Co，Ni）系高熵合金的磁热效应。这三种合金在室温下均形成了非晶结构，居里温度分别为112K、58K、45K。在外磁场达到5T时，最大磁熵变均出现在居里温度附近，其值约为5.96J/(kg・K)，9.43J/(kg・K)，7.25J/(kg・K)。此外，这三种合金的磁制冷能力分别为691J/kg、632J/

kg、507J/kg，明显大于 $Gd_5Si_2Ge_2$（305J/kg）和 $Gd_5Si_2Ge_{1.9}Fe_{0.1}$（360J/kg）合金，这是由于合金大的磁熵变值以及非晶结构所导致的合金在很宽的温度范围内磁熵变值均很大，也使得该类非晶高熵合金成为潜在的磁制冷材料。

## 11.2.7 高熵软磁材料

磁性材料是一种重要的功能材料。由于信息科学和计算机技术的飞速发展，磁性材料的应用领域迅速扩大，各种磁性功能材料正在迅速被开发和应用。软磁材料易于磁化，也易于退磁，广泛用于电工设备和电子设备中。目前使用的软磁材料包括硅钢、Fe-Ni 合金、Fe-Co 合金、Fe 基非晶等。各软磁材料的性能如表 11-5 所示。对于硅钢材料，一般含杂质的铁加入硅后能提高磁导率，降低矫顽力和铁损。但含硅量增加又会使材料变硬、变脆，导热性和韧性下降，对散热和机械加工不利。Fe-Co 合金具有较高的饱和磁化强度，但是电阻率低、可加工性差；而 Fe 基非晶虽然电阻率高、饱和磁感应强度高，但是非晶合金特有的制备工艺限制非晶合金的发展。因此，寻求具有良好综合性能的软磁材料具有重要意义。由于大部分高熵合金中包含 Fe、Co、Ni 三种铁磁性元素，必然会表现出一定的磁性。而高熵合金中严重的晶格畸变会显著提高合金的电阻率，减小合金在高频使用时出现的涡流损耗。同时，高熵合金可以像传统合金一样进行制备加工，这使得磁性高熵合金的发展势在必行。

目前，张勇课题组通过在 FeCoNi 三元合金中添加 Al 和 Si 设计出了 $FeCoNi(AlSi)_x$ 系高熵合金。研究结果显示，随着 Al、Si 含量的增多，合金的饱和磁化强度不断降低，强度、硬度升高。而电阻率、矫顽力与合金的晶体结构以及相组成密切相关。在单相合金区，矫顽力和电阻率较低。当 $x=0.2$ 时，合金的性能达到最优，其饱和磁化强度为 1.15T，矫顽力约为 1400A/m，电阻率为 69.5$\mu\Omega\cdot$cm。此外，合金表现出良好的塑性。为了将该合金与传统软磁合金做对比，相关参数见表 11-5。$FeCoNi(AlSi)_{0.2}$ 合金表现出良好的实用价值，其塑性好，便于变形加工，电阻率较高，可以降低涡流损耗，居里温度高，可以在高温下使用；然而不足之处在于矫顽力偏高，这是因为直接电弧熔炼后的合金中存在组织缺陷，且由于冷却速率较快，合金中存在内应力。因此，需要通过后续轧制、热处理以及其他制备方法（如定向凝固）来降低矫顽力。当采用 Bridgman 定向凝固技术制备该合金时（抽拉速率为 200$\mu$m/s），其矫顽力可以从 1400A/m 降低到 315A/m，这是由于晶粒尺寸的增大使得横向晶界对磁畴运动的阻力减小。此外，张勇课题组还研究了 $FeCoNiAl_x$、$FeCoNiSi_x$、$Fe_2CoNiAl$、$Fe_xCo_{1-x}NiMnGa$、$FeCoNiMnAl_x$ 以及 $FeCoNiMn_x$（$x$=Al、Ga、Sn）等系列高熵合金。研究发现，合金元素的选择以及相结构的变化对材料软磁性能的影响非常明显。从实用性角度出发，综合考虑合金的成本问题，在成分设计时要考虑如下问题：①增加铁磁性尤其是 Fe 的含量；②减少非铁磁性元素的含量，尤其是反铁磁性元素，例如 Cr；③尽量使合金为单相 FCC 结构，同时添加少量 Si 等形成置换或间隙固溶体，从而提高合金的电阻率；同时保证合金具有良好的塑性，便于加工。

**表 11-5 不同软磁材料的性能对比**

| 材料 | 合金 | $M_s$/T | $H_c$/(A/m) | $\rho/\mu\Omega\cdot$cm | $T_c$/K | $\sigma_s$/MPa | $E$/% |
|---|---|---|---|---|---|---|---|
| 高熵合金 | $FeCoNiAl_{0.2}Si_{0.2}$ | 1.15 | 1,400 | 69.5 | 883 | 342 | >50 |
| 铁 | 纯铁 | 2.15 | — | 10 | 1,042 | 69～138 | 40～60 |
| 硅钢 | 4Si-Fe | 1.96 | 24 | 58.8 | 999 | 570～640 | 17～23 |
| | 6.5Si-Fe | 1.40 | 6 | 82 | 973 | — | <4 |
| 纳米晶合金 | $Fe_{86}B_{13}Cu_1$ | 1.94 | 12 | 183 | — | — | — |
| | $Co_{43}Fe_{20}Ta_{5.5}B_{31.5}$ | 0.49 | 0.25 | — | — | — | 0.02 |

续表

| 材料 | 合金 | $M_s$/T | $H_c$/(A/m) | $\rho/\mu\Omega\cdot cm$ | $T_c$/K | $\sigma_s$/MPa | E/% |
|---|---|---|---|---|---|---|---|
| 非晶合金 | $Fe_{79}B_{16}Si_5$ | 1.58 | 8.0 | 125 | 678 | — | — |
| | $Fe_{72}Y_6B_{22}$ | 1.47 | <20 | >200 | 535 | — | 0.02 |
| Fe-Ni 合金 | Fe-78.5Ni | 1.08 | 4.0 | 16 | 873 | 159 | 35 |
| | Fe-45Ni | 1.58 | 4 | 50 | 773 | 165 | 35 |
| Fe-Co 合金 | Fe-49Co-2V | 2.40 | 40 | 25 | 1,253 | 250 | 2 |

总而言之，通过合理的成分设计以及加工处理，高熵合金可以在很广泛的领域使用，其良好的高温相稳定性、抗氧化性能、高硬度、高强度、高耐磨性使得高熵合金成为潜在的高温结构材料、高温耐热涂层以及模具内衬材料；其严重的晶格畸变效应以及缓慢扩散效应，使得高熵合金具有良好的抗辐照性能。此外，高熵合金还可以作为功能材料使用，如热电材料、超导材料、磁性材料等。目前高熵合金的研究还处于初级阶段，在未来的研究中还会展现出更广阔的应用前景。

## 参考文献


[1] Huang C, Zhang Y, Shen J, et al. Thermal stability and oxidation resistance of laser clad TiVCrAlSi high entropy alloy coatings on Ti-6Al-4V alloy [J]. Surface & Coatings Technology, 2011, 206 (6): 1389-1395.

[2] Tsai M H, Yeh J W, Gan J Y. Diffusion barrier properties of AlMoNbSiTaTiVZr high-entropy alloy layer between copper and silicon [J]. Thin Solid Films, 2008, 516 (16): 5527-5530.

[3] 张爱荣，梁红玉，李烨．激光熔 $AlCrCoFeNiMoTi_{0.75}Si_{0.25}$ 高熵合金涂层刀具的性能 [J]．中国表面工程，2013, 26 (4): 27-31.

[4] Murty B S, Yeh J W, Ranganathan S. High Entropy Alloys [M]. Boston: Butterworth-Heinemann, 2014.

[5] Chuang M H, Tsai M H, Wang W R, et al. Microstructure and wear behavior of $Al_xCo_{1.5}CrFeNi_{1.5}Ti_y$ high-entropy alloys [J]. Acta Materialia, 2011, 59 (16): 6308-6317.

[6] Senkov O N, Wilks G B, Scott J M, et al. Mechanical properties of $Nb_{25}Mo_{25}Ta_{25}W_{25}$ and $V_{20}Nb_{20}Mo_{20}Ta_{20}W_{20}$ refractory high entropy alloys [J]. Intermetallics, 2011, 19 (5): 698-706.

[7] Senkov O N, Scott J M, Senkova S V, et al. Microstructure and elevated temperature properties of a refractory TaNbHfZrTi alloy [J]. Journal of Materials Science, 2012, 47 (9): 4062-4074.

[8] Senkov O N, Senkova S V, Woodward C, et al. Low-density, refractory multi-principal element alloys of the Cr-Nb-Ti-V-Zr system: Microstructure and phase analysis [J]. Acta Materialia, 2013, 61 (5): 1545-1557.

[9] 徐锦锋，翟秋亚．用于焊接硬质合金与钢的高熵合金钎料及制备方法：CN101554686B [P]．2009-05-15.

[10] 徐锦锋，翟秋亚．用于焊接铜和铝的高熵合金钎料及其制备方法：CN101554685 B [P]．2009-05-15.

[11] Egami T, Guo W, Rack P D, et al. Irradiation Resistance of Multicomponent Alloys [J]. Metallurgical & Materials Transactions A, 2014, 45 (1): 180-183.

[12] Nagase T, Rack P D, Noh J H, et al. In-situ, TEM observation of structural changes in nano-crystalline CoCrCuFeNi multicomponent high-entropy alloy (HEA) under fast electron irradiation by high voltage electron microscopy (HVEM) [J]. Intermetallics, 2015, 59: 32-42.

[13] Xia S Q, Yang X, Yang T F, et al. Irradiation Resistance in Al, $x$, CoCrFeNi High Entropy Alloys [J]. JOM: The Journal of The Minerals, Metals & Materials Society, 2015, 67 (10): 2340-2344.

[14] 张勇，盛文杰，杨潇，等．一种高性能光热转化多基元合金氮化物薄膜及其制备方法：中国，CN104630706A [P]．2015-05-20.

[15] 盛文杰，NbTiAlSi (W) $N_x$ 高熵合金薄膜的制备及热稳定性研究 [D]．北京：北京科技大学，2016.

[16] Gludovatz B, Hohenwarter A, Catoor D, et al. ChemInform Abstract: A Fracture-Resistant High-Entropy Alloy for Cryogenic Applications [J]. Cheminform, 2015, 45 (47): 1153-1158.

[17] Qiao J W, Ma S G, Huang E W, et al. Microstructural Characteristics and Mechanical Behaviors of AlCoCrFeNi High-Entropy Alloys at Ambient and Cryogenic Temperatures [J]. Materials Science Forum, 2011, 688 (688): 419-425.

[18] Shafeie S, Guo S, Hu Q, et al. High-entropy alloys as high-temperature thermoelectric materials [J]. Journal of Applied Physics, 2015, 118 (18): 105-440.

[19] Gao M C, Yeh J W, Liaw P K, et al. High-Entropy Alloys: Fundamentals and Applications [M]. 1st ed. Switzerland: Springer International Publishing, 2016.

[20] Koželj P, Vrtnik S, Jelen A, et al. Discovery of a superconducting high-entropy alloy [J]. Physical Review Letters, 2014, 113 (10): 107001.

[21] Yong Z, Zuo T T, Cheng Y Q, et al. High-entropy Alloys with High Saturation Magnetization, Electrical Resistivity, and Malleability [J]. Scientific Reports, 2013, 3 (6125): 1455.

[22] 邱成军，王元化，曲伟. 材料物理性能 [M]. 哈尔滨：哈尔滨工业大学出版社，2009.

[23] Guillou F, Yibole H, Porcori G, et al. Magnetocaloric effect, cyclability and coefficient of refrigerant performance in the MnFe P, Si, B system [J]. Journal of Applied Physics, 2014, 116 (6): 1479.

[24] Shen B G, Sun J R, Hu F X, et al. Recent Progress in Exploring Magnetocaloric Materials [J]. Adv. Mater. 2009, 21 (45): 4545-4564.

[25] 胡凤霞，沈保根，孙继荣，等. $LaFe_{11.2}Co_{0.7}Si_{1.}$ 合金在室温区的巨大磁熵变 [J]. 物理，2002，31 (3)：139-140.

[26] Fujita A, Fujieda S, Hasegawa Y, et al. Itinerant-electron Metamagnetic Transition and Large Magnetocaloric Effects in La $(Fe_xSi_{1-x})_{13}$ Compounds and Their Hydrides [J]. Phys. rev. b, 2003, 67 (10): 552-555.

[27] 沈俊，李养贤，孙继荣，等. Effect of R substitution on magnetic properties and magnetocaloric effects of $La_{1-x}R_xFe_{11.5}Si_{1.5}$ compounds with R—Ce, Pr and Nd [J]. Chinese Physics B, 2009, 18 (5): 2058-2062.

[28] Fujita A, Fujieda S, Fukamichi K. Control of Magnetocaloric Effects by Partial Substitution in Itinerant-Electron Metamagnetic $La(Fe_xSi_{1-x})_{13}$ for Application to Magnetic Refrigeration [J]. IEEE Transactions on Magnetics, 2008, 45 (6): 2620-2625.

[29] Shen J, Gao B, Dong Q Y, et al. Magnetocaloric effect in $La_{1-x}Pr_xFe_{10.7}Co_{0.8}Si_{1.5}$ compounds near room temperature [J]. Journal of Applied Physics, 2008, 41 (24): 245005.

[30] Xie S H, Li J Q, Zhuang Y H. Influence of boron on the giant magnetocaloric effect of $La(Fe_{0.9}Si_{0.1})_{13}$ [J]. Journal of Magnetism & Magnetic Materials, 2007, 311 (2): 589-593.

[31] Zhang H, Long Y, Cao Q, et al. Microstructure and magnetocaloric effect in cast $LaFe_{11.5}Si_{1.5}B_x$, ($x$= 0. 5, 1. 0) [J]. Journal of Magnetism & Magnetic Materials, 2010, 322 (13): 1710-1714.

[32] Teixeira C S, Krautz M, Moore J D, et al. Effect of carbon on magnetocaloric effect of $LaFe_{11.6}Si_{1.4}$, compounds and on the thermal stability of its hydrides [J]. Journal of Applied Physics, 2012, 111 (7): 821-748.

[33] Huo J, Huo L, Men H, et al. The magnetocaloric effect of Gd-Tb-Dy-Al-M (M= Fe, Co and Ni) high-entropy bulk metallic glasses [J]. Intermetallics, 2015, 58 (58): 31-35.

# 索 引